O FUTURO É MAIS RÁPIDO DO QUE VOCÊ PENSA

Peter H. Diamandis e Steven Kotler

O futuro é mais rápido do que você pensa

Como a convergência tecnológica está transformando as empresas, a economia e as nossas vidas

TRADUÇÃO
Cássio de Arantes Leite

Copyright © 2020 by PHD Ventures e Steven Kotler

Grafia atualizada segundo o Acordo Ortográfico da Língua Portuguesa de 1990,
que entrou em vigor no Brasil em 2009.

Título original
The Future Is Faster Than You Think : How Converging Technologies Are Transforming
Business, Industries, and Our Lives

Capa e imagem
Violaine Cadinot

Preparação
Julia Passos

Índice remissivo
Luciano Marchiori

Revisão técnica
Guido Luz Percú

Revisão
Ana Maria Barbosa
Renata Del Nero
Luciane H. Gomide

Dados Internacionais de Catalogação na Publicação (CIP)
(Câmara Brasileira do Livro, SP, Brasil)

Diamandis, Pedro H.
    O futuro é mais rápido do que você pensa : Como a convergência
tecnológica está transformando as empresas, a economia e as nossas vidas / Pedro H. Diamandis e Steven Kotler ; tradução Cássio
de Arantes Leite. — 1ª ed. — Rio de Janeiro : Objetiva, 2021.

    Título original: The Future Is Faster Than You Think :
How Converging Technologies Are Transforming Business,
Industries, and Our Lives
    ISBN 978-85-470-0125-4

    1. Convergência (Economia) 2. Inovações tecnológicas – Previ-
são 3. Inovações tecnológicas – Aspectos econômicos 4. Tecnologia – Aspectos sociais I. Kotler, Steven. II. Título.

21-59107	CDD-338.064

Índice para catálogo sistemático:
1. Inovações tecnológicas : Economia   338.064
Cibele Maria Dias – Bibliotecária – CRB-8/9427

[2021]
Todos os direitos desta edição reservados à
EDITORA SCHWARCZ S.A.
Praça Floriano, 19, sala 3001 — Cinelândia
20031-050 — Rio de Janeiro — RJ
Telefone: (21) 3993-7510
www.companhiadasletras.com.br
www.blogdacompanhia.com.br
facebook.com/editoraobjetiva
instagram.com/editora_objetiva
twitter.com/edobjetiva

Dedico este livro a todos os mentores e mestres que tive ao longo da vida: Harry P. Diamandis, Tula Diamandis, Frank Price, David C. Webb, Paul E. Gray, David E. Wine, Gregg E. Maryniak, Ayn Rand, Art Dula, Robert Heinlein, Byron K. Lichtenberg, Sylvia Earle, Gerard K. O'Neill, Arthur C. Clarke, John T. Chirban, Laurence R. Young, Martine Rothblatt, Charles Lindbergh, Tom Velez, Stuart O. Witt, S. Pete Worden, Robert K. Weiss, Alfred H. Kerth, Burt Rutan, Anousheh Ansari, Tony Robbins, Ray Kurzweil e Dan Sullivan.

Peter

Dedicado a Joe Lefler e à equipe da Pandora's Box. Obrigado por toda a magia. Obrigado por acreditarem em mim muito antes de qualquer um. Obrigado a Derek Dingle pelo passo da barata. Continuo com saudades. Descendo a escada esquisita.

Steven

Sumário

Prefácio.. 9

PARTE I: O PODER DA CONVERGÊNCIA

1. Convergência... 15
2. O salto à velocidade da luz: tecnologias exponenciais, parte I 38
3. Turbinando: tecnologias exponenciais, parte II............................ 59
4. A aceleração da aceleração... 79

PARTE II: O RENASCIMENTO DE TUDO

5. O futuro das compras... 105
6. O futuro da publicidade... 125
7. O futuro do entretenimento.. 133
8. O futuro da educação... 150
9. O futuro da saúde.. 158
10. O futuro da longevidade.. 175
11. O futuro do seguro, das finanças e dos imóveis........................ 186
12. O futuro dos alimentos.. 206

PARTE III: O FUTURO MAIS RÁPIDO

13. Ameaças e soluções 217
14. As cinco grandes migrações 242

Posfácio 265
Agradecimentos 271
Notas 273
Índice remissivo 329

Prefácio

Os autores se conheceram em 1999. Steven trabalhava em um artigo sobre a fundação de Peter, XPRIZE, na época dedicada a desbravar a fronteira espacial. Enquanto Peter trabalhava em... bem, desbravar a fronteira espacial.

Não demoramos a descobrir que os dois eram obcecados por tecnologia de ponta e pela maneira como ela era usada para lidar com desafios aparentemente impossíveis. Essa sobreposição de interesses levou a uma grande amizade e a uma parceria de muitas décadas, em que *O futuro é mais rápido do que você pensa* constitui a lavra mais recente. Trata-se de nossa terceira exploração sobre como a tecnologia pode transpor os limites do possível e transformar o mundo. Tecnicamente, também é o terceiro volume da Trilogia do Mindset Exponencial, série que inclui este e nossos dois livros anteriores, *Abundância* e *Bold*. Embora não seja necessário ler os outros dois antes de se aprofundar aqui, um pouco de contexto ajuda.

Abundância é sobre como as novas tecnologias estão desmonetizando e democratizando o acesso a alimentos, água e energia, tornando abundantes recursos antes escassos e permitindo aos indivíduos lidar com desafios globais impossíveis, como fome, pobreza e doenças. Em *Bold*, tratamos de uma impossibilidade diferente: como os empresários utilizam essas mesmas tecnologias para construir negócios transformadores em tempo quase recorde, oferecendo também um manual para os interessados em seguir seus passos.

Neste livro que conclui a trilogia, ampliamos essas ideias, examinando o que acontece quando linhas independentes de tecnologia em aceleração (a inteligência artificial, ou IA, por exemplo) convergem com outras (a realidade aumentada, ou RA, por exemplo). Sem dúvida, a IA é poderosa. A RA também. Mas é a convergência das duas que está reinventando o varejo, a publicidade, o entretenimento e a educação — só para citar algumas das principais transformações que nos aguardam.

Como veremos nas páginas a seguir, essas convergências ocorrem a um passo cada vez mais acelerado. Isso turbinou o ritmo da mudança no mundo, bem como a escala da mudança. Aperte os cintos, pois estamos prestes a embarcar numa viagem alucinante.

A inspiração para este livro surgiu de nossa experiência em primeira mão nessa viagem, uma aceleração palpável no ritmo da mudança nos negócios e no mundo. Diamandis está em sua 22ª start-up, sendo que as mais recentes foram nos campos da longevidade e da saúde pública. Essa frenética dança diária, combinada a seu papel de liderança nas empresas Singularity University, XPRIZE, Bold Capital Partners e Abundance 360, lhe proporciona uma infusão contínua de insights tecnológicos convergentes.

Steven testemunha essa aceleração não só em seu trabalho como autor (este é seu sexto livro dedicado à tecnologia), mas também como fundador e diretor executivo do Flow Research Collective, voltado à pesquisa e ao treinamento em máximo desempenho — ou seja, as ferramentas psicológicas necessárias para os seres humanos sobreviverem em um mundo de mudanças intensas.

Como autores, gostaríamos de dizer que essa viagem alucinante foi um desafio. Nas páginas a seguir, você encontrará descrições de pesquisadores e de empresas de ponta construídas com base em sua pesquisa. Mas acompanhar esse ritmo não é fácil. Empresas que ocupavam a vanguarda quando começamos a escrever, no início de 2018, foram com frequência superadas por outras na época em que terminamos o livro, no fim de 2019. Em outras palavras, embora os nomes sejam importantes, eles podem mudar. O coração deste livro pertence às tendências de convergência globais e ao impacto transformador que causam nos negócios, na indústria e em nossa vida.

Não restam dúvidas de que a próxima década será repleta de inovações radicais que mudarão o mundo. Como mostram claramente os capítulos a seguir, todas as indústrias importantes em nosso planeta estão prestes a ser completamente reimaginadas. Para empresários, inovadores, líderes, para qualquer um ágil e aventureiro o bastante, haverá oportunidades incríveis. Será tanto um futuro mais rápido do que você pensa como talvez a maior demonstração de imaginação jamais vista no mundo. Bem-vindo a uma era de acontecimentos extraordinários.

Parte I

O poder da convergência

1. Convergência

CARROS VOADORES

O Centro Cultural Skirball fica próximo à Via Expressa 405, no extremo norte de Los Angeles. Construído sobre o espigão estreito formado pelas montanhas de Santa Monica, o centro oferece uma vista espetacular em quase todas as direções, exceto a via expressa abaixo — que é um congestionamento monstruoso sem fim.

E não poderia ser diferente.

Em 2018, pelo sexto ano seguido,[1] Los Angeles conquistou a duvidosa honra de metrópole mais engarrafada do mundo, onde o motorista passa em média duas semanas e meia de trabalho por ano preso no trânsito. Mas o socorro pode estar a caminho. Em maio de 2018, o Centro Skirball serviu como ponto de partida para o Uber Elevate,[2] um plano radical da empresa de *ridesharing* para solucionar o problema: sua segunda conferência anual do carro voador.

Dentro do Skirball, telões mostravam um céu noturno pontilhado de estrelas que lentamente davam lugar a um céu azul pontilhado de nuvens. Sob as nuvens, não havia onde sentar. O evento atraíra um bando sortido da elite dos negócios: CEOs, empresários, arquitetos, designers, tecnólogos, investidores de risco, funcionários do governo e magnatas imobiliários. Quase mil participantes no total, nos mais diversos trajes, de engomadinhos de Wall Street à indefectível casual friday, ali reunidos para presenciar o nascimento de uma nova indústria.

Dando início à conferência, Jeff Holden, na época diretor de produto da Uber, subiu ao palco. Com seu cabelo castanho cacheado e uma camisa polo cinza da Uber Air, a aparência de menino de Holden traía seu verdadeiro papel. O evento, na verdade todo o conceito de fazer a Uber decolar, era uma visão dele.

E que visão.

"Passamos a aceitar os congestionamentos extremos como parte da nossa vida",[3] afirmou Holden.*

Nos Estados Unidos, temos o privilégio de abrigar dez das 25 cidades mais congestionadas do mundo, ao custo aproximado de 300 bilhões de dólares em perdas de rendimentos e produtividade. A missão da Uber é resolver a mobilidade urbana [...]. Nossa meta é introduzir no mundo uma forma inteiramente nova de transporte, a saber, a aviação urbana, ou o que prefiro chamar de *ridesharing* aéreo.

Ridesharing aéreo pode soar como um clichê de ficção científica, mas Holden possui sólido histórico em inovação disruptiva. No fim da década de 1990,[4] foi de Nova York a Seattle com Jeff Bezos para se tornar um dos primeiros funcionários da Amazon. Em Seattle, ficou incumbido de implementar a ideia, na época absurda, de envios gratuitos em dois dias por uma taxa de inscrição anual, fixa. Muitos imaginaram que a inovação levaria a empresa à falência. Na verdade, foi como nasceu o Amazon Prime, e hoje, 100 milhões de membros depois,[5] a ideia absurda responde por uma parcela significativa do balanço da empresa.

Em seguida, Holden foi para outra start-up, o Groupon — dificilmente lembrado hoje como uma empresa disruptiva, mas que fez parte na época da primeira onda de empresas de internet que queria dar "o poder para o povo". De lá, Holden passou para a Uber, na qual, apesar do tumulto vivido pela empresa, emplacou uma série de vitórias improváveis:[6] UberPool, Uber Eats e, mais recentemente, o programa de carros autônomos. Assim, quando propôs uma linha de produto ainda mais absurda — a Uber ganhar os céus —, não surpreende nem um pouco que o comando da empresa o levasse a sério.

---

* Exceto quando mencionado no texto ou nas notas, todas as citações são de entrevistas diretas com as fontes ou, como nesse caso, com o(s) autor(es) presente(s) no evento em questão.

E por um bom motivo. O tema da segunda conferência anual Uber Elevate não era de fato carros voadores. Os carros já haviam chegado. O tema da segunda Uber Elevate era o caminho para a produção em larga escala. E o ponto crucial: esse caminho é bem mais curto do que muitos desconfiam.

Em meados de 2019, mais de 1 bilhão de dólares haviam sido investidos em pelo menos 25 empresas diferentes de carros voadores.[7] Atualmente, há uma dúzia de veículos em fase de testes, enquanto outra se encontra em estágios variados, do PowerPoint ao protótipo. Eles vêm em todas as formas e tamanhos: motocicletas sobre ventiladores gigantes, drones quadricópteros em escala humana, miniaviões. Larry Page, cofundador e CEO da Alphabet, empresa-mãe da Google, esteve entre os primeiros a reconhecer seu potencial, financiando pessoalmente três organizações:[8] Zee Aero, Opener e Kitty Hawk. Nomes estabelecidos como Boeing, Airbus, Embraer e Bell Helicopter (hoje apenas Bell, aludindo ao futuro desaparecimento do helicóptero) também entraram no jogo. Assim, pela primeira vez na história, já passou da hora de falar sobre a possibilidade de carros voadores.

Eles são uma realidade.

"A meta da Uber", explicou Holden no palco, "é demonstrar a capacidade do carro voador em 2020 e ter o *ridesharing* aéreo plenamente operacional em Dallas e Los Angeles até 2023." Mas então ele foi além: "Em última instância, queremos que seja economicamente irracional ter e usar um carro".

Irracional até que ponto? Vejamos os números.

Hoje, o custo marginal de se ter um carro — isto é, não o preço da compra, mas tudo o mais que acompanha o veículo (gasolina, consertos, seguro, estacionamento etc.) — é de aproximadamente 0,37 dólar por passageiro-quilômetro.[9] Para comparação, um helicóptero, que tem muito mais problemas do que apenas o custo, cobre um quilômetro por 5,50 dólares.[10] Segundo Holden, na data do lançamento em 2020, a Uber Air quer reduzir esse preço por quilômetro para 3,60 dólares, depois rapidamente para 1,14 dólar.[11] Mas o objetivo de longo prazo da Uber é mudar o jogo — 0,27 dólar —, ou mais barato que andar de carro.

E é um belo rendimento por quilômetro. O interesse principal da Uber são os "veículos elétricos de decolagem e aterrissagem verticais" — ou eVTOLs, para resumir. Os eVTOLs estão sendo desenvolvidos por inúmeras empresas,[12] mas a Uber tem necessidades muito particulares. Para se qualificar para seu programa de *ridesharing* aéreo, um eVTOL deve ser capaz de levar o piloto e quatro passageiros a uma velocidade superior a 240 quilômetros por hora durante três horas contínuas de operação. Embora a Uber preveja quarenta quilômetros como seu voo mais curto (pense em ir de Malibu ao centro de Los Angeles), esses requisitos permitem voar do norte de San Diego ao sul de San Francisco de uma tacada só. A Uber já dispõe de cinco parceiras comprometidas a entregar eVTOLs que atendam a essas especificações, com cinco ou dez outras ainda por vir.

Mas só esses veículos não serão responsáveis por tornar comprar um carro algo irracional. A Uber também firmou uma parceria[13] com a Nasa e a Federal Aviation Administration (FAA) para desenvolver um sistema de gerenciamento de tráfego aéreo que coordene sua frota. E se juntou a arquitetos, designers e construtoras para projetar uma série de "mega-skyports" necessária para os passageiros embarcarem e desembarcarem, e os veículos decolarem e aterrissarem. Assim como no caso dos carros voadores, a Uber não quer ser dona desses skyports, mas alugá-los. Mais uma vez, suas necessidades são muito específicas. Para se qualificar para a Uber, um mega-skyport deve ser capaz de recarregar veículos entre sete e quinze minutos, realizar mil decolagens e aterrissagens por hora (4 mil passageiros) e não ocupar mais do que 12 mil metros quadrados de terreno — pequeno o bastante para ser construído sobre antigos prédios de estacionamento ou no terraço de arranha-céus.

Junte tudo isso e, por volta de 2027, você poderá pedir um ridesharing aéreo com tanta facilidade quanto hoje chama um Uber. E, em 2030, a aviação urbana talvez seja uma das principais maneiras de irmos de A a B.

Porém, tudo isso toca numa questão fundamental: por que agora? Como é possível que, no fim da primavera de 2018, carros voadores estejam de repente prontos para o mercado? O que tem nesse momento particular da história que transformou uma de nossas mais antigas fantasias de ficção científica na mais recente realidade?

Afinal, sonhamos há milênios com os carros flutuantes de *Blade Runner* e com o DeLorean DMC-12 de *De volta para o futuro*. Veículos capazes de voar remontam às "carruagens voadoras" do *Ramayana*, um antigo texto hindu.[14] Até as encarnações mais modernas[15] — ou seja, construídas em torno do motor de combustão interna — já estão por aí faz um tempo. O Curtiss Autoplane 1917, o Arrowbile 1937, o Airphibian 1946, a lista é grande. Há mais de cem patentes diferentes registradas nos Estados Unidos para "aeronave rodável".

Muitas saíram do chão. A maioria, nunca. Nenhuma cumpriu a promessa feita pelos *Jetsons*.

Na verdade, nossa raiva dessa falha na entrega se tornou um meme em si. Na virada do século passado, em um famoso comercial da IBM, o comediante Avery Brooks perguntava: "O ano é 2000, mas cadê os carros voadores? Me prometeram carros voadores. Não estou vendo nenhum carro voador. Por quê? Por quê? Por quê?". Em 2011, em seu manifesto "O que aconteceu com o futuro?", o investidor Peter Thiel refletia essa ansiedade quando escreveu: "Queríamos o carro voador, mas ganhamos o limite de 140 caracteres".

Porém, como deve estar claro a esta altura, a espera terminou. O carro voador chegou. E a infraestrutura está vindo rápido. Enquanto tomávamos um café e espiávamos nosso Instagram, a ficção científica virou um fato científico. E isso nos traz de volta à questão inicial: por que agora?

A resposta, numa palavra: convergência.

TECNOLOGIA CONVERGENTE

Se você quer entender a convergência, começar do início ajuda. Em nossos livros anteriores, *Abundância* e *Bold*, apresentamos o conceito da tecnologia em aceleração exponencial, ou seja, qualquer tecnologia que, de modo constante, dobre a potência enquanto se torna mais barata. A Lei de Moore[16] é o exemplo clássico. Em 1965, o fundador da Intel, Gordon Moore, notou que a quantidade de transistores em um circuito integrado dobrava a cada dezoito meses. Isso significava que, após um ano e meio, os computadores ficavam duas vezes mais potentes, embora o custo permanecesse igual.

Moore achou isso espantoso. Previu que a tendência podia durar pelo menos mais alguns anos, talvez cinco, possivelmente dez. Bem, lá se vão vinte, quarenta anos, caminhando para sessenta anos. A Lei de Moore é o motivo para o celular em seu bolso ser mil vezes menor, mil vezes mais barato e 1 milhão de vezes mais poderoso que um computador da década de 1970.

E essa lei não está desacelerando.

Embora se diga que nos aproximamos da morte térmica da Lei de Moore — algo de que trataremos no próximo capítulo —, em 2023 um laptop comum de mil dólares terá a mesma capacidade computacional do cérebro humano[17] (cerca de 10^{16} ciclos por segundo). Vinte e cinco anos depois, esse mesmo laptop terá a capacidade de todos os cérebros humanos da Terra.

O pior é que não são apenas circuitos integrados que progridem nesse ritmo. Na década de 1990, Ray Kurzweil, diretor de engenharia do Google e sócio cofundador na Singularity University de Peter, descobriu que a tecnologia, ao se tornar digital — ou seja, quando pode ser programada em um código de computador formado por uns e zeros —, também embarca na Lei de Moore e começa a acelerar exponencialmente.

Falando em termos simples, usamos nossos novos computadores para projetar computadores ainda mais rápidos, e isso cria um ciclo de realimentação que acelera ainda mais a aceleração — o que Kurzweil chama de "Lei dos Retornos Acelerados".[18] As tecnologias que hoje aceleram nessa proporção incluem algumas das inovações mais potentes já sonhadas pelo homem: computadores quânticos, inteligência artificial, robótica, nanotecnologia, biotecnologia, ciência dos materiais, redes, sensores, impressão 3D, realidade aumentada, realidade virtual, *blockchain* e mais.

Por mais radical que soe, todo esse progresso na verdade já não é mais novidade. A novidade é que ondas antes independentes de tecnologia exponencialmente acelerada começam a convergir com outras ondas independentes de tecnologia exponencialmente acelerada. Por exemplo, a velocidade do desenvolvimento de medicamentos está se acelerando não só porque a biotecnologia progride a uma taxa exponencial, mas também porque a inteligência artificial, a computação quântica e mais algumas outras tecnologias exponenciais nessa área estão convergindo. Em outras palavras, as ondas começam a se sobrepor, amontoando-se umas sobre as outras, produzindo monstruosidades do tamanho de um tsunami que ameaçam varrer tudo em seu caminho.

Quando a inovação recente cria um novo mercado e destrói o mercado existente, usamos o termo "inovação disruptiva"[19] para descrevê-la. Quando os chips de silício substituíram as válvulas a vácuo no início da era digital, foi uma inovação disruptiva. Porém, à medida que as tecnologias exponenciais convergem, seu potencial para a disrupção aumenta em larga escala. Tecnologias exponenciais isoladas levam à disrupção de produtos, serviços e mercados — como quando a Netflix jantou a Blockbuster —, enquanto tecnologias exponenciais convergentes eliminam produtos, serviços e mercados, assim como as estruturas que os sustentam.

Mas estamos pondo o carro na frente dos bois. O restante deste livro é dedicado a essas forças e a seu impacto veloz e revolucionário. Antes de mergulharmos mais fundo nessa história, vamos primeiro examinar a convergência com uma perspectiva mais fácil de entender, voltando à nossa questão inicial sobre os carros voadores: por que agora?

Para responder, vamos examinar as três exigências básicas que qualquer eVTOL da Uber terá de atender: segurança, ruído e preço. O helicóptero, o modelo mais próximo disponível de um carro voador, existe há cerca de oitenta anos — Igor Sikorsky construiu o primeiro em 1939 —, mas não chega perto de satisfazer esses requisitos. Além de serem barulhentos e caros, os helicópteros têm o péssimo hábito de cair. Então por que Bell, Uber, Airbus, Boeing e Embraer — só para nomear algumas empresas — estão trazendo táxis aéreos para o mercado hoje?

Mais uma vez: convergência.

Helicópteros são barulhentos e perigosos porque usam um rotor enorme para gerar sustentação. Infelizmente, a velocidade de ponta de hélice desse único rotor produz um *tu-tu-tu* numa frequência perfeita que irrita qualquer ouvido. Sem falar em como são perigosos, pois se o rotor falha, a gravidade não perdoa.

Agora, em vez de ter apenas um rotor em cima, imagine alguns rotores menores embaixo — como uma fileira de pequenos ventiladores sob a asa de um avião — cujo trabalho combinado gera sustentação suficiente para o voo, mas produzindo muito menos ruído. Melhor ainda, imagine se esse sistema de multirrotores fosse capaz de falhar com graça, aterrissando em segurança mesmo que dois deles parassem de funcionar ao mesmo tempo. Acrescente ao projeto uma asa única que possibilita velocidades acima de 250 quilômetros por hora. Todas essas são ótimas ideias, exceto que, devido a sua péssima relação peso-potência, motores a gasolina impossibilitam tudo isso.

Entra em cena a propulsão elétrica distribuída, abreviada como PED.[20]

Na última década, uma explosão na demanda por drones comerciais e militares forçou os roboticistas (e drones não passam de robôs voadores) a conceber um novo tipo de motor eletromagnético extremamente leve, furtivamente silencioso e capaz de transportar cargas pesadas. Para projetar esse motor, os engenheiros se valeram de um trio de tecnologias convergentes: primeiro, avanços em machine learning permitiram realizar simulações de voo complicadíssimas; em seguida, avanços na ciência dos materiais possibilitaram a criação de peças leves o bastante para voar e duráveis o suficiente para proporcionar segurança; e, por fim, novas técnicas de fabricação — a impressão 3D — permitiram produzir esses motores e rotores em larga escala. E por falar em funcionalidade: a eficiência dos motores elétricos é de 95% comparada aos 28% de um motor a gasolina.[21]

Mas pôr um sistema PED para voar é outra história. Ajustar uma dúzia de motores a intervalos de microssegundos está além da capacidade de um piloto humano. Sistemas PED são *"fly-by-wire"* — ou seja, controlados por computador. E o que esse nível de controle cria? Uma nova onda de tecnologias convergentes.

Primeiro, uma revolução da IA nos deu capacidade de processamento computacional para absorver uma quantidade inimaginável de dados, interpretá-los em microssegundos e manipular de forma adequada em tempo real uma variedade de motores elétricos e de superfícies de controle de aeronaves. Segundo, para digerir todos esses dados, é preciso substituir os olhos e os ouvidos do piloto por sensores capazes de processar de uma vez gigabits de informação. Isso quer dizer GPS, Lidar (Light Detection And Ranging), radar, um conjunto de processos de obtenção de imagens ópticas avançadas e uma infinidade de acelerômetros microscópicos — muitos deles, dividendos colhidos após uma década de guerras dos smartphones.

Por fim, precisaremos de baterias. Elas terão de durar o bastante para superar a ansiedade de alcance — o medo de ficar sem energia em pleno trajeto — e gerar impulso suficiente, ou o que os engenheiros chamam de "densidade de potência", para tirar o veículo, um piloto e quatro passageiros do chão. Para conseguir uma sustentação dessas, o requisito mínimo é 350 quilowatts-hora por quilo.[22] Isso era inatingível até pouco tempo. Graças ao crescimento explosivo tanto da energia solar como do carro elétrico, hoje há mais necessidade de sistemas melhores de armazenagem de energia, resultando em uma nova geração de baterias de íon de lítio com maior duração e, de quebra, potência suficiente para sustentar carros voadores.

Na equação do *ridesharing* aéreo, solucionamos a segurança e o ruído, mas o preço exige mais algumas inovações. Sem mencionar o problema nada desprezível de fabricar eVTOLs suficientes para o projeto da Uber. Atender à demanda desproporcional da Uber a um preço acessível exigiria que os fornecedores produzissem mais rápido do que na Segunda Guerra Mundial, quando um recorde ainda não batido[23] de 18 mil caças B24 foi alcançado em dois anos — ou, no auge da produção, um avião a cada 63 minutos.

Para isso acontecer — o que seria preciso para fazer dos carros voadores uma realidade para todos, e não um luxo da elite —, necessitamos de outro trio de convergências. Para começar, o design com ajuda de computador e a simulação precisam ser ágeis o bastante para projetar os aerofólios, asas e fuselagens exigidos para um voo comercial. Ao mesmo tempo, a ciência de materiais tem de criar compósitos de fibra de carbono e ligas metálicas complexas leves o suficiente para voar, porém duráveis o bastante para oferecer segurança. Por fim, as impressoras 3D precisam ser muito rápidas, para transformar esses novos materiais em peças utilizáveis, pulverizando todos os recordes prévios de fabricação de aeronaves. Em outras palavras, *exatamente* o ponto em que estamos hoje.

Com certeza, você pode jogar esse jogo com qualquer nova tecnologia. As meias não poderiam ter sido inventadas enquanto uma revolução nos materiais não transformasse fibras vegetais em tecidos macios e uma revolução na fabricação de ferramentas não transformasse ossos de animais em agulhas de costura. Isso é progresso, sem dúvida, mas sua natureza é linear. Levou milhares de anos para ir dos primeiros passos no universo das meias para a grande inovação seguinte: a domesticação de animais (que nos deu a lã de carneiro). E milhares de anos mais para a eletricidade levar à produção de meias em larga escala.

Mas a aceleração vertiginosa que presenciamos hoje — ou seja, a resposta para "Por que agora?" — resulta da conversão de uma dúzia de tecnologias diferentes. É o progresso a um ritmo nunca visto. E isso é um problema para nós.

O cérebro humano evoluiu em um ambiente local e linear. Local porque quase tudo com que interagíamos ficava a menos de um dia de caminhada. E linear porque o ritmo da mudança foi excepcionalmente lento. A vida do seu tataravô era muito parecida com a do trineto dele. Mas hoje vivemos em um mundo global e exponencial. Global significa que se algo acontece do outro lado do planeta sabemos segundos depois (e nossos computadores, apenas milissegundos depois). Exponencial, por sua vez, refere-se à velocidade galopante do desenvolvimento atual. Esqueça a diferença entre gerações; hoje em dia a revolução pode chegar em questão de meses. Mas nosso cérebro — que em 2 mil anos nunca passou por um upgrade de hardware — não foi projetado para tal escala de velocidade.

E se temos dificuldade em acompanhar o crescimento de inovações singulares, estamos completamente desamparados em face das convergentes. Em outras palavras, na "Lei dos Retornos Acelerados",[24] Ray Kurzweil fez as contas e concluiu que vamos passar por 20 mil anos de mudança tecnológica nos próximos cem anos. Essencialmente, no próximo século, iremos duas vezes do surgimento da agricultura ao nascimento da internet. Isso significa que avanços capazes de quebrar paradigmas, mudar o jogo, transformar irremediavelmente o cenário — como o *ridesharing* aéreo acessível — não serão ocasionais. Acontecerão o tempo todo.

Significa, é claro, que carros voadores são apenas o começo.

MAIS OPÇÕES DE TRANSPORTE

Carros autônomos

Há pouco mais de um século, outra transformação no transporte estava a caminho. A convergência triplamente ameaçadora do motor de combustão interna, da linha de montagem e da indústria petrolífera emergente punha um fim a cavalos e carroças.

Os primeiros carros por encomenda chegaram às ruas perto do fim do século XIX, mas a introdução do Modelo T[25] produzido em massa por Ford em 1908 marcou o verdadeiro ponto de virada. Apenas quatro anos mais tarde,[26] levantamentos do trânsito em Nova York registraram mais carros do que cavalos nas ruas. E embora a velocidade dessa mudança tenha sido estonteante, não era inesperada. Sempre que uma nova tecnologia é dez vezes mais valorizada — quando fica mais barata, mais rápida e melhor —, poucas coisas conseguem desacelerá-la.

Nas décadas subsequentes à invenção de Ford, com uma explosão cambriana de parafernálias, o carro deu uma nova cara ao mundo: semáforos e sinalização, rodovias interestaduais e intersecções em múltiplos níveis, estacionamentos em pátios e prédios, postos de gasolina em cada esquina, o drive-thru, lava-rápidos, subúrbios, poluição, congestionamentos. Mas, mesmo enquanto testemunhamos o nascimento do *ridesharing* aéreo — que, ao que parece, provavelmente vai substituir muitas partes desse sistema —, uma revolução diferente o ameaça de todo: os carros autônomos.

Embora o primeiro carro sem motorista fosse um "prodígio americano" controlado por rádio[27] que percorreu as ruas de Nova York na década de 1920, era pouco mais que um brinquedo avantajado. Sua encarnação mais moderna surgiu do desejo militar de reabastecer as tropas sem correr risco. Os roboticistas tentaram atender a essa necessidade na década de 1980; a indústria automotiva começou a prestar atenção a ela nos anos 1990. Muitos datam o avanço crucial em 2004,[28] quando a Agência de Projetos de Pesquisa Avançados de Defesa (Darpa, na sigla em inglês) criou uma competição de carros autônomos — o Grande Desafio Darpa — para turbinar seu desenvolvimento.

A competição serviu a seu propósito. Uma década mais tarde, a maioria das grandes fabricantes automotivas e um punhado de empresas de tecnologia importantes tinham programas de carros autônomos funcionando a pleno vapor. Em meados de 2019, dezenas de veículos rodaram milhões de quilômetros nas estradas da Califórnia.[29] Montadoras tradicionais como BMW, Mercedes e Toyota competiam por esse mercado emergente com gigantes da tecnologia como Apple, Google (via Waymo), Uber e Tesla, experimentando projetos diferentes, coletando dados e aperfeiçoando redes neurais.

Dentre elas, a Waymo parece estar bem situada para um domínio inicial do mercado. Antes um projeto de carro autônomo do Google, a Waymo começou seu trabalho em 2009 ao contratar Sebastian Thrun, professor de Stanford vencedor do Grande Desafio Darpa. Thrun ajudou a desenvolver o sistema de IA que se tornaria o cérebro por trás da frota autônoma da Waymo. Cerca de dez anos depois, em março de 2018, a empresa adquiriu essa frota,[30] comprando 20 mil Jaguars esportivos autônomos para seu futuro serviço de *ridesharing*. Com todos esses veículos, a Waymo pretendia realizar 1 milhão de viagens *por dia* em 2020 (pode parecer ambicioso, mas a Uber realiza 15 milhões de viagens diárias). Para compreender a importância desse número ou qualquer coisa próxima a ele, considere que quanto maior a quilometragem de um carro autônomo, mais dados ele coleta — e dados são a gasolina do mundo sem motoristas.

Desde 2009, os veículos da Waymo rodaram mais de 16 milhões de quilômetros. Em 2020, com 20 mil Jaguars realizando milhares de viagens por dia, serão acrescentados aproximadamente mais de 1 milhão de quilômetros por dia. Toda essa quilometragem é importante. Conforme rodam, os veículos autônomos coletam informação, como a posição da sinalização de trânsito e a condição das pistas. Mais informação equivale a algoritmos mais inteligentes, que equivalem a carros mais seguros — e essa combinação é justamente a vantagem necessária para dominar o mercado.

Para competir com a Waymo, a General Motors[31] compensa o tempo perdido com alto investimento. Em 2018, despejou 1,1 bilhão de dólares na GM Cruise, sua divisão de veículos autônomos. Recebeu um investimento adicional do conglomerado japonês Softbank apenas meses após o banco ter adquirido uma posição de 15% na Uber. Com todo esse capital circulando por aí, com todos esses pesos pesados envolvidos, quanto tempo levará para a transformação ocorrer?

"Será mais rápido do que qualquer um espera",[32] afirma Jeff Holden (que também é o fundador do laboratório de IA e do grupo de carros autônomos da Uber). "Mais de 10% dos *millennials* preferem usar serviços de *ridesharing* a possuir o próprio carro, mas isso é apenas o começo. Carros autônomos serão de quatro a cinco vezes mais baratos — possuir um automóvel passa a ser não só desnecessário, como também custoso. Meu palpite é que daqui a uma década provavelmente precisaremos de uma permissão especial para dirigir um carro operado por humano."

Para o consumidor, os benefícios dessa transformação são inúmeros. A maioria dos americanos costuma tolerar uma viagem diária de meia hora ou menos, mas com um motorista robô ao volante e um carro que pode virar qualquer coisa — um dormitório, uma sala de reuniões, um cinema —, talvez as pessoas não se importem de morar longe, onde o custo dos imóveis é menor, o que permite comprar mais metros quadrados de casa por menos dinheiro. Abrir mão do carro possibilita transformar a garagem num cômodo extra e a entrada em um jardim, e não será preciso gastar dinheiro com gasolina — nunca mais. Os carros são elétricos e recarregam durante a noite. Será o fim da procura por uma vaga para estacionar ou da irritação com multas por parar em local proibido, ou por excesso de velocidade. E o fim do bafômetro. NOTA: a receita dos municípios pode despencar.

Todas essas tendências são de natureza disruptiva. Mas elas não são nada em comparação a duas forças ainda maiores. Primeiro, a desmonetização, ou eliminar o dinheiro da equação. O custo do *ridesharing* de carros autônomos é 80% menor do que o custo de possuir um carro pessoal,[33] e eles ainda vêm com um motorista robô. Segundo: a economia de tempo. O tempo médio da viagem diária,[34] ida e volta, nos Estados Unidos é 50,8 minutos em um trajeto exasperante e entorpecedor que poderá ser aproveitado para dormir, ler, tuitar, transar... o que você achar melhor.

Para as grandes fabricantes, esses acontecimentos anunciam o começo do fim, sobretudo aquelas que vendem o carro como propriedade, não como serviço. Em 2019, havia mais de cem marcas de automóveis.[35] Nos próximos dez anos, podemos esperar que a consolidação da indústria automotiva como tecnologia exponencial volte seu olhar diretamente para Detroit, Alemanha e Japão.

A taxa de uso será o primeiro indutor dessa consolidação. Hoje, um proprietário utiliza seu veículo em média menos de 5% do tempo,[36] e uma família de dois adultos em geral tem dois carros. Assim, um único carro autônomo pode servir meia dúzia de famílias por dia. Seja lá como operemos esses números, o aumento dramático na eficiência cooperativa reduzirá de maneira significativa a necessidade de fabricar mais carros.

A funcionalidade será o segundo indutor. Em um mercado de *ridesharing*, as empresas que coletam mais dados e reúnem as maiores frotas são as que oferecem tempos de espera mais curtos e viagens mais baratas. Barato e rápido são os dois principais fatores que impactam a escolha do consumidor nesse tipo de mercado. A marca de carro que os usuários do *ridesharing* compartilham importa muito menos. Em geral, se o veículo está limpo e em boas condições, o consumidor nem nota a marca — é mais ou menos como nos sentimos hoje em relação à Uber ou à Lyft. Assim, se meia dúzia de veículos diferentes é tudo de que precisamos para agradar o consumidor, uma onda de extinções automotivas se seguirá à nossa onda de consolidação automotiva.

O setor automobilístico não será a única indústria impactada. Os Estados Unidos possuem cerca de meio milhão de vagas de estacionamento.[37] Em um levantamento recente, Eran Ben-Joseph, professor de planejamento urbano do MIT,[38] constatou que nas principais cidades norte-americanas "os estacionamentos cobrem mais de um terço da área terrestre", enquanto o país como um todo reserva para nossos veículos uma área maior do que Delaware e Rhode Island juntas. Mas se o carro como serviço tomar o lugar do carro como algo que você precisa estacionar, estamos prestes a testemunhar um imenso boom do mercado imobiliário à medida que todo esse espaço for redefinido. Porém, grande parte dele também pode se destinar a *skyports*. Seja qual for o caso, o transporte daqui a dez anos será radicalmente diferente — e essa previsão não inclui tudo o que aconteceu após Elon Musk perder a paciência.

HYPERLOOP

Em uma região despovoada do deserto nos arredores de Las Vegas, montada sobre um trecho de trilhos high-tech, uma cápsula prateada reluzente começa a vibrar. Menos de um segundo depois, ela entra em movimento, transformando-se num borrão que se move a mais de 150 quilômetros por hora. Dez segundos depois, ela percorre o Virgin Hyperloop One Development Track a cerca de 390 quilômetros por hora. Se os trilhos prosseguissem — como farão um dia —, esse trem de alta velocidade o levaria de Los Angeles a San Francisco no tempo que você leva para assistir a um episódio da sua série favorita.

O Hyperloop é uma criação de Elon Musk,[39] uma dentre uma série de inovações no transporte por parte de alguém determinado a deixar sua marca na indústria. Em *Bold*, exploramos suas duas primeiras aventuras: a SpaceX, empresa de foguetes, e a Tesla, de carros elétricos. A SpaceX ajudou a revitalizar os lançamentos comerciais aeroespaciais, transformando uma fantasia numa indústria de 1 bilhão de dólares. Nesse meio-tempo, a rápida ascensão da Tesla à posição de proeminência sacudiu as principais empresas automotivas de sua apatia no setor. Como resultado, elas começam a abandonar a produção de seus vorazes bebedores de gasolina em favor de frotas inteiramente recarregáveis.

E ambas as empresas começaram a prosperar antes de Musk se irritar.

Em 2013, numa tentativa de abreviar a longa viagem entre Los Angeles e San Francisco, o legislativo estadual da Califórnia propôs alocar um orçamento de 68 bilhões de dólares no que parecia ser o trem-bala mais lento e caro da história. Musk ficou indignado. O custo era alto demais, e o trem, lento demais. Reunindo-se com um grupo de engenheiros da Tesla e da SpaceX, ele publicou um artigo explicando o conceito do "Hyperloop", uma rede de transporte de alta velocidade que usava levitação magnética para impelir cápsulas de passageiros por tubos de vácuo a velocidades superiores a 1200 quilômetros por hora. Se bem-sucedido, você poderia atravessar a Califórnia em 35 minutos — ou mais rápido que aviões comerciais.

A ideia de Musk não era inteiramente nova. Entusiastas de ficção científica concebem há muito tempo a viagem de alta velocidade por tubos de baixa pressão. Em 1909, o pioneiro dos foguetes Robert Goddard[40] propôs um conceito de trem a vácuo similar ao Hyperloop. Em 1972, a Rand Corporation[41] ampliou a ideia em uma ferrovia subterrânea supersônica. Mas assim como os carros voadores, transformar ficção científica em fato científico exigia uma série de convergências.

A primeira não era tecnológica. Antes, tinha a ver com as pessoas envolvidas. Em janeiro de 2013,[42] Musk e o investidor de risco Shervin Pishevar estavam em uma missão humanitária em Cuba quando entraram numa discussão sobre o Hyperloop. Pishevar enxergava possibilidades, Musk achava que ficaria ainda mais sobrecarregado. Ele estava irritado o bastante para publicar um *white paper*, mas ocupado demais para fundar outra empresa. Assim, Pishevar, com a bênção de Musk, decidiu fazer isso sozinho. Em parceria com Peter (um dos autores deste livro), Jim Messina, antigo vice-chefe de gabinete da Casa Branca de Obama, e os empresários da tecnologia Joe Lonsdale e David Sacks como membros fundadores da diretoria, Pishevar criou o Hyperloop One. Dois anos depois, o Virgin Group investiu na ideia, Richard Branson foi eleito presidente da empresa, e nascia a Virgin Hyperloop One.

As outras convergências exigidas eram de natureza tecnológica. "O Hyperloop existe", afirma Josh Giegel,[43] cofundador e diretor técnico do Hyperloop One, "devido à rápida aceleração da eletrônica de potência, da modelagem computacional, das ciências dos materiais e da impressora 3D. A potência computacional está crescendo tanto hoje que podemos rodar simulações de *hyperloop* na nuvem, testando a segurança e a confiabilidade do sistema. E os avanços na fabricação, que vão da impressão 3D de sistemas eletromagnéticos à de grandes estruturas de concreto, mudaram o jogo em termos de preço e de velocidade."

É graças a essas convergências, em estágios de desenvolvimento variados, que existem hoje dez grandes projetos da Hyperloop One espalhados pelo mundo. Chicago a Washington em 35 minutos. Pune a Mumbai em 25 minutos. Segundo Giegel: "A meta do Hyperloop é a certificação em 2023. Em 2025, a empresa planeja ter múltiplos projetos em construção e realizar os testes iniciais com passageiros".

Então pense no seguinte cronograma: introdução do carro autônomo em 2020. Certificação do Hyperloop e do *ridesharing* aéreo em 2023. Em 2025, sair de férias pode ter um significado totalmente diferente. A ida para o trabalho sem dúvida terá. E Musk estava apenas começando.

BORING COMPANY

A residência principal de Elon Musk em Los Angeles fica em Bel Air, distante 27 quilômetros da sede da SpaceX, em Hawthorne. Num dia bom, a viagem entre os dois endereços leva 35 minutos — mas 17 de dezembro de 2016 (por coincidência, aniversário do primeiro voo dos irmãos Wright) não foi um dia bom. Um engavetamento na Via Expressa 405 pôs a paciência de Musk à prova. E também lhe deu tempo para tuitar:[44]

@elonmusk — 17 dez. 2016: "Trânsito enlouquecedor. Vou construir uma tuneladora e começar a cavar…".
@elonmusk — 17 dez. 2016: "Vai se chamar 'The Boring Company'".
@elonmusk — 17 dez. 2016: "Furar é o que fazemos".
@elonmusk — 17 dez. 2016: "Vou fazer isso mesmo, é sério".

E fez.
Oito meses depois, em 20 de julho, aniversário da aterrisagem da Apollo na Lua, Musk tuitou outra vez: "Acabo de receber aprovação do governo para a The Boring Company construir um Hyperloop Nova York-Filadélfia-Baltimore--Washington. Nova York-Washington em 29 minutos". Na primavera de 2018, com 113 milhões de dólares de Musk,[45] a Boring Company começou a furar. A construção foi iniciada nas duas pontas da linha, Washington e Nova York, e ao mesmo tempo se começou um trecho em Maryland de 16,6 quilômetros que terminará por conectar ambas. E embora o túnel esteja sendo projetado como "compatível com Hyperloop" — ou seja, capaz de abrigar um Hyperloop —, o plano atual exige um trem-bala como passo intermediário, em que os primeiros trens viajarão a cerca de 240 quilômetros por hora (muito abaixo dos mais de 1200 quilômetros por hora propostos por Musk).

Eles também fecharam um contrato para construir uma via subterrânea com três paradas[46] sob o extenso centro de convenções de Las Vegas — que esperam ter inaugurado para o Consumer Electronics Show de 2021. Embora não seja um Hyperloop — a distância é pequena demais para se dar a todo esse trabalho —, ele representa o primeiro cliente de fato da Boring Company.

Finalmente, ainda que a empresa tenha começado a perfurar usando máquinas convencionais, Musk aprendeu com o manual da Tesla e está projetando tuneladoras elétricas[47] três vezes mais potentes que a versão tradicional.

Vale a pena observar também que todas as inovações discutidas neste capítulo funcionarão em sincronia. Minutos antes de o Hyperloop chegar à uma estação perfurada pela Boring Company, a IA responsável pelo serviço de *ridesharing* aéreo da Uber e a IA responsável pelo *ridesharing* autônomo da Waymo despacharão um enxame de veículos para a estação para buscar os passageiros na etapa seguinte da viagem. E, se isso não é rápido o bastante para você, em pouco tempo é bem possível que haja mais uma opção disponível.

FOGUETES: LOS ANGELES A SYDNEY EM TRINTA MINUTOS

Como se carros autônomos, carros voadores e trens de alta velocidade não bastassem, em setembro de 2017, falando no Congresso Astronáutico Internacional, em Adelaide, na Austrália,[48] Musk prometeu que, pelo preço de uma passagem aérea de classe econômica, seus foguetes voarão "para qualquer lugar da Terra em menos de uma hora".

Musk fez essa promessa ao fim de um discurso de uma hora diante de 5 mil executivos aeroespaciais e funcionários do governo. A apresentação era antes de mais nada uma atualização sobre o megafoguete da SpaceX, Starship, projetado para levar humanos a Marte. O fato de Musk querer agora usar sua nave espacial interplanetária para levar passageiros terrestres foi o equivalente na indústria do transporte à famosa frase com que Steve Jobs (quase) encerrava suas demonstrações: "Calma, calma... Tem mais uma coisa".

A Starship viaja a 17 500 quilômetros por hora. Isso é uma ordem de magnitude mais rápida do que a do Concorde. Pense no que isso significa de fato: Nova York a Shanghai em 39 minutos. Londres a Dubai em 29 minutos. Hong Kong a Cingapura em 22 minutos. Será um feito e tanto.

Então, até que ponto a Starship é uma realidade?

"Provavelmente poderíamos demonstrar isso [a tecnologia] em três anos", explicou Musk, "mas vai levar um tempo até ajustar a segurança. O padrão é alto. A aviação é incrivelmente segura. Você está mais seguro num avião do que em casa."

A demonstração segue conforme o planejado. Em setembro de 2017, Musk anunciou sua intenção de aposentar a atual frota de foguetes,[49] tanto o Falcon 9 como o Falcon Heavy, e substituí-los por Starships até a década de 2020. Menos de um ano depois, o prefeito de Los Angeles, Eric Garcetti, tuitou que o SpaceX planejava iniciar a construção das instalações de mais de 70 mil metros quadrados para a produção de foguetes perto do porto de Los Angeles.[50] E abril de 2019 representou um marco ainda maior: os primeiros testes de voo do foguete.[51] Assim, em algum momento na próxima década, tomar um voo para almoçar na Europa pode ser parte da nossa rotina.

ENXERGANDO O FUTURO

A questão logo vai ser pessoal. Antes do fim da próxima década, essa revolução nos transportes impactará alguns dos aspectos mais privados de nossa vida. Onde decidimos viver e trabalhar, quanto tempo livre temos, como passamos esse tempo. Ela vai mudar o aspecto das cidades e a experiência de viver em uma, o tamanho da oferta "local" do aplicativo de namoro, a demografia do distrito escolar "local" — a lista não acaba.

No entanto, tente visualizá-la. Sério. Largue o livro, feche os olhos e se pergunte: como essa transformação nos transportes mudará sua vida? Comece de maneira modesta. Considere seu dia. Que tarefas você tem para resolver? Que lojas precisa visitar?

Tem certeza disso?

Essa última pergunta pode parecer inútil, mas pense o seguinte: em 2006, o varejo estava em expansão acelerada. A Sears valia 14,3 bilhões de dólares;[52] a Target, 38,2 bilhões de dólares;[53] o Walmart, impressionantes 158 bilhões de dólares.[54] Nesse ínterim, uma recém-chegada ao varejo chamada Amazon valia 17,5 bilhões de dólares.[55] Agora avancemos uma década. O que mudou?

O comércio tradicional sofreu um duro golpe.[56] Em 2017, a Sears presenciou uma desvalorização de 94% e terminou a década valendo 0,9 bilhão de dólares, antes de fechar as portas. A Target se saiu melhor, terminando em 55 bilhões de dólares. O Walmart teve o melhor desempenho, com 243,9 bilhões de dólares. Mas e a Amazon? A Loja de Tudo encerrou a era valendo 700 bilhões de dólares (atualmente, 800 bilhões de dólares). E é uma aposta razoavelmente segura afirmar que, como resultado disso, sua vida mudou.

Mas tudo o que a Amazon fez para mudar sua vida foi usar uma tecnologia nova, a internet, para expandir uma tecnologia velha, os catálogos de reembolso postal. A iminente transformação dos transportes reside na convergência de meia dúzia de tecnologias exponenciais e na confluência de meia dúzia de mercados. Não é fácil imaginar toda essa sobreposição de impactos, certo?

Não é fácil para ninguém. Estudos por ressonância magnética[57] mostram que algo peculiar acontece quando nos projetamos no futuro: o córtex pré-frontal medial para de funcionar. Essa é uma parte do cérebro que fica ativada quando pensamos sobre nós mesmos. Quando pensamos em outras pessoas, o inverso ocorre: ela é desativada. E quando pensamos em perfeitos desconhecidos, torna-se ainda mais inativa.

Seria de esperar que pensar sobre nosso futuro excitaria o córtex pré-frontal medial. Porém, o contrário acontece. Ele começa a se desligar, ou seja, o cérebro trata a pessoa em que iremos nos tornar como um desconhecido. E quanto mais distante no futuro a pessoa se projeta, maior o estranhamento. Se há alguns parágrafos você parou para pensar sobre como a revolução dos transportes impactaria seu futuro eu, esse eu em que você pensou literalmente não era você.

É por isso que temos dificuldade em guardar dinheiro para a aposentadoria, fazer dieta ou realizar exames regulares de próstata — o cérebro acredita que a pessoa que se beneficiaria dessas escolhas difíceis não é a mesma que faz tais escolhas. Também é por isso que, se você está lendo este capítulo e achando difícil processar a velocidade da mudança, talvez hesitando entre "quanta bobagem" e "minha nossa", bem, você não está sozinho. Junte isso às limitações impostas por nosso cérebro local e linear em um mundo global e exponencial, e as previsões exatas se tornam um problema considerável. Mesmo sob condições normais, essas características embutidas em nossa neurobiologia nos deixam cegos para o que está logo ali na frente.

Mas as condições estão longe de ser "normais". Não só há uma dúzia de tecnologias exponenciais que começam a convergir, como também seu impacto está desencadeando uma série de forças secundárias. Essas forças vão desde nosso acesso crescente a informação, dinheiro e ferramentas até nossos consideráveis ganhos em termos de tempo produtivo e expectativa de vida. Essas forças são outro tsunami da mudança, acelerando nossa aceleração, ampliando a velocidade e a escala da disrupção iminente. O que significa tanto uma boa como uma má notícia.

A má notícia tem menos a ver com o que está por vir e mais com nossa (in)capacidade de adaptação à mudança. Uma série de estudos[58] mostra que a convergência da IA e da robótica poderia ameaçar uma porcentagem significativa da força de trabalho americana nas próximas décadas. Dezenas de milhões de pessoas terão de ser retreinadas e reinstrumentalizadas se esperamos acompanhar o ritmo da mudança. A boa notícia é o que há do outro lado desse retreinamento.

Toda vez que uma tecnologia passa a exponencial, descobrimos uma oportunidade do tamanho da internet guardada dentro dela. Pense na própria internet. Enquanto aparentemente dizimava indústrias — música, mídia, varejo, viagens, táxis —, um estudo da McKinsey Global Research[59] revelou que a rede mundial criava 2,6 novos empregos para cada um que extinguia.

Ao longo da próxima década, veremos esse tipo de oportunidade surgir em dezenas de indústrias. Como resultado, se a internet é nosso benchmark, mais riqueza poderia ser criada nos próximos dez anos do que em todo o século anterior. A situação nunca esteve tão boa para empreendedores — incluindo, felizmente, aqueles com consciência ambiental e social. O tempo que leva para levantar capital somente encolheu de alguns anos para alguns minutos. A formação de unicórnios, ou o tempo que leva para ir de "tive uma ótima ideia" para "dirijo uma empresa de 1 bilhão de dólares", era antes uma longa tentativa que durava duas décadas. Hoje, em alguns casos, não leva mais de um ano.

Infelizmente, organizações estabelecidas passarão por maus bocados para acompanhar o ritmo. Nossas maiores empresas e agências governamentais foram projetadas em outro século, para fins de segurança e estabilidade. Construídas para durar, como diz o ditado. Não foram feitas para suportar a mudança rápida e radical. Segundo Richard Foster,[60] de Yale, é por isso que 40% das atuais empresas Fortune 500 sumirão em dez anos e vão ser substituídas, na maior parte, por outras das quais ainda nem ouvimos falar.

As instituições sofrem de forma similar. O sistema educacional foi uma invenção do século XVIII, planejado para processar crianças em lotes e prepará--las para uma vida de trabalho nas fábricas. O mundo hoje não é mais esse, o que explica por que esse sistema não atende a nossas necessidades atuais — e essa não é a única instituição sob pressão.

Por que a taxa de divórcios é tão elevada? Um dos motivos é que o casamento foi criado há mais de 4 mil anos, quando nos casávamos na adolescência e a morte chegava aos quarenta anos. Essa instituição foi projetada para um compromisso máximo de vinte anos. Mas, graças aos avanços na saúde e na expectativa de vida, hoje é possível termos meio século de vida a dois — o que confere todo um novo significado à expressão "até que a morte nos separe".

A questão é a seguinte: conseguir enxergar o que vem pela frente e ter agilidade suficiente para se adaptar ao que o futuro trará nunca foi tão importante. E, em três partes, é exatamente isso que este livro faz.

Na parte I, exploramos nove tecnologias atualmente com curvas de crescimento exponencial, examinando em que ponto se encontram hoje e para onde vão. Avaliamos também uma série de forças secundárias — chame-as de ondas de choque tecnológico — e verificamos como estão acelerando mais ainda o ritmo da mudança no mundo e amplificando a escala de seu impacto.

Na parte II, focada em oito indústrias, veremos como as tecnologias convergentes estão remodelando nosso mundo. Do futuro da educação e do entretenimento à transformação da saúde e dos negócios, essa seção oferece uma planta baixa do amanhã, um mapa das grandes alterações que estão ocorrendo na sociedade, bem como um manual para todos os interessados em surfar nessa onda.

Na parte III, passaremos ao cenário mais amplo, analisando uma série de riscos ambientais, econômicos e existenciais que ameaçam o progresso que estamos prestes a vivenciar. Em seguida, expandiremos nossa visão da próxima década para o século todo, concentrando-nos em cinco grandes migrações humanas — deslocamentos por motivos econômicos, sublevações ocasionadas pela mudança climática, exploração de mundos virtuais, colonização do espaço exterior e colaborações de mentes em colmeia —, que, como num passe de mágica, farão desaparecer tecnologias em... bem, em todas as áreas.

Mas, antes disso tudo, como Steve Jobs gostava de dizer: calma, calma... Tem mais uma coisa.

AVATARES

É 2028, e você está tomando café da manhã em sua casa em Cleveland, Ohio. Você se levanta da mesa, dá um beijo de despedida nos seus filhos e se dirige à porta. Você tem uma reunião no centro de Nova York nesse dia. Sua IA pessoal sabe seus horários, assim há um Uber autônomo à sua espera. Quando você sai, o carro sem motorista encosta na calçada.

Tempo transcorrido? Menos de dez segundos.

Como você está usando um sensor de sono — e sua IA também sabe que você não dormiu bem à noite —, é a oportunidade perfeita para um cochilo. E seu Uber, equipado com um banco traseiro que reclina horizontalmente e um jogo de lençóis limpos, proporciona justamente isso.

O carro-leito o transporta à estação local do Hyperloop, onde seu eu revigorado é transferido para uma cápsula de alta velocidade e, em seguida, despachado para o centro. Da cobertura de um arranha-céu em Cleveland, você voa de Uber Elevate até um dos *mega-skyports* de Manhattan. Então toma o elevador para o térreo, onde outro Uber autônomo o aguarda para levá-lo a sua reunião em Wall Street. Tempo total transcorrido de uma porta a outra: 59 minutos.

Para tomar emprestado um termo da computação, esse é um futuro de "comutação de pacotes humanos", no qual escolhemos nossa prioridade — velocidade, conforto ou custo —, especificamos o ponto de partida e de chegada e deixamos que o sistema cuide do resto. Sem confusões, sem omissões de detalhes e com opções de reserva sempre disponíveis.

Calma, calma, tem mais uma coisa.

Embora as tecnologias aqui discutidas venham um dia a dizimar a indústria de transporte tradicional, há algo no horizonte que levará disrupção ao próprio ato de viajar. E se, para ir de A a B, você não precisasse mover o corpo do lugar? E se pudesse fazer como o Capitão Kirk e dizer apenas: *"Beam me up, Scotty"*.

Bem, na falta do teletransporte de *Jornada nas Estrelas*, há o mundo dos avatares.

Um avatar é seu segundo eu, em geral em uma de duas formas. A versão digital existe há cerca de duas décadas. Surgida na indústria do videogame, foi popularizada por sites de mundos virtuais como Second Life e best-sellers como *Jogador nº 1*. Um *headset* de RV teleporta seus olhos e ouvidos para outra localização, enquanto um conjunto de sensores hápticos controla a sensação do tato. De repente, você está dentro de um avatar em um mundo virtual. O avatar no mundo virtual se move da mesma maneira que nos movemos no mundo real. Com uma tecnologia dessas, você pode dar uma palestra no conforto da sua sala, economizando uma ida ao aeroporto, um voo que cruza o país e o trajeto até o centro de conferências.

Robôs são a segunda forma de avatar. Imagine um robô humanoide que possa ser ocupado à vontade. Numa cidade distante, talvez haja um serviço de locação de robôs por minuto — via um tipo diferente de empresa de *ridesharing* —, ou talvez você tenha avatares robôs sobressalentes distribuídos pelo país. Seja como for, ponha os óculos de RV e um traje háptico e você poderá teleportar seus sentidos para esse robô. Isso lhe permitirá circular à vontade, apertar mãos, fazer coisas — tudo sem sair de casa.

E assim como o resto da tecnologia de que estamos falando, esse futuro tampouco está muito distante. Em 2018, a All Nippon Airways (ANA)[61] financiou o ANA Avatar XPRIZE de 10 milhões de dólares para acelerar o desenvolvimento de avatares robóticos. Por quê? Porque a ANA sabe que essa é uma das prováveis tecnologias disruptivas da indústria aérea — a indústria onde atuam — e quer estar preparada.

Pondo isso em outros termos, a propriedade individual do carro gozou de um século de hegemonia. A primeira ameaça real que enfrentou, o atual modelo de *ridesharing*, surgiu apenas na última década. Mas esse modelo não terá nem dez anos para ser dominante. Ele já está prestes a dar lugar ao carro autônomo, que está no limiar da disrupção do carro voador, por sua vez prestes a ser suplantado pelo Hyperloop e por foguetes para toda parte. Sem falar nos avatares. O mais importante: toda essa mudança acontecerá nos próximos dez anos.

Bem-vindo ao futuro, que é mais rápido do que você pensa.

2. O salto à velocidade da luz: tecnologias exponenciais, parte I

COMPUTAÇÃO QUÂNTICA

O lugar mais gelado do universo fica na ensolarada Califórnia.[1] Nos arredores de Berkeley, em um armazém descomunal, há um enorme tubo branco. Trata-se de um refrigerador criogênico de última geração resfriado a 0,003 graus Kelvin, ou um pouco acima do zero absoluto.

Em 1995, astrônomos no Chile detectaram temperaturas de 1,15 graus Kelvin no interior da nebulosa do Bumerangue.[2] A descoberta estabeleceu um recorde: o lugar mais frio que ocorria de forma natural no cosmos. O tubo branco, por sua vez, é quase um grau abaixo disso — o que faz dele tanto o lugar mais gelado do universo como o tipo de frio radical necessário para manter um qubit em superposição.

Manter o que no quê?

Na computação clássica, "bit" é um pedaço minúsculo de informação binária — um ou zero. O "qubit", ou bit quântico, é a mais nova versão dessa ideia. Ao contrário dos bits binários, que representam um cenário e/ou, qubits utilizam a "superposição", que lhes permite estar em múltiplos estados ao mesmo tempo. Pense nos dois lados de uma moeda: cara ou coroa. Agora pense numa moeda girando — em que os dois estados são vislumbrados ao mesmo tempo. Essa é a superposição, mas para atingi-la são necessárias temperaturas superfrias.

Superposição significa potência. Muita potência. Um computador convencional exige milhares de passos para a resolução de um problema difícil, mas um computador quântico pode realizar a mesma tarefa em no máximo dois ou três passos. Pondo em perspectiva, o Deep Blue da IBM,[3] que derrotou Garry Kasparov no xadrez, examinava 200 milhões de movimentos por segundo. Uma máquina quântica consegue elevar isso para 1 trilhão ou mais — e esse é o tipo de potência oculta dentro daquele grande tubo branco.

O tubo pertence à Rigetti Computing, uma empresa com oito anos de existência no centro de uma das sagas de Davi versus Golias mais interessantes da tecnologia. Hoje, os principais concorrentes na disputa pela "supremacia quântica" — isto é, a corrida para construir um computador quântico capaz de resolver um problema insolúvel para as máquinas clássicas — são gigantes como Google, IBM e Microsoft, ambientes acadêmicos de ponta como Oxford e Yale, os governos da China e dos Estados Unidos e a já mencionada Rigetti.

A empresa foi fundada em 2013, quando um físico chamado Chad Rigetti concluiu que os computadores quânticos estavam muito mais próximos de se tornar realidade do que a maioria das pessoas suspeitava e decidiu que cabia a ele dar o empurrãozinho final na tecnologia. Assim, Chad largou um emprego confortável como pesquisador quântico na IBM, levantou mais de 119 milhões de dólares e construiu o tubo mais gelado da história. Cerca de cinquenta pedidos de patente mais tarde, a Rigetti hoje fabrica circuitos quânticos integrados que alimentam computadores quânticos na nuvem. E ele tem razão, a tecnologia de fato soluciona um grande problema: o fim da Lei de Moore.

Ao longo dos dois capítulos seguintes, vamos examinar dez tecnologias exponenciais que começam a convergir. Estão todas surfando na Lei de Moore, uma onda com seis décadas de capacidade computacional crescente. A potência de transistores[4] — que é como medimos o tamanho dessa onda — é muitas vezes calculada em FLOPS, ou operações flutuantes por segundo. Em 1956, a capacidade de nossos computadores era de 10 mil FLOPS. Em 2015, passou a 1 *quadrilhão* de FLOPS. E esse incremento à trilionésima potência é a principal força propulsora da tecnologia.

Contudo, nos últimos anos, a Lei de Moore desacelerou.[5] O problema é com a física. Os aperfeiçoamentos em circuitos integrados ocorriam com a diminuição do espaço entre os transistores, permitindo enfiar uma quantidade maior deles num chip. Em 1971, a distância de canal — ou seja, a distância entre transistores — era de 10 mil nanômetros. Em 2000, passou a aproximadamente cem nanômetros. Hoje, estamos perto de cinco, que é quando os problemas se iniciam. Nessa escala microscópica, os elétrons começam a saltar para todo lado, estragando sua capacidade de calcular. Isso faz dele o limite físico mais difícil para o crescimento de transistores — o canto do cisne da Lei de Moore.

Só que... talvez não.

"A Lei de Moore não foi o primeiro, mas o quinto paradigma a oferecer uma aceleração de preço-desempenho", escreve Ray Kurzweil em "A lei dos retornos acelerados".[6]

> Dispositivos de computação multiplicam regularmente sua potência (por unidade de tempo) desde os dispositivos mecânicos de calcular usados no Censo americano de 1890, passando pela máquina "Robinson" à base de relés de Turing, que desvendou o código da Enigma nazista, pelo computador de tubo de vácuo CBS, que previu a eleição de Eisenhower, pelas máquinas à base de transistores utilizadas nos primeiros lançamentos espaciais até chegar ao computador pessoal à base de circuitos integrados que usei para ditar este ensaio.

O argumento de Kurzweil é de que toda vez que uma tecnologia exponencial atinge o limite de sua utilidade, outra surge para tomar seu lugar. E assim é com os transistores. No momento, há meia dúzia de soluções para o fim da Lei de Moore. Usos alternativos de materiais vêm sendo explorados, como substituir os circuitos de silício por nanotubos de carbono para comutação mais rápida e melhor dissipação do calor. Novos projetos também já estão em andamento, incluindo circuitos integrados tridimensionais, que aumentam geometricamente a área de superfície disponível. Existem também chips especializados com funcionalidade limitada, mas uma velocidade incrível. O recente A12 Bionic da Apple,[7] por exemplo, só roda aplicativos de IA, mas o faz a febris 9 trilhões de operações por segundo.

Porém todas essas soluções empalidecem comparadas à computação quântica.

Em 2002, Geordie Rose, fundador de uma das primeiras empresas de computação quântica, a D-Wave, elaborou a versão quântica da Lei de Moore, que agora é conhecida como Lei de Rose.[8] A ideia é similar: o número de qubits em um computador quântico dobra a cada ano. Contudo, a Lei de Rose já foi chamada de "Lei de Moore anabolizada", porque qubits em superposição têm muito mais potência que bits binários em transistores. Em outras palavras: um computador de cinquenta qubits tem dezesseis petabytes de memória. É um bocado de memória. Se fosse um iPod, teria 50 milhões de músicas. Porém, aumente isso em meros trinta qubits, e o resultado é completamente diferente. Se todos os átomos do universo fossem capazes de armazenar um bit de informação, um computador de oitenta qubits[9] teria mais capacidade de armazenagem do que todos os átomos do universo.

Por esse mesmo motivo, não fazemos ideia de quais inovações surgirão quando a computação quântica começar a amadurecer de verdade. Mas o que já sabemos é fascinante. Como a química e a física são processos quânticos, a computação em qubits trará o que Simon Benjamin,[10] de Oxford, chama de "uma era dourada de descobertas de novos materiais, novas substâncias químicas e novas medicações". Ela também potencializará a inteligência artificial, reformulará a cibersegurança e nos permitirá simular sistemas incrivelmente complexos.

Como a computação quântica vai nos ajudar a descobrir novos medicamentos, por exemplo?

Conforme explica Chad Rigetti, a tecnologia "muda a economia de pesquisa e desenvolvimento. Digamos que você queira criar uma nova droga contra o câncer. Em vez de construir um laboratório sofisticado para explorar as propriedades de centenas de milhares de compostos em tubos de ensaio, pode realizar a maior parte dessa exploração dentro de um computador". Em outras palavras, a distância entre uma boa ideia e uma nova droga está prestes a ficar bem mais curta.

E todo mundo pode brincar. A computação quântica já chegou ao mercado consumidor. Agora mesmo, entrando no site da Rigetti Computing (www. rigetti.com), é possível baixar o Forest, um kit do desenvolvedor. O kit deles oferece uma interface amigável para o mundo quântico. Com ele, quase qualquer pessoa consegue escrever programas que rodam no computador de 32-qubit da Rigetti. Mais de 120 milhões de programas já foram rodados.[11]

O desenvolvimento de uma interface amigável na computação quântica marca um ponto de inflexão crítico. Talvez *o* ponto de inflexão crítico, mas isso exige alguma explicação...

Em *Bold*, introduzimos os "seis Ds das tecnologias exponenciais", ou o ciclo de crescimento das tecnologias exponenciais: digitalização, desilusão, disrupção, desmonetização, desmaterialização e democratização. Cada um representa uma fase crucial de desenvolvimento para uma tecnologia exponencial, que sempre leva a grandes reviravoltas e oportunidades. Uma vez que compreender esses estágios será indispensável para entender a evolução da computação quântica (e as demais tecnologias que iremos discutir), vale a pena parar um momento para uma revisão:

Digitalização: Quando a tecnologia se torna digital, ou seja, quando podemos traduzi-la nos uns e zeros do código binário, ela pega carona na Lei de Moore e começa a acelerar exponencialmente. Em breve, com a tecnologia quântica, pegará carona na Lei de Rose para uma viagem muito mais radical.

Desilusão: As tecnologias exponenciais normalmente geram muita empolgação quando introduzidas. Como o progresso é lento no começo (plotadas numa curva, as primeiras duplicações ficam todas abaixo de 1,0), essas tecnologias passam um longo tempo sem conseguir se manter à altura da badalação inicial. Pense nos primórdios da *bitcoin*. Na época, a maioria das pessoas achava que as criptomoedas eram uma novidade para supergeeks ou um modo de comprar drogas on-line. Hoje, são uma reinvenção de nossos mercados financeiros. Esse é um exemplo clássico da fase que nos deixa desiludidos.

Disrupção: Isso é o que acontece quando as exponenciais de fato começam a impactar o mundo, quando começam a levar a disrupção a produtos, serviços, mercados e indústrias existentes. Um exemplo é a impressão 3D, uma única tecnologia exponencial que ameaça todo um setor manufatureiro de 10 trilhões de dólares.

Desmonetização: Se o produto ou o serviço antes tinha um custo, agora o dinheiro some da equação. Antigamente, fotografar era caro. Você batia um número limitado de fotos porque o filme e a revelação custavam bastante dinheiro. Mas depois que a fotografia ficou digital, esses custos desapareceram. Hoje tiramos fotos sem pensar, e a dificuldade está em escolher entre um excesso de opções.

Desmaterialização: Como num passe de mágica. É assim quando os produtos desaparecem. Câmeras, estéreos, videogames, TVs, sistemas de GPS, calculadoras, papel, o namoro tal como o conhecemos etc. Esses produtos humanos um dia independentes hoje são um recurso comum em qualquer celular. A Wikipedia desmaterializou a enciclopédia, o iTunes fez o mesmo com a loja de música, e assim por diante.

Democratização: É quando uma tecnologia exponencial cresce em larga escala e se propaga. O celular já foi um dispositivo do tamanho de um tijolo, acessível apenas a uns poucos endinheirados. Hoje, praticamente qualquer pessoa tem um, e é quase impossível encontrar algum lugar no mundo que não tenha tido contato com essa tecnologia.

Então, o que isso significa para a computação quântica? Bem, à luz desse ciclo de crescimento, uma interface amigável faz a ponte entre a fase desiludida e a disruptiva de uma tecnologia. Considere a internet. Em 1993, Marc Andreessen projetou o Mosaic, a primeira interface amigável para a internet (que veio a ser o navegador da Netscape). Antes disso, havia 26 websites on-line.[12] Anos mais tarde, havia centenas de milhares; alguns anos depois, milhões. Eis o efetivo poder de uma interface amigável — ela democratiza a tecnologia. Ao permitir a participação de não especialistas, possibilita seu crescimento em larga escala. E acelerado. Assim, o fato de que 1,5 milhão de programas rodaram no Forest da Rigetti — sua interface amigável para o mundo quântico — nos diz que uma mudança radical nos aguarda num futuro próximo.

INTELIGÊNCIA ARTIFICIAL

Em 2014, a Microsoft lançou um *chatbot* na China. Seu nome era Xiaoice (pronuncia-se Shao-aice) e sua missão era um tipo de teste.[13] Ao contrário da maioria das IAs pessoais, que tendem a ser projetadas para cumprir tarefas, a Xiaoice foi otimizada para ser amigável. Em vez de realizar rapidamente um trabalho, sua meta era manter a conversa rolando. E, por ter sido projetada para responder como uma adolescente de dezessete anos, Xiaoice nem sempre é educada.

Sarcasmo, ironia e muitas vezes surpreendente? Sim, ela tem isso de sobra. Por exemplo, embora Xiaoice tenha sido construída com redes neurais — tecnologia que explicarei mais adiante —, quando lhe perguntam se compreende como redes neurais funcionam, ela responde: "Sei, ímãs!".[14]

O mais surpreendente é como as pessoas gostam de conversar com a Xiaoice. Desde que estreou, ela teve mais de 30 bilhões de conversas com mais de 100 milhões de humanos. Um usuário conversa com ela em média sessenta vezes por mês, e existem mais de 20 milhões de usuários registrados.

Mas como são essas conversas? Como sua missão é criar um vínculo emocional, a Xiaoice dá uma porção de conselhos. Com frequência, conselhos estranhamente perspicazes. "Acho que minha namorada ficou com raiva de mim", por exemplo, certa vez resultou em: "Será que você não está mais concentrado no que afasta as pessoas do que no que as mantêm unidas?".

Como consequência, as conversas com a Xiaoice tendem a apresentar um pico nas horas solitárias após a meia-noite, levando a Microsoft a considerar se não deveria determinar um toque de recolher para a IA. Ela se tornou tão popular que em 2015 a Dragon TV,[15] canal de televisão chinês via satélite, contratou a Xiaoice para fazer boletins do tempo "ao vivo" no noticiário matinal. Pela primeira vez uma IA era contratada para esse trabalho, mas não será a última.

Em 2015, na época em que a Xiaoice estreou na televisão, a IA começou a transição de sua fase desiludida para a disruptiva. Duas coisas impulsionaram a mudança. Primeiro, os big data. O verdadeiro poder da IA reside em sua capacidade de encontrar conexões entre bits de informação obscuros — conexões que nenhum humano perceberia. Assim, quanto mais informação inserimos em uma IA, melhor seu desempenho.

Por volta de 2015, graças à internet e às redes sociais, imensos conjuntos de dados começaram a ser disponibilizados. Acontece que todos aqueles vídeos de gatinhos são fantásticos para uma IA treinar reconhecimento de imagens e identificação de cenas. Seus *likes* e *dislikes* no Facebook? Também. Em outras palavras, embora muita gente ache que as redes sociais estão nos tornando mais estúpidos, elas sem dúvida estão deixando a IA mais inteligente.

Ao mesmo tempo em que surgiam esses conjuntos de dados, unidades de processamento gráfico (ou GPUs) excepcionalmente baratas e incrivelmente potentes começaram a chegar ao mercado. As GPUs rodam os gráficos complicadíssimos dos videogames, mas também capacitam a IA. E o resultado dessa convergência relativamente menor — conjuntos de big data indo ao encontro de GPUs baratas e potentes — desencadeou uma das invasões mais velozes da história, com a inteligência artificial passando a abarcar todas as facetas de nossa vida.

Machine learning veio primeiro, usando algoritmos para analisar dados, aprender com eles e então fazer previsões sobre o mundo. É o caso da Netflix e do Spotify quando sugerem filmes e música, mas também do Watson da IBM ao atuar como consultor financeiro para super-ricos.

Em seguida, as redes neurais chegaram à internet. Inspiradas na biologia do cérebro humano, essas redes são capazes de realizar um aprendizado não supervisionado com base em dados não estruturados. Não é preciso mais inserir uma informação por vez na IA. Com redes neurais, apenas as liberamos na internet, e o sistema cuida do resto.

Para entender o que essas IAs neurais potencializadas pela internet possibilitam, considere a economia de serviços,[16] que hoje responde por mais de 80% do PIB norte-americano. Quando os especialistas dividem essa economia em suas tarefas principais, terminam em geral com cinco: ver, escutar, ler, escrever e integrar conhecimento. Para se ter uma ideia do que a inteligência artificial representa neste exato momento e para onde caminha, vamos examinar seu progresso usando um fator por vez.

No aspecto óptico, as inovações vêm se acumulando há anos. Em 1995, vimos a IA ler os códigos postais das cartas. Em 2011, ela podia identificar 43 tipos diferentes de sinalizações de trânsito com um acerto de 99,46% — ou seja, melhor que nós.[17] No ano seguinte, a IA mais uma vez superou o desempenho humano, classificando mais de mil tipos diferentes de imagens, diferenciando aves de carros, de gatos e assim por diante. Hoje, esses sistemas conseguem identificar uma pessoa no meio da multidão, ler lábios e, examinando microexpressões e biomarcadores, saber de fato como ela se sente. Enquanto isso, o monitoramento por software está tão sofisticado que um drone pilotado por IA[18] consegue seguir um humano correndo em meio a uma floresta densa.

No aspecto auditivo, a Echo, da Amazon, o Google Home e o HomePod, da Apple, ganharam um recurso para permanecer sempre ligados, no aguardo de nosso próximo comando. E as máquinas hoje são capazes de lidar com comandos razoavelmente complicados. Em 2018, numa notícia a que voltaremos em breve, a Google deixou muita gente de queixo caído quando liberou o vídeo de um assistente de IA chamado Duplex telefonando para marcar hora em um salão de beleza.[19] O horário foi reservado normalmente, mas o fato digno de nota é que a recepcionista do salão em nenhum momento percebeu que conversava com uma máquina.

Ler e escrever mostram progresso similar. O Talk to Books da Google permite perguntar à IA sobre qualquer assunto.[20] Ela responde ao ler 120 mil livros em meio segundo e fornece citações extraídas deles. O aperfeiçoamento aqui é que as respostas estão baseadas na intencionalidade autoral, e não apenas em palavras-chave. Além do mais, a IA parece ter senso de humor. Quando se pergunta "Onde é o céu?", por exemplo, ela responde: "O céu, enquanto lugar para humanos, assim parece, não pode ser encontrado na Mesopotâmia", frase extraída de *Early History of Heaven* [A história antiga do céu], de J. Edward Wright.

Na questão da escrita, empresas como a Narrative Science hoje usam a IA para produzir um texto com qualidade de revista sem qualquer ajuda de jornalistas humanos. A *Forbes* produz notícias de negócios, dezenas de jornais diários produzem matérias sobre beisebol. De forma similar, o recurso Smart Compose do Gmail não sugere mais só palavras e sua grafia correta; hoje já gera frases inteiras conforme digitamos. Outras IAs estão criando livros inteiros. Na competição de 2017 para o prêmio literário nacional do Japão, um romance escrito por IA chegou à etapa final de avaliação.[21]

A integração do conhecimento, nossa última categoria, é mais bem ilustrada com jogos. Peguemos o xadrez. Em 1997, o Deep Blue da IBM derrotou o campeão do mundo na época, Garry Kasparov. Em geral, a complexidade da árvore de jogos do xadrez é de cerca de 10^{40} — ou seja, essencialmente, se os mais de 7 bilhões de pessoas da Terra formassem duplas e começassem a jogar xadrez, levariam trilhões e trilhões de anos para que todas as variações do jogo fossem disputadas.

Ainda em 2017, o AlphaGo da Google[22] derrotou o campeão mundial, Lee Sedol. A árvore de jogos do Go tem complexidade de 10^{360} — é xadrez para super-heróis. Em outras palavras, nós humanos somos a única espécie conhecida com capacidade cognitiva para jogar Go. Foram necessários apenas uns 2 mil anos de evolução para desenvolver essa capacidade. Enquanto a IA chegou lá em menos de duas décadas.

Mesmo assim, a IA não se deu por satisfeita. Meses após essa vitória, a Google fez um upgrade no AlphaGo, atualizando seu estilo de treinamento, para criar o AlphaGo Zero. O AlphaGo era ensinado via machine learning, em essência alimentado com milhares de jogos previamente disputados por humanos, e aprendia os movimentos e as respostas apropriados para todas as posições possíveis. No entanto, o AlphaGo Zero exigia zero dados. Em vez disso, baseia-se no "aprendizado por reforço" — ele aprende jogando sozinho.

Começando com pouco mais do que algumas regras simples, o AlphaGo Zero levou três dias para derrotar seu antecessor, o AlphaGo, o mesmo sistema que derrotou Lee Sedol. Três semanas mais tarde, deu uma surra nos sessenta melhores jogadores do mundo. No total, levou quarenta dias para o AlphaGo Zero se tornar sem sombra de dúvidas o melhor jogador de Go do mundo. E como se isso já não fosse estranho o bastante, em maio de 2017 a Google usou o mesmo tipo de aprendizado por reforço para fazer uma IA construir outra IA.[23] Essa máquina elaborada por uma máquina superou as máquinas "construídas por humanos" em uma tarefa de reconhecimento de imagem em tempo real.

Em 2018, toda essa inteligência extra começou a sair do laboratório para o mundo. A FDA desde então aprovou a IA para atuar em pronto-socorros, onde se sai melhor do que os médicos em prever morte súbita por falência respiratória ou cardíaca. O Facebook utiliza IA para identificar tendências suicidas em seus usuários;[24] o Departamento de Defesa usa IA para identificar sinais iniciais de depressão e TEPT (transtorno de estresse pós-traumático) em soldados;[25] e bots como Xiaoice oferecem aconselhamento para os solitários e mal-amados. A IA também invadiu as finanças, os seguros, o varejo, o entretenimento, a saúde, o direito, nossa casa, o carro, o telefone, a TV e até a política. Em 2018, uma IA concorreu a prefeito em uma província japonesa.[26] Ela não venceu, mas a disputa foi muito mais acirrada do que se imaginou.

Mas o que torna tudo isso de fato revolucionário é a disponibilidade.

Há apenas dez anos, a IA era domínio exclusivo de grandes corporações e governos. Hoje, está ao alcance de todos. A maioria dos melhores softwares já é de código aberto. Se você tem um celular de 2018 ou posterior, ele vem com chips de rede neural de IA embutidos e está preparado para lidar com o software. E para potencializá-la? Bem, a Amazon, a Microsoft e a Google estão correndo para fazer da computação na nuvem baseada em IA seu próximo megasserviço.

Então o que isso quer dizer? Comecemos pelo Jarvis. Para muitos, Jarvis, do filme *Homem de ferro*, é a IA mais descolada que já viram. Tony Stark consegue conversar com Jarvis em sua voz normal. Descreve potenciais invenções para sua IA e em seguida os dois podem trabalhar juntos no projeto e na construção. Jarvis é a interface amigável de Stark para dezenas de tecnologias exponenciais, o combustível de foguete supremo da inovação. Quando desenvolvermos tal capacidade, nossos processadores "turbinados" comerão poeira.

Só que já estamos perto. A IA na nuvem fornece a potência necessária para um desempenho no nível do Jarvis. A combinação entre a interface de conversa amigável da Xiaoice com a precisão na tomada de decisões do AlphaGo Zero leva isso ainda mais longe. Acrescente os mais recentes avanços em deep learning e você tem um sistema que começa a ser capaz de pensar por si mesmo. Um Jarvis? Ainda não. Mas é um Jarvis *lite* — e mais um motivo para a aceleração tecnológica ser em si acelerante.

REDES

Redes são meios de transporte. Elas são o modo como bens, serviços e, de forma mais crítica, a informação e a inovação se movem de um ponto A para um ponto B. E as redes mais antigas do mundo remontam à Idade da Pedra, mais de 10 mil anos atrás, quando as primeiras estradas foram abertas. Essas estradas eram uma maravilha. A troca de ideias e de inovações não estava mais restrita às limitações de um avanço lento por descampados selvagens. De repente, fatos e números podiam circular à excitante velocidade de um carro de boi, cinco quilômetros por hora.

E, por um longo tempo, pouca coisa mudou. Durante os 12 mil anos seguintes, a não ser pela substituição dos bois por cavalos e pela invenção das velas para a navegação oceânica, a velocidade da informação permaneceu quase igual.

A mudança veio em 24 de maio de 1844,[27] quando Samuel Morse enviou quatro palavras por um telégrafo: "O que Deus forjou?". Sua transmissão foi tanto uma pergunta para todas as eras como o nascimento de uma nova: a era das redes. Morse enviou essas palavras por uma linha telegráfica experimental erguida da capital Washington a Baltimore, em Maryland, o esboço em dois nós da primeira rede de informação mundial.

Trinta e dois anos depois, com exatas cinco palavras a mais, Alexander Graham Bell[28] cobriu a aposta nas redes. Em março de 1876, Bell fez a primeira ligação telefônica, enviando seu convite em nove palavras: "Sr. Watson, venha até aqui. Eu quero te ver". Mas ele também expandiu a capacidade dessas redes — e esse foi o fato marcante.

A invenção de Bell não aumentou a velocidade da transmissão de dados — eletricidade se movendo por fios continua sendo eletricidade se movendo por fios —, mas melhorou muitíssimo tanto a quantidade como a qualidade da informação transmitida. Melhor ainda, o telefone veio com uma interface amigável. Não era necessário passar anos aprendendo pontos e traços, bastava pegar o aparelho e discar.

E com essa primeira interface amigável, o desenvolvimento de redes deixou a desilusão e avançou lentamente para a disrupção. Em 1919, menos de 10% das residências americanas tinha telefone.[29] Suponha que alguém quisesse fazer uma ligação de três minutos de costa a costa. Sem problema. Mas a pessoa precisaria de uma pequena fortuna na época, vinte dólares, quase quatrocentos dólares em dinheiro atual. Na década de 1960, porém, passar um minuto ao telefone numa ligação dos Estados Unidos para a Índia custava apenas dez dólares. Hoje, custa cerca de 0,28 dólar (com o plano mensal básico da Verizon).[30]

Mas essas gigantescas reduções de custo e aumentos de desempenho foram só o aquecimento. Ao longo dos últimos cinquenta anos, as redes deixaram a fase disruptiva para chegar a quase todas as áreas. Hoje, praticamente cada metro quadrado do planeta está coberto por elas — cabos de fibra óptica, redes sem fio, *backbones* de internet, plataformas aéreas, constelações de satélites e mais. A internet é a maior rede do mundo. Em 2010, cerca de um quarto da população da Terra, 1,8 bilhão de pessoas, estava conectada nela.[31] Em 2017, essa penetração era de 3,8 bilhões,[32] quase metade da população mundial. Mas até 2022 seu alcance se estenderá a todos, incluindo as massas dos sem conexão e abrangendo a soma total da humanidade. A velocidades de gigabits e a um custo baixíssimo, um adicional de 4,2 bilhões de novas mentes está prestes a se juntar à conversação global. Eis como tudo isso deve se dar.

5G, BALÕES E SATÉLITES

Quando os pesquisadores falam em evolução de redes, "G" é o termo da vez.[33] Significa "geração". Em 1940, quando as primeiras redes telefônicas começaram a ser produzidas, estávamos no 0G. Essa foi a fase desiludida. Quarenta anos arrastados se passaram antes de chegarmos ao 1G, que apareceu nos primeiros celulares na década de 1980, marcando a transição da desilusão para a disrupção.

Nos anos 1990, na época do surgimento da internet, o 2G entrou na brincadeira. Mas durou pouco. Uma década depois, o 3G trouxe uma nova era de aceleração, conforme os custos da banda larga começavam a despencar — com uma regularidade impressionante de 35% ao ano. Os smartphones, a mobilidade bancária e o e-commerce levaram à proliferação das redes 4G em 2010. Mas, a partir de 2019, o 5G chega com toda a força, oferecendo velocidades cem vezes maiores a preços próximos de zero.

Qual a velocidade de uma rede 5G? Com o 3G, levamos 45 minutos para baixar um filme em alta definição. O 4G reduz isso para 21 segundos. Mas e o 5G? Leva mais tempo para ler esta frase do que para baixar o filme.

Porém, mesmo enquanto essas redes de celular tomam conta do planeta, outras brotam em um território muito acima de nossa cabeça. A Alphabet está desenvolvendo o Projeto Loon — que, na época em que foi proposto, podia muito bem ser chamado de "Projeto Louco".[34] Nascida há uma década como cria do Google X, um *skunk works* da gigante da tecnologia, a ideia era substituir torres de celular terrestres por balões situados na estratosfera. Essa ideia hoje é uma realidade.

Leves e duráveis o bastante para flutuar no ar cerca de vinte quilômetros acima da superfície terrestre, os quinze balões de quinze metros por doze da Google fornecem conexões 4G-LTE para os usuários em terra. Cada um cobre 5 mil quilômetros quadrados, e o plano da Google é uma rede de milhares de balões, conectando os desconectados e oferecendo cobertura contínua para qualquer um, em qualquer lugar do mundo.

A Google não é a única na disputa territorial pelo espaço sobre nossa cabeça. Além da estratosfera, três grandes competidores estão empenhados em um tipo inteiramente novo de corrida espacial. Primeiro, temos o trabalho de um engenheiro chamado Greg Wyler, com um longo histórico de tentar usar tecnologia para erradicar a pobreza. No início da década de 2000, quase sem verbas, Wyler ajudou a levar o 3G a comunidades na África. Hoje, financiado por bilhões de SoftBank, Qualcomm e Virgin, ele está lançando a OneWeb,[35] uma constelação de cerca de 2 mil satélites para levar a velocidade de download do 5G para todo o mundo.

Apesar do aperfeiçoamento radical da OneWeb, a rede de Wyler é um Davi, se comparado a Golias financeiros como Amazon e SpaceX. No início de 2019, a Amazon entrou para a competição dos satélites,[36] anunciando o

Projeto Kuiper, uma constelação de 3236 satélites projetados para fornecer banda larga de alta velocidade para o mundo. A SpaceX,[37] que largou quatro anos na frente da Amazon, superou isso em 2019, quando começou a produzir sua constelação monstruosa de 12 mil satélites (4 mil a 1150 quilômetros de altura e 7500 a 340 quilômetros). Se o projeto de Musk for bem-sucedido, significará velocidades de conexão globais de gigabits.

Mais alto ainda?

A 8 mil quilômetros, no que é tecnicamente chamada de órbita terrestre média, a O3B é o mais novo G. O3B significa "Outros 3 Bilhões", um conjunto de satélites de multiterabits construído pela Boeing, conhecido como "rede mPower", que levará a conectividade a todos os que ainda não a têm.

Com isso, antes de meados da próxima década, qualquer um que quiser se conectar poderá fazê-lo. Pela primeira vez, a antiga expressão dos anos 1960 — "Um planeta, um povo, por favor" —, do ponto de vista das redes, enfim será uma realidade. E quando a população on-line dobrar, provavelmente assistiremos a uma das maiores acelerações históricas da inovação tecnológica e do progresso econômico global já vistas.

SENSORES

Em 2014, em um laboratório de doenças infecciosas na Finlândia,[38] o pesquisador de saúde Petteri Lahtela fez uma descoberta curiosa. Ele percebeu que muitas das doenças que estudava partilhavam de uma curiosa sobreposição. Examinando doenças que os médicos consideravam sem relação entre si — por exemplo, doença de Lyme, cardiopatias e diabetes —, descobriu que todas afetavam de maneira negativa o sono.

Para Lahtela, tratava-se de uma questão de causa e efeito. Será que todas essas doenças causavam problemas no sono ou era o contrário? Elas poderiam ser aliviadas, ou pelo menos atenuadas, melhorando o sono? Mais importante, como fazer isso?

Para resolver o quebra-cabeça, Lahtela concluiu que precisava de dados. Muitos dados. Para coletá-los, percebeu que podia tirar vantagem de um ponto de inflexão tecnológica recente. Em 2015, impulsionadas pelos avanços nos celulares, baterias pequenas e potentes convergiram com sensores pequenos e potentes. Na verdade, tão pequenos e tão potentes que Lahtela percebeu que seria possível construir um novo tipo de monitor de sono.

Qualquer dispositivo eletrônico que mede uma quantidade física como luz, aceleração ou temperatura, e depois envia essa informação para outros dispositivos em uma rede, pode ser considerado um sensor. Os sensores que Lahtela considerava eram uma nova geração de monitores cardíacos. Um modo eficaz de monitorar o sono é por meio dos batimentos e da variabilidade do ritmo cardíaco. Embora já houvesse uma quantidade desses monitores no mercado, eram todos modelos mais velhos e com problemas. O Fitbit e o Apple Watch, por exemplo, mediam o fluxo sanguíneo no pulso por meio de um sensor óptico. Mas as artérias do pulso ficam muito abaixo da superfície para uma medição perfeita, e as pessoas não costumam usar relógios de pulso quando vão para a cama — onde o aparelho pode interromper o sono que deveria medir.

O upgrade de Lahtela: o anel Oura.[39] Pouco mais que um elegante anel preto de titânio, o Oura tem três sensores capazes de monitorar e/ou computar dez sinais corporais diferentes, fazendo dele o monitor de sono mais preciso do mercado. A localização e as taxas de amostragem são suas armas secretas. Como as artérias no dedo estão mais próximas da superfície do que as do pulso, o anel obtém um quadro muito melhor do que está se passando no coração. Além do mais, enquanto a Apple e a Garamond medem o fluxo sanguíneo duas vezes por segundo e o Fitbit o faz doze vezes, o Oura captura dados 250 vezes por segundo. Em estudos conduzidos por laboratórios independentes, essa combinação de leitura melhorada e maior velocidade de amostragem torna o anel 99% mais preciso se comparado a monitores de batimento cardíaco de nível hospitalar e 98% mais preciso para a variabilidade do ritmo cardíaco.

Há vinte anos, sensores com tal precisão custariam milhões e exigiriam um espaço razoável para abrigá-los. Hoje, o Oura custa cerca de trezentos dólares e fica no seu dedo — fruto do impacto do crescimento exponencial nos sensores. O nome popular para essa rede de sensores é "Internet das Coisas" (IoT, na sigla em inglês), a rede cada vez maior de dispositivos inteligentes interconectados que em breve se estenderá por todo o mundo. E vale a pena acompanhar o progresso dessa revolução para compreender como chegamos longe.

Em 1989, o inventor John Romkey[40] conectou uma torradeira Sunbeam à internet, criando o primeiro dispositivo IoT. Dez anos depois, o sociólogo Neil Gross[41] percebeu o que estava por vir e fez uma previsão nas páginas da

BusinessWeek, hoje famosa: "No próximo século, a Terra terá uma pele elétrica. O planeta usará a internet como um andaime para receber e transmitir sensações. Essa pele já está sendo costurada. Consiste em milhões de dispositivos de medição eletrônica embutidos: termostatos, medidores de pressão, detectores de poluição, câmeras, microfones, sensores de glicose, eletrocardiogramas, eletroencefalogramas. Eles vão monitorar cidades e espécies ameaçadas, a atmosfera, nossos navios, rodovias e frotas de caminhões, nossas conversas, nossos corpos — até nossos sonhos".

Uma década depois, a previsão de Gross se concretizou. Em 2009, a quantidade de dispositivos conectados à internet excedia a quantidade de gente no planeta (12,5 bilhões de dispositivos e 6,8 bilhões de pessoas, ou 1,84 dispositivo conectado por pessoa).[42] Um ano depois, impulsionados pela evolução dos celulares, os preços dos sensores começaram a despencar. Em 2015, todo esse progresso totalizava 15 bilhões de dispositivos conectados.[43] Como a maioria contém múltiplos sensores — um celular comum tem cerca de vinte deles —, isso explica também por que 2020 marca o começo do que já foi chamado de "nosso mundo de 1 trilhão de sensores".

Tampouco vamos parar por aí.[44] Em 2030, pesquisadores de Stanford estimam que haverá 500 bilhões de dispositivos conectados (cada um abrigando dezenas de sensores), traduzindo-se, segundo pesquisa conduzida pela Accenture, em uma economia de 14,2 trilhões de dólares. E oculto sob esses números está exatamente o que Gross tem em mente — uma pele elétrica que registra quase todas as sensações no planeta.

Considere os sensores ópticos. A primeira câmera digital, construída em 1976 por Steven Sasson,[45] engenheiro da Kodak, era do tamanho de um forninho elétrico, fazia doze imagens P&B e custava mais de 10 mil dólares. Hoje, a câmera média que vem no celular comum apresenta uma melhora de mil vezes em peso, custo e resolução, em comparação ao modelo de Sasson. E as câmeras estão por toda parte. Em carros, drones, telefones, satélites e assim por diante, com uma resolução de imagem assombrosa. Satélites fotografam a Terra à distância de meio metro. Os drones reduzem isso a um centímetro. Mas os sensores Lidar[46] no teto dos carros autônomos capturam praticamente tudo — recolhendo 1,3 milhão de dados por segundo.

Vemos essa tendência tripla de tamanho e custo decrescentes e desempenho crescente por toda parte. O primeiro GPS comercial chegou às prateleiras em

1981, pesando 24 quilos e custando 119 900 dólares.[47] Em 2010, ele encolhera para um chip de cinco dólares, pequeno o bastante para caber na ponta do seu dedo. A "unidade de medição inercial" que orientou nossos primeiros foguetes é mais um exemplo. Em meados dos anos 1960, era um dispositivo de 23 quilos e 20 milhões de dólares. Hoje, o acelerômetro e o giroscópio em seu celular fazem o mesmo trabalho por cerca de quatro dólares e pesam menos que um grão de arroz.

Essas tendências só farão crescer. Estamos indo do mundo microscópico para o nanoscópico. Isso já levou a uma onda de roupas, adornos e óculos inteligentes; um exemplo é o anel Oura. Em breve, esses sensores vão migrar para dentro do corpo. Pegue a poeira inteligente,[48] um sistema de partículas de pó capaz de perceber, armazenar e transmitir dados. Hoje, uma "partícula" de poeira inteligente é do tamanho de uma semente de maçã. No futuro, partículas em escala nanoscópica flutuarão por nossa corrente sanguínea, coletando dados, explorando uma das derradeiras *terrae incognitae* — o interior do corpo humano.

Estamos prestes a aprender muito mais sobre corpo e todo o resto. Essa é a grande mudança. O volume de dados desses sensores está além da compreensão.[49] Um carro autônomo gera quatro terabytes diários de informação, ou o equivalente a mil longas-metragens; um avião comercial, quarenta terabytes; uma fábrica inteligente, um petabyte.

E em que ganhamos com esse volume de dados? Muita coisa.

Os médicos não dependem mais de check-ups anuais para monitorar a saúde dos pacientes, uma vez que agora recebem uma infinidade de dados autoquantificados transmitidos de forma ininterrupta. Fazendeiros podem saber a umidade contida tanto no solo como no céu, permitindo-lhes calibrar a irrigação para obter colheitas mais saudáveis e safras maiores — um fator importante em tempos de aquecimento global —, enfrentando bem menos desperdício. Nos negócios, como a flexibilidade supera a morosidade em tempos de mudança rápida, a agilidade será a maior vantagem. Embora dispor de toda informação sobre os clientes constitua uma preocupação de privacidade alarmante, isso de fato oferece às organizações um nível de proficiência incrível — talvez a única maneira de continuar nos negócios, nesses tempos acelerados.

E os tempos acelerados já chegaram. Daqui a uma década, viveremos em um mundo onde quase qualquer coisa poderá ser medida, e o tempo todo será. É um mundo de transparência excepcionalmente radical. Das fronteiras do espaço, do fundo do oceano, dentro da sua corrente sanguínea, nossa pele elétrica produz um sensório de informações constantemente disponível. Gostemos ou não, hoje vivemos em um planeta hiperconsciente.

ROBÓTICA

Em março de 2011, um terremoto em Tóquio causou um tsunami no Pacífico, lançando uma onda do tamanho de um conjunto residencial sobre a usina nuclear de Fukushima Daiichi.[50] No caos que se seguiu, primeiro a energia de emergência parou de funcionar, depois as bombas entraram em pane, e por fim os sistemas de resfriamento falharam. Esses três colapsos foram seguidos de uma série de explosões de hidrogênio em pleno ar e de uma confusão catastrófica. Um mês depois, numa escala concebida pela Agência de Energia Atômica Internacional para medir níveis de radiação após um acidente, os sensores bateram na estratosfera.

Conseguir que as equipes de limpeza chegassem rapidamente ao local era fundamental para a contenção, mas Fukushima estava quente demais para humanos. Assim, o Japão, por muito tempo um dos líderes mundiais em robótica, enviou alguns droides. Mas eles fracassaram miseravelmente. Era um desastre nacional em cima de outro. O terreno irregular funcionou como um campo minado, e a radiação fritou seus circuitos. Em alguns meses, Fukushima se transformou num cemitério de robôs.

O desastre foi particularmente duro para a Honda.[51] Desde o início da crise, milhares de pessoas telefonaram ou mandaram e-mails pedindo que eles enviassem o Asimo, o robô humanoide mais avançado do mundo. Bastante parecido com um adolescente vestido como astronauta dos anos 1950 (pense num traje espacial branco com capacete redondo), o Asimo era uma celebridade internacional. Ele tocara o sino de abertura do pregão na Bolsa de Nova York, regera a Orquestra Sinfônica de Detroit e caminhara pelo tapete vermelho em meia dúzia de premières. Porém, há um longo caminho entre andar por um tapete vermelho e lidar com o ambiente complexo de um desastre nuclear. O Asimo, como os demais robôs enviados para Fukushima, revelou-se nada confiável para mitigar o desastre, gerando um pesadelo de relações públicas para a Honda e uma comoção na comunidade de robótica.

Devido ao tumulto, alguns anos depois a Darpa lançou seu Robot Challenge,[52] uma bolsa de 3,5 milhões de dólares para um robô humanoide capaz de "executar tarefas complexas em um ambiente perigoso e degradado engendrado pelo ser humano". Esse último trecho é fundamental. Robôs humanoides são críticos porque vivem em um mundo engendrado por humanos, feito para ser a interface da nossa interface: duas mãos, dois olhos, postura de um bípede.

Os resultados do desafio de robótica de 2015, disponíveis on-line, parecem videocassetadas. Os robôs caem, tropeçam em degraus, soltam faísca, entram em curto-circuito. Nem Gill Pratt,[53] gerente do programa Darpa e organizador do Robot Challenge, conseguiu aguentar seu próprio evento ao vivo: "Por que alguém sentaria sob o sol e o calor vendo uma máquina levar uma hora para executar oito tarefas simples que podem ser feitas em cinco minutos?".

Mas o progresso foi rápido. Um ano depois, um vídeo na internet mostrava o robô Atlas, da Boston Dynamics,[54] segundo lugar no desafio Darpa de 2015, caminhando por uma floresta escorregadia e nevada, empilhando caixas em um depósito, até mesmo recuperando o equilíbrio após ser golpeado com um bastão de hóquei. Um ano mais tarde, um vídeo diferente mostrava Atlas transpondo um circuito de obstáculos que incluía um salto mortal de costas em uma caixa de madeira e uma pitoresca narrativa esportiva: "Um giro de 360 graus sobre o palete, um mortal de costas...".

A Honda também estava no jogo.[55] Em 2017, criaram o protótipo de um robô de resposta a desastres capaz de subir por uma escada de mão, dar passinhos laterais e até ficar de quatro e avançar por um terreno irregular apoiado nas mãos. Seis anos depois de Fukushima, havíamos ido de droides bêbados a ninjas preparados para desastres.

E ainda em 2017, não querendo ficar atrás da Honda, o conglomerado japonês Softbank comprou a Boston Dynamics da Alphabet (que havia adquirido a empresa em 2013).[56] O motivo? Um desastre nacional diferente que ameaçava o Japão — uma população que envelhecia rapidamente e a falta de pessoas para cuidar dos idosos.

Após décadas de expectativa de vida em elevação e taxas de natalidade em declínio,[57] o Japão adentrou o novo milênio com o grosso da população prestes a se aposentar e sem ninguém para tomar seu lugar. A economia estava sedenta por mão de obra e havia uma preocupação crescente quanto a quem cuidaria dos idosos, bem como de onde sairia o dinheiro para isso. Em 2015, a fim de solucionar ambos os problemas, o primeiro-ministro Shinzo Abe pediu uma "revolução na robótica". E, graças a uma série de convergências, seu pedido foi atendido.

Globalmente.

Os robôs hoje participam de todos os aspectos de nossa vida. As versões atuais funcionam com IA, o que lhes permite aprender por conta própria, operar sozinhas ou em grupo, caminhar sobre duas pernas, equilibrar-se em duas rodas, dirigir, nadar, voar e, como mencionado, dar mortais de costas. Hoje, os robôs realizam trabalhos maçantes, sujos ou perigosos. Amanhã, serão vistos em qualquer circunstância em que precisão e experiência sejam cruciais. Na mesa de operações, os robôs auxiliam em tudo, de uma cirurgia rotineira de hérnia a complicadas pontes de safena. Nas fazendas, trabalham como segadeiras na plantação e colhendo frutas nos pomares. Na área da construção, 2019 trouxe o primeiro robô-pedreiro[58] disponibilizado no mercado, capaz de assentar mil tijolos em uma hora.

A robótica industrial passou por mudança ainda maior. Há uma década, essas máquinas de milhões de dólares eram tão perigosas que ficavam separadas da força de trabalho por divisórias de vidro à prova de balas e eram tão complicadas de programar que precisavam em geral de técnicos especializados. Não mais. Uma série de "cobots", abreviatura de robôs colaborativos, chegou ao mercado. Para programá-los, é só fazer os braços robóticos executarem o movimento desejado e eles estão prontos para começar. Melhor ainda, esses *cobots* são repletos de sensores, de modo que, no milissegundo em que se deparam com algo corpóreo — um ser humano, por exemplo —, ficam imóveis.

Mas a verdadeira revolução é econômica. O UR3,[59] um *cobot* da fabricante dinamarquesa Universal Robots, sai por 23 mil dólares, o que equivale mais ou menos ao salário global anual médio de um trabalhador fabril. Além disso, robôs não cansam, não precisam ir ao banheiro e não tiram férias. Isso explica por que a Tesla, a GM e a Ford estão automatizando completamente suas fábricas e por que a Foxconn (fabricantes do iPhone) e a Amazon já substituíram dezenas de milhares de trabalhadores por robôs.

A Amazon também vem impulsionando o segmento de drones desse mesmo mercado.[60] Há cinco anos, quando anunciaram que a entrega de pacotes por drones fazia parte de seus planos, a maioria dos especialistas achou que não passava de fantasia. Hoje, todo mundo, do 7-Eleven à cadeia de pizzarias

Domino's, conta com seu programa. No futuro, seja para entregar o romance mais recente de John Grisham, um xarope para tosse ou um pote de sorvete tarde da noite, drones se encarregarão do serviço.

Para o socorro a desastres e a entrega de suprimentos médicos, os drones estão presentes há algum tempo, e não só no Japão. Eles estiveram no Haiti após o furacão Sandy, em 2012;[61] nas Filipinas após o tufão Haiyan, em 2013; em uma enchente nos Bálcãs; em um terremoto na China. São mais rápidos do que os humanos em avistar sobreviventes que necessitam de ajuda. Os drones para cargas pesadas da Boeing[62] conseguem suspender um carro pequeno, então são com frequência os mais indicados para a tarefa. Uma empresa chamada Zipline[63] os utiliza para a entrega de sangue e medicamentos em Ruanda e na Tanzânia e, como 50% da África não possui estradas adequadas, esse sistema poderia melhorar de modo significativo a qualidade dos cuidados médicos no continente.

Também vemos drones levar auxílio a um desastre diferente: o desflorestamento. Perdemos mais de 7 bilhões de árvores todos os anos para a indústria madeireira, a expansão agrícola, os incêndios florestais, a mineração, a construção de estradas e tudo o mais. É um desastre ambiental de proporções épicas, uma causa crucial tanto da mudança climática como da extinção de espécies. Mas hoje existem drones plantadores de árvores que disparam cápsulas com sementes no solo, permitindo que um único drone plante até 100 mil árvores por dia.[64]

Claro, poderíamos seguir assim por muito tempo. Cuidados de idosos, paliativos, infantis, de animais de estimação, assistentes pessoais, avatares, carros autônomos, carros voadores — em alguns casos, os robôs estão a caminho; em outros, já chegaram. Mas há algo mais amplo aí do que apenas os robôs em si.

É a convergência dos robôs com outras tecnologias exponenciais. Uma epiderme elétrica de sensores indo de encontro a IAs neurais na nuvem, potencializadas pela rede, que colidem com um enxame crescente de robôs habilmente ágeis e cada vez mais inteligentes. E o mais estranho nisso tudo? Como veremos no próximo capítulo — isso não passa de metade da história.

3. Turbinando: tecnologias exponenciais, parte II

REALIDADE VIRTUAL E REALIDADE AUMENTADA

Em 2001, Jeremy Bailenson,[1] psicólogo de Stanford e pioneiro da realidade virtual, guardou a maior parte do equipamento em seu laboratório, tomou um avião e viajou para Washington, DC. Seu destino era o Centro Judiciário Federal, que abrigaria uma conferência para juízes sobre o poder da realidade virtual na sala do tribunal. E como nada pode ser mais convincente do que uma demonstração, Bailenson pediu aos magistrados para usarem óculos de RV e caminhar pela prancha.

A prancha era parte de uma simulação de RV. O programa mapeou a sala onde ocorria a conferência — nos mínimos detalhes, como as fibras do tapete e as manchas das janelas —, e foi isso que os juízes viram quando puseram os óculos. Até Bailenson apertar um botão e um buraco se abrir sob seus pés. Sobre o buraco de cerca de dez metros de profundidade e cinco metros de largura se estendia uma prancha bamba e estreita. O jogo consistia em andar por essa prancha, coisa que um dos juízes fazia quando pisou só um pouquinho à esquerda.

E perdeu o equilíbrio.

O juiz em questão tinha mais de sessenta anos e pesava cerca de 120 quilos. Como o jogo modelava a gravidade, de sua perspectiva o sujeito de repente despencava com todo o peso para o fundo de um poço. Se aquilo estivesse ocorrendo no mundo físico, a melhor maneira de salvar sua vida teria sido se lançar em direção ao outro lado do buraco — esticando o corpo na horizontal, na esperança de seus dedos conseguirem agarrar a borda oposta.

E foi o que o juiz fez.

"Ele mergulhou num ângulo de 45 graus", explica Bailenson, "em direção a uma mesa e sua quina afiada, onde estava meu computador."

Mas tudo terminou bem. O juiz não se machucou e Bailenson agora tinha uma ótima história para ilustrar os truques sensoriais que os especialistas em RV denominam "presença". Em essência, quando a RV é feita de forma correta, por motivos neurobiológicos, não temos como saber que estamos na Matrix. Se os pixels permanecerem ocultos, se o campo de visão imitar o de um ser humano e se tudo o mais, das sombras aos movimentos, for gerado com verossimilhança impecável, o cérebro acredita na ilusão — fazendo juízes federais mergulharem em mesas.

A presença é um fato novo. Ao longo da história, nossa vida foi limitada pelas leis da física e atenuada pelos cinco sentidos. A RV está reescrevendo essas regras. Ela nos permite digitalizar a experiência e teleportar nossos sentidos para um mundo gerado por computador, onde os limites da imaginação passam a ser o único freio da realidade.

Assim como a IA, o conceito de RV existe desde os anos 1960.[2] A década de 1980 assistiu às promessas iniciais dessa tecnologia, quando os primeiros sistemas "de contato direto com o consumidor" começaram a surgir. Em 1989, antes do iPhone, se você tivesse 250 mil dólares sobrando podia comprar o EyePhone,[3] um sistema de RV construído pela empresa VPL de Jaron Lanier (que cunhou o termo "realidade virtual"). Infelizmente, o computador que capacitava esse sistema era do tamanho de um frigobar, enquanto o *headset* exigido por ele era grande, desajeitado e gerava apenas cerca de cinco quadros por segundo — ou seis vezes mais lento que um televisor comum da época.

No início da década de 1990, a empolgação havia diminuído e a RV entrou numa fase desiludida de duas décadas. Mesmo assim, a tecnologia básica não parou de se desenvolver. Na virada do milênio, era boa o bastante para tapear juízes andando sobre pranchas. Mas, à medida que a década de 2000 progredia, a convergência entre motores de jogo cada vez mais potentes e softwares de IA para renderização de imagens transformou a desilusão em disrupção, e o universo da RV abriu para os negócios.

As start-ups começaram a pipocar. E a ser adquiridas. Em 2012, o Facebook causou uma comoção quando gastou 2 bilhões de dólares na compra da Oculus Rift, empresa de RV.[4] Em 2015, a *Venture Beat* noticiou que um mercado que em geral testemunhava apenas dez novos atores a cada ano de repente contava 234.[5] O ano de 2017 foi particularmente bom para a Samsung, quando a empresa vendeu 3,65 milhões de *headsets*[6] e chamou tanta atenção que todo mundo — Apple,[7] Google,[8] Cisco,[9] Microsoft[10] — decidiu investir na pesquisa de RV.

A RV no celular surgiu logo em seguida,[11] derrubando barreiras com a entrada a módicos cinco dólares. Em 2018, os primeiros adaptadores sem fio, *headsets* autônomos e *headsets* móveis chegaram ao mercado.[12] Na questão da resolução, ainda em 2018 a Google e a LG[13] dobraram sua contagem de pixels por polegada e aumentaram sua *refresh rate* de cinco quadros por segundo da VPL para mais de 120.

Nessa mesma época, os sistemas começaram a ser aplicados a outros sentidos além da visão. O microfone "omnibinaural" da HEAR360 capta 360 graus de áudio,[14] o que significa que o som imersivo agora está à altura dos visuais imersivos. O tato também se massificou,[15] com luvas, coletes e trajes de corpo inteiro chegando ao mercado consumidor. Emissores de cheiro, simuladores de paladar[16] e todo tipo de sensor imaginável — incluindo leitores de ondas cerebrais[17] — estão todos em busca de pôr o "vero" em verossimilhança.

E a quantidade de exploradores virtuais continua a crescer. Em 2017, segundo um estudo da eMarketer,[18] havia 22 milhões de usuários mensais, aumentando para 35 milhões em 2018. Em meados dos anos 2020, estima-se que o mercado de RV girará em torno de 35 bilhões de dólares[19] e será difícil encontrar uma área intocada pela tecnologia.

Na segunda parte deste livro, examinaremos mais de perto como a RV transformará os mercados, do entretenimento à saúde. Mas considere, para darmos um exemplo aqui, a educação — na qual a RV oferece um tipo inteiramente novo de aprendizagem. Desde que demonstrou a tecnologia para os juízes federais, Jeremy Bailenson e sua equipe em Stanford passaram duas décadas explorando a capacidade da RV de induzir a mudança comportamental. Ele desenvolveu experiências de RV em primeira pessoa que ilustravam racismo, sexismo e outras formas de discriminação.[20] Por exemplo, vivenciar a sensação de ser uma mulher afro-americana idosa e sem teto que mora nas ruas de Baltimore gera uma mudança permanente no usuário: uma alteração significativa na empatia e na compreensão.

"A realidade virtual não é uma experiência de mídia", explicou Bailenson, em uma fala em 2010 na faculdade de direito da NYU. "Quando bem-feita, é uma experiência de verdade. Em geral, nossas descobertas mostram que a RV causa mais mudanças de comportamento, mais engajamento e mais influência que outros tipos de mídia tradicional."[21]

E por maior que seja o desenvolvimento da realidade virtual, na realidade aumentada ele é maior ainda. Em 2016, quando o Pokémon GO da Nintendo foi baixado mais de 1 bilhão de vezes,[22] a RA entrou em sua fase disruptiva. A Apple deu o salto seguinte em duas etapas: primeiro, apresentando um pacote para desenvolvedores de RA[23] que permite a qualquer um projetar aplicativos para sua plataforma e, segundo, adquirindo a Akonia Holographics,[24] uma empresa que produz lentes finas e transparentes para óculos inteligentes.

Os empreendedores também entraram na brincadeira. No momento em que este livro é escrito, há mais de 1800 start-ups de RA diferentes listadas no site de crowdfunding AngelList.[25] Em 2021, os especialistas preveem que toda essa atividade resultará num mercado de mais de 133 bilhões de dólares.[26]

Embora a RA não seja tão barata quanto a RV (ainda), cem dólares são suficientes para adquirir um *headset* Leap Motion básico,[27] enquanto com 3 mil dólares é possível comprar uma HoloLens de primeira da Microsoft.[28] Do mesmo modo, os projetores digitais HUD nos carros de luxo, possivelmente a primeira tecnologia de RA a chegar a um público mais amplo, em breve serão um item-padrão nos modelos econômicos.

Em uma sala de aula, a RA permite aos alunos explorar tanto objetos como mundos virtuais. Em um passeio pela rua, a RA cria um tipo diferente de experiência de aprendizado — à medida que os prédios vão projetando sua história em nosso campo de visão. O varejo leva isso a outro patamar. Morrendo de fome, mas com o dinheiro curto? Sua lente de RA lhe mostra todas as boas opções nesse quarteirão, inclusive as classificações dos clientes. Na indústria, as simulações de treinamento em RA nos ensinam a operar todo tipo de máquina — até mesmo como pilotar aviões. Museus utilizam a RA para exposições interativas, corretores imobiliários se valem do mesmo recurso para mostrar casas. Na saúde, a RA permite que o cirurgião "veja dentro" das artérias entupidas e que os alunos de medicina ergam camadas de pele de cadáveres virtuais.

Então, se prepare, Jogador nº 1 — juízes federais estão mergulhando em sua direção.

IMPRESSÃO 3D

A cadeia de abastecimento mais cara do universo se estende por apenas 388 quilômetros.[29] É a rede de reabastecimento que vai do Centro de Controle de Missão, na Terra, direto para os astronautas a bordo da Estação Espacial Internacional (ou ISS, na sigla em inglês). Seu custo é por conta do peso. Custa 22 mil dólares por quilo para tirar um objeto da atração da gravidade terrestre.[30] E como pode levar meses para ele de fato chegar à ISS, boa parte do precioso metro quadrado da estação é usada para o armazenamento de peças sobressalentes.[31] Em outras palavras, a cadeia de abastecimento mais cara da história leva ao ferro-velho mais exótico do cosmos.

Em *Bold*, contamos a história da Made In Space,[32] primeira empresa a tentar solucionar esses problemas. Sua meta era construir uma impressora 3D que funcionasse no espaço. Alguns anos se passaram, e a Made In Space agora está no espaço.[33] Foi assim que, em uma missão da ISS em 2018, quando um astronauta quebrou o dedo, não precisaram pedir uma tala da Terra e esperar meses pela remessa.[34] Ligaram a impressora 3D, carregaram-na com filamento plástico, buscaram "tala" no arquivo de modelos e imprimiram o que precisavam. É a capacidade de fabricação sob demanda em um nível nunca visto.

Mas levou tempo para chegar a isso.

As impressoras 3D originais surgiram nos anos 1980.[35] Eram máquinas desajeitadas, lentas, difíceis de programar e fáceis de quebrar, e só imprimiam plástico. Hoje, colonizaram a maior parte da tabela periódica. Podemos imprimir em centenas de materiais diferentes,[36] e colorido — metais, borracha, plástico, vidro, concreto e até matérias orgânicas como células, couro e chocolate. E o que imprimimos agora é cada vez mais impressionante. Motores a jato,[37] edifícios,[38] placas de circuitos,[39] membros prostéticos:[40] as impressoras 3D estão fabricando objetos incrivelmente complexos em um tempo cada vez mais curto.

É uma tremenda mudança para a indústria. A natureza sob demanda das impressoras 3D elimina a necessidade de inventários e de tudo o que isso requer. Além do espaço exigido para os materiais de insumo e a própria impressora, a tecnologia quase elimina cadeias de suprimento, redes de transporte, almoxarifados, depósitos e todo o resto. Esse acontecimento, uma única tecnologia exponencial, ameaça todo um setor manufatureiro de 12 trilhões de dólares.[41]

E o ritmo é veloz.

Até o início da década de 2000, impressoras 3D eram máquinas excepcionalmente caras, na faixa dos 100 mil dólares.[42] Hoje, podem ser compradas por menos de mil dólares.[43] À medida que os preços caíram, o desempenho melhorou,[44] e convergências começaram a surgir — levando a impressão 3D a uma variedade mais ampla de mercados.

Há cerca de dois anos, por exemplo, a empresa israelense Nano Dimension[45] fez convergir a impressão 3D com a computação, trazendo ao mercado a primeira impressora 3D comercial de placas de circuito e permitindo aos projetistas criarem o protótipo de novos produtos em horas, não em meses. Outra convergência em curso é da impressão 3D com a energia, na qual a tecnologia já é usada para a produção de baterias,[46] turbinas eólicas[47] e células solares[48] — ou seja, três dos componentes mais caros e importantes da revolução da energia renovável. O transporte vê impactos similares. Motores costumavam estar entre as máquinas mais complicadas do planeta. A avançada turbo-hélice da GE tinha 855 componentes fabricados de maneira individual.[49] Hoje, com a impressão 3D, tem doze. A vantagem? Redução de peso de cinquenta quilos e aperfeiçoamento de 20% na queima do combustível.

A biotecnologia e a impressão 3D são outro ponto de interseção. A primeira prótese impressa 3D chegou em 2010.[50] Hoje, são produzidas em larga escala pelos hospitais. Em 2018, um hospital jordaniano apresentou um programa capaz de ajustar e construir uma prótese para um paciente em 24 horas, por menos de vinte dólares.[51] Ao mesmo tempo, como as impressoras 3D hoje fabricam componentes eletrônicos, presenciamos empresas como a Unlimited Tomorrow[52] e a Open Bionics[53] vendendo impressões 3D de próteses biônicas articuladas a preços longe de biônicos.[54]

E partes do corpo sobressalentes estão prestes a se tornar órgãos sobressalentes. Em 2002, cientistas na Wake Forest University imprimiram em 3D o primeiro tecido renal capaz de filtrar sangue e produzir urina.[55] Em 2010, a Organovo, uma empresa de bioimpressão de San Diego, criou o primeiro vaso sanguíneo.[56] Hoje, uma empresa chamada Prellis Biologics[57] imprime vasos capilares em velocidade recorde, enquanto a Iviva Medical faz o mesmo com rins[58] — daí a previsão de que órgãos impressos em 3D devem chegar ao mercado em 2023.[59]

O impacto da impressão 3D na indústria da construção ocorre ainda mais rápido. Em 2014, a chinesa WinSun imprimiu dez unidades residenciais em menos de 24 horas,[60] cada uma saindo por menos de 5 mil dólares.[61] Meses depois, imprimiram um complexo residencial de cinco andares em um fim de semana. Em 2017, outra empresa chinesa[62] combinou a impressão 3D e a construção modular para um arranha-céu de 57 andares em dezenove dias. Em 2019, a empresa Mighty Buildings, com sede na Califórnia,[63] fundiu esses avanços na impressão 3D com a robótica e a ciência de materiais para realizar algo inédito: atendendo aos padrões dos códigos de construção americanos, imprimiram unidades residenciais a um décimo do custo de mão de obra e com um produto final três vezes mais barato do que o padrão da indústria.

Mas a história que melhor ilustra o real poder transformador da impressão 3D pertence a um sujeito chamado Brett Hagler.[64] Alguns anos após o terremoto de 2010 no Haiti, Hagler visitou a ilha. Ele ficou chocado ao descobrir dezenas de milhares de pessoas ainda vivendo em cidades de barracas, tanto tempo após o desastre. Assim, decidiu encontrar um modo de usar essa tecnologia emergente para fornecer abrigo permanente para os mais necessitados. Hagler formou uma organização sem fins lucrativos chamada New Story, levantou capital de pesquisa com um grupo de investidores conhecidos como "Os Construtores" e criou uma impressora 3D movida a energia solar capaz de trabalhar nos piores ambientes imagináveis. Sua máquina imprime uma casa de 37 metros quadrados a 75 metros quadrados em 48 horas ao custo de 6 mil dólares a 10 mil dólares (dependendo da localização e do preço da matéria-prima). E não estamos falando de nenhum bunker — e sim de um projeto moderno e elegante, com varanda ao redor da casa.

No outono de 2019, no México,[65] a New Story iniciou a construção da primeira comunidade mundial impressa em 3D — cinquenta casas, a serem distribuídas a sem-tetos de forma gratuita ou vendidas (em um sistema de microfinanças, a empréstimos sem juros disponíveis para qualquer um). "Os dados são muito claros", explica Hagler. "Abrigo é uma necessidade básica. Se você consegue atendê-la, tudo melhora: saúde, bem-estar, renda, níveis de educação infantil. A impressão 3D é uma ferramenta incrível para combater a pobreza. Cabe a nós usá-la."

BLOCKCHAIN

Em seu breve tempo de vida, o *blockchain* colecionou alguns apelidos maravilhosamente pitorescos. Já foi chamado de tecnologia exponencial de arquivamento, a solução contábil mais sexy da história e o fim do governo tal como o conhecemos. Em termos mais simples, o *blockchain* é uma tecnologia facilitadora, que começou sua existência possibilitando a moeda digital.

Moedas digitais, ou a ideia de que podemos usar uns e zeros para substituir dólares e centavos, foram propostas pela primeira vez em 1983.[66] Contudo, a ideia parou no problema aparentemente insolúvel do "gasto duplo". Em síntese: se você tem uma nota de um dólar e a dá a um amigo, seu amigo passa a ter a nota de um dólar. Se você tem um dólar digital e o dá a um amigo — se, em essência, essa moeda nada mais é que uns e zeros —, o que o impede de dar uma cópia do dólar para o amigo e ficar com o original para si? Afinal, é exatamente assim que funcionam todos os outros compartilhamentos digitais. Quando você envia um e-mail, seu computador armazena o original e envia uma cópia. É perfeito para a troca de correspondência, mas, nos negócios financeiros, deixa muito a desejar. Esse é o problema do gasto duplo, exatamente o que o *bitcoin* foi projetado para resolver.

O *bitcoin* surgiu em 2008, quando um artigo acadêmico on-line de autoria de uma pessoa (ou pessoas) ainda anônima, que se identificava como Satoshi Nakamoto,[67] propôs um sistema de pagamento *peer-to-peer* digital que permite ao dinheiro mudar de mãos sem a necessidade de uma instituição financeira. No ano seguinte, o primeiro software de *bitcoin* foi a público, porém, como as moedas haviam sido apenas mineradas, e não comercializadas, era impossível lhes atribuir um valor monetário. Em 2010, Laszlo Hanyecz resolveu esse problema comprando duas pizzas — ao preço de 25 dólares — com 10 mil *bitcoins*.[68] Na época, com base no custo dessas pizzas, as moedas passaram a valer 0,0025 dólar cada. Em 2019, seu valor era de quase 15 mil dólares.[69]

Mas a verdadeira revolução reside na base do *bitcoin*: é a tecnologia do *blockchain*. Um *blockchain* é um livro-razão digital distribuído, mutável, permissível e transparente. Analisemos uma coisa de cada vez. Distribuído significa que é um banco de dados compartilhado e coletado, de modo que todo mundo na rede — ou seja, todo mundo que possua a moeda — tem uma cópia do livro-razão. Mutável significa que sempre que alguém insere uma informação nova no livro-razão, todos os livros mudam. Ele é permissível no mesmo sentido em que dinheiro é permissível — qualquer um pode usá-lo. Por fim, o sistema é transparente porque qualquer um na rede pode ver qualquer transação na rede — e assim foi de fato resolvido o problema do gasto duplo.

Mas a verdadeira inovação está no modo como as transações são registradas no livro-razão. Em negociações financeiras normais, quando movimentamos dinheiro, é necessária uma terceira parte de confiança: se passo um cheque, uma terceira parte, em geral o banco, assegura que tenho dinheiro para cobri--lo. Mas as criptomoedas eliminam o intermediário da negociação, validando transações com qualquer computador da rede. Uma vez validado, o registro da transação é empacotado com outros em um "bloco" [block], depois é adicionado ao registro de todos os blocos precedentes (a "cadeia" — chain).

Ao eliminar o intermediário e trazer a contabilidade para a era digital, o blockchain está fazendo com os bancos o que a internet fez com as mídias tradicionais: esvaziando-os. Para começar, ele cria um sistema bancário onde antes não havia nenhum. Como a tecnologia é permissível, as centenas de milhões de pessoas sem conta bancária hoje têm onde guardar seu dinheiro — uma oportunidade de 308 bilhões de dólares, segundo um relatório Accenture recente.[70]

Além disso, o blockchain oferece um modo fácil de transferir esse dinheiro, sobretudo entre países. No momento, o mercado de remessas internacional está avaliado em 600 bilhões de dólares.[71] Todo esse dinheiro recebe uma boa mordida,[72] com intermediários "fidedignos" como a Western Union extraindo uma comissão alta de qualquer transação processada.

Além do mais, um dos motivos para tanta gente não ter uma conta bancária é por não possuir oficialmente identidade.[73] O blockchain resolve esse problema também, gerando uma identidade digital que acompanhará a pessoa na internet. O que podemos fazer com essa identidade? Ser donos dos nossos próprios dados, para começo de conversa. A identidade de blockchain poderia ainda facilitar eleições justas e precisas. Por fim, se a identidade puder ser estabelecida, é fácil vincular a ela uma pontuação de reputação. Essa pontuação permite coisas como o ridesharing peer-to-peer,[74] que hoje exige terceiras partes de confiança chamadas "Uber" e "Lyft".

Do mesmo modo que o blockchain valida identidades, também é capaz de validar nossas posses[75] — por exemplo, certificando que seu anel de casamento não é um diamante de sangue. Títulos de propriedade imobiliária são outra oportunidade, em especial quando parte considerável das pessoas no planeta vive em um terreno que não lhes pertence, ou pelo menos não de maneira legal. Considere o Haiti. A combinação de terremotos, ditaduras e evacuações forçadas torna o trabalho de determinar quem é dono do quê um atoleiro gigante. Um registro de imóveis por *blockchain* poderia cadastrar todas as transações; assim os títulos de propriedade seriam sempre rastreáveis, venda a venda, até o dono original.

O registro de imóveis se vale ainda de outra vantagem do *blockchain* — sua camada de contratos inteligentes embutidos. Apostas esportivas são um exemplo.[76] Hoje, os jogos de azar na internet exigem uma "terceira parte de confiança", o site de apostas, que garante o pagamento. Mas se dois apostadores decidirem de antemão em que fonte confiar como árbitro dos resultados — digamos, a página de esportes do *New York Times* —, poderão montar um contrato de *blockchain* que lhes permita apostar entre si e deixar o sistema determinar o resultado da aposta com base nas páginas do *New York Times*, depois movimentar automaticamente o dinheiro. É um contrato inteligente porque se autoexecuta, sem necessidade de envolvimento humano.

E é por todos esses motivos que a tecnologia está explodindo. Em 2018, instituições financeiras importantes como J. P. Morgan, Goldman Sachs e Bank of America[77] produziram criptoestratégias em larga escala. As ofertas iniciais de moedas, ou ICOs, uma versão de *blockchain* para o *crowdsourcing* (que vamos explorar com mais detalhes no capítulo 4), também estão explodindo, com um valor de mercado de quase 10 bilhões de dólares em 2018.[78] No total, o que começou menos de uma década atrás com a venda de duas pizzas chegará, segundo a Gartner, Inc., a 176 bilhões de dólares até 2025, possivelmente excedendo os 3,1 trilhões de dólares em 2030.[79]

A fim de perceber para onde tudo isso caminha, vale a pena discutir uma outra propriedade do *blockchain* — o fato de poder servir como ponte entre mundos. A Vatom, Inc.,[80] empresa criada pelo pioneiro da tecnologia Eric Pulier, utiliza o *blockchain* para criar "objetos inteligentes" que, em termos financeiros, são tanto um novo tipo de classe de ativos como uma maneira de movimentar valores entre o mundo virtual e o real. As coisas ficam um pouco estranhas se forem explicadas de um jeito simples. A verdade é que ainda não temos palavras para descrever o que os objetos inteligentes possibilitam.

Vamos explorar isso em camadas.

No nível mais básico, objetos inteligentes são objetos digitais que têm embaixo de si uma camada de *blockchain*. Essa camada significa que o objeto inteligente é único, conferindo autenticidade e escassez a objetos digitais. Se você tiver um cartão de futebol do Tom Brady certificado pela Vatom, pode ter certeza de que é único. Se me der seu cartão, agora eu o tenho e você, não. Em outras palavras, ele funciona como um objeto físico.

Eis aqui o nível seguinte. Digamos que você esteja usando óculos inteligentes enquanto caminha por Nova York e vê um outdoor da Coca-Cola com seis garrafas na imagem. Você aponta seu celular para o cartaz e clica para comprar uma e, de repente, uma Coca-Cola pula do outdoor e aparece no seu celular. Agora, há cinco Coca-Colas no outdoor e uma vivendo em um objeto inteligente especial, presa em seu celular. Duas coisas a observar. Para guardar a Coca em seu celular, você não precisou baixar um aplicativo nem entrar em nenhum website. Apenas apontou e clicou, e tudo funcionou automaticamente. Melhor ainda, não obteve uma simples cópia digital da Coca-Cola no outdoor — comprou uma Coca-Cola de verdade. Pode ir a um bar e transferir a Coca-Cola em seu celular para o celular do atendente. Então a pessoa lhe entrega uma Coca-Cola de verdade. O objeto inteligente funciona como um cupom. Contudo, algo incrível acaba de acontecer: trocando sua Coca-Cola digital por uma real, você moveu valores do mundo digital para o mundo físico.

Objetos digitais também são mutáveis. Digamos, no exemplo da Coca-Cola, que em vez de entregar a sua para uma pessoa atrás de um balcão, você a deu a um amigo. Acontece que a Coca-Cola está fazendo uma promoção secreta. Se você presenteia alguém com uma Coca-Cola, assim que a envia para outro celular ela vira duas Coca-Colas. Agora seu amigo pode resgatar uma para si e dar a outra para quem quiser.

As coisas ficam ainda mais estranhas. Objetos inteligentes são habilitados por IA, ou seja, podem aprender e ter memórias. Digamos que você precise de um terno novo. Você vai à Brooks Brothers e escolhe um. Na compra, ganha também uma cópia digital do terno. Nada de formulários para preencher, o terno apenas aparece em seu celular. Melhor ainda, o terno digital vem com um filme que mostra a história completa dos fios utilizados no tecido. Isso não estava programado, uma vez que o terno inteligente aprendeu sua própria história ao longo do caminho. Por que isso importa? Agora você tem uma prova certificada pelo *blockchain* de que nenhuma parte da sua roupa foi produzida com trabalho infantil.

Levemos isso um passo adiante. Devido à camada de IA, esses objetos não vivem em um ponto fixo. Na verdade, parecem-se menos com objetos e mais com alguma outra forma de vida, movendo-se por vontade própria pelo mundo digital. Digamos que você trabalhe na Microsoft e queira contratar um novo designer de games para um jogo de fantasia. Assim, você projeta uma espada flamejante inteligente, construída para esquadrinhar as mídias sociais e descobrir indivíduos com paixão por fantasia, criptografia, design de games e quaisquer outras habilidades requisitadas. Você encontra João da Silva, um candidato perfeito, que por acaso está de férias nas Bahamas. Ele passeia pela praia com seus óculos inteligentes — que fornecem a história da praia à medida que caminha. De repente, do nada, uma espada flamejante gigante cai do céu e se crava na areia aos pés de João. Ele tenta tirá-la, mas a espada não se move. Só que uma luz brilhante pisca no cabo — dezesseis números aparecem por um momento e voltam a sumir. João, um entusiasta da criptografia, percebe que os números na verdade são um enigma. Ele o soluciona, enuncia a resposta em voz alta e a espada agora pode ser puxada da areia. Ao fazer isso, ela se transforma num pequeno dragão cor-de-rosa que o informa de que ele foi selecionado como um potencial projetista de jogos para a Microsoft, perguntando se tem interesse em se candidatar para a vaga.

E poderíamos prosseguir nos exemplos por muito tempo. Objetos inteligentes não fazem apenas uma ponte entre mundos, eles gamificam o mundo. Se o *blockchain* é uma tecnologia de ficção científica que se transforma em fato científico, objetos inteligentes parecem inverter esse processo, tornando a realidade normal ficção científica de novo.

CIÊNCIA DOS MATERIAIS E NANOTECNOLOGIA

Em 1870, Thomas Edison tinha um problema envolvendo a "ciência dos materiais".[81] Na época, os pesquisadores já haviam descoberto que ao passar por determinados metais, a eletricidade os esquentava o bastante para ficarem incandescentes e emitirem luz. Edison percebeu que, caso conseguisse encontrar o material certo — que produzisse desperdício mínimo de calor, usasse pouca potência e no entanto fosse durável o suficiente para sobreviver ao choque da eletricidade —, poderia criar a primeira lâmpada elétrica.

Mas a busca levou tempo.

Com pouco além de sua intuição a guiá-lo, Edison passou mais de catorze meses testando mais de 1600 materiais[82] antes de se decidir por um fio de algodão revestido de carbono, que durou 14,5 horas. Alguns anos e vários aperfeiçoamentos depois, ele obteve um fio de bambu revestido de carbono, produzindo uma lâmpada capaz de durar 1200 horas.[83] Mas, em 1904, as forças do mercado entraram em ação e outros inovadores se envolveram. O resultado foi filamentos de tungstênio, muito mais brilhantes e duráveis[84] — o que significa que os 1600 experimentos intuitivos de Edison criaram uma solução abaixo da ideal, que desapareceu em algumas décadas.

Hoje os engenheiros podem pular toda essa experimentação e não precisam mais se decidir por soluções abaixo da ideal. Usando chips de silício em lugar de tubos de ensaio para experimentar de modo virtual com novos materiais, os pesquisadores podem fazer em horas o que costumava levar meses ou anos. Em outras palavras, estamos no meio de uma revolução na ciência dos materiais.

Como o nome sugere, a ciência dos materiais se dedica a descobrir e a desenvolver novos materiais. É um ramo tanto da física como da química, utilizando a tabela periódica como supermercado e as leis da física como livro de receitas. Infelizmente, como a tabela é vasta e suas leis são complicadas, a ciência dos materiais sempre caminhou devagar. A bateria de íon de lítio, por exemplo, hoje presente em quase tudo, dos celulares aos carros autônomos, foi proposta pela primeira vez na década de 1970, porém só conseguiu chegar ao mercado duas décadas depois e não começou a atingir a maturidade senão em anos recentes. Mas esse ritmo de desenvolvimento era lento demais para o presidente Obama.

Em junho de 2011, na Carnegie Mellon University, ele anunciou a Iniciativa Genoma dos Materiais,[85] um esforço nacional para usar métodos de código aberto e inteligência artificial e duplicar o ritmo da inovação na área. Obama acreditava que essa aceleração era crucial para a competitividade mundial dos Estados Unidos e que nela estava a chave para solucionar desafios significativos em energia limpa, segurança nacional e bem-estar social.

E funcionou.

Ao usar a IA para mapear as centenas de milhões de diferentes combinações possíveis dos elementos — hidrogênio, boro, lítio, carbono etc. —, o resultado da iniciativa de Obama anos depois é um enorme banco de dados que permite aos cientistas realizar uma espécie de improvisação de jazz com a tabela periódica. "Nos últimos anos", explica o cientista de materiais Jeff Carbeck, diretor de materiais avançados na Deloitte Consulting,[86] "fomos capazes de pegar os 10 mil materiais que já compreendemos e, com a ajuda da computação de alto desempenho e da mecânica quântica, começar a prever as propriedades de novos materiais ainda inexistentes. [Em alguns anos], se você quiser um implante de joelho de última geração, uma IA usará esse banco de dados para selecionar dentre todos os materiais disponíveis e ajudar a escolher os mais seguros e confiáveis."

Graças à iniciativa de Obama, temos um novo tipo de mapa do mundo físico. Ele permite aos cientistas combinar os elementos com rapidez maior do que nunca e os ajuda a criar elementos nunca vistos. Uma série de novas ferramentas de fabricação estão ampliando ainda mais esse processo, permitindo-nos operar em escalas e em tamanhos inteiramente novos, incluindo a escala atômica, na qual construímos materiais átomo por átomo. Essas ferramentas estão ajudando a criar os metamateriais usados em compósitos de fibra de carbono para veículos mais leves, ligas avançadas para motores a jato mais duráveis[87] e biomateriais para substituir articulações humanas. Também presenciamos avanços no armazenamento de energia[88] e na computação quântica.[89] Na robótica, novos materiais têm nos ajudado a criar os músculos artificiais necessários para robôs humanoides macios — imagine *Westworld* no mundo real.

Materiais melhores também significam dispositivos melhores. "Se você construísse uma versão do celular atual na década de 1980", explica Omkaram Nalamasu,[90] diretor técnico da Applied Materials, Inc., "custaria algo em torno de 110 milhões de dólares, teria catorze metros de altura e exigiria cerca de duzentos quilowatts de energia [...]. Esse é o poder das inovações nos [na ciência dos] materiais."

A notícia mais importante nos materiais talvez diga respeito à energia solar. No momento, a "eficiência de conversão"[91] do painel solar comum — uma medida de quanta luz solar capturada pode ser convertida em eletricidade — gira em torno de 16%, a um custo de três dólares por watt. A perovskita,[92] cristal sensível à luz e um de nossos mais recentes novos materiais, tem potencial de elevar isso a 66%, dobrando o que os painéis de silício podem em teoria conseguir. Os ingredientes da perovskita também estão vastamente disponíveis e são baratos de combinar. Em que se traduzem todos esses fatores? Energia solar ao alcance de todos.

A nanotecnologia é a última fronteira da ciência dos materiais, o ponto em que a manipulação da matéria atinge as menores escalas — milhões de vezes menor do que uma formiga, 8 mil vezes menor do que uma hemácia, 2,5 vezes menor que um filamento de DNA. O conceito remonta à palestra de Richard Feynman em 1959, "There's Plenty of Room at the Bottom" [Há espaço de sobra embaixo],[93] mas foi o livro de K. Eric Drexler de 1987, *Engines of Creation* [Motores da criação],[94] que de fato pôs a nanotecnologia no mapa. Drexler descreveu nanomáquinas autorreplicadoras — ou seja, máquinas superminúsculas capazes de construir outras máquinas. Como essas máquinas são programáveis, podem ser instruídas a produzir mais de si mesmas ou mais do que seja lá que você gostaria. E como isso acontece na escala atômica, esses nanobots conseguem separar qualquer tipo de material — solo, água, ar —, átomo por átomo, e usar essa nova matéria-prima para construir praticamente qualquer coisa. Nesse mundo, segundo Drexler, uma poça de lodo pode ser reorganizada como um diamante perfeito de vários quilates.

O progresso foi surpreendentemente rápido desde então, com um punhado de nanoprodutos hoje no mercado. Cansou de dobrar suas roupas? Aditivos para tecido em nanoescalas ajudam contra os amarrotados e as manchas. Está com preguiça de limpar os vidros da casa? Sem problema, nanopelículas tornam as janelas autolimpantes, antirreflexo e condutoras de eletricidade. Quer adicionar energia solar a sua casa? Há nanorrevestimentos que captam a energia solar. Com nanomateriais produzimos automóveis, aviões, bastões de beisebol, capacetes, bicicletas, malas, ferramentas elétricas mais leves — a lista vai embora. Pesquisadores em Harvard construíram uma impressora 3D em nanoescala capaz de produzir baterias em miniatura com menos de um milímetro de largura.[95] E se você não aprecia aqueles óculos de RV imensos, sem problema também, os pesquisadores hoje utilizam a nanotecnologia para criar lentes de contato inteligentes com resolução seis vezes maior do que a dos celulares atuais.[96]

E ainda há mais por vir. Hoje, na medicina, *nanobots* que aplicam medicamentos se mostram particularmente úteis no combate ao câncer.[97] Na computação, a história é mais estranha, com um bioengenheiro em Harvard armazenando recentemente setecentos terabytes de dados num único grama de DNA.[98] Na área ambiental, os cientistas extraem dióxido de carbono da atmosfera e o convertem em nanofibras de carbono superfortes para ser usadas na manufatura. Se pudéssemos fazer isso em larga escala — com o uso da energia solar —, um sistema com 10% do tamanho do deserto do Saara[99] conseguiria reduzir o CO_2 na atmosfera a níveis pré-industriais em cerca de uma década. As aplicações são infinitas. E estão chegando rápido. Na próxima década, o impacto do imensamente pequeno está prestes a ficar imensamente grande. Na segunda parte do livro, examinaremos como esses desdobramentos atingem aspectos fundamentais da sociedade, mas, antes, vejamos com mais atenção uma classe especial de materiais — os componentes básicos da vida: células, genes, proteínas — e que mudanças trazem à biotecnologia.

BIOTECNOLOGIA

Os anos 1970 foram bons para John Travolta.[100] Embora o ator houvesse estourado em 1972, ele conquistou a atenção do público como a grande estrela do seriado de TV *Welcome Back, Kotter* [Bem-vindo de volta, Kotter],[101] de 1975. Mas foi no papel de protagonista do *Rapaz na bolha de plástico*,[102] feito para a TV e três vezes indicado ao Emmy, que se consolidou como verdadeiro astro, em 1976.

O filme se baseava na vida de David Vetter, um rapaz do Texas que sofria de "imunodeficiência combinada grave ligada ao cromossomo X", doença genética que destrói o sistema imune. A doença exige viver dentro de uma bolha, uma atmosfera autossuficiente que protege contra germes. Tudo o que entra na bolha — água, comida, roupas — precisa ser esterilizado. Para as vítimas da doença, apenas respirar o ar normal pode ser fatal.

Cerca de quatro anos antes de Travolta aparecer nesse papel, um artigo na *Science*[103] afirmava que uma nova forma de tratamento podia trazer esperanças para pacientes com imunodeficiência combinada severa e outras doenças genéticas. Conhecida como terapia genética, a ideia era incomum, mas útil. Doenças genéticas são causadas por mutações no DNA; assim, a solução era encontrar uma maneira de substituir esse DNA ruim por DNA bom. Ou, em termos de computador, eliminar os erros do sistema.

Mas como encaixar esse DNA bom no lugar certo?

É aí que os vírus entram em cena. Esses parasitas microscópicos proliferam se ligando às células. Em seguida, injetam seu material genético, fazendo a célula hospedeira replicar o DNA viral — como uma linha de montagem hackeada. A terapia genética se vale desse processo, extraindo do código do vírus a porção causadora da doença e substituindo-a por DNA bom. Assim que o vírus injeta o DNA bom na célula hospedeira, os sintomas da doença desaparecem, depois a própria doença é curada.

Embora a terapia genética guarde enormes promessas, a ciência por trás dela sempre foi complicada. Levou quase duas décadas para os primeiros tratamentos surgirem, e foi quando os problemas começaram. Em 1999, Jesse Gelsinger,[104] um jovem de dezoito anos com um distúrbio metabólico raro, participou de um ensaio clínico de terapia genética na Universidade da Pensilvânia. A doença de Gelsinger não era fatal. A combinação de uma dieta extremamente restritiva e 32 comprimidos diários mantinha os sintomas sob controle. Mas o ensaio clínico tinha potencial para curá-lo por completo, então ele aceitou participar. Quatro dias após receber a injeção inicial, Gelsinger não estava curado. Estava morto. A primeira morte por terapia genética de que se tem notícia.

Novos percalços surgiram. Não muito depois, em um ensaio clínico na França projetado para tratar a doença do rapaz da bolha de plástico,[105] duas das dez crianças envolvidas desenvolveram câncer. Imediatamente, a FDA suspendeu todos os testes com terapia genética até novos estudos. A quebra do pontocom em 2001 foi o golpe de misericórdia, pois era o dinheiro da internet em expansão acelerada que financiava as start-ups de terapia genética. Esse foi o fundo do poço da fase desiludida, da qual muitos ficaram convencidos de que não haveria escapatória.

Mas havia — na forma de mais ciência.

Embora a terapia genética sumisse de cena, a pesquisa continuou a avançar. Até que, em 18 de abril de 2019, a terapia ressurgiu de repente com um anúncio impressionante: a doença do rapaz da bolha de plástico fora curada.[106] Dez bebês nascidos com o problema, tecnicamente sem sistema imune, foram tratados. Não é que seus sintomas melhoraram. Não é que conseguiram conviver com a doença. Antes do tratamento, não tinham sistema imune; depois, sim. A doença desapareceu.

Outras doenças em breve terão o mesmo destino. Com mais de cinquenta medicamentos de terapia genética em fase final de ensaios clínicos,[107] começamos a enxergar a cura de doenças incuráveis. Porém a terapia genética nada mais é que um subconjunto de uma mudança mais geral na biotecnologia.

Biotecnologia significa usar a biologia como tecnologia. Isso está transformando os componentes fundamentais da vida — nossos genes, nossas proteínas, nossas células — em ferramentas para manipular a vida. Em um sentido muito real, essa história começa com o corpo humano, uma coleção de 30 trilhões a 40 trilhões de células[108] cujas funções determinam nossa saúde. Cada uma delas contém 3,2 bilhões de letras de sua mãe e 3,2 bilhões de letras de seu pai — esse é seu DNA, seu genoma, o software que codifica "você". A cor do seu cabelo, a do seu olho, a sua altura, boa parte da sua personalidade, a propensão a doenças, a expectativa de vida e assim por diante.

Até pouco tempo, sempre foi difícil "ler" essas letras, e mais difícil ainda entender o que fazem. Esse era o objetivo do Projeto Genoma Humano,[109] um esforço de dez anos e 100 milhões de dólares, completado em 2001. Mas desde então o preço despencou,[110] superando três vezes a Lei de Moore. Hoje, o sequenciamento do genoma humano leva dias[111] e custa menos de mil dólares. Daqui a alguns anos, companhias como Illumina prometem fazer o mesmo em uma hora, por cem dólares.

Por que sequenciamento genômico mais barato e mais rápido importa? Porque será uma revolução na saúde. Considere alguns dos principais modos para consertar uma célula. A terapia genética substitui o DNA com defeito ou faltante dentro de uma célula, técnicas de edição genética como Crispr-Cas9 permitem consertar o DNA dentro da célula e terapias com células-tronco substituem a célula por completo. Graças ao sequenciamento genômico mais rápido, todas essas intervenções agora estão chegando ao mercado.

O Crispr-Cas9, por exemplo,[112] tornou-se nossa principal arma de combate às doenças genéticas. Tecnicamente, é uma ferramenta de engenharia que nos permite procurar locais precisos no código genético e reescrever esse DNA. Queremos remover o filamento de DNA que produz a distrofia muscular? Simples. Basta localizar esse lugar no genoma, soltar o Crispr-Cas9, cortar aqui e ali e... problema resolvido.

Mais importante, o Crispr é barato, rápido e fácil de usar. Nos últimos cinco anos, passou a ser a única maneira de editar um genoma. Mais recentemente, cientistas em Harvard apresentaram o Crispr 2.0,[113] um editor de última geração extremamente preciso. Ele consegue localizar e mudar uma única letra em um filamento isolado de DNA. De que adianta mexer em uma letra dentre 3,2 bilhões? "Das mais de 50 mil alterações genéticas hoje associadas sem sombra de dúvida às doenças em humanos", afirmou ao *LA Times* David Liu, biólogo químico de Harvard que liderou a pesquisa, "32 mil são causadas pela simples troca de um par de bases por outro."[114]

A engenharia da linha germinativa humana é outra aplicação do Crispr,[115] que possibilita editar o DNA de um embrião — pense em bebês projetados. Embora a engenharia germinativa continue controversa — agora pense em *Gattaca* —, ela poderia significar o fim de flagelos como a fibrose cística e a anemia falciforme, constituindo um avanço médico potencialmente tão importante neste século quanto as vacinas foram no anterior.

Há ainda as células-tronco.[116] Um dos principais mecanismos de reparação do corpo, as células-tronco têm a capacidade extraordinária de se transformar em qualquer tipo de célula, e é por isso que o corpo as utiliza para consertar tecidos gastos. A terapia com células-tronco funciona da mesma maneira.

Hoje, não existe mais que um punhado de terapias com células-tronco aprovadas nos Estados Unidos, mas isso não leva em consideração a incrível quantidade de trabalho sendo feito em laboratórios no mundo todo. Os pesquisadores têm realizado trabalhos pioneiros no tratamento de câncer, diabetes, artrite, cardiopatias, degeneração macular, reparo de tecido esquelético, analgesia, doenças neurológicas, doenças autoimunes, queimaduras e doenças de pele, cegueira e muito mais.

O crucial aqui não são apenas células-tronco, terapia genética ou Crispr — é o poder combinado de todas essas técnicas, sua convergência, que guarda o maior potencial.

Talvez a principal consequência dessa convergência seja a medicina individualmente customizada, ou o que chamamos de "medicina N-de-1". Na medicina N-de-1, todo tratamento recebido foi especificamente projetado para a pessoa — para seu genoma, transcriptoma, proteoma, microbioma e todo o resto. É um nível de tratamento profilático jamais visto. A pessoa descobre os alimentos, os suplementos e o regime de exercícios perfeitamente indicados para o seu caso. Aprende quais micróbios habitam seu intestino e que dieta os mantém saudáveis e ativos. Sabe quais doenças têm maior probabilidade de desenvolver e é capaz de tomar medidas para preveni-las. Vivemos numa era de cuidados médicos incrivelmente personalizados, em que as ferramentas da vida se tornaram ferramentas de preservação da vida, e muitas doenças que infernizaram as antigas gerações começam a sumir da memória.

4. A aceleração da aceleração

A mudança é a única constante, e o ritmo da mudança está acelerando — eis o argumento que defendemos aqui. Esse ritmo crescente é resultado da sobreposição de três amplificadores. Primeiro, o crescimento exponencial da potência computacional e de todas as tecnologias exploradas nos dois últimos capítulos que surfam na crista dessa onda. Em seguida, tecnologias individuais em aceleração que convergem com outras tecnologias em aceleração, produzindo ondas de mudança sobrepostas que ameaçam varrer quase tudo em sua esteira — ou o que acontece quando IA e robôs convergem e centenas de milhões de empregos desaparecem.

O último elemento amplificador que queremos explorar é um jogo de forças adicional, sete no total. Cada uma delas é um subproduto de tecnologias exponenciais convergentes, um "efeito de segunda ordem", no linguajar técnico, que atua como um acelerante de inovação adicional. Embora cada força funcione de maneira independente, seu efeito real é combinatório. Pense nelas como passos em uma equação matemática, um algoritmo concebido (em certo sentido, por todos nós) para aumentar o ritmo da mudança no mundo e a escala do impacto. Cada passo atua sobre os demais, um passo ampliando o seguinte, todos juntos acelerando nossa aceleração, produzindo mais mudança em um ano do que nossos avós conheceram a vida inteira.

Ao longo deste capítulo, vamos explorar essas forças de forma independente, enquanto a parte II do livro tratará de seu impacto coletivo, examinando como essas interseções remodelarão nossa vida na próxima década. Mas, por ora, vamos nos debruçar sobre uma força de cada vez, a começar de fato pelo próprio tempo.

FORÇA Nº 1: ECONOMIA DE TEMPO

Em "O Macintosh original",[1] uma coletânea de histórias on-line sobre a criação da fabulosa máquina, Andy Hertzfeld, cientista da computação na Apple, contou uma anedota típica sobre Steve Jobs. Típica porque, nela, assim como em tantas outras, Jobs estava frustrado.

O problema era a velocidade.

O primeiro Mac deveria ser um computador muito rápido. E era, ao menos no papel. Construído em torno de um microprocessador 68000 da Motorola, o sistema era na verdade dez vezes mais rápido do que o Apple II. Mas sua RAM era limitada, o que criava a necessidade de transferir informação extra por meio de discos flexíveis. E isso era particularmente verdadeiro ao ligar a máquina — algo que às vezes se arrastava por minutos.

A demora deixava Jobs enlouquecido. Um dia, ele entrou de repente no cubículo do engenheiro Larry Kenyon com uma queixa muito ao seu estilo: "A inicialização do Macintosh está lenta demais", disse. "Você precisa deixá-la mais rápida."

Kenyon escutou pacientemente. Já ouvira aquilo antes. Tornou a explicar para Jobs as várias maneiras como poderia fazer o computador acelerar. Mexer em tal ou tal coisa, acionar isso e aquilo. Mas, infelizmente, todas as melhorias exerciam efeito após a inicialização.

Jobs não se deu por vencido.

"Quer saber", continuou, "andei pensando. Quantas pessoas vão usar esse Macintosh? Um milhão? Não, mais que isso. Daqui a alguns anos, aposto que 5 milhões… Bom, vamos dizer que você consiga tirar dez segundos do tempo que leva para iniciar. Multiplique isso por 5 milhões de usuários e você tem 50 milhões de segundos, todos os dias. Ao longo de um ano, provavelmente são dúzias de vidas inteiras. Assim, se você tornar a inicialização dez segundos mais rápida, terá economizado mais de uma dúzia de vidas. Vale mesmo a pena, não acha?"

Nos meses seguintes, de fato conseguiram cortar dez segundos da inicialização. E Jobs tinha razão: aqueles segundos extras de fato poupavam o tempo das pessoas. Mas esse não foi um incidente isolado. Há um padrão aqui, já que "tempo poupado" calha de ser um dos maiores benefícios da tecnologia.

Em outras palavras, não foi apenas o tempo de inicialização que diminuiu.

Considere a ferramenta de busca, uma de nossas tecnologias mais amplamente utilizadas. Antes da chegada da internet, se você queria saber alguma coisa, ia a uma biblioteca — o que demandava tempo. Quanto tempo? Em 2014, Yan Chen, economista comportamental da Universidade de Michigan,[2] forneceu aos participantes de um estudo um punhado de questões, permitindo que metade acessasse a internet e a outra metade consultasse uma biblioteca. Então soltou o cronômetro. A média da pesquisa on-line foi de sete minutos, enquanto a dos demais, 22 minutos, ou seja, sempre que digitamos uma pergunta na ferramenta de busca, a tecnologia nos ajuda a economizar quinze minutos. Se aplicamos um pouco da lógica de Steve Jobs a isso, pegando apenas as 3,5 bilhões de pesquisas diárias processadas pelo Google, descobrimos que só essa ferramenta de busca nos poupa 52,4 bilhões de minutos por dia. Quer dizer, Jobs tinha razão — isso representa o tempo de inúmeras vidas.

E o mesmo pode ser dito sobre o tempo poupado com compras, entretenimento e tudo o mais que fazemos on-line. Antigamente, para comprar um relógio, você tinha de ir a uma loja. Se queria assistir a um filme novo, ia ao cinema. Reservar uma passagem aérea compreendia ligações telefônicas, tempos de espera e, às vezes, humanos de carne e osso. Agora, não mais, e isso trouxe consequências.

Inovação demanda tempo livre. Há alguns séculos, um dos principais motivos para o mundo mudar devagar era não termos tempo de sobra o suficiente para fazer alguma diferença. A maior parte do nosso dia era ocupada com necessidades básicas: cultivar e colher alimento, transportar água, costurar e remendar, limpar e esfregar etc. Mas, como observou Jobs, a tecnologia resolve esse problema.

Nos últimos cem anos, os dispositivos que economizavam trabalho[3] — termo que outrora significou a eletricidade, a água corrente e os aparelhos — conseguiram reduzir o trabalho doméstico, tido em geral como nossa atividade mais detestada, de 58 horas semanais, em 1900, para 1,5 hora, em 2011. Para empreendedores e inventores, é como receber de volta uma semana de trabalho, de graça, todo mês, só por estar vivo.

O que isso significa de fato é que o tempo economizado não apenas beneficia a tecnologia, como também impulsiona a inovação — outra força que acelera nossa aceleração. E o tempo poupado hoje empalidece em comparação com o que o amanhã nos trará. No fim da década de 1800, ir de Nova York a Chicago levava quatro semanas numa carruagem.[4] Algumas décadas depois, os trens diminuíram isso para cerca de quatro dias. Os aviões encolheram a viagem para quatro horas. Mas, daqui a alguns anos, o Hyperloop fará esse percurso em menos de uma hora, e a realidade virtual e os avatares têm potencial para reduzir isso a zero.

Os sensores aumentam o QI de nossos aparelhos, mas também contribuem com mais horas para nossa vida. Considere que, em breve, quando você ficar sem café, sua geladeira vai perceber e comprar mais. Um contrato inteligente de *blockchain* fará o pedido, e um drone da Amazon o levará a sua casa. O único momento em que você percebe que o café acabou é quando pega o produto no pacote da entrega para guardar no armário da cozinha. Claro que, logo, logo, seu mordomo-robô carregará o café para você.

As maiores vantagens começarão a se acumular em nosso dia a dia de trabalho. Em áreas que vão da ciência de materiais à pesquisa médica, ao nos permitir testar novos compostos no computador, em vez do laboratório, a IA derruba o tempo de descoberta de anos para semanas. A computação quântica faz o mesmo, só que mais rápido. A impressão 3D elimina meses e meses da fabricação de produtos, da construção... Bom, já deu para pegar o espírito da coisa.

Tudo isso tem um impacto no ritmo da inovação. Conforme a fartura de horas sobrando continua a aumentar, inventores, empreendedores, o proverbial cidadão comum em sua garagem terão muito mais tempo para experimentar, falhar, mudar de abordagem, falhar outra vez, mudar outra vez e, por fim, acertar. A tecnologia encolheu o tempo de desenvolvimento da inovação e expandiu o tempo que os inovadores podem devotar ao desenvolvimento. É um *feedback loop* acelerante de aceleração — mas não é o único.

FORÇA Nº 2: DISPONIBILIDADE DE CAPITAL

Foi uma das maiores sequências de golpes da história. Em 1957, os soviéticos acertaram primeiro um direto, quando puseram o *Sputnik 1* em órbita.[5] A reação foi frenética. Edward Teller,[6] pai da bomba de hidrogênio, chamou isso de "a maior derrota para os Estados Unidos desde Pearl Harbor". O senador Mike Mansfield advertiu: "O que está em jogo não é nada menos que nossa sobrevivência".[7] Mas os soviéticos foram mais longe, complementando esse primeiro golpe com um cruzado, apenas quatro anos mais tarde, quando Yuri Gagarin[8] se tornou a primeira pessoa a orbitar a Terra. Nos Estados Unidos, a combinação de socos acertou o queixo de todo mundo, intensificando a Guerra Fria e inflamando a corrida espacial.

Mas como devolver? Com dinheiro. Com muito dinheiro.

Alguns meses depois, o presidente Kennedy respondeu com a criação do programa Apollo, despejando 2,2% do PIB americano na indústria aeroespacial.[9] Esse influxo de verdinhas turbinou uma era de inovações de oito anos que foi do voo suborbital de Alan Shepard à caminhada na Lua de Neil Armstrong.

E nem poderia ser diferente.

Nada acelera mais o desenvolvimento tecnológico do que o dinheiro. Mais dinheiro significa mais gente experimentando, fracassando e, por fim, levando a grandes avanços. E isso nos traz à força seguinte: um aumento sem precedentes na disponibilidade de capital.

Hoje, é mais fácil do que nunca inovadores encontrarem financiamento. E essa abundância financia ainda mais inovação — mais ousadia visionária, mais ideias mirabolantes, mais de tudo. Talvez não seja o dinheiro que faça o mundo girar, mas ele sem dúvida deixa o futuro mais rápido. Assim, de onde vem toda essa grana?

Da tecnologia digital.

Embora novas tecnologias sempre tenham significado novas maneiras de ganhar dinheiro, a tecnologia digital nos proporcionou uma variação crucial desse tema: novas maneiras de *levantar* dinheiro. O crowdfunding foi a primeira delas e representa, em termos de dólares gastos, o extremo mais baixo de nosso espectro de disponibilidade de capital.

Para os não familiarizados, o crowdfunding, ou financiamento coletivo, é bastante direto. O coletivo em questão se refere aos bilhões de pessoas hoje on-line. A parte do financiamento corresponde a pedir dinheiro para esse coletivo. Normalmente, quem cria o crowdfunding apresenta seu produto ou serviço para o mundo, em geral por meio de um vídeo postado em um site dedicado a isso, como o Kickstarter, e pede dinheiro em uma de quatro formas: empréstimo (tecnicamente, empréstimo *peer-to-peer*), investimento líquido, em troca de um prêmio (por exemplo, uma camiseta) ou a aquisição adiantada do produto ou do serviço proposto.

E isso pode resultar em muito dinheiro.

O primeiro projeto de crowdfunding da história aconteceu em 1997,[10] quando a banda de rock progressivo britânica Marillion levantou 60 mil dólares em doações on-line para financiar uma turnê americana. Vinte anos depois, o tamanho desse mercado havia crescido de maneira considerável, atingindo, em 2015, um total mundial de 34 bilhões de dólares.[11] E ainda que o Marillion tenha precisado inventar todo o processo de funcionamento de sua campanha, empreendedores atuais podem escolher qualquer uma das seiscentas plataformas de crowdfunding diferentes disponíveis só nos Estados Unidos.

O Kickstarter,[12] por exemplo, uma das plataformas baseadas em prêmio mais populares, lançou mais de 450 mil projetos, com mais de 4,4 bilhões de dólares passando pelo site. Isso também acelerou de maneira considerável o processo de abrir uma start-up. A campanha do Kickstarter mais bem-sucedida até hoje, um relógio inteligente chamado Pebble Time,[13] levantou cerca de 20 milhões de dólares em menos de um mês — algo que no tempo do Marillion teria levado anos.

E como muitas outras plataformas digitais, o crowdfunding está surfando na crista da Lei de Moore e conhecendo um crescimento de dois dígitos. Até 2025, os especialistas projetam que a quantidade total de dinheiro se movendo pelo ecossistema chegará a 300 bilhões de dólares.[14] Porém o principal acontecimento não é a quantidade de dinheiro envolvida; antes, é quem tem acesso a esse dinheiro.

Sites de microcrédito direto como Kiva disponibilizaram capital para partes do mundo para onde os investidores há muito pararam de olhar, enquanto programas baseados em prêmio nos deram desde tecnologias de limpeza oceânica difíceis de financiar até avanços com que mal ousávamos sonhar, como o Oculus Rift. Ao democratizar o acesso ao capital, o crowdfunding permite a qualquer um, em qualquer lugar, com uma boa ideia e com acesso a um celular, buscar o dinheiro de que precisa para começar. É por isso que a Goldman Sachs descreveu o crowdfunding como "potencialmente o mais disruptivo de todos os novos modelos financeiros".[15]

Se o crowdfunding é a nova maneira de empreendedores levantarem capital, o financiamento de capital de risco, nossa próxima categoria, representa a antiga. Porém o antigo sempre desempenhou um papel importante na aceleração do novo. Nas últimas cinco décadas, temos de agradecer ao capital de risco por Apple, Amazon, Google e Uber, entre outras, fazendo dele não apenas uma força de aceleração, mas também um dos motores fundamentais do processo.

Nos Estados Unidos, o financiamento do capital de risco foi de 8,1 bilhões de dólares, em 1995,[16] a 61,4 bilhões, em 2016.[17] E então veio o ano das vacas gordas de 2017. Os investimentos chegaram a 99,5 bilhões de dólares[18] (o segundo maior montante da história, o primeiro foi 119 bilhões de dólares desembolsados em 2000, no boom das pontocom). O mais relevante, no entanto, foi no restante do mundo. A Ásia, um ator relativamente recente, bateu nos 81 bilhões de dólares,[19] enquanto o capital de risco na Europa assistiu a uma elevação histórica: 21 bilhões de dólares.[20]

Mais importante: grandes porções desse dinheiro fluem diretamente para a tecnologia, azeitando ainda mais as engrenagens da inovação. O investimento de capital de risco em tecnologia séria é particularmente predominante. O *blockchain* conheceu crescimentos importantes em anos recentes, assim como tecnologias de interface ativada por voz (como Alexa). A IA também está em alta, com os investimentos indo de 5,4 bilhões de dólares, em 2017,[21] para 9,3 bilhões, em 2018.[22] E a biotecnologia viu crescimento similar, indo de 11,8 bilhões de dólares, em 2017, para 14,4 bilhões, em 2018.

Porém, quando se trata de levantar somas espantosas num piscar de olhos, pouca coisa se compara às ofertas iniciais de moeda (ou ICOs, na sigla em inglês). Originadas no reino da criptomoeda, as ICOs são uma nova forma de crowdfunding criado com a tecnologia do *blockchain*. As start-ups podem levantar capital gerando e vendendo sua própria moeda virtual — chamadas "*tokens*" ou "*coins*". Esses *tokens* conferem ao interessado propriedade sobre a empresa (ou, ao menos, poder de voto) e a promessa de lucros futuros, ou podem assumir a forma de um título de propriedade, representando a posse fracionária de um imóvel ou algo do tipo.

As ICOs são famosas por levantar dinheiro de maneira rápida, em quantidades muito grandes, e sob algumas circunstâncias estranhas. A Filecoin,[23] por exemplo, é uma rede de armazenamento de dados descentralizada baseada em *blockchain* que permite aos participantes ceder o espaço de armazenamento extra em seus servidores em troca de Filecoins (o nome de sua *token*). Quando ela lançou sua ICO, em agosto de 2017, o projeto levantou 257 milhões de dólares em apenas trinta dias. Os primeiros 135 milhões foram obtidos só na primeira hora. E, contudo, a empresa não tinha nem mesmo um produto funcionando para mostrar.

Longe de ser um incidente isolado, um mês antes do sucesso da Filecoin, a Tezos, uma moeda autônoma (anunciada como uma atualização do *bitcoin*), levantou 232 milhões de dólares em apenas treze dias. E, finalmente, temos o *token* da EOS, uma das criptomoedas mais populares hoje no mercado, quebrando o recorde com 4 bilhões de dólares obtidos com sua ICO ao longo de um ano.

E a tendência do *token* não está desacelerando. A quantidade de ICOs por trimestre também aumentou de forma acelerada, indo de mais ou menos uma dúzia no primeiro trimestre de 2017 a mais de cem no último trimestre de 2017, e desde então tem havido ainda mais atividade.

Porém esqueça as ICOs por um instante. Quando falamos do principal filão do capital mobilizável, o verdadeiro cinturão dos pesos pesados vai para os fundos soberanos (SWFs, na sigla em inglês). Esses monstrengos do investimento detêm estimados 8,5 trilhões de dólares em ativos.[24] Eu disse *trilhões*.

Tradicionalmente, os SWFs costumam investir dinheiro em patrimônio público, infraestrutura e recursos naturais, mas conforme a promessa econômica das start-ups continua a crescer, esses fundos vão cada vez mais em busca de retornos desproporcionais nos domínios do empreendedorismo. Segundo o centro de pesquisa Sovereign Wealth Lab, em 2017, na IE Business School de Madri, 42 negócios com fundos soberanos avaliados em cerca de 16,2 bilhões de dólares[25] fluíram nessa direção.

E isso não é nada diante do megafundo do diretor-executivo do Softbank, Masayoshi Son, o Vision Fund. Motivado por sua crença na "Singularidade" — a ideia de Ray Kurzweil de que os avanços em IA levarão a civilização a um crescimento tecnológico sem precedentes e a mudanças além da compreensão —, Son decidiu tentar acelerar esse processo.

"Acredito totalmente nesse conceito", disse ele numa entrevista recente.[26] "Nos próximos trinta anos, ele vai virar realidade. Acredito de verdade que está chegando, por isso tenho pressa — de agregar o dinheiro, de investir."

E agregar dinheiro foi o que ele fez. O Vision Fund começou em setembro de 2016,[27] quando Mohammed bin Salman, na época o príncipe herdeiro da Arábia Saudita, viajou a Tóquio para encontrar maneiras de diversificar o portfólio de investimentos dominado pelo petróleo de seu país. Son apresentou sua ideia: construir o maior fundo da história e usá-lo para financiar start-ups de tecnologia. Menos de uma hora depois, Bin Salman concordou em ser seu principal investidor. "Quarenta e cinco minutos, 45 bilhões de dólares", afirmou Son depois ao *The David Rubenstein Show*. "Um bilhão de dólares por minuto."

Logo depois, empresas como Apple, Foxconn e Qualcomm embarcaram. E isso nos traz a hoje. Segundo Son, o Vision Fund de 100 bilhões de dólares é "apenas o primeiro passo". Ele já anunciou que trabalha para criar um segundo Vision Fund nos próximos anos. "Vamos expandir rapidamente a escala. Vision Funds 2, 3 e 4 serão criados a cada dois ou três anos. Estamos produzindo um mecanismo para aumentar nossa capacidade de financiamento de 10 trilhões de ienes para 20 trilhões e então para 100 trilhões."

Seja dividido como for, é muito iene. Acrescente isso à montanha já gerada por crowdfunding, capital de risco e ofertas iniciais de moeda, e você começa a enxergar essa disponibilidade de capital como muito mais do que apenas o ritmo normal dos negócios. É uma tecnologia turbinada que está transformando dólares e centavos em ideias e inovações a um ritmo recorde.

FORÇA Nº 3: DESMONETIZAÇÃO

No último capítulo, apresentamos os seis Ds, ou os estágios de desenvolvimento pelos quais todas as tecnologias exponenciais passam. Apresentamos esses estágios como marcadores temporais, como maneiras de acompanhar onde uma tecnologia se encontra hoje e para onde vai se encaminhar no futuro. Aqui, queremos voltar a um desses estágios — a desmonetização —, para explorar de que forma ele também atua como uma força de aceleração.

Vamos começar pelo simples fato de que inovação demanda pesquisa. Assim, o que pode ser melhor do que ter milhões de dólares à sua disposição? Que tal conseguir esticar esses milhões de dólares 1 milhão de vezes?

É isso que a desmonetização proporciona.

Como vimos, em 2001 o sequenciamento completo do genoma humano levou nove meses e custou 100 milhões de dólares. Hoje, o sequenciador de última geração da Ilumina[28] consegue fazer isso em uma hora e por cem dólares — ou 6480 vezes mais rápido e 1 milhão de vezes mais barato. Como consequência, se você está trabalhando com genômica, uma bolsa de pesquisa do governo agora vai mais longe do que nunca, acelerando ideias e catalisando avanços.

E o que é verdade para o sequenciamento genético também o é para dezenas de outras áreas. Ferramentas antes acessíveis apenas às empresas mais ricas e aos maiores laboratórios governamentais agora estão disponíveis a um custo quase zero para praticamente qualquer um. O exemplo óbvio é o supercomputador no seu bolso. Há algumas décadas, essa máquina teria custado muitos milhões de dólares. Em *Abundância*, calculamos a quantidade de tecnologia — dispositivos de música, videocâmeras, calculadoras etc. — embutida de graça no que era então um celular razoavelmente caro (cerca de oitocentos dólares) em mais de 1 milhão de dólares em 2012. Hoje, um celular médio de cinquenta dólares encontrado em Mumbai vem equipado com essas mesmas coisas. E não poderia ser diferente. Sensores como câmeras, acelerômetros e GPS encolheram mil vezes no tamanho e 1 milhão de vezes no preço.

Há não muito tempo, os robôs eram um domínio exclusivo do Big Business. Hoje, podemos comprar um deles para aspirar nossa casa por menos do que gastaríamos com um aspirador de pó. Também presenciamos uma queda nos preços da eletricidade necessária para alimentar esses robôs. As energias renováveis, segundo um relatório de 2019 da Agência de Energia Renovável Internacional,[29] respondem hoje por um terço da energia mundial, e seu custo atualmente é inferior ao do carvão. No ritmo de queda atual, a energia solar está a cinco duplicações de conseguir uma produção suficiente para atender a todas as nossas demandas energéticas. Dezoito meses mais tarde, após a energia solar dobrar outra vez, atenderemos a 200% de nossas necessidades energéticas apenas com essa tecnologia. Caminhamos rumo à total desmonetização da energia que mantém o planeta. Como todo inovador precisa de energia, isso em si irá acelerar ainda mais o ritmo da mudança no mundo.

Mas para aumentar de fato o ritmo da mudança, só a inovação acelerada não será suficiente. Alguém sempre precisa levar essas inovações ao mercado. E graças à desmonetização, quase todas as necessidades básicas dos negócios

— energia, educação, manufatura, transporte, comunicações, seguro e mão de obra — crescem de maneira exponencialmente mais barata. Mas a desmonetização oferece muito mais resultado pelo mesmo dinheiro — é assim, afinal, que se chega à velocidade de dobra.

FORÇA Nº 4: MAIS GÊNIOS

Em 1913, o matemático de Cambridge G. H. Hardy recebeu uma carta incomum pelo correio. "Caro senhor", dizia, "permita que me apresente como funcionário do Departamento de Contabilidade do Port Trust Office, em Madras, com um salário de vinte libras anuais." A carta prosseguia para oferecer nove páginas de ideias matemáticas, incluindo 120 resultados diferentes em teoria dos números, séries infinitas, frações contínuas e integrais impróprias. "Como sou pobre", concluía a carta, "se o senhor estiver convencido de que há alguma coisa de valor neles, gostaria de ter meus teoremas publicados." Estava assinado S. Ramanujan.[30]

Ora, não é incomum um matemático de Cambridge receber equações pelo correio, mas essa carta atiçou o interesse de Hardy. Embora a demonstração começasse com um cálculo familiar, rapidamente assumia direções surpreendentes, chegando a conclusões que, como Hardy observou mais tarde, "devem ser verdadeiras porque, se não forem, ninguém teria imaginação para inventá-las".

Assim começa uma das histórias mais extraordinárias da matemática. Nascido em Madras, em 1887, Srinivasa Ramanujan era filho de uma dona de casa com um balconista de loja de sáris. Embora houvesse mostrado aptidão para os números desde cedo, Srinivasa não tinha treinamento formal em matemática nem acesso de verdade a professores. Também tinha pouca paciência para a vida acadêmica. Na faculdade, reprovou em todas as matérias, exceto matemática, mas nem seus professores da disciplina conseguiam entender sua obra. Ele abandonou a escola antes de completar vinte anos e passou os quatro anos seguintes em extrema pobreza. Finalmente, desesperado, com 23 anos, escreveu essa carta para Hardy.

Confusão — essa foi a primeira reação de Hardy. Ele mostrou a carta a um colega, o matemático John Littlewood, tentando descobrir se era alguma brincadeira. Não demorou muito para descobrirem que não. O filósofo Bertrand

Russell encontrou a dupla no dia seguinte, achando-os, como escreveu mais tarde, "em um estado de excitação exaltada, porque acreditavam ter encontrado um segundo Newton, um funcionário hindu em Madras que ganhava vinte libras por ano".

Hardy levou Ramanujan para Cambridge. Cinco anos depois, ele foi eleito para a Real Sociedade, sendo um dos mais jovens membros na história da instituição, bem como o primeiro indiano. Antes de morrer de tuberculose, quatro anos depois, Ramanujan contribuiu com mais de 3900 fórmulas matemáticas, incluindo soluções para problemas por muito tempo considerados insolúveis. Também fez contribuições cruciais para a ciência da computação, a engenharia elétrica e a física. É considerado por muitos uma das grandes mentes da história, um gênio indiscutível. Mas, de todas as suas realizações, a mais impressionante talvez seja o fato de ter conseguido se fazer notar.

Até pouco tempo, desperdiçávamos a maioria dos gênios. Mesmo que você nascesse com talentos incríveis, as chances de conseguir usar suas capacidades eram na melhor das hipóteses limitadas. Sexo, classe e cultura faziam diferença. Se não nascesse rico e homem, suas chances de ir além da terceira série eram pequenas ou nulas. E mesmo que obtivesse instrução suficiente para aproveitar seu talento, ser reconhecido por isso, ser capaz de usá-lo para fazer a diferença — como descobriu Ramanujan —, não era simples.

Embora o QI não seja a única métrica para a genialidade, a distribuição-padrão da escala Stanford-Binet[31] mostra que apenas 1% da população se qualifica como tal. Teoricamente, resulta em 75 milhões de gênios pelo mundo afora. Mas quantos deles de fato conseguem causar impacto? Até recentemente, não muitos.

Um dos subprodutos de nosso mundo hiperconectado é que esses indivíduos extraordinários deixarão de ser vítimas da classe, do país ou da cultura. Não costumamos pensar nos custos de oportunidade que envolvem o brilho perdido, mas são, compreensivelmente, substanciais. Porém, graças à interconectividade cada vez maior e à explosão exponencial das redes, todas essas barreiras para a descoberta de gênios começam a cair. Os resultados serão novas ideias revolucionárias, inovação mais rápida e maior aceleração.

E isso é apenas a metade da história.

Embora o gênio possa ser um fenômeno raro, começamos a compreender sua neurobiologia subjacente. Há dois procedimentos principais para esse trabalho, uma abordagem de curto prazo e uma de longo prazo. No curto prazo, a pesquisa no que poderia ser chamado de "base neurológica da inovação" — ou seja, criatividade, aprendizado, motivação e o estado de consciência conhecido como flow — nos permitiu amplificar essas habilidades cruciais como nunca.

Considere o problema dos nove pontos, um teste clássico de resolução criativa de problemas. Conectar nove pontos com quatro linhas em dez minutos sem tirar o lápis do papel. Sob circunstâncias normais, menos de 5% da população consegue resolver isso. Em um estudo conduzido na Universidade de Sydney, na Austrália,[32] nenhum indivíduo testado conseguiu. Então os pesquisadores pegaram um segundo grupo e usaram estímulo transcraniano direto para simular de forma artificial inúmeras alterações produzidas durante o flow. O que aconteceu? Quarenta por cento resolveram o problema — um resultado recorde.

A abordagem de longo prazo assume uma veia similar ao usar a tecnologia para melhorar a função cognitiva, no entanto, em breve, a tecnologia será implantada em nosso cérebro de modo permanente. Empreendedores como Elon Musk, criador da Neuralink,[33] e o cofundador da Braintree, Bryan Johnson, que fundou a Kernel,[34] junto com empresas estabelecidas como o Facebook, despejam hoje centenas de milhões de dólares em implantes cerebrais de última geração. Os implantes foram apelidados de "neuropróteses" ou "interfaces cérebro-computador", e a meta, como explica Johnson, "não é IA versus humano. Antes, tem a ver com a criação da IH, ou 'inteligência humana', a fusão de humanos e IA".[35]

Todo mundo concorda que uma nação de ciborgues ainda está longe de ser realidade, mas o progresso se move mais rápido do que muitos imaginam. Já temos interfaces cérebro-computador capazes de ajudar vítimas de AVC a recuperar o controle de membros paralisados, além de outras que ajudam tetraplégicos a usar computadores apenas com o pensamento. Já existem dispositivos de reposição sensória (pense em implantes cocleares), e próteses visuais em tamanho natural — esse horizonte final — estão chegando ainda nesta década.

A memória é a última fronteira. Em 2017, o neurocientista Dong Song[36] tomou emprestado implantes neurais de controle de convulsão usados por pacientes de epilepsia. Redefinindo-os para estimular os circuitos neuronais envolvidos no aprendizado e na retenção, Song produziu uma melhora de

30% na memória. A médio prazo, esse é um novo tratamento para Alzheimer; a longo, um estímulo cerebral para todo mundo.

Ray Kurzweil decretou, de forma famosa, o desenvolvimento de um ciborgue completo para meados da década de 2030.[37] A média de acerto de Kurzweil em suas previsões é de 86%,[38] mas mesmo que ele tenha errado em uma década, com o progresso que estamos presenciando em várias áreas, das redes à neurociência, o resultado final é mais gênios, mais inovações, mais aceleração.

FORÇA Nº 5: ABUNDÂNCIA DE COMUNICAÇÕES

Nosso acelerador de inovação seguinte é o poder das redes — uma ferramenta que permite às mentes se conectar entre si, trocar ideias e levar à invenção. Em *Abundância*, exploramos como a ascensão dos cafés na Europa do século XVIII se tornou um motor crucial do Iluminismo. Esses estabelecimentos igualitários atraíam pessoas de todas as áreas, permitindo que novas ideias se encontrassem, se conhecessem e "fizessem sexo", nas famosas palavras de Matt Ridley.[39] Transformando-se no centro do compartilhamento de informações — uma rede —, os cafés foram fundamentais para levar o progresso adiante.

Não causa surpresa vermos efeitos de rede similares nas cidades, que são essencialmente cafés em escala aumentada. Dois terços de todo o crescimento têm lugar em ambientes urbanos porque a densidade populacional leva à polinização cruzada de ideias. É por isso que o físico Geoffrey West, do Santa Fe Institute,[40] descobriu que dobrar o tamanho de uma cidade gera um aumento de 15% na renda, riqueza e inovação (medido pelo número de novas patentes).

Mas assim como o café empalidece em comparação à cidade, a cidade empalidece em comparação ao mundo. Em 2010, cerca de um quarto da população terrestre, aproximadamente 1,8 bilhão de pessoas, estava conectada à internet.[41] Em 2017, essa penetração atingira 3,8 bilhões de pessoas, ou metade do planeta. E em cerca de meia década, teremos conectado o resto da humanidade, acrescentando 4,2 bilhões de novas mentes à conversa global. Em breve, todos os 8 bilhões de nós, cada ser humano no mundo, estará conectado em rede a velocidades de gigabits.

Se o tamanho, a densidade e a fluidez das redes transformaram as cidades nos melhores motores de transformação jamais criados, o fato de que estamos prestes a conectar o mundo todo numa única rede significa que o planeta inteiro está a alguns anos de se tornar o maior laboratório de inovação da história.

FORÇA Nº 6: NOVOS MODELOS DE NEGÓCIOS

Tradicionalmente, inovação significa a descoberta de tecnologias revolucionárias ou a criação de novos produtos ou serviços. Mas essa definição não capta algumas das inovações mais poderosas que estão ocorrendo hoje: a criação de novos modelos de negócios.

Modelos de negócios são os sistemas e os processos que uma empresa usa para gerar valor. Durante a maior parte da história, esses modelos foram notavelmente estáveis, dominados por algumas ideias fundamentais, aperfeiçoadas com algumas variações importantes sobre esses temas. "As regras básicas do jogo para criar e capturar valor econômico antes ficaram estacionadas por anos, ou décadas, conforme as empresas tentavam executar o mesmo modelo de negócios melhor do que a competição", explica um artigo de 2015 na *McKinsey Quarterly*.[42]

No século XX, isso resultou em mais ou menos uma grande revolução nos negócios por década. Os anos 1920, por exemplo, nos deram os modelos de "isca e anzol",[43] em que os clientes eram seduzidos por um produto de custo inicial baixo (a isca: digamos, um aparelho de barbear gratuito) e depois eram obrigados a comprar infinitos refis (o anzol: no caso, giletes descartáveis). A década de 1950 testemunhou a chegada da "franquia",[44] modelo cujo pioneiro foi o McDonald's; nos anos 1960 tivemos os "hipermercados", como o Walmart. Mas com a chegada da internet nos anos 1990, a reinvenção dos modelos de negócios entrou em um período de crescimento radical.

Em menos de duas décadas, vimos os efeitos de rede produzir novas plataformas em tempo recorde, a *bitcoin* e o *blockchain* solaparem os modelos financeiros existentes de uma "terceira parte de confiança" e o crowdfunding e as ICOs transformarem os modos tradicionais de levantar capital. O que todos esses novos modelos compartilham? Ao encurtar de maneira significativa a distância entre "Tive uma ótima ideia" e "Dirijo um negócio de 1 bilhão de dólares", esses modelos são mais do que um aperfeiçoamento de nossos sistemas e processos, são na verdade outra força de aceleração.

O mais importante é que a escala da disrupção está aumentando. O que começou como tecnologias acelerantes e convergentes se transformou em mercados acelerantes e convergentes, ou seja, as mudanças nos modelos de negócios das últimas décadas não chegam perto do que está por vir. Mas isso não significa que estejamos cegos para o futuro. Hoje, podemos perceber sete modelos emergentes que podem vir a definir os negócios ao longo das próximas décadas. Cada um é um modo novo e revolucionário de gerar valor; cada um é uma força de aceleração.

1. *A economia de multidão*: Inclui *crowdsourcing*, crowdfunding, ICOs, ativos alavancados e funcionários sob demanda — essencialmente, todos os fenômenos que alavancam os bilhões de pessoas atualmente on-line, bem como os bilhões que estão por vir. Tudo isso revolucionou o modo como fazemos negócios. Apenas considere os ativos alavancados, que permitem às empresas produzir em larga escala de maneira rápida. O Airbnb se tornou a maior "cadeia de hotéis" do mundo, e no entanto não possui um único quarto de hotel. Eles alavancam (isto é, alugam) os ativos (camas vagas) da multidão. Esses modelos também se baseiam em funcionários sob demanda, que proporcionam à empresa a agilidade necessária para se adaptar a um ambiente em rápida transformação. Claro que isso já significou *call centers* na Índia, mas hoje compreende desde trabalhadores de microtarefas por trás do Turco Mecânico da Amazon, no extremo mais baixo do espectro, até o serviço de cientista de dados sob demanda da Kaggle, no mais alto.

2. *A economia livre/de dados*: Essa é a versão da plataforma do modelo "isca e anzol", essencialmente fisgando o cliente com o livre acesso a um serviço atraente (como o Facebook) e depois lucrando com os dados coletados sobre esse cliente (de novo, como o Facebook). Inclui também todos os acontecimentos trazidos pela revolução dos big data, que nos permite explorar microdemografias como nunca.

3. *A economia inteligente*: No fim do século XIX, se você queria uma boa ideia para um novo negócio, bastava pegar uma ferramenta existente, digamos uma broca ou uma tábua de lavar roupa, e adicionar eletricidade a ela — criando assim uma furadeira elétrica ou uma máquina de lavar. Em

seu excelente livro *The Inevitable* [O inevitável],[45] o autor e cofundador da *Wired*, Kevin Kelly, observa que estamos prestes a ver uma versão atualizada dessa economia, com a IA substituindo a eletricidade. Em outras palavras, pegue uma ferramenta existente e acrescente a ela uma camada de inteligência. Assim, os antigos celulares se transformam em smartphones, os estéreos se transformam em alto-falantes inteligentes, e os carros se transformam em carros autônomos.

4. *Economias circulares:* Na natureza, nada se perde. Os resíduos de uma espécie se tornam a base de sobrevivência de outra. As tentativas humanas de copiar esses sistemas livres de desperdício foram apelidadas de "biomimetismo" (se estamos falando de projetar um novo tipo de produto) ou de "berço a berço" (se estamos falando de projetar um novo tipo de cidade) ou, apenas, "economias circulares". Um exemplo simples é a empresa Plastic Bank, que permite a qualquer pessoa recolher plástico descartado e depositar em um "banco de plástico". O coletor então é pago pelo "lixo" de várias formas, em dinheiro, tempo de Wi-Fi etc., enquanto o banco de plástico separa o material e o vende à reciclagem apropriada — desse modo, fechando um circuito aberto no ciclo de vida do plástico.

5. *Organizações autônomas descentralizadas:*[46] Na convergência do *blockchain* e da IA há um tipo de empresa radicalmente novo — sem funcionários, sem chefes e com produção ininterrupta. Um conjunto de regras pré--programadas determina como a empresa opera, e os computadores cuidam do resto. Por exemplo, uma frota de táxis autônomos, com uma camada de contratos inteligentes baseados em *blockchain*, poderia se autoadministrar 24 horas por dia, incluindo as idas à oficina para manutenção, sem qualquer envolvimento humano.

6. *Modelos de múltiplo mundo:* Não vivemos mais em um lugar apenas. Temos uma persona no mundo real e uma no mundo on-line, e essa existência deslocalizada vai se expandir. Com o crescimento da realidade aumentada e da realidade virtual, estamos introduzindo mais camadas nessa equação. Teremos avatares para trabalhar e avatares para diversão, e cada uma dessas nossas versões é uma oportunidade para novos negócios. Considere, por exemplo, a economia multimilionária[47] surgida em torno do primeiro mundo virtual, Second Life. Pessoas pagando outras para projetar roupas e casas digitais para seus avatares digitais. Sempre que acrescentamos uma nova

camada aos estratos digitais, também adicionamos toda uma nova economia sobre essa camada, ou seja, hoje conduzimos negócios em múltiplos mundos ao mesmo tempo.

7. *Economia de transformação*: A economia de experiência[48] era sobre o compartilhamento de experiências — assim, o Starbucks passou de uma franquia de café a um "lugar de terceiros", isto é, nem sua casa, nem seu trabalho, mas um "terceiro lugar" onde viver sua vida. A compra de um copo de café se tornou uma experiência, uma espécie de parque temático cafeinado. A próxima iteração dessa ideia é a economia de transformação, na qual você não está apenas pagando por uma experiência, mas para ter sua vida transformada por essa experiência. Versões anteriores disso podem ser vistas no surgimento de "festivais transformativos" como o Burning Man, ou de empresas de fitness como a CrossFit, nas quais a experiência é em geral ruim (você treina em velhos armazéns), mas a transformação é ótima (a pessoa em quem você se transforma, após três meses malhando nesses armazéns).

O que tudo isso nos diz é que o *business as usual* [negócios comuns] está virando um *business unusual* [negócios incomuns]. E para as empresas atuais, como explica Clayton Christensen, de Harvard,[49] passou a ser uma obrigação: "A maioria [das organizações] acha que a chave do crescimento é desenvolver novas tecnologias e produtos, mas com frequência não é assim. Para ter acesso à nova onda de crescimento, as empresas devem integrar essas inovações a um novo modelo de negócios disruptivo".

E para quem está de fora desses modelos disruptivos, a experiência será melhor, mais barata e mais rápida. *Melhor* significa que novos modelos de negócios fazem o que todos os modelos de negócios fazem: resolver problemas para as pessoas no mundo real *melhor* do que alguém seria capaz. *Mais barata* é óbvio. Com a desmonetização crescendo desenfreada, os clientes — e isso quer dizer todos nós — querem mais por menos. Mas a verdadeira mudança é a final: *mais rápida*. Novos modelos de negócios não são mais forças da estabilidade e da segurança. Para competir no ritmo acelerado de hoje, esses modelos são projetados para velocidade e agilidade. Mais importante: nada disso corre o menor risco de desacelerar.

FORÇA Nº 7: VIDAS MAIS LONGAS

Os computadores controlam nosso mundo e os algoritmos controlam os computadores, o que nos leva a perguntar: de onde vêm os algoritmos? Do medo da poesia, eis de onde. O medo da influência enlouquecedora da poesia.

Ada Lovelace nasceu em 1815,[50] em Londres, filha do infame gênio poético Lord Byron. Quando Byron abandonou a família, antes de Ada chegar à adolescência, sua mãe ficou incumbida de sua educação. Uma mulher muito inteligente, Lady Byron contratou tutores para a filha, com ênfase particular em matemática e ciências — decisão bastante radical numa época em que as mulheres não podiam exercer uma profissão de fato. Mas a mãe de Ada tinha um motivo inconfesso. Sua convicção absoluta de que haviam sido as artes, especificamente a poesia, que enlouqueceram seu marido, Lord Byron. A preocupação de Lady Byron era de que o problema pudesse ser hereditário e desse modo ela afastou a filha de tudo o que pudesse levá-la por esse mesmo caminho.

Os tutores valeram a pena. Em 1833, quando Ada tinha dezessete anos, ela entrou em contato com a computação. Foi nessa época que conheceu Charles Babbage, que ocupava a mesma cadeira na Universidade de Cambridge que havia sido ocupada por Isaac Newton e que mais tarde seria também de Stephen Hawking. Após descobrir seu amor pela matemática, Babbage convidou Ada e sua mãe para conhecer sua "máquina diferencial", uma máquina de calcular movida a vapor.

Admirada com o que viu, Ada estava determinada a compreendê-la. Pediu uma cópia do projeto da máquina para Babbage. E a estudou com afinco. Quando Babbage criou a versão seguinte da máquina diferencial, dessa feita rebatizada de "máquina analítica", Ada estava pronta. A máquina analítica foi o conceito para o primeiro computador programável do mundo, com a diferença de que funcionava a vapor. Luigi Menabrea, um engenheiro italiano, escrevera um artigo acadêmico sobre a ideia de Babbage — em francês. Ada resolveu traduzi-lo para o inglês e, por insistência do próprio Babbage, acrescentar suas ideias ao texto.

E foi exatamente o que fez. Mas as ideias de Ada incluíam uma forma nova, uma outra maneira de fazer cálculos com a máquina analítica. Ada Lovelace escreveu o primeiro programa de computador publicado do mundo — nosso primeiro algoritmo. Infelizmente, talvez pelo esforço de fazer suas descobertas, talvez pela pura má sorte, não muito depois de terminar a tradução, ficou doente. A primeira pessoa a escrever um programa de computador no mundo e uma das mentes mais interessantes da história falecia aos 36 anos de idade.

E isso leva a uma segunda questão: quantos passam dessa para melhor antes de completar o trabalho de sua vida? O que Ada Lovelace, Albert Einstein ou Steve Jobs teriam realizado com mais trinta anos de vida saudável? É uma ironia que ao chegarmos a nossos anos finais, quando dispomos do máximo conhecimento, das habilidades mais afiadas e da maior quantidade de relações frutíferas, o peso da idade nos tire do jogo. Isso nos leva a nossa força acelerante final, que é uma tentativa de solucionar o problema: estender a expectativa de vida saudável do ser humano.

Aumentar a expectativa de vida humana saudável significa aumentar o número de anos que operamos na máxima capacidade, podendo contribuir mais com a sociedade. É a possibilidade de ir atrás de nossos sonhos por um período de tempo muito mais extenso. Mais extenso quanto?

Há 200 mil anos, o homem das cavernas chegava à puberdade por volta dos treze anos e tinha filhos não muito depois disso.[51] Quando a maioria dos nossos ancestrais tinha vinte e poucos anos, seus filhos começavam a ter filhos. Com isso, como o alimento era escasso e precioso, a melhor coisa que você podia fazer para assegurar a sobrevivência da sua linhagem era não roubar uma refeição dos próprios netos. Assim, a evolução embutiu no ser humano um mecanismo de segurança — a expectativa de vida (média) de 25 anos.

No milênio que se seguiu, pouco mudou. Na Idade Média, a expectativa de vida girava em torno dos 31 anos. No fim do século XIX, chegou pela primeira vez aos quarenta. Mas na virada do século XX, a verdadeira aceleração teve início. Uma série de fatos, como a teoria dos germes, a criação dos antibióticos, o saneamento básico e a maior disponibilidade de água limpa diminuíram radicalmente a mortalidade infantil. Em 1900, 30% do total de mortes nos Estados Unidos era de crianças com menos de cinco anos. Em 1999, isso caiu para 1,4%. Paralelamente, a revolução verde e as redes de transporte melhoradas aumentaram a ingestão calórica média, fazendo assim subir mais uma vez a expectativa de vida. O resultado final foi um ganho líquido de quase trinta anos, com a expectativa de vida chegando à média de 76 anos na virada do milênio.

Desde então, a capacidade de reconhecer e tratar nossos dois maiores assassinos — as doenças cardíacas e o câncer[52] — nos permite viver rotineiramente até a casa dos oitenta anos. E quando lidamos com doenças neurodegenerativas, a pesquisa mostra que podemos sonhar com uma expectativa de vida média de cem anos ou mais. Mas muitos acreditam que não vamos parar por aí.

A convergência alimenta essa convicção. A intersecção entre IA, computação na nuvem, computação quântica, sensores, imensos conjuntos de dados, biotecnologia e nanotecnologia tem produzido uma infinidade de novas ferramentas para a saúde. Uma quantidade espantosa de empresas começou a aproveitar essas ferramentas para explorar comercialmente a prorrogação da expectativa de vida humana.

A primeira vez que a maioria das pessoas ouviu falar dessas tentativas foi em setembro de 2013, quando a Google (agora Alphabet) anunciou sua mais recente start-up, Calico. Manchetes por todo o país proclamaram que a gigante da tecnologia mediria forças com a própria morte. "Novo projeto da Google para solucionar a morte", anunciou a *Time*;[53] "Google quer tapear a morte", declarou a *Atlantic*.[54] Os fatos são um pouco mais sutis. O que a Calico está fazendo na verdade é publicar artigos científicos com títulos como "Uma janela para a longevidade extrema: a assinatura metabolômica circulante do rato toupeira pelado, um mamífero que mostra senescência desprezível". Mas o verdadeiro ponto é que mais dinheiro e mais mentes do que nunca — ou seja, dinheiro e mentes tamanho Google — estão sendo gastos no antienvelhecimento.

E a Google tem companhia.

Entraremos em mais detalhes sobre isso em um capítulo posterior, mas por ora basta saber que três abordagens principais estão sendo investigadas. A primeira são os "medicamentos senolíticos". A fim de impedir a divisão celular descontrolada (isto é, o câncer), o corpo em geral impede esse processo após um número fixo de duplicações. Essas células de desligamento, chamadas "células senescentes", geram inflamação, uma causa significativa de envelhecimento. É por isso que a unidade de biotecnologia financiada por Jeff Bezos[55] tenta desenvolver medicações senolíticas para atacar e destruir essas células, restaurando a função adequada de um tecido antes inflamado. Ainda mais notável, camundongos de meia-idade que receberam a mesma droga tiveram sua expectativa de vida saudável estendida em até 35%.[56]

Em seguida temos a assim chamada abordagem do "sangue jovem". Em 2014, pesquisadores de Stanford e de Harvard[57] mostraram que infusões sanguíneas de camundongos novos revertiam o déficit cognitivo em camundongos velhos.

Desde então, diversas empresas têm tentado isolar e comercializar diferentes componentes desse processo. A Elevian, por exemplo, uma subsidiária da Universidade Harvard,[58] está trabalhando em um fator de sangue jovem chamado GDF11. Quando injetada em camundongos mais velhos, a GDF11 conseguiu regenerar o coração, o cérebro, os músculos, os pulmões e os rins dos animais.[59]

As células-tronco, nossa terceira abordagem, se revelam promissoras. A Samumed, LLC, por exemplo,[60] quer atuar sobre as vias de sinalização que regulam a autorrenovação e a diferenciação das células-tronco adultas. Se bem-sucedidas, suas moléculas patenteadas devem ser capazes de regenerar cartilagem, curar tendões, eliminar rugas e, a propósito, deter o câncer. Isso também explica por que a Samumed, uma empresa ainda pouco conhecida, foi avaliada em 13 bilhões de dólares.[61]

Uma abordagem diferente e pioneira é defendida pela Celularity,[62] empresa fundada pelo pioneiro das células-tronco Bob Hariri (Peter também é um cofundador). Os experimentos de Hariri demonstram que, em animais, células-tronco derivadas de placenta podem estender a vida em 30% a 40%.[63] A missão da empresa é viabilizar essa abordagem em humanos, aproveitando as células-tronco para ampliar a capacidade que nosso corpo tem de combater doenças e se curar.

E qual o resultado disso tudo? Bem, Ray Kurzweil costuma falar sobre o conceito de "velocidade de escape da longevidade",[64] ou o ponto em que a ciência pode estender sua vida em mais de um ano para cada ano que você está vivo. Por mais futurista que isso soe, segundo Kurzweil, estamos muito mais perto do que se poderia imaginar. "Provavelmente estamos a apenas mais dez ou doze anos do ponto em que o público em geral atingirá a velocidade de escape da longevidade."

Estamos cada vez mais próximos da fonte da juventude tecnológica. Assim, o impacto que cada um pode exercer com mais algumas décadas de vida é outra força acelerando nossa aceleração. Quando aliada a nossas seis forças anteriores, a combinação convergente resultante é vertiginosa. Caminhamos rumo a um mundo de humanos com a vida prolongada, aumentados por IA, globalmente interconectados — um mundo bem diferente deste em que vivemos hoje.

E isso nos leva à segunda parte do livro. Para ajudar a compreender esse mundo tão diferente que nos aguarda, ao longo dos próximos oito capítulos vamos explorar o impacto trazido pelas tecnologias exponenciais convergentes e seus efeitos secundários — ou seja, as sete forças discutidas neste capítulo. Claro, como não existe um modo razoável de cobrir um tópico tão vasto, pomos o foco em nossa investigação. Os setores da sociedade cobertos pela segunda parte representam tanto as dez maiores contribuições para nossa economia como as áreas de maior impacto em nossa vida cotidiana.

Além do mais, para ajudar a simplificar, entremeamos capítulos longos com outros mais breves. O capítulo seguinte, por exemplo, é um exame minucioso do futuro das compras, enquanto o posterior a ele é um olhar mais breve sobre a área contígua da publicidade. Na terceira parte, também exploraremos a energia e o ambiente. E quando encerrarmos, teremos um olhar de 360 graus sobre como as tecnologias exponenciais convergentes estão remodelando o futuro.

Parte II

O renascimento de tudo

5. O futuro das compras

A PRIMEIRA AÇÃO EM PLATAFORMA

O que é, o que é? Começou com relógios e terminou em gerentes de hedge funds e, entre uma coisa e outra, remodelou uma nação. Resposta: o catálogo Sears.

Richard Warren Sears nasceu em 7 de dezembro de 1863,[1] em Stewartville, em Minnesota. Sua mãe era dona de casa; seu pai, um mineiro de ouro fracassado que virou um bem-sucedido ferreiro e fabricante de vagões. Mas sua recém-conquistada segurança financeira durou pouco. Quando Richard era adolescente, seu pai perdeu todo o dinheiro em um investimento desastroso numa fazenda de gado. A família nunca se recuperou. Alguns anos depois, como se não bastasse, seu pai teve uma morte súbita, levando Richard a sustentar suas irmãs e sua mãe. Ele tinha dezesseis anos.

Desesperado, Sears aprendeu telegrafia sozinho e conseguiu trabalho na ferrovia. Embora acabasse sendo promovido a agente da estação, ainda não tinha dinheiro suficiente para sustentar a família, de modo que nunca parou de procurar meios de aumentar seus rendimentos. Um deles apareceu em 1886.

Um atacadista de Chicago despachara uma caixa de relógios para uma joalheria em Redwood Falls, em Minnesota, mas o joalheiro recusara a entrega. De modo que as peças ficaram encalhadas na estação de trem onde Sears trabalhava. Sempre atento a uma oportunidade, Sears contatou o fabricante com uma oferta para vender pessoalmente os relógios. O custo de cada um era doze dólares, mas as lojas em geral os vendiam pelo dobro do preço. Sears, porém, teve uma ideia — cobrar menos.

Era o nascimento dos preços de desconto, e o timing de Sears foi fortuito. No início da década de 1870, a nação conhecia uma grande expansão ferroviária. Pela primeira vez na história, cidadãos comuns podiam viajar centenas de quilômetros por dia. Mas saber a hora certa dessas viagens era um problema.

Na época, cada cidade possuía seu próprio relógio para marcar o tempo;[2] assim os Estados Unidos tinham trezentos fusos horários. Em 1883, querendo assegurar que os trens funcionassem pontualmente, as ferrovias decidiram criar uma padronização. O país foi dividido em quatro fusos e os relógios foram ajustados de acordo. De repente, sobretudo para os agentes de estação, os relógios mantinham os trens viajando no horário. Todos precisavam de um. Além disso, quanto Sears pedia por eles? A pechincha de catorze dólares.

Sears acabou lucrando 5 mil dólares (mais de 120 mil hoje) com essa primeira caixa de relógios. Aos 23 anos, era agora um jovem empreendedor. Usando os lucros dessa ordem inicial para comprar outra caixa, fundou a R. W. Sears Watch Company, anunciou seus produtos em jornais locais e começou a expandir seu território.

Em 1887, Sears contratou um jovem relojoeiro chamado Alvah Curtis Roebuck para ajudá-lo. A parceria deu frutos e os negócios prosperaram. Quatro anos mais tarde, a dupla publicou seu primeiro catálogo, uma seleção de relógios e joias, com 52 páginas. Dois anos depois disso, o catálogo era uma maravilha de 196 páginas, especialmente em um país cada vez mais rural. Agora vendendo mais do que apenas relógios e joias, ele expandia para negociar tudo, de selas a máquinas de costura, transformando o consumo para sempre.

Na década seguinte, a empresa continuou a crescer, com uma importante ajuda do serviço postal. Muitos condados rurais não recebiam entregas do correio, levando a um debate público acalorado. O Congresso achava que os custos de entrega eram proibitivos, e os comerciantes locais — pequenas lojinhas familiares espalhadas por todo o país — protegiam ferozmente seu monopólio natural.

Mas, em 1896, o Congresso aprovou a Lei da Entrega Rural Gratuita,[3] abrindo novo território. A Sears correu para ocupar o vácuo, com o advento do automóvel impulsionando a corrida. Uma rede de estradas logo surgiu, permitindo ao comércio por reembolso postal alcançar quase todos os lares nos Estados Unidos — o que ajudou o catálogo da Sears a se tornar uma das forças de democratização mais poderosas da história do país.

Antes desses catálogos, os comerciantes locais faziam malabarismos com a disponibilidade e os preços dos produtos. Os ricos tinham acesso a mercadorias de alta qualidade, enquanto os pobres deviam se virar com os restos. A Sears reescreveu essas regras. Seu catálogo não discriminava. Os preços eram claramente assinalados, e todo mundo — não importava a classe, o credo ou a cor — pagava o mesmo preço.

Essa abordagem compensou. "Em dez anos", escreveu o jornalista Derek Thompson na *Atlantic*,[4] "o catálogo cresceu para mais de quinhentas páginas. Não demorou muito para a assim chamada Bíblia do Consumo parecer um índice da economia americana inteira. A empresa vendia bonecas e vestidos, cocaína e lápides, até casas para a pessoa construir sozinha. Décadas antes de analistas da tecnologia começarem a falar em plataformas, a Sears era a tecnologia de plataforma original."

Em 1915, em seu auge, o catálogo tinha 1200 páginas, vendia mais de 100 mil itens e gerava uma receita de mais de 100 milhões de dólares anuais. E isso era apenas o começo, uma vez que a Sears em seguida entrou para o varejo.

A década de 1920 trouxe uma onda gigante de urbanização. Os americanos se mudaram do campo para a cidade, e a Sears capitalizou com a mudança, abrindo mais de trezentas lojas em todas as metrópoles importantes antes do fim da década. Em meados da década seguinte, um dólar em cada cem era gasto na Sears. E existem motivos importantes para esse incrível sucesso.

O escritor Jeremy Rifkin observa que todas as grandes mudanças de paradigma na economia compartilham um denominador comum.[5] "A dado momento", Rifkin contou à *Business Insider*, "três tecnologias definidoras emergem e *convergem* [grifo nosso] para gerar [...] uma infraestrutura que muda de forma fundamental o modo como administramos o poder e movemos a atividade econômica pela cadeia de valores. E essas três tecnologias são as novas tecnologias de comunicação para gerenciar com mais eficiência a atividade econômica, as novas fontes de energia para alimentar a atividade econômica e os novos modos de mobilidade [...] para mover a atividade econômica com mais eficiência."

Foi exatamente essa onda que a Sears surfou para chegar à proeminência. O serviço postal americano era sua tecnologia de comunicação, a gasolina barata do Texas, sua fonte de combustível, e o automóvel, seu novo meio de transporte. Mas uma mudança paradigmática se seguiu a outra, e todos sabemos onde essa estrada termina. Após operar por 132 anos, a Sears pediu falência no outono de 2018.[6] Entre 2013 e 2018, a empresa fechou mais de mil lojas, perdeu 6 bilhões de dólares em receitas e deixou seus donos, hedge funds, os venderem por uma bagatela.

Mas o que aconteceu?

O Walmart aconteceu. Ainda que a Sears tenha sido pioneira no conceito de produtos com desconto, o Walmart a venceu em seu próprio jogo. A rede ultrapassou a Sears em desmonetização e democratização. Eles construíram suas lojas em terrenos mais baratos, pagavam salários menores e vendiam produtos mais vagabundos. Porém, o mais importante, perceberam os sinais iminentes do crescimento exponencial.

"A trágica ironia na saga da Sears", continua Thompson na *Atlantic*, "é que a tecnologia das comunicações, conduzida com tanto brilho durante sua ascensão, foi fundamental para a derrocada da empresa. Na década de 1980, o Walmart e outros varejistas mais modernos usaram a tecnologia digital para compreender o que os consumidores estavam comprando e comunicar suas descobertas à sede, que podia assim fazer pedidos a granel para as marcas e os produtos mais vendidos. Com o Walmart elevando o nível do jogo de vender coisas baratas com eficiência, a derrocada da Sears não tardou. No início dos anos 1980, a empresa era cinco vezes maior do que o Walmart, em receita total. No início dos anos 1990, o Walmart era duas vezes maior do que a Sears."

Mas esse foi apenas o capítulo dois da disrupção no varejo. A história, é claro, costuma se repetir. A Amazon, empresa fundada mais ou menos na mesma época em que o Walmart levava a disrupção à Sears,[7] misturaria o melhor dos dois modelos. Eles usaram o serviço postal que serviu para a Sears alcançar a proeminência e a tecnologia de comunicação que ajudou o Walmart a fazer o mesmo. Transformaram-se na loja que tem de tudo que substituiu a loja que tem de tudo. E não foram apenas Sears e Walmart que acusaram o golpe.

Apenas dizer que o mundo do varejo mudou na última década seria faltar com a verdade. Gigantes do e-commerce, como Amazon e Alibaba, estão digitalizando a indústria, elevando o crescimento exponencial a novas alturas.

Enquanto isso, boa parte do comércio físico foi à falência junto com a Sears — só em 2017, foram 6700 estabelecimentos.[8] Basta examinar a seguinte tabela para entender as imensas transformações em andamento.[9]

EMPRESA	2006 VALOR ($B)	2016 VALOR ($B)	2019 VALOR ($B)	2006-18 % MUDANÇA
Sears	14,3	0,9	Falência	−100%
JCPenney	14,4	2,75	0,18	−98%
Nordstrom	8,5	10,2	4,8	−43%
Kohl's	18,8	9,4	7,3	−61%
Macy's	17,8	12,2	4,8	−73%
Best Buy	21,3	14,5	17,6	−17%
Target	38,2	42,1	54,4	+42%
Walmart	158,0	216,3	319,47	+202%
Amazon	17,5	474,4	893,1	+5103%

E se esse nível de disrupção parece perturbador, perceba que a revolução do e-commerce está apenas começando. Mesmo que as vendas on-line tenham aumentado de 34 bilhões de dólares no primeiro trimestre de 2009 para 115 bilhões no terceiro trimestre de 2017,[10] esse ímpeto de crescimento só representou 10% das vendas totais no varejo.[11] Por quê? Ainda existe muita gente sem conexão com a internet.

Em *Abundância*, referimo-nos ao "Bilhão em Ascensão" como sendo as massas digitais recém-habilitadas que ficarão on-line na próxima década, levando o número da humanidade conectada de 3,8 bilhões em 2017[12] para 8,2 bilhões em 2025.[13] A maioria dessas pessoas não frequentará lojas ou shopping centers. Em vez disso, por motivos que ficarão mais claros à medida que prosseguirmos, farão suas compras digitalmente, via dispositivos móveis, do conforto de seus lares. Para pôr em termos mais abrangentes, como o varejo está aninhado na convergência dos avanços em comunicações, energia e transporte, ele é um canário numa mina de carvão, o epicentro da "próxima grande mudança de paradigma econômico" de Rifkin. E uma coisa é certa: as compras nunca mais serão as mesmas.

A IA E A EXPERIÊNCIA DO VAREJO

Ninguém compreende de fato o impacto que a IA terá no varejo, mas uma vez que você começa a se dar conta do que vem pela frente, fica razoavelmente claro quais são as vantagens injustas que isso trará para os comerciantes, dividindo o mercado em dois campos: os que fazem pleno uso da IA e os que vão à falência.

A IA torna o varejo mais barato, mais rápido e mais eficiente, afetando do serviço ao consumidor à entrega de produtos. Ela também redefine a experiência de fazer compras, eliminando o atrito e — se permitirmos que a IA faça compras por nós — tornando-a, em última instância, invisível.

Vamos começar pelo básico: o ato de transformar desejo em compra. Para a maioria, isso significa ir à loja e comprar o que precisa. Alguns recorrem a mercados on-line, e esses mercados às vezes atendem a nossos desejos, às vezes não. Bem, se você é sortudo o suficiente de ter um secretário pessoal, conta com o luxo de descrever o que quer para uma pessoa que o conhece bastante bem e compra *a coisa exata* quase sempre.

Para o restante de nós, que não contamos com nada disso, entra a assistente digital.

No momento, quatro cavaleiros do apocalipse do varejo se enfrentam na guerra por nosso bolso. A Alexa, da Amazon, o Google Assistant, a Siri, da Apple, e o Tmall Genie, do Alibaba, travam uma batalha para ser a plataforma da vez no comércio ativado por voz e assistido por IA. Observe a ausência gritante de empresas tradicionais do varejo nessa lista. Isso tem pouca probabilidade de mudar, considerando a vantagem na largada desses quatro cavaleiros — já injetaram bilhões na corrida armamentista da IA.

Não é a primeira vez que presenciamos tal mudança no mercado. A Nokia foi líder mundial em celulares, mas quando os smartphones chegaram, acabou ficando de fora.[14] Por quê? Estava no negócio da telefonia, mas de repente o negócio da telefonia passara a ser o negócio de computação. Com empresas como Apple e Google como suas novas competidoras, ela comeu poeira. E isso nos traz de volta a nosso previsível desfile de falências do varejo.

Para os cinquentões que cresceram vendo o Capitão Kirk falar com o computador da *Enterprise* em *Jornada nas Estrelas*,[15] os assistentes digitais parecem um pouco com ficção científica. Mas para os recém-ingressados na idade adulta, é apenas o passo lógico seguinte em um mundo automágico. E, conforme esses jovens atingem o pico de seu consumo, projeta-se que a receita de produtos adquiridos via comandos de voz saltará de 2 bilhões de dólares na atualidade para 8 bilhões até 2023.[16] E, embora ainda estejamos longe de fazer das compras uma experiência absolutamente sem atrito, os dados indicam que rumo a tendência está tomando: na média, o consumidor que usa a Amazon Echo gasta mais do que o consumidor-padrão da Amazon Prime: 1700 dólares contra 1300.[17]

Provavelmente, não existe exemplo melhor do potencial disruptivo dos assistentes digitais do que a demonstração do Google Duplex em 2018.[18] Todo ano, na conferência Google I/O, 7 mil pessoas se reúnem para três dias de *keynotes*,[19] laboratórios de programação e — o ponto alto — demonstrações interativas. No Vale do Silício, é nas demonstrações de produtos que nascem as lendas. As décadas anteriores presenciaram Steve Jobs com sua blusa preta de gola rulê e seu "Calma, calma, tem mais uma coisa" entrar para os livros de história. Mas pode ser que, em 2018, Sundar Pichai, o CEO de fala mansa da Google, tenha roubado a coroa.[20]

Pichai começou sua apresentação no palco do anfiteatro Shoreline, em Mountain View, comentando que muitas coisas ainda eram resolvidas pelo telefone. "Talvez você queira trocar o óleo", falou, "ou quem sabe ligar para um encanador no meio da semana, ou mesmo marcar um corte de cabelo [...]. Achamos que a IA pode ajudar com esse problema."

Então, reverberando pelos imensos alto-falantes do Shoreline, com legendas projetadas numa tela gigante a suas costas, Pichai mostrou ao público uma série de ligações feitas pelo Google Duplex, seu assistente digital da próxima geração. A primeira ligação se destinava a fazer reserva num restaurante; a segunda, a marcar hora no cabeleireiro. Essa última fez o público cair na risada, principalmente porque o Duplex tem capacidades linguísticas naturais que incluem soltar um longo "hmmmmm" no meio da conversa. Nenhum interlocutor humano nas ligações tinha a menor ideia de que conversava com uma IA.

Sem dúvida, a questão do anonimato da IA era um assunto delicado, levando alguns a se perguntar: "Se a IA engana uma recepcionista, quem mais não enganará?". Nos dias subsequentes à conferência, a demonstração causou sensação, e o Duplex agora se apresenta como o "sistema de agendamento automatizado da Google". Mas o sucesso do sistema é uma prova de como a

IA consegue se misturar de maneira imperceptível à vida do consumidor e de como será conveniente continuar a produzi-las.

Esse é só o começo. A próxima área a sofrer a disrupção da IA será o atendimento ao cliente. Segundo um estudo Zendesk recente,[21] o bom serviço ao cliente aumenta a possibilidade de uma compra em 42%, mas o mau serviço se traduz numa chance de 52% de perder a venda de modo permanente — ou seja, mais da metade de nós paramos de comprar numa loja devido a uma única interação decepcionante com o SAC. Em termos financeiros, há muito em jogo aqui. Esses também são problemas perfeitamente indicados para uma solução de IA.

A mesma tecnologia demonstrada por Pichai, capaz de fazer a ligação pelo consumidor, também pode atendê-la para o comerciante — detalhe com dois desdobramentos diferentes. Primeiro, organizações interessadas em manter o envolvimento humano podem recorrer à Beyond Verbal,[22] start-up de Tel Aviv com treinamento de serviço de atendimento ao cliente por IA embutido. Só de analisar a entonação de voz do cliente, o sistema sabe dizer se o interlocutor humano está prestes a perder a paciência, se está animado de verdade ou entre uma coisa e outra. Com base em uma pesquisa conduzida entre mais de 70 mil indivíduos em mais de trinta línguas diferentes,[23] o aplicativo Beyond Verbal consegue detectar quatrocentos marcadores de humor, atitudes e traços de personalidades humanas diferentes.

Call-centers já contam com essa tecnologia integrada para ajudar os vendedores humanos a compreender e reagir às emoções do cliente, tornando essas ligações mais agradáveis, mas também mais proveitosas. Por exemplo, ao analisar a escolha de palavras e o estilo vocal da pessoa, o sistema da Beyond Verbal consegue dizer que tipo de cliente está na linha. Se for um *early adopter*, a IA alerta o representante de vendas a oferecer coisas mais recentes e interessantes. Se o cliente está mais para conservador, ela sugere itens já devidamente testados e aprovados pelo público.

Segundo, há empresas como a Soul Machines, da Nova Zelândia,[24] trabalhando para substituir completamente o SAC humano. Capacitada pelo Watson, da IBM,[25] a Soul Machines produz avatares de atendimento ao cliente verossímeis, projetados para gerar empatia, fazendo dela uma das inúmeras start-ups que ajudam a desbravar o campo da computação emocionalmente inteligente. Exploraremos isso em profundidade mais à frente, mas o principal aqui é um simples dado estatístico: 40%. Com sua tecnologia, 40% de todas as interações do serviço de atendimento ao cliente hoje são solucionadas com um grau elevado de satisfação e sem qualquer intervenção humana. E como o sistema é construído com o uso de redes neurais, está continuamente aprendendo a cada interação — ou seja, essa proporção continuará a crescer. Assim como a quantidade dessas interações.

A fabricante de softwares Autodesk inclui um avatar da Soul Machines chamado AVA (Autodesk Virtual Assistant)[26] em todas as suas novas ofertas. Ele habita uma pequena janela na tela, preparado para acalmar ânimos, identificar problemas e acabar de uma vez por todas com os tempos de espera prolongados no suporte técnico. Para a Daimler Financial Services,[27] produziram um avatar chamado Sarah, que assiste os clientes em três das atividades possivelmente mais aborrecidas que existem nos tempos modernos: fazer financiamento, leasing e seguro de um automóvel. Claro que num futuro em que "organizações autônomas distribuídas (DAOs, na sigla em inglês)" controlam frotas de táxis autônomos, em breve chegará um ponto em que a IA de uma DAO conversará com a Sarah da Daimler sobre financiamento, leasing e seguro de veículos. Será uma negociação de IA a IA, sem necessidade de humanos.

Porém, como em breve veremos, não se trata apenas da IA — mas da IA convergindo com tecnologias exponenciais adicionais. Acrescente redes e sensores à história e isso aumenta a escala da disrupção, elevando o CA — coeficiente de atrito — em nossa experiência de consumo sem atrito.

O FIM DO CAIXA DE LOJA

É abril de 2026, faz um dia frio e chuvoso em Chicago. Você deveria encontrar sua mãe para almoçar, mas esqueceu o casaco. No trajeto para o centro, em um Uber autônomo, uma rápida pesquisa on-line revela uma loja vendendo as jaquetas de couro vegano ecologicamente correto de que tanto ouviu falar — couro cultivado a partir de células-tronco, sem dano a vaca nenhuma.

Você clica no botão de "interessado" na tela, guarda o celular no bolso e esquece o assunto. A interface de IA da loja interage com a IA do telefone e automaticamente redireciona seu carro. Ao chegar à loja, você percebe estar diante de um nostálgico estabelecimento "artesanal" onde ainda empregam humanos de verdade. Uma mulher chamada Sylvia vai a seu encontro na porta, segurando o casaco de couro vegano escolhido. A jaqueta serve perfeitamente — o que não é nenhuma surpresa. Há dois meses, você usou o sensor Wii modificado em seu celular para mapear seu corpo nos mínimos detalhes. Como a maioria dos calçados tem sensores de peso hoje em dia, conforme você ganha um pouco de cintura, o mapa corporal se ajusta automaticamente. Muito antes de você entrar no lugar, tanto seu telefone como os computadores da loja sabiam seu tamanho e tipo de corpo.

Tampouco é preciso esperar numa fila de caixa para pagar. Uma variedade de câmeras e sensores rastreiam o cliente e o produto; assim, quando você passa pela porta ao sair, o preço da jaqueta é instantaneamente deduzido de sua conta bancária. Ou talvez de sua conta de criptomoeda. Além do mais, como esses sensores também sabem que essa é sua primeira visita à loja, tentam seduzi-lo para uma segunda enviando uma mensagem de texto com um cupom digital, que oferece 25% de desconto na sua próxima compra.

Enquanto sua transação é finalizada, sensores embutidos no cabide de sua jaqueta avisam a IA da loja. A IA solicita outra jaqueta para o fabricante e envia uma mensagem para um funcionário reabastecer o cabide vazio. Além disso, acontece de essa ser a terceira jaqueta vegana vendida em dois dias; assim, o sistema de controle de estoque nota a tendência e encomenda duas jaquetas de reserva em um tamanho popular, só por via das dúvidas.

O cenário acima não é tão forçado. Na verdade, exige pouca coisa além do impacto cada vez maior da Internet das Coisas (IOT) em nosso mundo, algo que acontecerá quase de maneira automática à medida que cada vez mais dispositivos são conectados à internet. E é um impacto e tanto. Em 2025, segundo pesquisa feita pela McKinsey,[28] o valor da IOT no varejo será algo entre 410 bilhões e 1,2 trilhão de dólares. Melhor ainda, a maior parte dessa tecnologia já chegou.

O check-out automático,[29] que libera os clientes da chatice da espera, já existe. A Amazon o apresentou ao público americano em janeiro de 2018, quando a primeira loja da Amazon Go abriu em Seattle.[30] No ano seguinte, a Amazon Go inaugurou sete novas lojas e tem planos para mais 3 mil até 2021.[31] Para o *New York Times*, passar por suas catracas é "similar a entrar no metrô, com uma experiência mais parecida com furtar coisas".[32]

Ao entrar, o visitante escaneia um código QR em seu celular e a IA cuida do resto. Câmeras acompanham a movimentação do cliente pelos corredores, enquanto sensores de peso embutidos nas prateleiras fazem o mesmo com os produtos. Apenas pegue o que quiser, enfie na mochila e vá para casa. A caminho da porta, o custo é automaticamente debitado de sua conta na Amazon.

Outra vez, trata-se de compras sem atrito. Filas afastam clientes. Além do mais, caixas custam dinheiro. Reduzindo a exigência de funcionários — o único empregado na loja da Amazon Go é um ser humano solitário que checa os documentos de identidade na seção de bebidas alcoólicas —, a McKinsey estima que o check-out automatizado representará uma economia de 150 bilhões a 380 bilhões de dólares até 2025.[33] Por isso a Amazon não é a única empresa rumo a esse futuro sem caixas; a v7labs, uma start-up de San Francisco,[34] está ajudando todas as lojas a fazer essa mesma transição, enquanto as lojas sem caixa Hema, da Alibaba, foram testadas na China dois anos antes da Amazon.[35]

A tecnologia de prateleira inteligente já é uma realidade,[36] empregando etiquetas de RFID (identificação por radiofrequência) e sensores de peso para detectar quando um item foi removido. A inovação impede furtos, automatiza o reabastecimento e garante a disponibilidade de estoque. Hoje, a versão da Intel possui uma tela embutida na prateleira. No futuro, prateleiras inteligentes serão potencializadas com IA e capazes de conversar. O suéter que você tem na mão só pode ser lavado a seco? Pergunte à prateleira.

Talvez a maior mudança no varejo esteja na eficiência, sobretudo na gestão da cadeia de abastecimento. Em 2015, um estudo da Cisco revelou que as soluções de IOT terão um impacto de mais de 1,9 trilhão de dólares no setor,[37] e por um bom motivo. A IA consegue detectar padrões nos dados que os humanos não conseguem. Isso significa que cada elo na cadeia de abastecimento — nível do estoque, qualidade do fornecedor, previsão de demanda, planejamento da produção, gestão do transporte e mais — passa por uma revolução.

E rápido.

Setenta por cento do varejo e da manufatura hoje informatizaram todos os aspectos de suas operações logísticas. Mais importante, toda essa disrupção está ocorrendo antes mesmo que os robôs cheguem ao varejo. Mas...

OS ROBÔS VÊM AÍ![38]

Em 3 de agosto de 2016, as preces de jogadores de Dungeons & Dragons chapados foram atendidas. Nessa data, a Domino's Pizza apresentou a Unidade Robótica Domino's,[39] ou DRU (na sigla em inglês). Primeiro robô entregador de pizzas, o DRU parece um cruzamento do R2-D2 com um micro-ondas gigante. Sensores Lidar e GPS o ajudam a se orientar, enquanto sensores de temperatura mantêm a comida quente aquecida e a comida fria, fria. Ele já é produzido em dez países,[40] incluindo Nova Zelândia, França e Alemanha, mas seu lançamento em agosto de 2016 era crítico — já que foi a primeira vez que vimos a entrega domiciliar robótica.

Não será a última.

Hoje, há mais de uma dúzia de robôs diferentes entrando no mercado.[41] A Starship Technologies, por exemplo, start-up criada pelos fundadores da Skype, Janus Friis e Ahti Heinla, tem um robô de entrega domiciliar para propósitos gerais. No momento, o sistema consiste em uma série de câmeras e sensores de GPS, mas, em breve, os modelos incluirão microfones, alto-falantes e a capacidade — via o processamento de linguagem natural acionada por IA — de se comunicar com os clientes. Desde 2016, a Starship realizou 50 mil entregas em mais de cem cidades em vinte países.[42]

Em linhas similares, a Nuro, empresa cofundada por Jiajun Zhu,[43] um dos engenheiros que ajudou a Google a desenvolver seu carro autônomo, tem um veículo autônomo próprio, tamanho econômico. Com metade do espaço de um sedã, o Nuro parece uma torradeira sobre rodas, porém com uma missão. Essa torradeira foi projetada para transportar carga — cerca de doze sacos de supermercado (a versão 2.0 carregará vinte) —, serviço oferecido por lojas selecionadas da rede Kroger desde 2018[44] (em 2019, a Domino's também firmou uma parceria com a Nuro).[45]

Enquanto esses robôs de entrega percorrem as ruas, outros riscam os céus. Em 2016, a Amazon saiu na frente ao anunciar o Prime Air,[46] sua promessa de entrega por drone em trinta minutos ou menos. Quase na mesma hora, empresas como 7-Eleven,[47] Walmart,[48] Google[49] e Alibaba[50] também entraram no jogo. Embora seus críticos continuem desconfiados, o diretor do departamento de integração de drones da FAA[51] afirmou recentemente que as entregas por drone devem estar "bem mais perto do que [...] os céticos imaginam. [As empresas estão] quase prontas para operações avançadas. Estamos processando seus pedidos. Quero ver isso funcionando o mais rápido possível".

Embora robôs de entregas comecem a nos poupar a ida à loja, quem prefere fazer compras à moda antiga — isto é, pessoalmente — encontra robôs que estão ali para ajudá-lo. Na verdade, isso já faz algum tempo.

Em 2010, o SoftBank apresentou Pepper,[52] um robô humanoide capaz de compreender emoções humanas. Pepper é encantador: 1,20 metro de altura, corpo de plástico branco, olhos negros, uma fenda escura no lugar da boca e apoiado numa base parecida com uma cauda de sereia. Em seu peito há uma tela sensível ao toque que auxilia na comunicação. E como as pessoas se comunicam com ele! O encanto de Pepper é intencional, pois tem a ver com sua missão: ajudar os humanos a apreciar a vida ao máximo. Mais de 12 mil Peppers já foram vendidos.[53] O robô serve sorvetes no Japão, recebe os fregueses de uma Pizza Hut em Cingapura, dança com clientes em uma loja de eletrônicos em Palo Alto. Mais importante, Pepper não é o único.

O Walmart tem robôs organizadores de prateleira para controle de estoque,[54] a Best Buy usa um caixa robô[55] para permitir que pontos selecionados operem dia e noite, e a Lowe's Home Improvement emprega o LoweBot[56] — um iPad gigante sobre rodas — para ajudar clientes a encontrar os itens de que precisam, enquanto monitora o estoque.

O maior benefício que a robótica oferece talvez esteja na logística dos depósitos. Em 2012, quando a Amazon deu 775 milhões de dólares à Kiva Systems,[57] poucos podiam prever que apenas seis anos mais tarde ela empregaria 45 mil robôs Kiva[58] em todos os seus depósitos, ajudando a processar a quantidade inacreditável de 306 itens *por segundo* no período de festas.[59]

Muitos outros lojistas estão fazendo o mesmo. Peça um jeans na Gap[60] e em breve ele será separado, empacotado e enviado com ajuda de um robô Kindred.[61] Lembra-se da velha máquina de fliperama em que você pegava bichos de pelúcia com uma garra gigante? Esse é o Kindred, só que sua garra pega camisetas, calças e coisas assim, depositando-as em uma zona designada, com compartimentos que se parecem com caixas de correio minúsculas (para separação ou envio). O importante aqui é a democratização. O robô Kindred é barato e fácil de usar, permitindo a lojas mais modestas competir com gigantes como a Amazon.

Para as empresas interessadas em continuar nos negócios, não parece haver muita escolha na questão. Projeta-se que em 2024 o salário mínimo americano será de quinze dólares por hora (a Câmara dos Representantes já aprovou a lei, mas o aumento deve ocorrer gradualmente até 2026),[62] e muitos acham que o valor é baixo demais. Porém, conforme os custos da mão de obra humana continuarem a subir, os robôs se espalharão por toda parte. Será cada vez mais difícil para um patrão justificar trabalhadores humanos que faltam por doença, chegam atrasados e podem se machucar com facilidade. Robôs trabalham sem parar. Nunca tiram dias de descanso, não precisam ir ao banheiro, não precisam de assistência médica nem de licença para cuidar de algum familiar. Isso significa que daqui para a frente o desemprego tecnológico será um problema cada vez maior — e veremos mais sobre isso na terceira parte —, mas, no varejo, os benefícios da robótica, tanto para as empresas como para os clientes, são consideráveis.

O VAREJO E A IMPRESSÃO 3D

Em 2010, Kevin Rustagi estava frustrado. Assim como seus amigos, Aman Advano, Kit Hickey e Gihan Amarasirwardena. Os quatro recém-formados no MIT haviam acabado de ingressar no mercado de trabalho, onde rapidamente descobriram que odiavam o vestuário. Roupas de trabalho eram um saco. E não faziam sentido — atletas usavam todo tipo de traje high-tech, por que contadores têm de se virar com artigos da Dockers?

Assim, decidiram levar um pouco de animação à sala da diretoria. Juntos, formaram a Ministry of Supply,[63] uma empresa de roupas que utiliza a tecnologia de trajes da Nasa para fabricar uma linha de camisas sociais. Em 2011, com a meta original de levantar 30 mil dólares de fundos, uma campanha super bem-sucedida no Kickstarter resultou em quase meio milhão de dólares. Estavam prontos para começar.

Pouco depois, a camisa "Apollo" chegou ao mercado. Parece uma camisa tradicional, mas é tudo menos isso. Usa "materiais de mudança de fase" para controlar o calor corporal e reduzir a transpiração e o odor. Também se adapta ao corpo de quem a usa, permanece enfiada na calça e fica o dia todo sem amarrotar. Como resumiu a *TechCrunch*: "Essencialmente, uma camisa mágica".[64]

Essa camisa mágica levou a calças, ternos e outras coisas mágicas. A Ministry of Supply hoje produz roupas inteligentes de alta performance para ambos os sexos, incluindo uma nova linha de jaquetas inteligentes que respondem a comandos de voz e aprendem automaticamente a aquecer a pessoa à temperatura desejada. Há pouco tempo, estenderam sua abordagem high-tech à fabricação. Vá ao outlet deles em Boston, na elegante Newbury Street, e você pode ter sua camisa— ou terno, blusa, calça — de alta performance impressa em 3D enquanto espera. Leva cerca de noventa minutos. E a máquina é uma maravilha. Com 4 mil agulhas individuais e uma dúzia de fios diferentes, a impressora pode criar qualquer combinação de materiais e cores desejada, com desperdício zero.

E se Boston é longe para você, sem problema. Hoje em dia, para adquirir uma roupa impressa em 3D só precisamos de um celular. Desde que a designer Danit Peleg[65] disponibilizou a primeira linha de roupas impressas em 3D pela internet, em 2015, meia dúzia de outros designers fizeram o mesmo. Tanto a Reebok[66] como a New Balance[67] empregam essa tecnologia: a primeira, para melhorar a velocidade e a qualidade de suas fábricas; a segunda, para construir palmilhas customizadas para atletas. Várias outras não ficam muito atrás.

E a moda é apenas parte da história, uma vez que a impressão 3D hoje está presente em todo o varejo. A Staples,[68] uma empresa de materiais de escritório, oferece o serviço há anos. Recentemente, eles lançaram uma versão on-line em que os clientes mandam o design para um produto, os funcionários da Staples o imprimem na loja e o enviam. A Leroy Merlin,[69] empresa francesa de materiais de construção, reforma e decoração, levou isso um passo adiante, permitindo aos clientes fazer reserva de horário para imprimir produtos individualizados em suas lojas. Está precisando de um prego de cabeça chata com um tamanho especial ou de uma chave soquete com cabo curvo para alcançar cantos difíceis? É só pedir.

E isso é apenas o ponto onde estamos hoje. Nos próximos dez anos, a impressão 3D reformulará o varejo de quatro maneiras principais:

1. *Fim da cadeia de abastecimento*: Com a impressão 3D, o comércio varejista pode comprar matéria-prima e imprimir o estoque por conta própria, seja em depósitos, seja na loja. Isso significa o fim de fornecedores, fabricantes e distribuidores.

2. *Fim do desperdício*: O.k., talvez não o fim definitivo do desperdício, mas, com a preferência do consumidor por produtos ecologicamente corretos

e com o comércio varejista buscando minimizar o custo dos materiais, a precisão da impressão 3D é uma solução perfeita.

3. *Fim do mercado de peças:* Se você for um fazendeiro do Iowa e seu trator quebrar na época da safra, aguardar dias por uma peça sobressalente pode pôr em risco toda a colheita. Uma impressora 3D resolve o problema. E fará o mesmo por muitas coisas, de cafeteiras a rodas de skate. Isso significa não apenas o fim do mercado de peças de reposição, como também um novo patamar de longevidade para os produtos que adquirimos.

4. *Crescimento de produtos desenhados por usuários:* Sem dúvida sempre haverá alguma versão da Apple no mercado — uma superempresa centrada no design, projetando produtos tão descolados que sempre encontram comprador. No entanto, da moda à mobília, o design do consumidor tomará o lugar do design profissional como procedimento operacional padrão.

Mas isso de fato toca numa última questão: com a Alexa fazendo os pedidos, impressoras 3D fabricando as encomendas e drones entregando o resultado final na sua porta, o que levaria alguém, num futuro não tão distante, a querer sair de casa para fazer compras?

A ÚLTIMA ESPERANÇA DO VAREJO

Em "Welcome to the Experience Economy" [Bem-vindo à economia da experiência],[70] artigo para a *Harvard Business Review*, o autor Joseph Pine sintetiza duzentos anos de desenvolvimento econômico com uma métrica curiosa: o bolo de aniversário.

Como um vestígio da economia agrária, as mães preparavam bolos de aniversário do zero, misturando produtos da fazenda (farinha, açúcar, manteiga, ovos) que, juntos, custavam poucos centavos. À medida que a economia industrial baseada em bens avançou, as mães pagavam um ou dois dólares pelos ingredientes pré--misturados à Betty Crocker. Mais tarde, quando a economia de serviços prevaleceu, pais atarefados encomendavam bolos na padaria ou no mercado local, que, por dez ou quinze dólares, saía dez vezes mais caro do que os ingredientes empregados. Hoje, nesses anos 1990 sem tempo para nada, os pais não fazem bolos de aniversário nem dão festas. Em lugar disso, gastam cem dólares ou mais para "terceirizar" o evento todo para a Chuck E. Cheese's, a Discovery Zone, a Mining Company ou qualquer outra empresa que realize um evento memorável para as crianças — muitas vezes incluindo o bolo de graça. Bem-vindo à incipiente *economia da experiência.*

Substituindo ingredientes pré-preparados por experiências pré-preparadas, a economia da experiência é um novo tipo de modelo de negócios disruptivo que satisfaz um novo tipo de necessidade. Durante a maior parte da história, não queríamos experiências pré-produzidas porque a vida em si era a experiência. Só conseguir permanecer em segurança, aquecido e alimentado já era uma aventura suficiente. A tecnologia mudou essa equação.

Na virada da Revolução Industrial, os mais ricos do planeta não tinham ar-condicionado, água corrente ou encanamento doméstico. Tampouco automóvel, geladeira e telefone. Nem computador. Hoje, mesmo vivendo abaixo da linha de pobreza nos Estados Unidos, é possível desfrutar dessas conveniências. Quem tem dinheiro desfruta de muito mais coisas. Tantas, na verdade, que começamos a não lhes dar mais tanto valor. Como resultado, para muitos, as experiências — táteis, memoráveis e reais — se tornaram mais valiosas que posses pessoais.

O varejo capitalizou com essa tendência. O Starbucks faturou alto estendendo a familiaridade do café local a uma escala global. A Cabela's, rede de caça, pesca e camping, transformou seus showrooms em uma aventura ao ar livre de mentira, inclusive com cachoeiras. E agora as tecnologias exponenciais convergentes levarão a economia da experiência a novos patamares.

Considere a visão do grupo de shopping centers Westfield para o futuro do varejo em dez anos,[71] "Destination 2028". Incluindo jardins suspensos sensoriais, vestiários inteligentes e oficinas de atenção plena, o shopping proposto pelo Westfield será uma "microcidade hiperconectada" com uma quantidade incrível de personalizações. Banheiros inteligentes oferecerão dicas de nutrição e hidratação customizadas para cada indivíduo; escâneres de olho e IA podem personalizar "faixas rápidas" de compras com base em suas visitas anteriores; e espelhos mágicos exibirão seu reflexo virtual experimentando toda uma série de novos produtos.

Combinando entretenimento, *wellness*, aprendizagem e comparação de produtos personalizada, a "Destination 2028" do Westfield visa ajudar a torná-lo uma pessoa melhor — e estão apostando que isso vale o inconveniente de sair de casa para fazer compras.

É uma aposta alta. Nos Estados Unidos, há mais de 1100 centros comerciais e 40 mil shopping centers.[72] O Mall of America, em Minnesota, é uma pequena cidade, que cobre 520 mil metros quadrados e abriga quinhentas lojas.[73] O maior shopping center da China tem 650 mil metros quadrados e é maior do que o Pentágono.[74] Essa economia da experiência melhorada pode significar que esses shoppings têm chance de continuar nos negócios.

Mas serão negócios bem diferentes. Se derem certo, o varejo se tornará uma indústria convergente, em que o tempo passado no shopping rende múltiplos dividendos. Fazer compras passa a ser sinônimo de saúde, entretenimento, educação e assim por diante. Ou, como veremos na seção seguinte, nossos shoppings se tornam uma lembrança, à medida que o próprio ato de comprar se torna mais uma tarefa terceirizada para a IA.

O FIM DO SHOPPING CENTER

Um pouco antes, neste capítulo, realizamos um experimento mental sobre o ano de 2026, em que sensores, redes e IA terão convergido para remodelar as compras. Aqui, queremos fazer outro experimento, adiantando o relógio em alguns anos e adicionando cinco tecnologias extras ao mix do varejo.

Bem-vindo a 21 de abril de 2029, um dia ensolarado em Dallas, no Texas. Você tem um almoço para angariar fundos amanhã, mas não sabe o que vestir. A última coisa que vai querer é passar o dia num shopping. Sem crise. Seus dados de imagem corporal continuam atualizados, pois você foi escaneada há apenas uma semana. Ponha o *headset* de RV e converse com sua IA, que você batizou convenientemente de Jarvis (porque seu coautor parece incapaz de superar seu fetiche pelo Homem de ferro).

Você só precisa dizer: "Hora de comprar um vestido para o evento de amanhã".

Num instante, você é teleportada para uma loja de roupas virtual. Tempo de viagem: zero. Sem se afligir com trânsito, vagas de estacionamento ou bandos de mulheres empurrando carrinhos de bebê. Em vez disso, você está em sua loja de roupas pessoal. Tudo tem seu tamanho exato. Tudo mesmo! A loja pode acessar quase qualquer designer ou design do planeta. Peça a Jarvis para lhe mostrar as novidades de Shanghai e, como por mágica, eis que surge um desfile de moda instantâneo. Todas as modelos na passarela se parecem com você, mas usam a última moda de Shanghai.

O telefone toca. É sua melhor amiga. Ela se junta a você nas compras usando o próprio *headset* de RV. Vocês conversam e a IA escuta. Seus comentários se tornam comandos: "Eu adoraria sapatos pretos para combinar com meu novo vestido" gera prateleiras de sapatos combinando.

Mas nenhum parece combinar perfeitamente. "Como esse vestido ficaria com os Jimmy Choo de cetim que você tem em seu armário?", pergunta sua amiga. É para já. Toda peça de roupa física que você tem no mundo real conta com um par digital disponível no virtual. Você pede e na mesma hora está usando.

Quando terminou de escolher, a IA paga a conta. Enquanto suas roupas novas estão sendo impressas em 3D num depósito — antes de serem enviadas por drone —, uma versão digital é acrescentada a seu estoque pessoal para uso em futuros eventos virtuais. E o custo? Sem intermediários, menos da metade do que você pagava numa loja.

De volta ao presente, analisemos esse futuro por partes.

O escaneamento 3D já é uma realidade. Usando sensores infravermelhos profundos e tecnologia de captação de imagem para produzir uma cópia digital exata da superfície do seu corpo, empresas como Levi's[75] e Bloomingdale's[76] já possuem cabines de captação em lojas selecionadas, enquanto marcas como Nike, Boss[77] e Armani[78] não ficam muito atrás. E não só grandes marcas estão envolvidas. A Bombfell[79] é um serviço de assinatura de moda masculina casual que alia os especialistas em moda humanos à IA, selecionando dentre oitenta marcas diferentes e enviando os produtos para você. O varejo on-line também entrou no jogo, com a Amazon adquirindo a Body Labs,[80] start-up de escaneamento corporal em 3D, em 2017, como maneira de fazer da roupa sob medida apenas mais um recurso disponível em seu Guarda-Roupa Prime.

Quanto à IA como consultora de moda, isso também já é uma realidade, cortesia tanto da Alibaba como da Amazon. Durante seu festival de compras do Dia dos Solteiros, a loja conceitual FashionAI, da Alibaba,[81] usa o deep learning para fazer sugestões com base na opinião de especialistas em moda humanos e no estoque da loja, promovendo parcela significativa dos 25 bilhões de dólares diários em vendas. Do mesmo modo, o algoritmo de compras da Amazon[82] faz recomendações de roupas personalizadas com base nas preferências do usuário e em seu comportamento nas mídias sociais.

E o sistema de RV em si? Bom, no momento, há o Hololux,[83] uma colaboração entre a Microsoft e o London College of Fashion. Seus óculos de RV permitem que você faça compras numa realidade mista em qualquer lugar do mundo. Quer dar uma olhada numa loja da Prada no centro comercial de Londres — mais uma vez, sem problema.

Assim, aí está um futuro em que fazer compras é desmaterializado, desmonetizado, democratizado e deslocalizado — também conhecido como "o fim do shopping center". Claro, se você esperar alguns anos depois disso, será capaz de pegar um táxi voador autônomo para a Destination 2028 da Westfield — que pode ser uma experiência que vale a pena, então talvez ainda não seja o fim do shopping center. De um modo ou de outro, o mundo do varejo passa por uma transformação dos pés à cabeça.

Ah, quem dera pudéssemos fazer o mesmo na publicidade...

6. O futuro da publicidade

MAIS LOUCOS QUE *MAD MEN*

No premiado seriado de TV *Mad Men*, o centro da ação era uma agência de publicidade clássica dos anos 1960. Um lugar repleto de egos inflados, almoços regados a álcool e tecnologia emergente numa era em que os anúncios impressos, a TV e o rádio davam as cartas. E esses "loucos" da Madison Avenue reinaram por um bom tempo. Ao longo de quase meio século, o trio de mídias acima determinou como as empresas empurrariam seus produtos para o público, e as agências de publicidade surfaram nessa onda até ela estourar na praia que mudaria o jogo para sempre, conhecida como internet.

Quando a revolução do pontocom chegou, sem dúvida poucos compreenderam a disrupção que levaria à publicidade.[1] Contudo, quase no mesmo instante, o Craiglist esvaziou as seções de classificados dos jornais e os banners — justo quem — esvaziaram as revistas. Em seguida veio a disseminação dos dispositivos de gravação de vídeo e dos serviços digitais pagos, como Hulu, Netflix, Amazon, inovações que de modo coletivo salvaram a humanidade da chatice dos comerciais de TV. E hoje, menos de duas décadas após a chegada da internet, Google e Facebook juntos controlam mais dólares de publicidade do que todos os veículos impressos do planeta.

Em 2017, a receita de publicidade da Google totalizou mais de 95 bilhões de dólares;[2] a do Facebook, acima de 39 bilhões.[3] Tomadas em conjunto, elas representam aproximadamente 25% dos gastos mundiais com publicidade. Estimulado pelas plataformas de e-commerce de código aberto, pelos dispositivos móveis e pelos avanços na infraestrutura de pagamentos on-line, o marketing das mídias sociais substituiu praticamente toda a indústria da publicidade tradicional. Isso levou menos de quinze anos.

E os números são espantosos. Em 2018, a indústria da publicidade no mundo ultrapassou os 550 bilhões de dólares,[4] empurrando a valorização da Google para mais de 700 bilhões de dólares[5] e a do Facebook para mais de 500 bilhões.[6] A razão desse salto é que esses números se baseiam nos dados e nas pegadas de informação deixadas por nossas buscas: curtidas e descurtidas, as coisas que cobiçamos, nossos círculos de amizade e no que nós (e nossos amigos) andamos clicando nos últimos tempos.

Mas com essa blitz das tecnologias convergindo na indústria, a publicidade continuará a mudar. Num primeiro momento, é provável que fique um pouco mais invasiva e bem mais pessoal. Mas isso não vai durar. Não muito depois, todo o mercado de marketing em mídias sociais irá desaparecer. Quanto tempo isso vai levar? A gente aposta em dez ou doze anos.

Vamos dar uma olhada mais de perto nas razões.

A REDE TRIDIMENSIONAL

Ao longo da história humana, a experiência de olhar para o mundo sempre foi mais ou menos a mesma para todos. Exceto em caso de doenças mentais, uso de drogas psicodélicas ou por uma imaginação hiperativa, a realidade era uma constante compartilhada — o que você via por aí era o que eu via. Mas agora a fronteira entre o digital e físico começa a sumir. O mundo a nossa volta está ganhando camadas de informação. Invisíveis, sem o aparato correto, mas ponha um par de óculos de RA e você encontrará dados ricos, personalizados e interativos onde antes não havia nenhum. E isso significa que o meu mundo e o seu hoje são bem diferentes.

Bem-vindo à Realidade 2.0, Web 3.0 ou Web Espacial. Para compreender a Web Espacial, será útil começarmos pela primeira rede, a versão 1.0, na qual documentos estáticos e interação apenas através da leitura significavam que, para a publicidade, a melhor maneira de chegar ao consumidor era por meio de banners. A Web 2.0 foi um upgrade disso, introduzindo conteúdo multimídia, anúncios on-line interativos e mídias sociais participativas. Mas tudo continuava mediado por uma tela 2D. A Web 3.0 é a próxima fase. Devido à convergência das conexões 5G de banda larga em alta velocidade, dos óculos de realidade aumentada, da nossa economia emergente de trilhões de sensores e, costurando tudo, de uma IA potente, conquistamos a capacidade de sobrepor informação digital a ambientes físicos — libertando a publicidade da tirania da tela.

Imagine entrar numa Apple Store do futuro. Quando você se aproxima do mostruário de iPhone, um avatar em tamanho real de Steve Jobs se materializa. Ele quer lhe mostrar os mais novos recursos do produto. Como um avatar do Jobs parece um pouco excessivo, com não mais que um comando de voz você o substitui por um texto flutuante — e uma lista de recursos do celular paira à sua frente. Após fazer sua escolha, desistindo do iPhone e optando por uns novos iGlasses de RA, outro comando de voz é o bastante para executar um contrato inteligente.

A seguir, com os óculos no rosto, você vai à casa de uma amiga. Conversando em sua cozinha, você nota os armários novos. Sensores nos óculos rastreiam seu movimento ocular, assim a IA sabe que seu foco está neles. Por meio de seu histórico de busca, eles sabem também que você pensa em reformar sua cozinha. Como suas preferências de recomendação inteligente foram acionadas, preços de armários de cozinha e opções de designs e cores preenchem seu campo de visão. É uma nova forma de publicidade; pode ser um prolongamento das compras sem atrito ou um tipo inédito de spam, depende do seu ponto de vista.

A versão inicial dessa realidade já chegou. Conhecido como "busca visual", o recurso é disponibilizado hoje por uma série de empresas. Uma parceria entre Snapchat e Amazon,[7] por exemplo, lhe permite apontar o aplicativo de câmera para um objeto, obter então um link que mostra o produto exato ou algum similar disponível para venda. O Pinterest,[8] por sua vez, tem uma multiplicidade de ferramentas de busca visual, como Shop the Look [Compre o look], que marca objetos na foto com um ponto. Gostou do sofá? Clique no ponto. O site encontrará produtos similares à venda. Ou pegue a Lens, sua ferramenta de busca visual em tempo real. Aponte a câmera para uma cena e o aplicativo vai gerar links para todos os produtos ali.

A Google leva isso um passo adiante. Liberada em 2017, sua Google Lens[9] é uma ferramenta de busca visual geral. Ela faz mais do que apenas identificar produtos à venda — decodifica todo um cenário. Você pode aprender o que quiser: a explicação botânica das flores em um canteiro, a raça dos cachorros que correm pelo parque, a história dos prédios numa rua da cidade.

Ninguém levou essas coisas mais longe do que a IKEA.[10] Usando seu aplicativo de RA via celular, você pode mapear a sala da sua casa. Isso lhe dá uma versão digital com toda a mobília em suas dimensões exatas. Está procurando uma mesinha de centro? A tecnologia lhe permite experimentar diversos estilos em diferentes tamanhos. Sua escolha aciona um pagamento inteligente e, num piscar de olhos, a IKEA customiza sua mesinha de centro e a entrega na sua porta. Precisa de ajuda para montar? O aplicativo de RA o conduzirá em um processo passo a passo.

Toda essa competição pela busca visual acelerou muitíssimo seu desenvolvimento, fazendo disparar também as taxas de adoção do consumidor. À medida que mais pessoas usam esses sistemas, novos dados são enviados à IA que os controla. No outono de 2018, esse ciclo de realimentação catapultara as buscas visuais para mais de 1 bilhão de consultas por mês.[11] Quase todas as marcas globais estão se preparando para um mundo de "aponte, clique, compre". É outro motivo para talvez estarmos presenciando o fim do shopping center, pois a realidade passa a ser ela mesma um shopping. E se você acha que isso soa invasivo — bom, não perde por esperar, tem também o que é absurdamente bizarro.

O POTENCIAL SINISTRO DA HIPERPERSONALIZAÇÃO

Você foi vista. Entrou na loja de departamentos só para dar uma olhada, e o sistema de reconhecimento facial a tem na mira. Seus óculos de RA são acionados: "Oi, Sarah, como é bom ver você...".

Droga, você esqueceu de mudar suas preferências para "Não perturbe".

Um microssegundo depois, os monitores de TV da loja continuam a investida. Talvez seja um holograma do presidente dos Estados Unidos chamando seu nome, "Sarah, só um segundo. Seus poros são uma questão de segurança nacional. Quero contar para você que a sequência de seu genoma combina com uma nova linha de produtos para a pele da L'Oréal".

Você não dá ouvidos ao presidente e a IA muda de tática. Agora é sua mãe. Você hesita, sem perceber. A voz dela está profundamente inculcada em seu cérebro. Mas você também não cai nessa e continua andando. Por vezes, o que aparece são suas estrelas de cinema favoritas (baseado em dados de sua conta da Netflix); outras, seus ídolos esportivos (baseado em pesquisas de internet). Quem lhe deu mais calafrios na espinha? O padre McFarland, da sua paróquia. Seja qual for o caso, estamos longe do Marlboro Man. Se não fosse tão irritante, seria até engraçado.

Soa como uma fantasia remota? Pense de novo.

PARECE MESMO A VOZ DA MINHA MÃE, MAS VOCÊ TEM COMO PROVAR?

Lembra de *Missão: Impossível*? Lembra do laringofone que Tom Cruise usou para imitar a voz do vilão? Bem, não é mais impossível. Duas empresas demonstraram versões disso na vida real. Uma start-up de Montreal, a Lyrebird[12] — referência ao "pássaro lira", ave que imita sons —, tem uma nova tecnologia de síntese de fala que lhe permite imitar a voz de alguém com pouquíssimos dados.

Não são necessárias mais do que trinta sentenças.[13] Um vídeo de três minutos da sua festa surpresa de aniversário — você nem lembrava que havia alguém filmando — é mais do que suficiente. E os pesquisadores da Baidu, a gigante chinesa das ferramentas de busca, têm uma IA que funciona mais rápido do que o Lyrebird. Apenas dez amostras de 3,7 segundos bastam para treinar um sistema de imitação de voz em mais de 95% das vezes. Um clipe de 105 segundos e o resultado será quase perfeito.

Embora as tecnologias de síntese de voz do Lyrebird e da Baidu ainda não sejam 100% convincentes, o campo está se expandindo rápido — e não só para deixar a publicidade ainda mais inconveniente do que o normal.

"Há inúmeros casos em que a tecnologia tem ótimo uso", afirma Leo Zou, membro da equipe de comunicações da Baidu,[14] à *Digital Trends*. "A clonagem de voz poderia ajudar pacientes que perderam a fala. Também é um importante avanço para interfaces personalizadas entre humanos e máquinas — a pessoa pode com facilidade configurar um leitor de audiolivro com sua própria voz, por exemplo. [Além disso] o método permite conteúdo digital original. Centenas de personagens nos videogames terão uma voz única graças a isso. Ou tradução de línguas fala a fala, pois o sintetizador pode aprender a imitar um falante em outra língua."

DEEPFAKES AINDA MAIS FAKES

Em 2018, um vídeo do ex-presidente Barack Obama publicado no YouTube circulou pela internet.[15] Mais de 6 milhões clicaram para vê-lo sentado ao lado da bandeira americana, falando diretamente para a câmera. "O presidente Trump", explicou ele, "é um completo retardado. Bom, eu nunca diria uma coisa dessas, pelo menos não em público. Mas outros, sim, pessoas como Jordan Peele."

Então o vídeo exibe uma tela dupla. À esquerda, Obama segue discursando. À direita, vemos o ator-diretor-comediante Jordan Peele falando de fato as palavras que são postas na boca do ex-presidente. O vídeo é um *deepfake*, uma técnica de síntese de imagem humana controlada por IA que pega imagens e vídeos existentes — digamos, Obama falando — e os mapeia sobre imagens e vídeos originais — como Jordan Peele imitando o presidente Obama insultando o presidente Trump.

Peele criou o vídeo para ilustrar os perigos do *deepfake*.[16] Ele julgou que era necessário fazê-lo, pois já existem milhares deles por aí. Conspirações políticas, pornô de vingança, pornô de vingança de celebridade — tudo isso já foi tentado incontáveis vezes. E embora essas versões anteriores cheguem muito perto do artigo genuíno, sua natureza falsa é detectável.

Pesquisadores na Universidade Carnegie Mellon[17] recentemente desenvolveram novos algoritmos capazes de maior realismo. Sua IA não apenas transfere a posição da cabeça, a expressão facial e a direção do olhar de um vídeo para outro, como também altera detalhes sutis — ritmo das piscadas, movimentos delicados das sobrancelhas, o tremor quase imperceptível de um ombro. E com menos falhas e distorções. Os resultados são convincentes. A esmagadora maioria dos indivíduos que os viram em experimentos os considerou reais.

Embora haja alguns usos positivos para a tecnologia (a serem examinados no capítulo sobre entretenimento, a seguir), os aspectos negativos do aplicativo não podem ser ignorados. Muitos estão preocupados com as fake news, capazes de destruir reputações, provocar conflitos civis e até moldar a política global. Há ainda as ramificações legais. As *deepfakes* facilitam a alguém que foi "filmado" alegar que o vídeo é falso — afinal, nunca se sabe —, e esse é exatamente o problema.

Contudo, o problema da publicidade — isto é, ser seguido numa loja de departamentos por marqueteiros disfarçados como sua mãe — é antes um *blip* temporário do que uma tendência duradoura. Em breve, é bem provável que a própria publicidade desapareça.

ADEUS, PUBLICIDADE, ALÔ, JARVIS

Dos Mad Men do passado para os potencializados de hoje, o propósito da publicidade não mudou: vender coisas para você. Assim, os anúncios exaltam os benefícios: compre X porque X vai tornar você Y — sexy, bem-sucedido, feliz, qualquer coisa. Mas o que acontece quando a decisão sobre o que comprar não cabe mais a você? Bem, isso é um trabalho para Shopping Jarvis.[18]

Imagine um futuro em que você simplesmente diz: "Ei, Jarvis, precisa comprar pasta de dente". Jarvis vê TV? Por acaso assistiu a algum comercial cheio de sorrisos brilhantes numa noite qualquer? Claro que não. Em um nanossegundo, Jarvis considera as formulações moleculares de todas as opções de pasta disponíveis, o custo, a pesquisa embasando a afirmação de que clareia os dentes, a pesquisa contradizendo a afirmação de que refresca o hálito, os relatórios de satisfação do cliente e por fim — isso talvez ainda demore um pouco — avalia seu genoma para determinar a formulação de sabor com maior probabilidade de agradar suas papilas gustativas.

Então faz a compra.

Indo mais além, na verdade você nunca precisará mandá-lo comprar pasta de dente. Jarvis vai monitorar seu estoque de itens consumidos com frequência — café, chá, leite de amêndoas, pasta de dente, desodorante e tudo o mais — e encomendar as compras antes que você perceba a necessidade de se reabastecer.

Que tal comprar algo pela primeira vez? Aquele drone que seu filho quer de aniversário? Apenas especifique a funcionalidade. "Ei, Jarvis, quero comprar um drone por menos de cem dólares que seja fácil de controlar e tire ótimas fotos."

E quanto a decisões sobre o que vestir? Permitiremos que uma IA escolha nossas roupas? Parece pouco provável, até você considerar que IAs conseguem rastrear nossos movimentos oculares quando olhamos vitrines, escutam nossas conversas diárias para compreender as coisas de que gostamos ou não e monitoram nossas mídias sociais para entender nossas preferências de moda; e fazem o mesmo com os nossos amigos. Com esse nível de detalhe, Fashion Jarvis fará um excelente trabalho em selecionar roupas para nós — sem necessidade de publicidade alguma.

Caminhamos para um futuro em que a IA tomará a maioria das nossas decisões de compra, surpreendendo-nos constantemente com produtos ou serviços que nem sabíamos que queríamos. Ou, se você não gosta de surpresas, apenas desative o recurso e opte por manter uma fastidiosa circunspecção. Seja como for, a mudança ameaça a publicidade tradicional e ao mesmo tempo oferece benefícios consideráveis para o consumidor.

7. O futuro do entretenimento

DIGITALIZANDO

Podemos contar a história da ascensão do entretenimento digital por meio de quatro decisões importantes tomadas por Reed Hastings, fundador e CEO da Netflix. A primeira delas veio em 1999, quando Hastings era um cientista da computação que se tornou empreendedor. Ele já abrira o capital de sua primeira empresa de software, depois vendera sua participação por uma quantia polpuda, fazendo um pé-de-meia considerável para aplicar em sua empresa seguinte. Hastings teve uma ideia interessante: alugar DVDs pela internet e usar os correios para entregá-los. Resolveu fazer uma tentativa — foi essa decisão que criou a Netflix.

A segunda veio alguns meses mais tarde, quando Hastings teve uma ideia ainda melhor: não cobrar multas por atraso. A terceira foi a verdadeira inovação da Netflix, o aplicativo matador, a "fila". O assinante podia criar uma lista de filmes a que queria assistir e, assim que a empresa identificasse a devolução de um DVD, enviaria o seguinte. Como a política de aluguéis de DVD permitia a retirada de três filmes por vez, os usuários nunca ficavam sem ter a que assistir, e essa conveniência transformou a empresa na locadora preferencial do público. Foi uma das primeiras ações em plataformas e ajudou a transformar a indústria, fazendo da Netflix um titã.

Em 1999, no ano de seu lançamento, a Netflix tinha 239 mil assinantes;[1]

só quatro anos depois, chegou a 1 milhão. Mas a quarta decisão de Hastings — sua escolha em 2007[2] de substituir o serviço postal por streaming em banda larga — foi o grande divisor de águas. No outono de 2018, as assinaturas haviam saltado para 137 milhões,[3] e os especialistas previam que poderiam dobrar em poucos anos.

A Netflix virou o rolo compressor do streaming. A empresa detém 51% do total de assinantes nesse tipo de serviço,[4] obtendo mais de 4,5 bilhões de dólares em receita anual[5] e 150 bilhões de dólares em capitalização de mercado.[6] Mas a maior disrupção se origina do que estão fazendo com todo esse dinheiro.

A Netflix hoje cria conteúdo. Muito conteúdo. Em 2017, a empresa gastou 6,2 bilhões em filmes e seriados originais,[7] ultrapassando grandes estúdios como CBS (4 bilhões de dólares) e HBO (2,5 bilhões de dólares), ficando um pouco abaixo de competidores pesos pesados, como Time Warner e Fox, na faixa dos 8 bilhões a 10 bilhões de dólares. Um ano depois, ela dobrou seus gastos para 13 bilhões,[8] entrando definitivamente para o rol das maiores.

De novo, porém, o mais importante é o que a Netflix fez com todo esse dinheiro. Em 2018, enquanto os seis principais estúdios cinematográficos lançavam juntos um total de 75 filmes, ela produziu oitenta filmes novos e mais de setecentas novas séries.[9]

É por isso que qualquer análise sobre o impacto das tecnologias exponenciais no entretenimento deve começar pela Netflix. Na verdade, nos anais da disrupção exponencial, a investida da empresa contra a Blockbuster passou a ser uma história clássica. O fato de que a Blockbuster deixou escapar a oportunidade de comprar a Netflix[10] por 50 milhões de dólares talvez seja comparável apenas ao fracasso da Kodak em capitalizar com a fotografia digital, tecnologia que eles mesmos inventaram. Contudo, essa investida foi apenas o resultado de uma convergência *isolada*.

Para liquidar com o *home video*, a Netflix aproveitou uma nova rede, a internet, permitindo ao público americano alugar um DVD do conforto do sofá. Hoje, a empresa se vale de uma infraestrutura de tecnologias exponenciais convergentes — em particular, a banda larga e a inteligência artificial — para competir no ecossistema trilionário do entretenimento.

E não apenas a Netflix.

As plataformas de streaming explodiram. A maioria das grandes empresas de tecnologia está entrando no jogo, o subproduto de tecnologias convergentes está levando a mercados convergentes. Em 2018, a Apple gastou mais de 1 bilhão de dólares em programação original,[11] enquanto a Amazon despejou 5 bilhões em novas produções.[12] Sling, YouTube, Hulu, até o sujeito que conserta cortadores de grama e tem 3 milhões de seguidores no Facebook — todos querem uma fatia do bolo de Hollywood.

Neste capítulo, vamos explorar como exponenciais convergentes reformularão o entretenimento ao longo da década seguinte. Três grandes mudanças — chame-as de quem, o que e onde — estão a caminho. Hoje testemunhamos mudanças em *quem* produz conteúdo, *qual* é o conteúdo produzido e *onde* consumimos esse conteúdo.

Desde a chegada do cinema, o entretenimento foi produto principalmente de alguns estúdios e redes bem capitalizados e rigidamente controlados. A combinação da venda de anúncios na TV e a receita das bilheterias gera quase 300 bilhões de dólares por ano.[13] Reunindo alguns recursos escassos — tecnologia, talento, financiamento e distribuição —, um punhado de estúdios de Hollywood e redes de TV manteve o controle virtual desse dinheiro.

Mas tecnologias exponenciais acelerantes costumam transformar recursos escassos em abundantes. Aqui, não é diferente. E isso nos leva à primeira das três grandes mudanças no entretenimento: *quem* produz conteúdo.

A CHEGADA DOS SUPERCRIADORES

No início do século, quando videocâmeras, sistemas de edição e gravadores de áudio se tornavam um recurso-padrão em nossos telefones, as pessoas começaram a fazer algo tão óbvio quanto inesperado — usar essas ferramentas para produzir conteúdo. Continentes de conteúdo. Cunhamos uma nova frase para tais continentes: conteúdo gerado pelo usuário. Os blogs capturaram o lado escrito dessa mudança; os podcasts, o formato de áudio. Entretanto, vídeos eram um problema. Não havia um lugar para os vídeos produzidos pelo usuário chamarem de lar, uma central a partir da qual tudo pudesse ser compartilhado de maneira livre.

As empresas correram para preencher essa lacuna, a Google mais do que ninguém. A gigante da tecnologia ficou desesperada em ser a primeira, mas seu serviço de compartilhamento de vídeos estava preso a um inferno legal.

Os advogados arrancavam os cabelos por causa dos direitos. O que a Google podia fazer se os usuários postavam conteúdo que não lhes pertencia?

O YouTube não tinha esse problema. Na época, a empresa era composta apenas de três ex-funcionários do PayPal com uma ideia, uma garagem e um cartão de crédito. Eles simplesmente eram pequenos demais para se incomodar com advogados.

Não continuaram assim por muito tempo. Enquanto a Google era incapaz de decidir quem podia postar o quê, o YouTube explodia. Menos de seis meses após o cofundador do YouTube, Jawed Karim, publicar *Eu no zoológico*,[14] o primeiro vídeo, um tanto prosaico, no site, um clipe do jogador de futebol Ronaldinho Gaúcho[15] foi o primeiro a alcançar 1 milhão de visualizações. Isso levou ao investimento de 3,5 milhões de dólares da Sequoia Capital,[16] que o YouTube usou para melhorar sua rede e cimentar sua posição. Pouco mais de um ano depois, a Google decidiu que era mais fácil se juntar a eles do que competir. Encerraram seu serviço de compartilhamento de vídeo e desembolsaram 1,65 bilhão de dólares para comprar o YouTube,[17] chamando o site de "o próximo grande passo na evolução da internet".

Para dizer o mínimo.

Todos os dias, bilhões de pessoas assistem a bilhões de vídeos no You-Tube.[18] Para a geração mais nova, o site substituiu por completo a televisão como mídia de preferência. Nesse meio-tempo, o prolongado controle que Hollywood exerceu sobre o talento virou pó quando o YouTube democratizou a distribuição de conteúdo para todos. Os influenciadores das mídias sociais são a consequência, uma nova espécie de supercriadores desafiando a mídia tradicional de maneiras não tradicionais.

Pense nos programas de culinária. Chefs celebridades como Gordon Ramsay e Rachael Ray hoje enfrentam a concorrência de programas do YouTube como *Binging with Babish* [Se empanturrando com Babish],[19] no qual o apresentador Andrew Rea recria refeições de programas de TV e filmes famosos com mais de 1 milhão de visualizações por episódio. Ou *Cooking with Dog* [Cozinhando com cachorro],[20] em que as aventuras na cozinha de uma japonesa calada são narradas por seu poodle, Francis, para o prazer de milhões de usuários. Ou os 800 mil que assistem regularmente a *My Drunk Kitchen* [Minha cozinha bêbada],[21] que é exatamente o que o nome sugere.

E essas novas estrelas estão faturando alto.[22] Em 2018, o youtuber Logan Paul ganhou 14,5 milhões de dólares com seus *vlogs* de comédia, enquanto o *gamer* Daniel Middleton (DanTDM) abocanhou 18,5 milhões de dólares. E eles têm companhia. Músicos também estão ganhando muito dinheiro, assim como crianças apresentando brinquedos. Um menino de sete anos chamado Ryan, astro de *Ryan ToysReview*, fatura 22 milhões de dólares por ano, ficando com o primeiro lugar na lista da *Forbe's* dos empreendedores mais bem pagos do YouTube. Além disso, como nada chama mais dinheiro tanto quanto o dinheiro, a turma do capital de risco resolveu entrar na brincadeira. Investidores como Upfront Ventures, Khosla Ventures, First Round Capital, Lowercase Capital, SV Angel e outros estão apostando em conteúdo gerado pelo usuário — ou seja, o supercriador hoje se tornou tão lucrativo quanto os maiores astros e estrelas de Hollywood.

À medida que as tecnologias continuam a convergir, a escala da disrupção só aumenta. A câmera de vídeo do celular foi uma revolução, permitindo às massas se tornarem produtoras de conteúdo. Então plataformas como o You-Tube forneceram a esses criadores um parquinho para brincar e uma maneira de serem pagos por isso. Mas hoje há serviços baseados em aplicativo, como Bambuser,[23] que ajudam qualquer um a fazer sua própria rede de transmissão por streaming em tempo real, inovação que permite aos criadores mirar em ecossistemas inteiros de entretenimento.

O *blockchain* vai amplificar esse processo. Ao permitir a artistas criar registros digitais inalteráveis de seu trabalho (impossibilitando a pirataria), e por ter custos de transação desprezíveis ou inexistentes, o *blockchain* está nos conduzindo a esse reino fabuloso da criação de conteúdo: os micropagamentos. Era por algo assim que artistas, cineastas, quadrinistas e jornalistas esperavam desde os primórdios da internet. Contato direto com os fãs, sem intermediários. Uma verdadeira meritocracia da criatividade — ou, pelo menos, assim dizem.

Hoje, novas plataformas de conteúdo estão surgindo para capturar toda essa energia. Mercados de nicho estão por toda parte. Há um canal para quase tudo que podemos ver ou escutar outros fazendo — escrever softwares, construir robôs, acariciar gatos —, sob demanda ou por streaming em tempo real, e com auxílio de aplicativos que permitem novos níveis de interatividade com os fãs. O resultado mais incomum não é apenas o superempoderamento dos criadores, mas também os tipos de criadores sendo empoderados.

Em junho de 2016, circulou na internet um curta para lá de estranho, *Sunspring*,[24] resultado de uma IA neural potencializada pela rede, alimentada por centenas de roteiros de ficção científica e programada para escrever seu próprio roteiro. Dois meses depois, a Twentieth Century Fox lançou um trailer de suspense, *Morgan*,[25] também criado com ajuda de uma IA — dessa vez, o Watson, da IBM.

Para fazer isso, Watson "assistiu" a trailers de uma centena de filmes de terror, depois conduziu uma análise de visual, áudio e composição para entender o que os humanos consideravam assustador. Aplicando o mesmo tipo de análise a *Morgan*, a IA identificou os momentos cruciais do filme. Embora tenha sido necessário um humano para arrumar esses momentos em uma ordem coerente, Watson reduziu a quantidade de tempo que leva para fazer um trailer de dez dias para um.

Não são apenas os filmes que estão ingressando na era da máquina. Pesquisadores no Instituto de Tecnologia da Georgia desenvolveram uma IA batizada de Scheherazade, que cria roteiros para videogames ao estilo Escolha Sua Aventura.[26] Enquanto os atuais videogames controlados por IA começam com um número fixo de conjuntos de dados, portanto um número fixo de linhas narrativas possíveis, Scheherazade permite *plot points* ilimitados. É literalmente uma máquina de aventuras infinitas — embora não se baseie apenas nos algoritmos. Scheherazade conta com ajuda, ajuda humana. A criação de conteúdo é feita mediante a colaboração entre uma IA e a multidão on-line.

O que nos traz à segunda mudança no entretenimento: o tipo de conteúdo sendo criado.

DE PASSIVA A ATIVA

A próxima grande mudança no entretenimento reside no tipo de conteúdo produzido. Ao longo das próximas três seções, veremos que o conteúdo está prestes a se tornar muito mais colaborativo, imersivo e personalizado. Examinaremos cada um desses casos individualmente, mas comecemos antes pela morte da mídia "passiva".

Mídia passiva significa que a informação flui num único sentido. São os jornais tradicionais, as revistas, a televisão, o cinema, este livro. Mídia ativa é o contrário. Significa que a informação flui nos dois sentidos e, finalmente, a voz do usuário pode se fazer ouvir.

A mídia ativa não é nova. Muitas empresas hoje tratam os usuários como desenvolvedores. A página da Wikipedia para "Videogames com conteúdo de jogabilidade gerado pelo usuário"[27] lista 95 títulos separados e está, sem dúvida, incompleta. Títulos populares como Doom e Mario Maker incluem editores de mapa fáceis de usar; assim qualquer um pode construir seus próprios níveis e compartilhá-los on-line. Mas tecnologias de IA para games como Scheherazade levam essa interatividade a patamares nunca alcançados. Inclusive, para outras mídias.

Entra em cena a MashUp Machine,[28] uma plataforma controlada por IA para criação de narrativas colaborativas. Misturando inteligência de máquina com inteligência de multidão, esse aplicativo cria filmes animados interativos. E é uma via de duas mãos. Conforme os usuários customizam o conteúdo, a IA aprende as características de seus estilos narrativos, permitindo-lhe dar sugestões e ajudar no processo.

A qualidade continuará melhorando. Com máquinas que ajudam a contar histórias, nossas máquinas se tornarão contadoras de histórias mais capacitadas. Em breve, a IA não se limitará mais a escanear conteúdo em busca de tópicos relevantes e memes que grudam para produzir novo conteúdo. Em vez disso, vai digerir romances, consumir filmes e — se alimentada com potencial narrativo suficiente — aprender a distinguir as pérolas em meio ao lixo.

Ao mesmo tempo, talvez nós humanos estejamos perdendo essa habilidade. Os *deepfakes* são um exemplo óbvio. O que começou como uma tendência perturbadora na política e na pornografia se espalhou para outras formas de entretenimento. É um tipo de mídia colaborativa e ativa inteiramente novo.

Em 2018, pesquisadores da Universidade da Califórnia em Berkeley[29] desenvolveram uma técnica de transferência de movimento em IA que superpõe o corpo de dançarinos profissionais ao de amadores, emprestando os movimentos fluidos daqueles aos requebros comuns destes. Isso significa que todo mundo pode se tornar um Fred Astaire, uma Ginger Rogers ou uma Missy Elliott. É o *deepfake* de corpo inteiro, com uma diferença fundamental: a democratização.

O *deepfake* versão 1.0 usava transferências de imagem quadro a quadro controladas por IA que exigiam múltiplos sensores e câmeras. Para obter essas danças de mentira, você só precisa da câmera em seu celular.

O recurso oferece muitas oportunidades para o entretenimento — é como reanimar os mortos. Quanto tempo levará para os estúdios de Hollywood trazerem Robin Williams, Marilyn Monroe ou Tupac Shakur de volta à vida? Quando tempo para vermos filmes novos com atores antigos? Nosso palpite: não muito.

E depois, há a discussão sobre as *real fakes*: o uso de computadores para criar versões alternativas de nós mesmos. Hoje, temos assistentes pessoais controlados por IA: Siri, Echo e Cortana. Imagine que você acaba de se desentender com sua cara-metade e gostaria de ouvir um conselho. Dizer "Ei, Siri, meu namorado está irado comigo" resulta apenas em "Não sei como responder a isso". Mas e se seu assistente digital fosse o renomado *life coach* Tony Robbins.

Você não precisa imaginar. Em 2018, Robbins se juntou à Lifekind,[30] uma empresa especializada na criação de "personas" de IA para gente de verdade. Trata-se de simulações realistas em áudio e foto indistinguíveis nos mínimos detalhes, do comportamento à memória. Para recriar Robbins, a Lifekind mesclou mais de 8 milhões de imagens com a biblioteca completa de sua obra — livros, vídeos, blogs, podcasts e gravações de eventos ao vivo. O resultado, segundo Robbins, é "uma IA operacional, não um robô. Ele [ainda] não será capaz de fazer uma terapia, mas [um dia] consigo fazer isso acontecer. O áudio já é tão bom que nem minha esposa percebe que não sou eu. Mas a parte mais interessante é a IA em si. A oportunidade de capturar como uma pessoa pensa, sente ou cria é extraordinária. A capacidade de memória dela deixa a minha no chinelo. E ela possui todos os meus modelos [de autoajuda], assim pode olhar para você [...] e, usando um modelo [particular], decidir que 20% de você está preocupado, 30%, empolgado, e 40%, envolvido. Ela pode fazer isso literalmente em tempo real". Não só o conteúdo está ficando mais ativo do que nunca, como também essas atividades estão se misturando à inteligência humana e de máquina para expandir a indústria do entretenimento por um território novo e animador.

O *HOLODECK* CHEGOU

Jules Urbach frequentou a escola com Rod Roddenberry,[31] filho de Gene Roddenberry, o criador de *Jornada nas Estrelas*. Os dois ficaram muito amigos. Conversavam quase todos os dias. Sobre o que conversavam? "O *holodeck*", diz Urbach. "Na maior parte do tempo, a gente conversava sobre o *holodeck*."

Introduzido em *Jornada nas Estrelas: A Nova Geração*, o *holodeck* usa hologramas para produzir quase qualquer experiência desejada pelo usuário. É um ambiente inteiramente imersivo, funcionalmente indistinguível da vida real. A obsessão de Urbach se transformou numa missão — construir um *holodeck* no mundo real.

Essa missão o levou aos videogames, depois aos jogos 3D e, por fim, à renderização 3D. Urbach foi cofundador da Otoy,[32] empresa que descobriu um jeito de transferir a renderização do desktop para a nuvem. Antes da chegada deles, um filme com efeitos especiais pesados como *O planeta dos macacos* exigia horas de processamento em um supercomputador para a produção de um único quadro. Com o software da Otoy's, isso acontece em tempo real, num tablet conectado à nuvem via Wi-Fi.

Em seguida, Urbach também ajudou a fundar a LightStage, empresa especializada na captura de imagens fotorrealistas em 360 graus. Essa tecnologia também é o que transforma pessoas em hologramas, proporcionando à Otoy as imagens básicas necessárias para efeitos especiais.

Mas ainda existem dois obstáculos a superar antes que o *holodeck* se torne realidade. O maior é a luz. Quando vemos um objeto, vemos trilhões de fótons rebatidos nele. Assim, se conseguirmos projetar de maneira artificial trilhões de fótons na direção do olho, num ângulo e numa intensidade exatos, poderemos recriar a realidade, qualquer realidade.

Entra em cena o Light Field Lab,[33] uma start-up da Califórnia que fabrica a primeira tecnologia de tela capaz de gerar esses trilhões de fótons. Embora suas telas iniciais tenham apenas quatro por seis polegadas, são capazes de projetar uma imagem holográfica com espessura de duas polegadas, visível de uma área com trinta graus de amplitude. Combinando esses cubos a telas de oito polegadas, e depois combinando essas telas a painéis de parede, o Light Field Lab consegue encher uma sala inteira com esses cubos: paredes, piso e teto. E cada um pode projetar um holograma a três metros de distância. É o *holodeck* de *Jornada nas Estrelas*.

Ou quase. Como os objetos no *holodeck* parecem reais, o obstáculo final é o tato. E aqui também a Light Field tem feito progresso. Da mesma maneira que usam luz para nos fazer ver, usam som para nos fazer sentir. Quando um ultrassom — sim, a mesma tecnologia usada pelos médicos — é projetado na sala, as ondas sonoras emprestam presença física aos objetos. Não é como a presença de objetos reais, mas é algo tangível. E combinando o software da Otoy, a captura de imagem da LightStage e o projetor da Light Field, temos todos os componentes básicos para um *holodeck* — a forma mais imersiva de entretenimento já criada.

A imersão marca a terceira mudança de conteúdo, uma transformação que tem tudo a ver com a atenção. Quando se trata de atenção, ativo ganha de passivo e imersivo ganha de ativo. O motivo é o input de sensação. Quanto mais sentidos empregados por uma atividade, mais atenção prestamos a ela.

É por isso que as empresas estão inventando todo tipo de maneira de arrastar nossos sentidos para o virtual. Já existem luvas hápticas que engajam o tato e que são cada vez mais sofisticadas. Há também dispositivos emissores de aroma para levar os cheiros à TV, bem como sistemas de áudio 3D que oferecem experiências como um concerto ao vivo na sala de casa. As cadeiras hápticas hoje balançam para todos os lados, tremem e chacoalham, enquanto esteiras ergométricas onidirecionais ao estilo *Jogador nº 1* nos permitem dançar em qualquer direção.

David Eagleman, neurocientista de Stanford, quer levar isso mais adiante. Ele se aliou ao criador da Second Life, Philip Rosedale, para expandir a sensação háptica das mãos para todo o torso. A mais recente criação de Rosedale, High Fidelity,[34] é um mundo de RV completamente imersivo. A start-up de Eagleman, NeoSensory,[35] projetou uma "exopele" para funcionar nesse mundo. É uma camisa de mangas compridas com micromotores colocados de tantos em tantos centímetros nos braços, nas costas e na barriga. "Se estiver chovendo no mundo da RV", explica Eagleman, "você sente as gotas. Ou se for tocado por outro avatar, consegue sentir o contato." E a sinalização é tão rápida que o usuário percebe o toque de imediato.

Indo ainda mais longe, a Dreamscape,[36] de Los Angeles, combina percepção háptica e RV imersiva para permitir a grupos inteiros compartilhar encontros exóticos — como nadar no fundo do oceano ao lado de baleias-azuis ou acariciar animais no Alien Zoo. E como a Dreamscape fez parceria com os cinemas AMC, não estamos muito longe do dia em que o cinema participativo substituirá o *blockbuster* na telona como a maior sensação do verão.

O *holodeck* de Urbach é o próximo grande salto adiante. O uso do ultrassom para propiciar a sensação de tato trará esse mesmo nível de sensação háptica, mas sem a necessidade de luvas sofisticadas. A IA que controla o *holodeck* também será emocionalmente consciente e o ambiente criado por ela será incrivelmente interativo, o que significa que todas as nossas três grandes mudanças no entretenimento virão empacotadas numa única experiência. Vai assinalar uma mudança considerável no entretenimento, mas esse ainda não é o fim da história.

As coisas também estão prestes a ficar bem mais personalizadas.

DESSA VEZ, É PESSOAL

É 2028, o fim de um dia longo, que ainda não terminou. Você tem menos de 45 minutos para se aprontar para o jantar, mas primeiro quer sentar, tomar uma bebida e relaxar. O que você faz: pega o controle remoto e dá uma zapeada? Pouco provável. Que tal uma CNN holográfica flutuando acima da mesinha de centro? Negativo. Mas a boa notícia é que nenhuma dessas questões interessa — porque sua IA já sabe do que você precisa.

Não só sua IA esteve com você o dia inteiro, como também agora tem a capacidade de monitorar e compreender suas emoções. Ela acompanha os altos e baixos do seu humor com detalhes consideráveis. Captou sua careta em um espelho inteligente no começo da manhã, escutou a conversa irritada que teve com sua esposa na hora do almoço e estava presente no carro quando você voltava para casa e ignorou uma ligação de seu irmão. Esse último fato é especialmente revelador, porque sua IA está por perto tempo suficiente para saber que você só ignora uma chamada do seu irmão quando está de fato estressado. Além do mais, os sensores rastreiam sua neurofisiologia ao longo do caminho; assim, além de compreender os detalhes de sua vida emocional, o sistema sabe como eles impactam seu corpo e seu cérebro.

E a IA funciona com base em toda essa informação.

No momento em que você entra na sala, são projetados na parede seus trechos favoritos das comédias de Owen Wilson. O incomum nisso é que você na verdade nem sabia que era fã de Owen Wilson, mas nos últimos cinco anos assistiu a um punhado de seus filmes antigos, em geral sem se dar conta. E embora os filmes nada tenham de memorável, sempre havia uma cena que o fez rachar de rir. Sua IA percebeu. Ela também sabe, por monitorar seu histórico emocional, que rir — em 78,56% de todas as situações precedentes de estresse elevado — costuma ser o modo mais rápido para você se sentir melhor.

Então agora você é regalado com uma sucessão de clipes de Owen Wilson, além das cenas de outros filmes nesse mesmo estilo de comédia. Perto do fim da sessão, sua IA também insere alguns vídeos de seu celular — você e sua esposa rindo juntos. Memórias felizes que o lembram das coisas que importam de verdade. E o mix funciona de maneira perfeita. Quando terminou a bebida, o mau humor foi embora. Você faz as pazes com sua mulher e sai para jantar se sentindo mais cheio de energia do que em todo o resto do dia.

O mais louco disso tudo é que essa tecnologia já está entre nós, conhecida como "computação afetiva",[37] ou a ciência de ensinar máquinas a compreender e simular a emoção humana. É mais uma história de convergência, um novo campo situado na intersecção entre a psicologia cognitiva, a ciência da computação e a neurofisiologia, combinado a tecnologias acelerantes como IA, robótica e sensores. A computação afetiva já penetrou na aprendizagem eletrônica, em que as IAs ajustam o estilo de apresentação se o estudante fica entediado; nos cuidados médicos robóticos, em que melhora a qualidade do serviço proporcionado por robôs; e no monitoramento social, como um carro que aciona medidas de segurança extras caso o motorista fique enfurecido. Mas seu maior impacto está no entretenimento, no qual as coisas estão cada vez mais personalizadas.

Expressões faciais, gestos, olhares, tom de voz, movimentos da cabeça, frequência e duração da fala são sinais físicos repletos de informação emocional. Combinando sensores de última geração a técnicas de deep learning, podemos ler esses sinais e empregá-los para analisar o humor do usuário. E a tecnologia básica está aqui.

A Affectiva,[38] uma start-up criada por Rosalind Picard, diretora do Affective Computing Group, do MIT, é uma plataforma de reconhecimento emocional usada tanto pela indústria de games como pelo marketing. A tecnologia diz a um *chatbot* do serviço ao cliente se o usuário está confuso ou frustrado, fornece aos anunciantes um meio de testar a eficácia emocional de seus anúncios e proporciona às empresas de games um meio de ajustar a jogabilidade em tempo real. No jogo de suspense Nevermind,[39] a tecnologia da Affectiva monitora a ansiedade via expressões faciais e *biofeedback*. Quando o sistema percebe que o jogador sente medo, o game intensifica a experiência — acrescentando tarefas desafiadoras e conteúdo surreal ao fator suspense.

A Lightwave,[40] outra start-up de computação emocional, consegue capturar o estado emocional não só individual, como também de toda uma multidão. Ela já foi utilizada pela Cisco para julgar start-ups numa competição de discursos de vendas, ajudou o DJ Paul Oakenfold a aumentar o engajamento do ouvinte em um show em Cingapura e mediu as reações dos espectadores em uma pré-exibição de O regresso.

A computação afetiva também vai ganhar mobilidade, ou seja, nossos celulares começam a nos oferecer conteúdo baseado no que acontece no mundo real — nossos humores, nossa localização, quem é nossa companhia, o humor de quem nos faz companhia e assim por diante. Start-ups como Ubimo[41] e Cluep[42] estão fornecendo tudo o que o empreendedor necessita, de plataformas de desenvolvimento de aplicativos afetivos a serviços de entrega de conteúdo emocional altamente personalizado.

Conforme a convergência avança, surge toda uma nova gama de possibilidades personalizadas — conteúdo pré-selecionado e criado de maneira individual para se ajustar a nosso estado de espírito.

O mesmo estilo narrativo do tipo Escolha Sua Própria Aventura controlado por IA que invadiu os videogames começou a penetrar na mídia tradicional. Em maio de 2018, a 20th Century Fox anunciou que estava transformando a série de livros Escolha Sua Própria Aventura, da década de 1980,[43] num evento para a telona. Durante a projeção, o público usava os celulares para votar em que direção gostariam que o filme seguisse, escolhendo linhas narrativas, viradas do roteiro e mais. Infelizmente, as escolhas por celular representaram uma sentença de morte para o engajamento — o Hollywood Reporter as chamou de uma "enorme perturbação da experiência no cinema da pior maneira possível".[44] Mas essa interface de celular é apenas uma solução temporária. Em breve, com sensores embutidos na sala de cinema e computação afetiva, a narrativa emocionalmente direcionada passará a ser apenas mais um aspecto da experiência cinematográfica.

A IA individualizada também conhecerá nossas preferências de roteiro melhor do que nós mesmos. Considere que você pode lembrar de ter gostado de um filme, mas que sua IA sabe por que você gostou. Por análise semântica e biofeedback, ela percebe como um diálogo aparentemente inútil se tornou um momento profundamente nostálgico. Ela sabe seu batimento cardíaco, o ritmo em que você pisca, sua dilatação de pupila, para onde está olhando, para onde não está olhando. O tipo de inundação de dados em que, não tarda muito, até numa aventura de nossa própria escolha, a escolha não será nossa. A IA vai comparar nosso estado de espírito com nosso histórico, neurofisiologia, localização, preferências sociais e nível desejado de imersão e então, num piscar de olhos, customizar o conteúdo para atender tudo isso.

E isso nos leva a nossa mudança final, não a mudança em *quem* está produzindo o conteúdo ou em *qual* tipo de conteúdo é produzido, mas, antes, uma revolução em *onde* experimentaremos esse conteúdo.

POR TODA PARTE

Uma história das histórias: breve visão geral. Alguns estudiosos conjecturam que o ser humano desenvolveu suas habilidades narrativas em torno de uma fogueira, mas podemos afirmar com certeza que a narração de histórias em massa começou com a palavra impressa. Livros, jornais e revistas foram nossos primeiros transmissores de informação em larga escala, ocupando o centro do nosso universo de entretenimento por quatrocentos anos. Depois veio o rádio, que ofereceu intimidade e proximidade num nível antes nunca visto. O filme mudo e o falado foram poderosas contribuições, mas o rádio foi a primeira tecnologia que permitiu a uma nação inteira entrar na mesma sintonia.

Então a TV em preto e branco criou uma era de imagens instantaneamente compartilhadas. Em seguida chegou a TV colorida, que foi menos um aperfeiçoamento que uma conquista. Essas enormes caixas alcançaram meio século de monopólio na sala de nossas casas. Depois vieram as telas de plasma. A cada nova feira de produtos eletrônicos, elas ficaram mais finas, mais baratas e com maior resolução. Em seguida, os cabos foram eliminados e as telas estavam por toda parte, e o que poderia ser disruptivo para essa disrupção?

Entra em cena a realidade aumentada do Magic Leap,[45] com o propósito declarado da empresa: eliminar por completo a tela. Não se discute que sua primeira geração de óculos de RA era um hardware tão geek que só podíamos concluir que tivessem efeitos profiláticos não intencionais. Mas as coisas ficaram mais sexy desde então, assim como as razões para usar esses óculos. A Magic Leap quer desmaterializar a tela, levando-a aonde se queira — a parede do quarto, a palma da sua mão, a lateral da ponte do Brooklyn.

Então o que poderia levar isso a uma disrupção? Que tal lentes de contato de RA inteligentes? Você não precisaria mais usar dispositivos na cabeça, uma vez que a tela está instalada em sua córnea e se projeta no fundo da sua retina. E o que poderia levar isso a outra disrupção? Que tal o *holodeck* — nenhum equipamento ocular é necessário. E o que poderia levar isso a mais uma disrupção? Bem, como dizia Steve Jobs, calma, calma, tem mais uma coisa...

Vejamos com mais atenção.

Primeiro, para quem ainda deseja telas, a tecnologia em si passa por uma transformação. OLEDs[46] (diodos orgânicos emissores de luz) estão substituindo LEDs. A atratividade original era a resolução da imagem, mas a vantagem mais recente é a flexibilidade. A LG já tem um monitor de OLED de dezenove polegadas que pode ser enrolado como um cilindro, enquanto outras empresas não ficam muito atrás. Já vimos algo similar nos telefones, em que a troca da rigidez do silício pela maleabilidade do grafeno permitiu aos pesquisadores chineses desenvolver um celular para enrolar no pulso e usar como bracelete.[47] Além dessa flexibilidade, temos visto telas sensíveis ao toque que proporcionam feedback tátil. Transmitindo uma corrente elétrica ultrabaixa para sua pele, as telas sensíveis ao toque agora retribuem nosso contato.

Mas as telas têm uma limitação inerente: o lugar. Telas significam assistir ao entretenimento em um local fixo — sua sala ou o cinema. Decerto conquistamos a mobilidade com nossos tablets e smartphones, mas, no processo, perdemos no tamanho e, por extensão, no engajamento. Quando assistimos ao conteúdo produzido para uma tela do tamanho de um outdoor em um celular do tamanho de um selo, a probabilidade de perder a concentração é bem maior. Com a realidade aumentada, porém, começamos a fazer a transição para um mundo completamente sem telas.

Essa transição está ocorrendo de forma rápida. Nos próximos cinco anos, calcula-se que a RA criará um mercado de 90 bilhões de dólares.[48] "Vejo [a RA] como uma grande ideia, como foi o celular", disse há pouco tempo o CEO da Apple, Tim Cook, numa entrevista ao *Independent*.[49] "Os celulares são para todo mundo. Não precisamos pensar que o iPhone tenha a ver com determinado grupo demográfico, ou país, ou mercado vertical. É para todo mundo. Acho que a RA é grande assim, é imensa."

E o que esse crescimento nos oferece é uma camada de informação projetada sobre a realidade regular. O mundo se torna a tela. Se você quer jogar

Guerra nas estrelas em RA, vai combater o Império a caminho do trabalho, em seu cubículo, na cafeteria, no banheiro e além.

Tivemos nosso primeiro gostinho disso em 2016, quando a Nintendo lançou o Pokémon GO e faturou alto em cima da maior temporada de caça a personagens de desenho animado da história.[50] Com 5 milhões de usuários todos os dias, 65 milhões por mês, e gerando uma receita de mais de 2 bilhões de dólares,[51] a popularidade do jogo bateu todos os recordes. Desde então, os aplicativos explodiram. Óculos que costumavam ser grossos e pesados se tornaram finos e leves. Também estão próximos de ficar muito menores. Empresas com alto financiamento por trás, como a start-up Mojo Vision,[52] desenvolvem hoje lentes de contato de RA para funcionar como um monitor de alertas HUD, sem necessidade de óculos.

E para quem não se interessa por lentes de contato de RA, Urbach prevê que as primeiras versões do *holodeck* começarão a aparecer em parques temáticos como os da Disney e possivelmente nas salas de recreação dos super-ricos até o fim da década. Mas quem precisa de um *holodeck* quando podemos fuçar no sistema de projeção de realidade da natureza — o cérebro humano?

Isso nos traz ao mundo de interfaces cérebro-computador (ou BCIs, na sigla em inglês). Com lentes de contato de RA, obtemos uma interface quase indistinguível de uma camada de informação. Adicione luvas hápticas, e a simulação começará a parecer real. Leve a simulação da rua para dentro de uma sala, adicione camadas de fótons e ultrassom, e a experiência se torna ainda mais imersiva. Mas, com a BCI, criamos uma realidade exatamente da mesma maneira que a realidade em geral é criada — com o cérebro.

Originalmente desenvolvida para ajudar pacientes com "síndrome de encarceramento" a se comunicar, algumas versões da BCI utilizam sensores de eletrencefalograma para ler ondas cerebrais através do couro cabeludo, possibilitando uma interface de conteúdo que deixa as mãos livres, controlada pela mente. Já vimos os dispositivos de BCI baseados em eletrencefalograma começarem a invadir o mundo dos games.[53] Estudos demonstram a tecnologia em títulos tradicionais, como Tetris e Pac-Man, e em jogos *multiplayer*, como World of Warcraft. Como resultado, hoje temos novos jogos específicos para BCI, como MindBalance e Bacteria Hunt.

Em 2017, pesquisadores na Universidade de Washington levaram isso ainda mais longe, anunciando a BrainNet,[54] primeira rede de comunicação cérebro a cérebro que permite a múltiplas partes interagir por meio do pensamento. Usando EEG para "ler" sinais cerebrais e estímulo magnético transcraniano (TMS, na sigla em inglês) para "escrever" sinais cerebrais, os participantes foram ligados entre si para jogar uma versão modificada de Tetris. Eles se comunicavam e colaboravam apenas por meio de EEG, TMS e um conjunto de lâmpadas que piscavam, marcando o nascimento de um novo tipo de "jogo colaborativo em colmeia" e de uma fronteira que mal começamos a explorar.

Também presenciamos a BCI se aventurar fora dos games e do cinema tradicional. Em maio de 2018, o artista e diretor inglês Richard Ramchurn lançou um curta de 27 minutos intitulado *The Moment*.[55] Feito para ser assistido com um *headset* de EEG relativamente barato (cem dólares), o conteúdo do filme — cenas, música, animação — muda toda vez que você assiste a ele, com base apenas no que se passa em sua cabeça.

Com a BCI, o entretenimento pode ser customizado para se ajustar não apenas ao nosso humor, como também ao nosso cérebro. Trata-se de uma conexão direta entre o computador e o córtex. Embora o desenvolvimento dessa conexão provavelmente exceda o horizonte de dez anos abordado aqui, vale a pena observar o que isso significa para criadores de conteúdo. Mais cedo ou mais tarde, as empresas de mídia e os laboratórios de neurociência começarão a se fundir, e o produto das tecnologias exponenciais convergentes levará primeiro a mercados convergentes e, em seguida, a uma paisagem de entretenimento de todo irreconhecível.

8. O futuro da educação

A PROCURA POR QUANTIDADE E QUALIDADE

A mesma tecnologia que converge em nossos cinemas está a caminho da sala de aula — e já não era sem tempo. De uma perspectiva macro, a educação tem dois problemas principais: quantidade e qualidade. Pelo lado da quantidade, enfrentamos uma escassez catastrófica. Hoje, nos Estados Unidos, necessitamos 1,6 milhão de professores.[1] No mundo, o cenário é pior. Em 2030, estima a Unesco,[2] a quantidade de professores necessários será de chocantes 69 milhões. Como consequência, 263 milhões de crianças no mundo todo hoje não têm acesso ao ensino básico.

Pelo lado da qualidade, enfrentamos desafios igualmente difíceis. Nosso sistema educacional moderno[3] não tem nada de moderno. É uma instituição criada em outra época para as necessidades de um mundo diferente. Em meados do século XVIII, aproveitando de muitas formas as ferrovias americanas, difundimos um sistema de ensino industrializado, criado para a padronização do produto. Ao toque do sinal, os alunos passavam de uma "estação de aprendizagem" para a seguinte, enquanto testes padronizados asseguravam o controle de qualidade — mentes jovens preparadas para as necessidades da sociedade. Que necessidades eram essas? Na época, trabalhadores de fábrica obedientes.

Considere essa marca registrada da educação industrial: o especialista em cima do tablado. Esse modelo universal data de uma era em que grandes professores e boas escolas eram um recurso escasso. Embora seja econômico, um professor falando para a classe cheia de alunos tende a dividir a turma em dois grupos desalentadores: os perdidos e os entediados.

Esse problema se agravou com o controle de qualidade indiscriminado, com professores obrigados a ensinar para provas e alunos mais padronizados do que nunca. Infelizmente, o que estamos testando de fato é uma faixa muito estreita de habilidades, muitas sem nenhuma relação com as necessidades da vida adulta. Vamos ser honestos: quando foi a última vez que você decompôs um polinômio?

Devido a nossa biologia básica, o processamento em lote da juventude é tanto um desastre educacional como uma ressaca industrial. Cada um está configurado de um jeito. Isso se deve em parte à natureza e em parte à cultura, mas no fim das contas o resultado é o mesmo: somos indivíduos, e não existe um conjunto padronizado de experiências atraentes capaz de maximizar o aprendizado para todos. Junte todos esses problemas, e isso ajuda a explicar por que um estudo de 2015 do Departamento de Ensino dos Estados Unidos[4] revelou que cerca de 7 mil alunos abandonam o ensino médio todos os dias, ou o equivalente a um aluno a cada 26 segundos. Isso representa 1,2 milhão de alunos por ano, com mais da metade desses desistentes citando *tédio* como a razão principal.[5]

Mas a tecnologia convergente oferece uma série de novas soluções para os desafios da qualidade e da quantidade. Toda tecnologia hoje que causa impacto no entretenimento cumpre jornada dupla na educação, ou seja, como veremos em um instante, a solução universal não é páreo para a loja de aplicativos.

UM BILHÃO DE PROFESSORES ANDROIDES POR ANO

Em 2012, Nicholas Negroponte,[6] fundador do Media Lab, no MIT, deixou em duas aldeias etíopes remotas um punhado de sistemas de carregadores solares e tablets Motorola Xoom. Os tablets foram pré-carregados com jogos lúdicos básicos, filmes, livros e coisas assim, depois guardados em caixas lacradas. Em vez de serem entregues aos adultos, as caixas foram confiadas diretamente às crianças — que não sabiam nem ler nem escrever, e não tinham visto esse tipo de tecnologia antes. Ninguém recebeu instruções. O que Negroponte queria descobrir era simples: e agora, o que acontece?

Por décadas, Negroponte tentara responder a essa pergunta. Ele era a principal voz a sugerir uma ideia incomum: crianças munidas de apenas um laptop carregado com aplicativos e jogos educativos podiam aprender a ler e a escrever conforme navegavam pela internet.

Anos depois, para promover sua causa, ele fundou a organização sem fins lucrativos One Laptop per Child,[7] cuja meta é produzir um tablet de cem dólares para ser levado a crianças carentes. Mesmo assim, permaneciam algumas questões: um tablet barato seria suficiente para resolver o problema? De quanta instrução e orientação as crianças precisavam de fato? As crianças podiam aprender sozinhas apenas brincando com os aplicativos e jogos?

O experimento etíope foi pensado para responder a essas perguntas — e superou as expectativas. "Achei que as crianças iriam brincar com as caixas", contou Negroponte à *MIT Review*.[8] "Em quatro minutos, uma delas não só abriu a caixa, [mas também] descobriu o botão de liga-desliga [e] o ligou. Cinco dias depois, estavam usando 47 aplicativos infantis por dia. Em duas semanas, cantando canções de alfabetização na aldeia, e cinco meses depois dominavam o Android."

Sem dúvida, aprender a ler por computador não é uma ideia nova. Em *Abundância*, exploramos a pesquisa conduzida por Sugata Mitra,[9] professor de tecnologia da educação na Universidade de Newcastle. O trabalho de Mitra mostra que analfabetismo funcional não é barreira para a alfabetização por computador. Em seus estudos, crianças de uma favela na Índia ganhavam acesso a um computador conectado à internet. Rapidamente elas descobriram como usar o equipamento e como surfar na web, e aprenderam sozinhas rudimentos de leitura e de escrita.

O experimento etíope de Negroponte foi além. O que empolgou a equipe do One Laptop per Child foi como os tablets abriram as portas do aprendizado autodirigido e da criatividade e, mais importante, como as crianças antes de mais nada tinham de se tornar tecnologicamente sofisticadas, por conta própria, para manifestar essas habilidades. "As crianças customizaram por completo o desktop", contou Ed McNierney, diretor-técnico da organização, à *MIT Review*,[10] "cada tablet ficou de um jeito. Tínhamos instalado um software para impedir que as crianças fizessem isso. E o fato de que contornaram o problema era claramente o tipo de criatividade, de investigação, de descoberta que achamos essencial para a aprendizagem."

Em 2017, o XPRIZE decidiu levar as coisas ao patamar seguinte, lançando o Global Learning XPRIZE,[11] no valor de 15 milhões de dólares. Financiado principalmente por Elon Musk, em parceria com a Google, o prêmio era um desafio de desenvolvimento de software dirigido a 263 milhões de crianças sem acesso à escola. Para obtê-lo, as equipes tinham de desenvolver um software baseado em Android capaz de permitir à criança aprender por si mesma de maneira rápida, sem nada além de um tablet — isto é, aprender o básico de leitura e escrita (em suaíli, já que o software vencedor seria testado na Tanzânia) e matemática em menos de dezoito meses.

A competição atraiu cerca de setecentas equipes do mundo todo. Quase duzentas criaram um software e, dessas, foram selecionadas cinco finalistas, recebendo 1 milhão de dólares cada para carregar seu software em cerca de 5 mil tablets Pixel C doados pela Google. Em parceria com o World Food Program, a XPRIZE identificou cerca de 2400 crianças analfabetas em 167 aldeias diferentes muito remotas na Tanzânia. Não havia escolas nem adultos alfabetizados nessas aldeias. Então, foram instalados os carregadores solares (para recarregar os tablets), as crianças passaram por uma fase prévia de testes (para medir o progresso de sua evolução posterior) e os tablets foram entregues.

Em maio de 2019, duas equipes dividiram a bolsa final de 10 milhões de dólares, a Kitkit School, da Coreia do Sul, e a Onebillion, do Quênia. Ambas criaram softwares que, com uma hora diária, geravam um equivalente educacional ao que essas crianças teriam obtido frequentando uma escola tanzaniana em período integral. Pelas regras da competição, os softwares produzidos pelos cinco finalistas, incluindo as duas equipes vencedoras, são de código aberto (disponibilizados de maneira gratuita no GitHub).

Para esse software se tornar de fato uma arma no combate ao analfabetismo, há ainda o problema de fazer um tablet chegar às mãos de todas as crianças (ou adultos, aliás) carentes. Mas o verdadeiro objetivo da premiação é esse. Se o software de autoensino vier pré-instalado em todo celular e tablet Android, na hora de trocar de aparelho você poderia doá-lo para caridade. Reciclar é bom para o meio ambiente, e o empoderamento infantil é bom para a sociedade. Em um sentido muito real, o que você está doando é um professor. E, com mais de 1 bilhão de celulares Android fabricados todo ano,[12] esse software deixaria uma séria marca no que só pode ser o maior caso de desperdício de talento da história — as 263 milhões mentes jovens que precisam da nossa ajuda.

A EXCURSÃO ESCOLAR EXTREMA

Uma aula de história, em 2030. Tema da semana: Egito antigo. Os faraós, as rainhas, os túmulos — o tour do Tut completo.

Certo, vocês adorariam ver as pirâmides pessoalmente. Mas e o custo da passagem aérea? Hotéis para a classe toda? Perder duas semanas letivas com a viagem? Nada disso é praticável. Contudo, mesmo que pudessem ir, não poderiam. Muitos túmulos egípcios estão fechados para restauro e sem dúvida proibidos para um bando de adolescentes.

Não se preocupe, a RV vai resolver esses problemas.

Na realidade normal, o lugar de repouso final da rainha Nefertari fica no Vale das Rainhas — não que pessoas comuns possam ir até lá. A fim de preservar as relíquias, a tumba permanece fechada para o público há décadas. Mas, no mundo da RV, você e sua turma podem facilmente visitar a câmara funerária, observar os hieroglifos e até ver de perto o sarcófago da rainha. E ainda contam com um egiptólogo de primeira como guia turístico: "Se prestar atenção na filigrana no fundo da tumba, vai notar uma escultura de Osíris, a deusa egípcia do...".

Mas, para ver o que há no fundo da tumba, ninguém precisa esperar até 2030. Em 2018, Philip Rosedale e sua equipe na High Fidelity[13] realizaram essa mesma excursão virtual. Primeiro, escanearam a laser 3D cada milímetro quadrado do túmulo da rainha Nefertari. Também tiraram milhares de fotos de alta resolução da câmara funerária. Ao empilhar mais de 10 mil fotos numa única imagem, depois jogar essa imagem sobre um mapa escaneado em 3D, Rosedale criou um túmulo virtual incrivelmente preciso. Em seguida, distribuiu *headsets* de realidade virtual HTC Vive para uma turma de jovens alunos. Como a High Fidelity é uma plataforma de RV, ou seja, inúmeras pessoas conseguem compartilhar o mesmo espaço virtual simultaneamente, a classe toda pôde explorar a tumba junto. No total, por uma excursão ao Egito completamente imersiva: tempo de viagem, zero; despesas com viagem, zero.

Essa foi uma experiência rica de aprendizado para as crianças. A pesquisa mostra que o aprendizado multissensorial[14] supera outras formas — mesmo que façamos isso em RV. Significa que a tecnologia nos permite criar uma variedade infinita de ambientes de ensino imersivos de alta qualidade. Porém isso é falar apenas do ponto em que estamos hoje.

Amanhã? Bem, muitos especialistas acham que a educação poderia ser o aplicativo matador da RV. Mais provavelmente, será uma combinação de RV e IA. Eis um motivo: lembra do Tony Robbins virtual? As mesmas redes neurais que possibilitam ao Lifekind duplicar o renomado *life coach* nos permitem duplicar qualquer um. Quer conhecer a Grécia antiga? Além de poder examinar cada coluna dórica, também aparece um cavalheiro barbudo de toga branca para recebê-lo: "Olá, sou Platão, venha conhecer minha academia".

Por mais legal que pareça ser aprender ética com o cara que a inventou, a RV pode na verdade levar a coisa mais além. Jeremy Bailenson,[15] diretor do Virtual Human Interaction Lab, de Stanford, que vimos no capítulo 3, passou os últimos dezesseis anos estudando a capacidade da RV de expandir a empatia, a base emocional da ética. Nesse período, ele descobriu que a realidade virtual pode alterar de forma rápida e significativa nossas atitudes e nossas ações em relação a coisas como sem-teto, mudança climática e preconceito racial.[16] Passe um tempo no mundo da RV na pele de uma idosa desabrigada, e a quantidade de empatia que você sente pelos necessitados vai aumentar de maneira significativa — e esse aumento continua depois que você sai da RV. A tecnologia não muda apenas como nos sentimos e agimos no mundo virtual, e sim como nos sentimos e agimos no mundo real. Em outras palavras, a RV possibilita um tipo de educação moral completamente diferente.

E empatia não é a única emoção que a RV parece ser capaz de treinar. Em pesquisa conduzida na USC,[17] o psicólogo Skip Rizzo obteve sucesso considerável ao usar a realidade virtual para tratar TEPT em soldados. Outros cientistas estenderam isso a todo o espectro dos transtornos de ansiedade.[18] Quando você junta tudo, a RV, em especial se combinada à IA, tem potencial de facilitar uma educação tradicional de primeiríssima qualidade, sem falar em toda a empatia e as habilidades emocionais de que nosso ensino tradicional carece há tanto tempo.

Mais fundamentalmente, quando a IA e a RV convergem com redes 5G, o problema do ensino global passa do desafio quase impossível de recrutar professores e financiar escolas a centenas de milhões de necessitados para o quebra-cabeça bem mais solucionável de construir um sistema educacional virtual fantástico que pode ser distribuído de forma gratuita a qualquer pessoa com um *headset*. É qualidade e quantidade sob demanda.

VOLTA ÀS AULAS, 2030

Estamos em 2030 e as aulas começaram — mas com que se parece a escola em 2030? Acontece que nosso primeiro vislumbre desse futuro chegou em 1995, quando o escritor de ficção científica Neal Stephenson publicou o romance *The Diamond Age* [A era diamante].[19] Essa história de amadurecimento é ambientada em um futuro neovitoriano em que a nanotecnologia e a IA se entremeiam à trama da vida cotidiana e o ensino é proporcionado por uma *Cartilha ilustrada da jovem mulher*.

Trata-se de um manual controlado por IA, customizado de maneira individual, disfarçado de livro. A cartilha responde perguntas de forma relevante, envolvente e contextualizada. Dotada de sensores que monitoram de seus níveis de energia ao estado emocional, ela cria um ambiente de aprendizagem rico e voltado a produzir uma transformação específica. Em lugar de moldar a criança às necessidades da sociedade, seu objetivo é mais humanista: produzir pensadores robustos, independentes, compassivos e criativos.

Acontece que Neal Stephenson hoje é o futurista-chefe da Magic Leap,[20] ajudando a usar a realidade aumentada para produzir sua cartilha ilustrada versão 1.0. A tecnologia da Magic Leap permite que você veja hologramas no mundo a sua volta. Conceitos difíceis de visualizar por meio de uma tela 2D — como a anatomia humana — ganham vida no mundo 3D. Imagine uma autópsia virtual em que seja possível descascar camadas de pele ou músculo em uma sala de cirurgia navegável. A rica experiência de aprendizado no ambiente 3D tende a ser muito mais eficaz em fazer a ponte entre a memória de curto e de longo prazos.

Mas a verdadeira magia da realidade aumentada é que leva a sala de aula para o mundo. Com a mescla da RA com a IA, qualquer passeio vira uma aula de história. Dê uma caminhada por Manhattan, por exemplo, e você verá os prédios com o aspecto de um século atrás, inclusive com vitorianos holográficos atuando como historiadores virtuais.

Claro que a RA por si só não possibilita a *Cartilha*, mas, se combinada às convergências atuais, um cenário mais claro se oferece. A atual revolução da IA nos proporciona outro componente, a capacidade de gerar ambientes de aprendizado customizados de maneira individual. Acrescente a isso sensores que respondem a dados neurofisiológicos — de modo que os alunos possam, para dar um exemplo, manter um *mindset* propício ao crescimento (necessário para o aprendizado, como mostram as pesquisas) ou, para dar outro, buscar um estado de flow (capaz de estimular o aprendizado, como mostram as pesquisas). Junte tudo e começamos a enxergar um futuro bem diferente, de ambientes de aprendizado distribuídos, individualmente customizáveis e acelerados. Assim, com que se parece a escola em 2030? Bem, o que você quer aprender hoje?

9. O futuro da saúde

AS *MOONSHOTS* DE MARTINE

É uma notícia que ninguém quer receber.

Em 1992, os médicos disseram a Martine Rothblatt[1] que davam menos de cinco anos para sua filha. Eles identificaram o problema como hipertensão pulmonar, uma doença rara que historicamente, nos Estados Unidos, acomete cerca de 2 mil pessoas, a qualquer momento. Porém, um número tão reduzido é facilmente mal interpretado — a doença é uma assassina impiedosa, quase sempre letal. A pequena quantidade de pacientes vivendo com hipertensão pulmonar é um testemunho de seu caráter virulento, não de sua periodicidade. Seja como for, sua filha estava morrendo; assim Martine decidiu lutar contra a algoz da menina.

Os médicos lhe diziam que a busca era inútil. E havia bastantes médicos. Bem como bastante tempo entre uma consulta e outra — a maior parte passado em uma biblioteca de medicina. O sistema de Martine era o seguinte: encontrar um artigo sobre hipertensão pulmonar em um periódico científico, pesquisar a terminologia em um livro de faculdade, pesquisar as ideias centrais em um livro de ensino médio mais genérico e repetir o procedimento. Quantas vezes fosse necessário.

Ela não se lembra em que momento decidiu encarar o desafio da suprema *moonshot* [uma ousadia visionária em tecnologia] — curar uma doença incurável em menos tempo do que sua filha levaria para morrer dela —, mas o lapso é normal. Quando direcionou seu interesse à hipertensão pulmonar, Martine Rothblatt estava a duas *moonshots* do que é hoje uma carreira de sete. E contando.

Hoje, Martine Rothblatt é uma das CEOs mulheres mais bem pagas dos Estados Unidos. Mas como chegou lá? Eis a história mais interessante.

Martine nasceu Martin, um garoto judeu em um bairro hispânico de Chicago. Sua vida, pelo menos no começo, não teve nada de espetacular. Primeiro, largou a faculdade, depois enfiou uma mochila nas costas e saiu pelo mundo. Mas o encontro fortuito com um sistema de rastreamento da Nasa nas ilhas Seychelles lhe deu uma ideia maluca: unir o mundo via comunicações por satélite.

Martin, assim como Martine, adorava um desafio. Sua visão nas Seychelles levou-o à Ucla para uma pós-graduação dupla, em direito e em negócios. Ele aproveitou essa formação para se especializar em direito espacial, que lançou as bases para uma série de empresas de comunicações via tecnologia espacial. Entre elas estão tanto a primeira rede de radiossatélites global do mundo como a Sirius XM, atual líder na categoria, cofundada por Rothblatt em 1990.

No meio disso tudo, Martin se casou, teve uma filha chamada Jenesis, divorciou-se, casou-se de novo, teve mais dois filhos, e então decidiu que estava preso no corpo errado. Assim, embarcou em sua segunda *moonshot*, uma cirurgia de mudança de sexo, e passou a se chamar Martine, continuando casado com a mesma mulher. Um casamento feliz até hoje.

Mas foi então que Jenesis ficou doente.

Martine vendeu a Sirius e empregou o dinheiro na busca de uma cura. Isso acabou por levá-la a um medicamento órfão para hipertensão pulmonar. A Glaxo era dona da patente, mas abandonara a pesquisa. Martine montou uma equipe de cientistas e conseguiu licenciar o remédio — embora o uso da palavra aqui esteja mais para um eufemismo. Na verdade, o que conseguiu na Glaxo foi um papelote com algumas colheres de um pó branco que — em testes com ratos — havia muito tempo tinha sido uma promessa.

Ainda assim, nascia a United Therapeutics.[2]

Uma centena de químicos especializados afirmou que a patente nunca daria em nada, mas, três anos depois, quando a filha de Martine estava literalmente nos estertores da morte, essa medicação chegou ao mercado. Hoje, Jenesis tem trinta e poucos anos, o remédio que salvou sua vida gera uma receita de 1,5 bilhão de dólares por ano para a United Therapeutics, e o número de pacientes[3] convivendo com a hipertensão pulmonar saltou de 2 mil para 40 mil.

Se terminasse aqui, já seria uma história e tanto. Mas o remédio de Martine era apenas um paliativo. Trazia alívio para a doença, porém não a cura. Na verdade, no momento, a única cura para hipertensão pulmonar — ou, aliás, para fibrose pulmonar, fibrose cística, enfisema ou doença pulmonar obstrutiva crônica (DPOC) — é o transplante de pulmão. Mas, nos Estados Unidos, apenas 2 mil pulmões por ano ficam disponíveis,[4] enquanto mais de meio milhão de pessoas morrem de insuficiência respiratória só por doenças relacionadas ao tabagismo.[5] Esses fatos sombrios levaram à outra *moonshot* de Martine: criar um suprimento ilimitado de órgãos para transplante.

"Fazemos isso com carros e prédios o tempo todo", explica Martine, "trocamos partes velhas por novas e podemos manter as coisas funcionando, essencialmente para sempre. Queria encontrar uma maneira de fazer isso com o corpo humano."

Ela adotou uma abordagem em três frentes para o problema. Primeiro, para solucionar a substituição do pulmão, decidiu não reinventar a roda. Hoje, como os pulmões de uma pessoa agonizante são invadidos por substâncias tóxicas, mais de 80% das doações para transplante acabam no lixo.[6] Assim, Martine ajudou a aperfeiçoar uma maneira de manter os pulmões vivos fora do corpo, algo chamado em termos técnicos de "perfusão pulmonar ex vivo".[7] Esse procedimento já salvou milhares de vidas,[8] porém, mais uma vez, ela não se deu por satisfeita.

Martine atacou em seguida o problema mais amplo da escassez de órgãos por meio do xenotransplante.[9] É uma ideia antiga e controversa — cultivar órgãos animais frescos para substituir órgãos humanos com defeito —, mas questões de doença, rejeição e crueldade animal impediam sua implementação. Martine decidiu insistir.

Órgãos suínos são similares a órgãos humanos, então começou por aí. Aliando-se à Synthetic Genomics e à Craig Venter,[10] as mesmas empresas que decodificaram o genoma humano, ela produziu o mapa genético suíno mais completo até hoje. Em seguida, o Crispr nocauteou todos os genes que levavam aos vírus, eliminando os perigos de doenças e produzindo um porco "limpo". Agora, sua meta mais recente é a maior: nocautear os genes que levavam à rejeição de órgãos em humanos. Se bem-sucedida, a estratégia significará um suprimento de órgãos quase infinito — embora com considerável sofrimento para os porcos.

A fim de combater esse último problema, Martine está usando técnicas de engenharia de tecido de última geração, na tentativa de prescindir do animal por completo. A partir de colágeno, ela começou a imprimir um andaime de pulmão artificial em 3D.[11] Para transformar esse andaime em um pulmão vivo, está experimentando com células-tronco.

E, por fim, como em geral leva muito tempo para o órgão chegar do local onde está ao paciente, Martine financiou o carro voador da Beta Technologies,[12] planejando usar seus veículos ecologicamente corretos para transportar órgãos recém-produzidos para os pacientes na fila. Por fim, aos sessenta anos, só pelo prazer da coisa, aprendeu a pilotar helicóptero, e assim, em um veículo projetado para sua empresa, bateu o recorde mundial de velocidade em um helicóptero elétrico. Tudo isso para dizer que, em algum momento por volta de 2028, Martine acredita que a mortalidade por falta de órgãos será um problema tratável, não um fato triste da vida. E temos sete razões para acreditar nela — na forma de *moonshots*.

SISTEMA DE SAÚDE, NÃO DE DOENÇA

Provavelmente nem é preciso dizer que a investida inortodoxa de Martine Rothblatt na indústria da saúde foi possibilitada pelas tecnologias exponenciais convergentes. Crispr, genômica, células-tronco, impressão 3D, veículos elétricos e assim por diante. Mas vale lembrar que, ainda que a história de Martine seja um testemunho do que a determinação e a tecnologia possibilitam hoje, trata-se de um único relato. Existem milhares mais, talvez não tão extraordinários, mas igualmente impactantes.

Quando o assunto é saúde pública, o próprio sistema em geral está mais doente que as pessoas. Até a terminologia é enganosa. Hoje, ir ao médico tem mais a ver com cuidar de uma *doença* do que cuidar da *saúde*. É algo reativo, não proativo. Os profissionais intervêm após o fato, travando uma batalha na retaguarda que é com frequência ineficaz, dispendiosa e, em certos casos, absolutamente surreal. Nos Estados Unidos, por exemplo, o medo de ser acionado na justiça leva os médicos a gastarem 210 bilhões por ano com tratamentos desnecessários para os pacientes.[13]

A parte da pesquisa não é muito melhor. De cada 5 mil novos medicamentos introduzidos,[14] só cinco chegam à fase de testes em humanos e, desses, apenas um é de fato aprovado. É por isso que o medicamento leva em média doze anos para chegar do laboratório ao paciente, a um custo de 2,5 bilhões de dólares,[15] e os americanos gastam por ano uma média de 10739 dólares per capita com saúde[16] — mais do que qualquer outro país no mundo. Se nada mudar, até 2027 essa indústria sozinha consumirá quase 20% do PIB americano.[17]

Mas muita coisa tem mudado. O escopo dessa história é imenso. Se quiséssemos, poderíamos encher livros e mais livros com o que está acontecendo. Para manter as coisas administráveis, focamos seis inovações: quatro mudanças tecnológicas e duas de paradigma.

No front tecnológico, todos os passos na cadeia de tratamento médico vêm sendo reinventados. Na entrada do processo, a convergência de sensores, redes e IA estão virando o diagnóstico médico de cabeça para baixo. No meio, a robótica e a impressão 3D estão mudando a natureza dos procedimentos médicos. Na saída, a IA, a genômica e a computação quântica estão transformando a própria medicina.

Hoje, como resultado dessas convergências, há duas mudanças de paradigma importantes acontecendo. A primeira é da ênfase na doença para a ênfase na saúde: passar do atual sistema retrospectivo, reativo e genérico para um que seja prospectivo, proativo e personalizado.

A segunda é de gestão. Durante a maior parte do último século, o sistema de saúde foi uma parceria desconfortável entre a indústria farmacêutica, governos inchados e todo o espectro de médicos, enfermeiros e profissionais treinados. Hoje, presenciamos uma invasão. Muitas das grandes empresas de tecnologia começam a entrar no jogo, todas pretendendo causar impacto. "Se você puder dar uma espiada no futuro", disse recentemente o CEO da Apple, Tim Cook (na mesma entrevista ao *Independent* em que mencionou o potencial da RA), "e perguntar qual foi a maior contribuição da Apple para a humanidade, terá a ver com saúde."[18]

Na disputa com Apple estão Google, Amazon, Facebook, Samsung, Baidu, Tencent e outras.[19] Como veremos em um minuto, todas essas empresas têm três vantagens claras sobre o establishment: já estão dentro da sua casa, na inteligência artificial, e são especializadas em coletar e analisar seus dados. Embora permaneça uma questão em aberto se queremos entregar nosso sistema de saúde para as gigantes da tecnologia, o certo é que essas três vantagens são fundamentais para detectar doenças com rapidez suficiente para fazer a diferença, sem dúvida um primeiro passo para transformarmos nosso sistema insalubre atual em um sistema de saúde efetivo.

DIAGNÓSTICO SEM SAIR DE CASA

É janeiro de 2026, uma quarta-feira de inverno, e você está sendo observado com atenção. Tecnicamente, está dormindo na sua cama, mas o assistente pessoal da Google sabe seus horários. Graças a seu anel Oura,[20] sabe também que você acaba de completar um ciclo REM e vai entrar agora no primeiro estágio do sono — ou seja, o momento perfeito para ser despertado.

Um aumento suave na luz ambiente simula o nascer do sol, enquanto ondas de luz otimizadas maximizam o despertar e elevam o humor. Ao terminar sua higiene diária — ida ao banheiro, escovar os dentes etc. —, você percebe que seu humor vai bem, obrigado. O problema é essa rigidez nas suas articulações, essa sensação horrível de frio.

Estou ficando doente?

A NIH liberou a vacina de gripe universal há alguns meses, mas você não teve tempo de tomá-la. Agora se pergunta se não teria cometido um erro em protelar o assunto.

Mas não precisa se preocupar.

"Ei, Google, como está minha saúde hoje?"

"Um momento", diz seu assistente digital.

Leva trinta segundos para obter um diagnóstico completo, tempo recorde, considerando que o sistema emprega dúzias de sensores para capturar gigabytes de dados. Sensores inteligentes na escova de dentes e no vaso sanitário, tecnologias de vestir na roupa de cama e no vestuário do dia a dia, de implantar dentro do corpo — um kit de saúde móvel, proporcionando uma visão em 360 graus de seu organismo.

"Seu microbioma parece perfeito", o assistente Google lhe diz. "E seus níveis de glicose no sangue estão bons, de vitamina também, mas um aumento da temperatura corporal e dos níveis de IgE..."

"Google — em inglês, por favor."

"Você pegou um vírus."

"Como é?"

"Repassei suas últimas 48 horas de reuniões. Parece que você o contraiu na segunda-feira, na festa de aniversário do Jonah. Gostaria de fazer alguns diagnósticos adicionais, você se incomodaria de pôr o..."

Bom, faça sua escolha. A divisão de saúde da Alphabet, chamada Verily Life Sciences, está desenvolvendo uma linha completa de sensores internos e externos que monitoram desde o açúcar até a química do sangue. E isso para ficar só na Alphabet. A lista dos aparelhos médicos outrora multimilionários que estão sendo desmaterializados, desmonetizados, democratizados e deslocalizados — ou seja, transformados em sensores portáteis e até de vestir — daria para encher um livro.

Considere o espectro de possibilidades. No extremo dos avanços extraordinários, temos a máquina de imagens 3D por ultrassom, controlada por IA, barata e manual, da Exo Imaging[21] — ou seja, em breve poderemos monitorar, do conforto de nosso lar, desde a cicatrização de um traumatismo até o desenvolvimento de um feto. Ou a start-up da ex-líder de projeto do Google X, Mary Lou Jepsen,[22] a Openwater, que utiliza holografia com laser vermelho para produzir um equivalente portátil da ressonância magnética, transformando o que é hoje um aparelho de muitos milhões de dólares em um dispositivo eletrônico de vestir para o mercado consumidor, possibilitando imagens diagnósticas a três quartos do mundo hoje sem acesso a esse recurso. Contudo, as inovações mais simples podem ser as mais revolucionárias.

Em menos de duas décadas, a tecnologia de vestir foi dos podômetros de primeira geração ao iWatch de quarta geração da Apple,[23] que inclui um escâner de ECG aprovado pela FDA, capaz de monitorar o coração em tempo real. Ou o DxtER, da Final Frontier Medical Devices,[24] vencedor do Qualcomm Tricorder XPRIZE de 10 milhões de dólares, a junção de sensores médicos não invasivos, fáceis de usar, com uma IA diagnóstica acessível por aplicativo. O DxtER detecta com precisão mais de cinquenta enfermidades comuns.

Todas essas inovações apontam para um futuro de monitoramento constante da saúde e de diagnósticos fáceis e baratos. O termo técnico para essa mudança é "saúde móvel", setor previsto para se transformar num mercado de 102 bilhões de dólares até 2022.[25] Diga adeus ao dr. Google. A ideia aqui é ter um médico virtual, sob demanda, em seu bolso.

E estamos perto. Surfando a onda da convergência de redes, sensores e computação, *chatbots* médicos auxiliados por IA começam a invadir o mercado. Esses aplicativos conseguem diagnosticar muitas coisas, de urticária a retinopatia. E não se limitam a problemas físicos. O Woebot[26] monitora a saúde mental, oferecendo terapia comportamental cognitiva via Facebook Messenger para pacientes com depressão.

Então para onde de fato caminham essas tendências?

A Human Longevity Inc. (HLI),[27] outra empresa da qual Peter é cofundador, oferece um serviço chamado "Health Nucleus", um check-up anual de três horas que consiste em sequenciamento genômico completo, ressonância magnética do corpo inteiro, tomografia computadorizada de coração e pulmões, eletrocardiograma, ecocardiograma e exames de sangue — essencialmente, o retrato mais completo da saúde hoje disponível.

Esse retrato é importante por dois motivos. Primeiro, a detecção precoce. Em 2018, a Human Longevity publicou estatísticas sobre seus primeiros 1190 clientes: 9% dos pacientes descobriram uma doença arterial coronariana previamente não detectada (a principal causa de mortalidade humana no mundo); 2,5%, aneurismas (a causa número dois); 2%, tumores — e assim por diante. No total, 14,4% revelaram problemas significativos que exigiam intervenção médica imediata, enquanto 40% descobriram uma doença que necessitava de acompanhamento a longo prazo.

O segundo motivo? Tudo o que a Human Longevity mede e monitora com algumas horas de consultas anuais em breve estará disponível sob demanda. Graças a sensores de monitoramento permanente, seu celular está prestes a virar seu médico.

LENDO, ESCREVENDO E EDITANDO O CÓDIGO DA VIDA

Faz uma década que os especialistas trombeteiam a genômica personalizada como uma revolução na saúde. Segundo o raciocínio, quando compreendermos seu genoma, saberemos como otimizar "você". Saberemos os alimentos, os remédios e o regime de exercícios perfeitos para cada um. Quais os tipos de flora intestinal mais indicados para seu microbioma, os suplementos que mais combinam com sua fisiologia. Você descobrirá as doenças às quais é mais suscetível e, mais importante, como preveni-las. Ou assim eles dizem...

Em 2017, Jason Vassy, professor de medicina no Brigham and Women's Hospital, de Boston,[28] decidiu verificar essa história mais de perto. Recrutaram uma centena de pacientes. Metade fez teste de DNA; a outra metade respondeu perguntas sobre o histórico médico familiar, que é o método-padrão para determinação de risco genético. Nos resultados, Vassy queria comparar ônus e ansiedade com utilidade no mundo real. Os críticos da genômica personalizada se preocupam com os efeitos da sobrecarga de informação para os médicos, da ansiedade inútil para os pacientes e dos exames de acompanhamento caros e desnecessários para ambos. Porém não foi o que Vassy descobriu.

Em vez disso, segundo resultados publicados nos *Annals of Internal Medicine*,[29] não se viu o menor sinal dessas preocupações. Mas 20% dos pacientes que se submeteram ao exame de DNA descobriram males raros e potencialmente fatais que exigiam ação imediata. Mais uma vez, com resultados muito similares aos revelados pela Health Nucleus, vidas foram salvas.

Só que o resultado mais importante deriva não do exame de algum paciente em particular, e sim do agregado de seus genomas combinado. Quanto maiores e mais completos forem nossos conjuntos de dados genéticos, mais robusta será a capacidade preventiva da genômica. Também é por isso que, em 2018, os Institutos Nacionais de Saúde lançaram seu projeto All of Us,[30] distribuindo quase 27 milhões de dólares em bolsas para o sequenciamento de 1 milhão de genomas, e o geneticista George Church, de Harvard, fundou a Nebula Genomics, com fins similares.[31]

Church também está envolvido no Genome Project-Write, que fica em um futuro ainda mais distante — a tentativa de escrever um genoma humano a partir do zero. Se der certo, o GP-Write, como é conhecido, ajudará no cultivo de órgãos para transplante, proporcionará novas armas na guerra contra as doenças virais e o câncer e trará remédios e vacinas baratos.

Outra fronteira é o uso do Crispr para editar genomas. Ainda é cedo, mas o progresso tem sido impressionante. Os pesquisadores projetaram geneticamente resistência à cocaína em camundongos,[32] desligaram o gene responsável pela distrofia muscular de Duchenne em cães[33] e começaram a desenvolver terapias de câncer personalizadas em humanos.[34] Há trabalhos até com insetos. Com o Crispr, pesquisadores do Imperial College em Londres criaram uma linhagem de mosquitos incapaz de se reproduzir. Eles foram projetados também para tomar o lugar de mosquitos contaminados com malária, fazendo da técnica uma revolução na saúde por meio da edição genética de toda uma espécie — e isso já é uma realidade. No fim de 2018, estavam sendo feitos testes em Burkina Faso,[35] país assolado pela malária.

Mas a melhor notícia não é sobre alguma empresa ou técnica, e sim que metade das 32 mil anomalias genéticas mais comuns[36] é causada por erro em um único par de bases — isto é, uma letra do código está fora de lugar. Talvez seja algo que consigamos corrigir em breve. Ainda não chegamos lá, mas, usando terapia genética tradicional e Crispr, em pouco tempo seremos capazes de eliminar 16 mil doenças de nossa vida.[37] Assim, deveríamos nos perguntar: se curar uma doença é um milagre de proporções bíblicas, como você chamaria a cura de 16 mil?

O FUTURO DA CIRURGIA

Em Marte, não há sistema de saúde. O planeta vermelho não tem hospitais nem redes de serviços médicos. E embora isso não tenha importância no momento, na década de 2030,[38] quando a Nasa pretende lançar a primeira missão de exploração humana ao planeta, será um problema: os astronautas estarão bem longe da abrangência de qualquer plano de saúde, com o pronto-socorro mais próximo a nove meses e uma manobra assistida por gravidade de distância.

A chance de se ferir tira o sono dos astronautas. Nunca aconteceu antes — de modo que nossa experiência com esse tipo de catástrofe espacial é zero —, mas é quase uma certeza que acontecerá em Marte. Alguns estudos estimam a probabilidade de um problema médico grave no espaço em 0,06% por pessoa por ano.[39] Numa missão interplanetária envolvendo vários anos, conseguir se manter a salvo de acidentes exigiria... bem, como disse Elon Musk certa vez, "se segurança é sua meta principal, eu não iria para Marte".[40]

O dr. Peter Kim quer resolver esse problema. Cirurgião-chefe associado do Children's National Medical Center, em Washington, DC, Kim é parte da equipe de pesquisa por trás do Star[41] — Soft Tissue Autonomous Robot —, máquina capaz de superar cirurgiões humanos na tarefa específica de suturar tecidos moles.

O reparo de tecidos moles é difícil. Sangrento. Exige precisão perfeita. Como tanto o treinamento quanto a destreza dos médicos variam muito, mais de 30% das cirurgias de tecido mole terminam em complicações. No espaço, tais complicações podem facilmente ser fatais, de modo que conceber uma forma de realizar cirurgia de tecidos moles antes de passarmos à colonização de Marte é crucial para a missão.

O Star é uma das nossas maiores esperanças. Para começar, destreza é item-padrão — ela vem embutida. E com a IA envolvida, treinamento não é problema. No momento, o Star costura tecidos de cinco a dez vezes mais rápido que seres humanos, e com mais precisão. A versão do futuro terá um feedback de força mais sofisticado e uma série de câmeras multiespectrais capazes de enxergar através de tecido mole. Kim quer o sistema do futuro a bordo da primeira missão a Marte para assegurar que a cirurgia no espaço não termine como uma cena saída de *Alien, o oitavo passageiro*.

Porém, por mais que o Star seja crucial em outros planetas, é aqui em nosso mundo que ele é de fato uma promessa. Nos Estados Unidos, são realizadas cerca de 50 milhões de cirurgias anuais,[42] menos de 5% com robôs.[43] Mas o mais importante que você pode perguntar para seu médico não é "Quantas vezes você já fez esse procedimento?", e sim "Quantas vezes já fez, hoje?". Cirurgiões com mais prática na variedade mais ampla de problemas obtêm os melhores resultados. Eis por que, daqui a dez anos, quando você for levado à sala de cirurgia e encontrar um médico humano à espera, sua reação imediata será: "Nem pensar. Chamem o robô".

Hoje, há dezenas de robôs cirúrgicos chegando ao mercado. Robôs de força esmagadora já são usados em ortopedia, há cinco robôs de cirurgia da coluna diferentes prestes a entrar em produção e robôs das mais variadas especializações estão em desenvolvimento. Na maioria são *cobots* — ou seja, o robô auxilia o cirurgião, em vez de substituí-lo. Mas robôs autônomos como o Star são os mais aguardados. Com capacidade de executar com perfeição procedimentos rotineiros por uma fração do custo atual, os robôs-cirurgiões levam a desmonetização à sala de cirurgia.

Para não deixar toda a diversão para os empreendedores, grandes empresas de tecnologia também têm pressa em atuar na área. A Verb Surgical, uma parceria entre a Alphabet e a Johnson & Johnson,[44] é prova disso. Com sua frota de robôs cirúrgicos baratos e muito aperfeiçoados chegando ao mercado em 2020, a meta modesta da Verb é "democratizar a cirurgia". Qual o resultado disso? Os custos médicos vão ficar bem menores.

E embora os robôs cirúrgicos em tamanho natural recebam quase toda atenção, seus primos menores possivelmente causarão maior impacto. Pegue a start-up israelense Bionaut Labs.[45] Na medicina, inúmeros problemas que enfrentamos são de natureza localizada. O câncer, por exemplo. Temos câncer de pulmão ou de ovário. Infelizmente, muitas vezes tratamos um câncer localizado com soluções sistêmicas, como a quimioterapia. Essas abordagens mais gerais tendem a ser imprecisas e ineficazes e a causar efeitos colaterais, três razões para o custo do desenvolvimento de medicações ser estratosférico e para 90% dos potenciais candidatos a tratamento não conseguirem chegar ao laboratório.[46]

Mas a Bionaut construiu um robô quase microscópico que se move de maneira veloz pelo tecido — cerca de sessenta centímetros por hora — da forma menos invasiva possível e com precisão absoluta. Guiados por campos magnéticos fracos, esses microrrobôs por controle remoto transportam cargas diversas que podem ser liberadas sob demanda, no lugar e momento exatos. Ainda estão a alguns anos de virar realidade, mas o plano é usá-los para diagnósticos, administração dirigida de fármacos e cirurgias minimamente invasivas.

Ainda que tanto os macrorrobôs nas salas de operação como os microrrobôs em nosso corpo um dia venham a transformar a cirurgia, no nosso universo convergente nada opera por conta própria. A IA integra nosso mix cirúrgico. Ela decompõe a quantidade torrencial de sinais vertendo para uma UTI, ajuda os robôs autônomos a navegar pelo corpo humano e — via *cobots*, como o robô Da Vinci[47] — compensa os tremores na mão de um cirurgião. Mas, de novo, não só a IA.

A impressão 3D também está na sala de operações. Na verdade, já faz algum tempo. Em *Abundância*, mostramos como a tecnologia da época chegava à cirurgia prostética, começava a impactar a impressão de órgãos e estava prestes a ingressar na biomecânica. Hoje, uma busca na internet revela gente com pouco treinamento criando membros prostéticos excepcionalmente funcionais[48] em equipamentos comprados na Staples. Enquanto isso, gente com treinamento confecciona órgãos, orelhas, válvulas cardíacas, medulas espinhais, placas cranianas, juntas de quadril e ferramentas cirúrgicas customizadas de modo individual. E com a possibilidade de imprimir componentes eletrônicos em 3D, também estamos produzindo partes biônicas para o corpo. Na verdade, em 2018, uma equipe da Universidade de Minnesota conseguiu imprimir no formato de esfera um material semicondutor capaz de converter a luz em padrões[49] — até então o principal impedimento à criação da peça sobressalente suprema: um olho biônico e que pode ser impresso.

MEDICINA CELULAR

O conceito de medicina celular surgiu nos anos 1990, após a descoberta das células-tronco.[50] Inovadora, porém simples, a ideia era usar essas células como armas contra doenças. Nesses anos todos, a pesquisa passou a incluir células de outro tipo, além apenas das células-tronco, mas o tratamento permaneceu o mesmo. Injetar o paciente com células vivas que, em graus variados, podem influenciar e/ou revitalizar uma série de funções: fazer o cabelo voltar a crescer, rejuvenescer tecidos, destruir um câncer, reparar danos ao coração, conter doenças autoimunes, até aumentar a massa muscular.

Mencionamos anteriormente neste livro o neurocirurgião e empreendedor Bob Hariri,[51] que ajudou a desbravar o campo da medicina celular com sua descoberta em 2000 de que a placenta humana abriga uma profusão de células-tronco,[52] oferecendo um suprimento incontroverso dessa potencial opção de tratamento.

Depois que a empresa de Hariri foi adquirida pela gigante farmacêutica Celgene, ele chefiou uma equipe de mais de cem cientistas e engenheiros na tentativa de transformar células-tronco placentárias em medicamentos de verdade. Ao longo do caminho, fizeram duas outras descobertas cruciais. Primeiro, à medida que as pessoas envelhecem, seu suprimento de células-tronco rapidamente diminui, processo conhecido como "exaustão" (que iremos explorar mais a fundo no capítulo seguinte). Segundo, a placenta não contém apenas células-tronco, mas abriga também células imunológicas, como as exterminadoras naturais e as T, ambas fundamentais para a capacidade natural do corpo de combater o câncer — contanto que reconheçam o perigo.

Em geral, nosso sistema imune destrói as células cancerígenas em seus primeiros estágios de desenvolvimento. Mas, à medida que envelhecemos, o câncer pode se acumular. Algumas dessas células passam sem ser detectadas, e é aí que a situação se torna perigosa. Para lidar com esse risco, inventamos um novo tipo de terapia conhecida como CAR-T (sigla em inglês para receptor quimérico de antígeno de células T).[53] Nesse tipo de abordagem, glóbulos brancos do paciente são coletados, e suas células T são separadas e programadas por reengenharia genética para procurar e matar células cancerígenas específicas. Essas células reprogramadas são então injetadas de volta no paciente, tornando-se na prática uma espécie de míssil anticâncer teleguiado.

Infelizmente, não é barato.

Em 2017, quando as primeiras terapias CAR-T foram lançadas, custavam cerca de meio milhão de dólares por paciente.[54] Como todas as células CAR-T do paciente têm de ser armadas de forma individual, a dificuldade era fabricar esse medicamento em larga escala. Em 2018, a Celgene criou sua divisão de medicina celular com Hariri no comando e, usando células imunes derivadas de placenta, a nova empresa, Celularity,[55] produziu uma versão universal do medicamento. Em vez de uma terapia personalizada, a Celularity pode produzir CAR-T a granel e em ritmo acelerado, fazendo a medicação chegar aos pacientes horas após o diagnóstico, e não semanas, como hoje.

Os cientistas da Celularity também descobriram como armar células exterminadoras naturais placentárias (células pNK), modificando-as geneticamente para produzir células CAR-NK e aprimorar sua capacidade de atacar tumores. E como as células CAR-T placentárias, as células CAR-NK placentárias podem ser transformadas em um medicamento universal, possibilitando a disponibilização de tratamentos anticancerígenos às massas. Esse é o ponto mais importante. O câncer é a segunda maior causa de mortalidade humana no mundo e existem placentas em abundância. Com mais de 100 milhões de partos anuais, 99% das placentas vão parar no lixo. Conservar todo esse suprimento nos permitirá fabricar essas medicações a baixo custo e em larga escala.

O FUTURO DOS REMÉDIOS

Tradicionalmente, quando os pesquisadores de uma companhia farmacêutica querem criar uma nova medicação,[56] têm duas opções. Ou vasculham enormes bibliotecas médicas em busca de candidatas potenciais ou enviam expedições a locais exóticos para procurar possibilidades que ocorrem de maneira natural — como a cortiça de uma árvore rara com propriedades anticancerígenas. Nenhuma delas é uma certeza e ambas exigem anos de esforços, sem mencionar que isso é só o começo. Após as candidatas serem identificadas, são analisadas e sintetizadas, e assim mais alguns anos se passam. Por fim, as descobertas são testadas, primeiro em animais, depois em grupos humanos pequenos, até enfim passar a grupos maiores. Em suma, a descoberta de um medicamento é uma guerra lenta e prolongada.

E de fato é uma guerra. A contagem de baixas é elevada. Noventa por cento de todas as possibilidades de fármacos fracassam. Os poucos bem-sucedidos levam uma média de dez anos para chegar ao mercado e custam entre 2,5 bilhões e 12 bilhões de dólares para virar realidade.[57] Mas Alex Zhavoronkov, cientista da computação que se tornou biofísico, acredita ter encontrado um atalho.[58]

Por volta de 2012, Zhavoronkov notou que a inteligência artificial ficava cada vez melhor no reconhecimento de imagem, de voz e de texto. Ele sabia que as três tarefas compartilhavam um traço comum fundamental. Havia conjuntos de dados imensos disponíveis em todas elas, facilitando o treinamento de uma IA. Havia conjuntos de dados similares presentes na farmacologia. Assim, em 2014, Zhavoronkov começou a se perguntar se poderia usar esses dados e a IA para acelerar de forma significativa o processo de descoberta de medicamentos.[59]

Ele ouvira falar de uma nova técnica em inteligência artificial conhecida como redes adversárias generativas (ou GANs, na sigla em inglês). Jogando uma rede neural contra outra (adversárias), o sistema consegue começar com instruções mínimas e produzir resultados inéditos (generativos). Os pesquisadores vinham usando as GANs para fazer coisas, como projetar novos objetos ou criar rostos humanos *fake*, únicos, mas Zhavoronkov queria aplicá-las à farmacologia. Ele imaginava que as GANs permitiriam aos pesquisadores descrever de forma verbal os atributos dos medicamentos: "A combinação deveria inibir uma proteína X a uma concentração Y com efeitos colaterais mínimos em humanos" e depois a IA construiria a molécula a partir do zero.

Para transformar essa ideia em realidade, Zhavoronkov criou a Insilico Medicine, na Universidade Johns Hopkins, em Baltimore, Maryland, e arregaçou as mangas para começar. "Foram três anos de trabalho duro para desenvolver um sistema com o qual os pesquisadores pudessem de fato interagir dessa maneira", explica ele. "Mas conseguimos, e isso nos permitiu reinventar o processo de descoberta de medicamentos."

Em vez de começar seu processo em algum lugar exótico, a "ferramenta de descoberta de medicamentos" da Insilico peneira milhões de amostras de dados para determinar a assinatura biológica característica de doenças específicas. Em seguida, identifica os alvos de tratamento mais promissores e — usando GANs — produz moléculas (ou seja, medicamentos bebês) perfeitamente indicadas para elas. "Os resultados são uma explosão de alvos farmacológicos potenciais e um processo de testes muito mais eficiente", afirma Zhavoronkov. "A IA nos permite conseguir com cinquenta pessoas o que uma companhia farmacêutica típica consegue com 5 mil."

Os resultados tornaram o que era uma guerra de uma década numa escaramuça de um mês. No fim de 2018, por exemplo, a Insilico produzia moléculas novas em menos de 46 dias,[60] e isso incluía não apenas a descoberta inicial, como também a síntese da medicação e sua validação experimental em simulações de computador.

No momento, seus pesquisadores utilizam o sistema na procura de novos fármacos para câncer, envelhecimento, fibrose, Parkinson, Alzheimer, esclerose lateral amiotrófica, diabetes e muitos outros males. O primeiro remédio resultante desse trabalho, um tratamento para perda de cabelo, estava programado para iniciar os testes da Fase I no fim de 2020. Eles também estão nos primeiros estágios do uso de IA para prever resultados de ensaios clínicos. Se bem-sucedida, essa técnica lhes possibilitará eliminar bastante tempo e dinheiro do processo de testes tradicional.

Além de inventar novos remédios, a IA também está sendo usada por outros cientistas para identificar novos alvos farmacológicos — isto é, o lugar em que uma droga se liga ao corpo e que é outra etapa essencial no processo de descoberta de medicamentos. Entre 1980 e 2006, apesar de um investimento anual de 30 bilhões de dólares, os pesquisadores conseguiram encontrar apenas cerca de cinco novos alvos farmacológicos por ano.[61]

O problema é a complexidade. A maioria dos alvos farmacológicos potenciais é proteína, e sua estrutura — ou seja, o modo como uma sequência 2D de aminoácidos se enovela a uma proteína 3D — determina sua função. Mas proteínas com apenas uma centena de aminoácidos (proteínas pequenas) podem produzir um googol ao cubo — o número um seguido de trezentos zeros — de formas potenciais. Também é por isso que o enovelamento de proteínas tem sido considerado há tempos um problema dos mais difíceis de ser enfrentado por um supercomputador de fato grande.

Em 1994, para monitorar esse progresso do enovelamento de proteínas por supercomputador, foi criada uma competição bianual.[62] Até 2018, os sucessos foram razoavelmente raros. Mas então os criadores da empresa britânica DeepMind puseram suas redes neurais para trabalhar no problema. Eles criaram uma IA que minera imensos conjuntos de dados a fim de determinar a distância mais provável entre os pares de base de uma proteína e os ângulos de suas ligações químicas — ou o beabá do enovelamento de proteínas. Eles a chamaram de AlphaFold.[63]

Em sua primeira participação na competição, as IAs competidoras receberam 43 problemas de enovelamento de proteínas para resolver. A AlphaFold solucionou 25 deles de maneira correta. A equipe que ficou com o segundo lugar, apenas três.

Se aliarmos o progresso da AlphaFold aos GANs da Insilico e adicionarmos à mistura as inovações aguardadas na computação quântica — outra tecnologia usada na descoberta de medicações —, não estamos longe de um mundo onde a medicina customizada de maneira individual deixará a ficção científica para virar a norma em saúde. E não pisque, porque por mais radical que tal mudança possa parecer, nada disso inclui os avanços extraordinários que estão ocorrendo no campo contíguo da longevidade.

10. O futuro da longevidade

OS NOVE CAVALEIROS DO NOSSO APOCALIPSE

No início do livro, exploramos a ideia de como a ampliação da expectativa de vida humana causará um impacto significativo no ritmo mundial da mudança. A equação era razoavelmente simples — vidas mais longas correspondem a mais tempo em nosso pico de produtividade, o que corresponde a mais inovação. Mas não explicamos em muitos detalhes como isso poderia acontecer. Aqui, no fim de nossa exploração do campo correlato da saúde, queremos dirigir nosso foco à questão da longevidade, examinando como as forças de convergência estão reescrevendo as regras na corrida entre a tecnologia e a mortalidade.

E por onde começar senão pela própria mortalidade, o relógio da vida conhecido como envelhecimento. "O envelhecimento é mais do que apenas um desgaste do sistema", explica Francis Collins, pesquisador de longevidade e diretor dos Institutos Nacionais de Saúde.[1] "É um processo programado. É provável que se trate de um investimento da evolução em impedir que a expectativa de vida de determinada espécie prossiga indefinidamente. É preciso tirar os velhos do caminho para os jovens terem uma chance com os recursos."

Para tirar os velhos do caminho, a evolução concebeu um mecanismo de segurança: a obsolescência planejada, mais conhecida como envelhecimento. É um plano redundante. Os cientistas acreditam haver nove "causas" principais para nosso declínio, os nove cavaleiros de um apocalipse interno.[2]

175

Neste capítulo, investigaremos as estratégias empregadas para derrotar esse declínio. Contudo, antes de fazermos isso, necessitamos primeiro conhecer esses cavaleiros e explorar a questão fundamental respondida por eles: o que exatamente está nos matando.

1. *Instabilidade genômica*: O DNA nem sempre se replica segundo o planejado. Em geral, esses erros na expressão genética são identificados e corrigidos, mas alguns escapam. Com o tempo, os erros se acumulam, levando nosso corpo a um desgaste — ou seja, a instabilidade genética leva a danos genéticos, que levam a um limite na expectativa de vida. Pense numa fotocopiadora quebrada, exceto que, em vez de produzir páginas ilegíveis, nossa máquina genética quebrada produz doenças como câncer, distrofia muscular e ELA.

2. *Desgaste dos telômeros*: No coração de uma célula, o DNA é embalado em estruturas filamentosas chamadas cromossomos. As extremidades dos cromossomos são arrematadas por telômeros, ou curtos fragmentos de DNA repetidos milhares de vezes. Essas repetições atuam como barreiras — como para-choques em um carro — projetadas para proteger o núcleo do cromossomo. Mas quando o DNA é replicado, os telômeros encurtam. Em um limiar crítico de brevidade, a célula para de se dividir e ficamos bem mais suscetíveis a doenças.

3. *Alterações epigenéticas*: A natureza impacta nossa criação. No decorrer da vida, fatores em nosso ambiente podem mudar a forma como nossos genes se expressam, às vezes para pior. A exposição a carcinógenos no ambiente pode silenciar o gene que suprime tumores, por exemplo. Essas células começam a crescer sem controle, e isso resulta em câncer.

4. *Perda da proteostase*: Dentro da célula, as proteínas comandam o show. Elas transportam materiais, enviam sinais, ligam e desligam processos e proporcionam apoio estrutural. Mas, com o tempo, as proteínas perdem a eficácia, então o corpo as recicla. Infelizmente, à medida que envelhecemos, podemos perder essa capacidade. Nossos lixeiros entram em greve e sofremos um acúmulo tóxico de proteínas, capaz, por exemplo, de levar a doenças como Alzheimer.

5. *A percepção dos nutrientes enlouquece*: O corpo humano depende de mais de quarenta nutrientes diferentes para permanecer saudável. Para tudo

funcionar com perfeição, as células precisam ser capazes de reconhecer e processar cada um. Mas essa capacidade declina à medida que envelhecemos. Por exemplo, um motivo para ganhar peso com a idade é que nossas células não conseguem mais digerir a gordura de forma adequada. E um motivo para morrermos é que isso impacta a sinalização química da insulina e do IGF-1 e pode resultar em diabetes.

6. *Disfunção mitocondrial*: As mitocôndrias são como usinas. Convertendo oxigênio e alimento em energia, elas fornecem o combustível básico de nossas células. Mas, com o tempo, sofrem uma queda de desempenho. O resultado são os radicais livres, uma forma prejudicial de oxigênio que desfigura o DNA e as proteínas e leva a muitas doenças crônicas associadas à idade.

7. *Senescência celular*: Conforme se sujeitam ao estresse, as células ocasionalmente se tornam "senescentes", tanto perdendo a capacidade de se dividir como, ao mesmo tempo, ficando resistentes à morte. Essas "células zumbis" não podem ser removidas do corpo. Com o tempo, acumulam-se, contaminam células vizinhas e, no fim, geram um apocalipse zumbi de debilitação inflamatória.

8. *Exaustão da célula-tronco*: À medida que envelhecemos, nosso suprimento de células-tronco despenca, em certos casos diminui até 10 mil vezes. Pior, as células às quais ainda nos agarramos ficam bem menos ativas. Com isso os tecidos internos do corpo e o sistema de reparo dos órgãos perdem a capacidade de executar seu trabalho.

9. *Comunicação intercelular alterada*: Para o corpo funcionar de maneira adequada, as células precisam se comunicar. Isso acontece o tempo todo, com as mensagens fluindo por nossa corrente sanguínea, nosso sistema imune e nosso sistema endócrino. Com o tempo, os sinais se cruzam. Algumas células param de responder, outras viram células zumbis, produzindo inflamação. A inflamação impede ainda mais a comunicação. Quando isso acontece, as mensagens não passam e o sistema imune não consegue encontrar os patógenos.

Bom, sabendo o que nos mata, vamos ver agora o que pode nos salvar.

A VELOCIDADE DE ESCAPE DA LONGEVIDADE

Quer ganhar um prêmio Nobel? Estude vermes. Mas não qualquer um. Estude o nematódeo *Caenorhabditis elegans*, ou, como seus amigos o chamam, *C. elegans*.[3]

E esse verme tem muitos amigos.

Seis cientistas já levaram o ouro sueco por seu trabalho sobre a criatura. Assim, o *C. elegans* foi o primeiro organismo a ter os genes sequenciados,[4] todo seu genoma identificado e seu conectoma, o diagrama de conexões dos neurônios no cérebro, mapeado.[5] Mas a despeito da história célebre, muitos sentem que a maior contribuição desse nematódeo ainda está por vir, já que o *C. elegans* é também o primeiro animal a enfrentar a morte — e vencer.

Em uma placa de Petri, o *C. elegans* vive cerca de vinte dias. Em 2014, um grupo de cientistas dos Institutos Nacionais de Saúde (NIH, na sigla em inglês) trabalhando no Buck Institute for Research on Aging[6] decidiu tentar ampliar esse número. A pesquisa prévia mostrara que havia duas maneiras de causar impacto. O nocaute de um gene chamado rsks-1 aumentava a expectativa de vida em seis dias; o nocaute do daf-2, por sua vez, a estendia em vinte dias. Mas esses pesquisadores queriam saber o que aconteceria se nocauteassem os dois genes ao mesmo tempo.

"Calculando por alto, [os pesquisadores] estimavam que esses duplo--mutantes poderiam viver cerca de 45 dias", escreveu Francis Collins, diretor dos NIH, que financiou o trabalho.[7] "Mas, para sua surpresa, quando criaram os vermes de fato, alguns continuavam vivos e se mexendo cem dias depois. Isso incrivelmente quintuplica a vida do animal — o equivalente a quatrocentos anos, em humanos."

Aplicar esse mesmo processo à expectativa de vida humana — é exatamente o que busca o campo da longevidade. A genética, claro, desempenha papel crucial. Partindo desse trabalho inicial com o *C. elegans*, outros pesquisadores depois identificaram mais cinquenta genes que parecem desencadear o declínio relacionado à idade.[8] Cinco deles parecem particularmente fundamentais, já que a remoção de qualquer um produz um incremento de 20% na expectativa de vida.

Mas não é só a genética. A missão de Martine Rothblatt de produzir um suprimento infinito de peças de reposição humanas também é fundamental para a longevidade. Assim como a democratização da cirurgia propiciada pela robótica e a descoberta de medicamentos feita por IAs e computadores quânticos. Mas a questão não está nessa ou naquela técnica; é o potencial combinatório de todas essas abordagens que nos conduz numa direção para lá de inédita.

A antiga direção era nossa expectativa de vida de trinta anos, que permaneceu constante do Paleolítico ao início da Revolução Industrial. Durante o século XX, maravilhas como os antibióticos, o saneamento básico e a água limpa estenderam nossa média de vida para 48 anos a partir de 1950, depois para 72 anos em 2014.[9] Mas hoje Ray Kurzweil[10] e a especialista em longevidade Aubrey de Grey[11] começam a falar em "velocidade de escape da longevidade", ou a ideia de que em breve a ciência será capaz de estender nossa vida em um ano para cada ano que vivermos. Em outras palavras, uma vez transposto esse limiar, ficaremos literalmente um passo à frente da morte.

Kurzweil acha que esse limiar fica cerca de doze anos no futuro, enquanto De Grey calcula trinta anos. Por que deveríamos acreditar neles? Uma verdade básica: desse mundo nada se leva. No túmulo, todo dinheiro que existe é inútil. Então quanto os ricos pagariam por uma, duas, três décadas saudáveis a mais? Muito. Isso ajuda a explicar os investimentos crescentes nas tecnologias antienvelhecimento, sendo a Calico — acrônimo para "California Life Company" —, da Google, talvez o exemplo mais evidente. Porém, ainda que vidas mais longas para os ricos talvez não pareça uma meta muito válida, não demora para os benefícios se desmonetizarem e se democratizarem, como temos visto acontecer com todas as demais tecnologias acelerantes. E isso significa que possivelmente você, e sem dúvida seus filhos, terá a chance de adicionar décadas a sua vida, apenas porque, à medida que o tempo passa, todos cruzaremos com um bando de tecnologias antienvelhecimento pelo caminho.

Vejamos de perto algumas das mais promissoras.

A FARMÁCIA DO ANTIENVELHECIMENTO

A ilha da Páscoa é um lugar remoto.[12] E exótico. Lar de estranhos rumores e de cabeças de pedra, e às vezes de estranhos rumores sobre as cabeças de pedra. Alguns dizem que os anciãos, com os encantamentos certos, podem acordar as cabeças de seu sono, controlando-as como um exército de rochas gigantes. Outros afirmam que as cabeças estão no controle — de nossa força vital, tanto com capacidade de roubá-la, levando-nos à morte precoce, como de ampliá-la, conferindo virilidade e força a uns poucos sortudos. Então, em meados dos anos 1960, uma pequena equipe de pesquisadores descobriu que essa última parte, conferir força e virilidade, talvez seja mais do que um rumor.

Tudo começou quando a comunidade muito pequena e isolada que vivia na ilha da Páscoa decidiu que era hora de mudanças. Chega de ser insignificante. Chega de isolamento. Era hora, decidiram, de construir um aeroporto.

Os cientistas surtaram. Uma das regiões ecologicamente mais imaculadas do mundo estava prestes a perder sua pureza. Em um esforço de emergência, uma equipe internacional correu para coletar flora, fauna e amostras microbianas, incluindo — fator central nessa história — a terra escavada sob uma das misteriosas cabeças da ilha.

A terra foi parar nas mãos de um microbiólogo canadense chamado Suren Sehgal, que descobriu que, de fato, continha poderes mágicos — da variedade antifúngica. Sehgal purificou o composto, batizando-o de rapamicina, em homenagem ao nome original da ilha, Rapa Nui.[13] A despeito de seu potencial, o dinheiro de pesquisa de Sehgal acabou, e o composto foi engavetado até o fim da década de 1970, quando ele obteve financiamento suficiente para voltar a estudá-lo. Foi aí que descobriu haver ainda mais magia naquela terra. Além de agir como antifúngico, a rapamicina também funcionava como imunossupressora, guardando um enorme potencial para operações de transplante de órgãos.

Esse potencial virou uma indústria. A rapamicina tem sido usada desde então para muitas coisas, de recobrir stents cardíacos[14] a impedir que o paciente rejeite um novo rim.[15] E então os pesquisadores fizeram uma descoberta ainda mais incrível sobre essa terra mágica: a rapamicina inibe o crescimento cancerígeno.[16]

O composto bloqueia uma proteína que facilita a divisão celular. Faça isso em vermes, moscas e levedura, e o resultado não é apenas proteção contra o câncer, é longevidade. A descoberta levou à questão seguinte: será que a magia funcionaria em mamíferos?

Em 2009, cientistas dos NIH responderam à pergunta, mostrando que a rapamicina estende a vida de camundongos em até 16%.[17] Em 2014, a combinação de todas essas descobertas levou a Novartis a decidir testá-la em humanos,[18] marcando o primeiro ensaio clínico oficial de uma substância antienvelhecimento feita por uma farmacêutica de peso. Mas quando os cientistas de fato perceberam quanta magia havia naquela terra, a busca por compostos antienvelhecimento começou.

Um dos lugares onde essa pesquisa nos levou foi ao nosso armário de remédios, onde encontramos um fármaco chamado metformina.[19] Medicamento mais comum do mundo para diabetes, a metformina bloqueia a produção de açúcar e ajuda a regular a insulina. Mas também retarda a "taxa de consumo" das células, protegendo contra o estresse oxidativo, combatendo o câncer e — como descobrimos recentemente — estendendo de maneira significativa a expectativa de vida de vermes, camundongos e ratos. Funciona em humanos? A questão permanece em aberto, mas os pesquisadores estão tentando descobrir.

Embora a rapamicina e a metformina protejam contra a devastação da velhice, outros cientistas buscam compostos que revertam o relógio por completo. Conhecidas como terapias senolíticas, essas medicações destroem as células zumbis produtoras de inflamação que acreditamos ser uma das causas do envelhecimento. Meia dúzia de empresas estão hoje envolvidas nesse esforço, produzindo cerca de uma dúzia de medicamentos que obliteram as células zumbis, postergando ou aliviando desde fragilidade e osteoporose a disfunção cardiológica e transtornos neurológicos.

Financiada com investimentos de Jeff Bezos, do falecido Paul Allen e de Peter Thiel, a Unity Biotechnology[20] é uma das mais interessantes. Eles desenvolveram um modo de identificar, e matar, as células senolíticas, ou pelo menos um que funciona em ratos. Mas que funciona de verdade. Tratamentos periódicos a partir da meia-idade estendem a expectativa de vida em 35%[21] e conservam os animais mais saudáveis ao longo desse período. Diminuição do nível de energia, catarata, disfunção renal — diversos sintomas comuns do envelhecimento — são evitados por completo ou têm o início postergado de maneira significativa. Com cerca de uma dúzia de medicamentos no momento em desenvolvimento para quase todas as doenças da decrepitude, incluindo alguns que completaram os ensaios clínicos da fase I e continuam a progredir, a Unity segue se destacando no campo do antienvelhecimento.

Por fim, há a Samumed,[22] talvez a empresa de longevidade que mais atrai olhares atualmente. Avaliada em 12 bilhões de dólares,[23] essa empresa de biotecnologia de San Diego está focada nas vias de sinalização Wnt, que, como o nome diz, são um modo de o corpo enviar mensagens.[24] Nesse caso, essas mensagens controlam um grupo de genes que tanto ajudam o crescimento de um feto em gestação como parecem desempenhar um importante papel no envelhecimento. Erros na sinalização Wnt estão diretamente ligados a vinte doenças diferentes,[25] incluindo o câncer. Também é por isso que essas vias são há muito tempo objeto de estudo de quase toda grande companhia farmacêutica. Mas a Samumed talvez tenha decifrado o código.

Eles concentraram suas tentativas em uma via de Wnt particular que regula o comportamento das células-tronco adultas. Por meio dessa metodologia, a Samumed desenvolveu nove diferentes "medicinas regenerativas", como são chamadas.[26] Estão todas na fila de espera da FDA, incluindo medicamentos para perda de cabelo e para Alzheimer. Contudo, foi seu sucesso contra a artrite e o câncer que recebeu maior atenção.

Comecemos pela artrite, que aflige 350 milhões de pessoas no mundo todo.[27] Hoje não dispomos de nenhum tratamento conhecido para o problema. Mas, em 2017, a Samumed publicou os resultados de um pequeno estudo sobre osteoartrite do joelho.[28] Sessenta e um pacientes participaram dos ensaios clínicos, recebendo a injeção em dose única de um medicamento de reequilíbrio de Wnt diretamente na articulação. Todos os indivíduos tiveram melhoras. Quando os pesquisadores mediram o impacto da medicação seis meses depois, constataram redução da dor e maior mobilidade, incluindo uma média de quase dois milímetros de cartilagem nova.

"A molécula permanece [no joelho] por cerca de seis meses", explica o CEO da Samumed, Osman Kibar, "período em que [estimula] as células-tronco a cultivar nova cartilagem. E essa nova cartilagem é de um adolescente. O segredo é que as células-tronco progenitoras continuam presentes mesmo aos oitenta anos de idade, elas só precisam da sinalização apropriada."[29]

Mas isso pode ser só o começo.

"Uma injeção da mesma molécula na espinha de ratos cujo disco intervertebral foi destruído regenera um novo disco inteiro", afirma Kibar. "Se você observar a qualidade das células, o disco é mais novo e mais forte."

Fazer com que funcione em humanos é uma história diferente. Pouquíssimos fármacos fazem o salto de camundongos para humanos, mas outras moléculas desenvolvidas para lesões tanto do manguito rotador como do tendão de aquiles[30] já passaram pelos ensaios clínicos da fase I, e o medicamento para artrite do joelho desenvolvido pela empresa está agora entrando na fase III.[31] Ainda há muito trabalho a ser feito, mas o lado bom pode ser uma medicação que forneça décadas de mobilidade saudável.

Como é compreensível, a ramificação mais animadora da pesquisa da Samumed é seu trabalho com câncer — que consiste essencialmente de células-tronco descontroladas. Silenciando a via de sinalização que leva a esse frenesi, as medicações da Samumed atacam — literalmente — todo tipo de tumor. A maioria dessas medicações continua em fase de desenvolvimento ou na fase I dos testes de segurança e eficácia, porém, graças à lei do uso compassivo, a Samumed pôde ministrá-las a pacientes terminais. Aqui também os resultados foram notáveis.

Numa pequena tentativa, um protocolo com terapia tripla de baixa dosagem impediu o crescimento tumoral em 80% do grupo de estudo.[32] Em outro estudo envolvendo câncer pancreático, um protocolo mais longo com a mesma substância conseguiu deter essa doença em geral fatal. "Todos os tratamentos tinham fracassado com essa mulher", conta Kibar sobre a experiência de uma paciente. "Ela estava pesando uns trinta quilos e os médicos a mandaram para casa [para morrer]. Mas agora, após um ano do nosso remédio, ela voltou ao normal. Está viajando, namorando, pesando 54 quilos, simplesmente levando sua vida de sempre. Claro que ainda estamos só no começo desse composto, mas é um começo promissor, para dizer o mínimo."

UMA FONTE DA JUVENTUDE NO SANGUE

No início da década de 2000, um grupo de pesquisadores de Stanford[33] resolveu procurar pela fonte da juventude em um lugar incomum: o mito de Drácula. Lendas remontando aos antigos gregos, recapturadas na poesia romana de Ovídio e revividas em histórias góticas de vampiros mencionam o efeito rejuvenescedor do sangue jovem.[34] Esses pesquisadores de Stanford decidiram testar a teoria — em camundongos.

Atualizando a antiga e escabrosa técnica da parabiose, eles conectaram os sistemas circulatórios de dois camundongos, um jovem e um velho, e bombearam o sangue do primeiro para o segundo. Os resultados eram visíveis a olho nu. O sangue jovem reviveu o animal idoso.

A um exame mais detalhado, os benefícios iam muito além dos visíveis. Uma série de tecidos e órgãos do animal mais velho agora exibia características de um camundongo muito mais novo e saudável. Estudos posteriores confirmaram essa descoberta e mostraram que o oposto também era verdade. A transfusão de sangue velho para animais jovens fazia o relógio avançar, acelerando a decrepitude e acentuando o envelhecimento.

O trabalho despertou tremendo interesse. Em uma década, os pesquisadores haviam começado a identificar as causas dessa transformação. Uma equipe em Harvard descobriu que o sangue jovem desencadeia a formação de novos neurônios no cérebro[35] e reverte o espessamento das paredes do coração,[36] ligado ao avanço da idade. Finalmente, chegando à raiz da questão, a equipe de Harvard também descobriu uma molécula específica, conhecida como "fator de diferenciação de crescimento 11", ou GDF11, aparentemente responsável por todos, ou pelo menos alguns, desses benefícios.

Em um artigo de 2014 publicado na *Cell*,[37] outra equipe de pesquisadores mostrou que a simples injeção de GDF11 em camundongos aumentava sua força, sua memória e seu fluxo sanguíneo para o cérebro. Estudos adicionais estenderam esses benefícios, demonstrando que o GDF11 consegue reduzir problemas cardíacos relacionados à idade, acelerar a regeneração muscular, melhorar a capacidade de se exercitar e ampliar a função cerebral.

Todo esse trabalho despertou o interesse de empreendedores. Por exemplo, a Elevian,[38] uma subsidiária de Harvard chefiada pelo dr. Mark Allen[39] e por um quarteto de professores de biologia regenerativa da universidade, pesquisa a longevidade no GDF11 e em moléculas similares que retardam a velhice. A Alkahest,[40] por sua vez, subsidiária de Stanford, está em busca de um coquetel de plasma otimizado como tratamento para Alzheimer.

A *Wired* chamou esse tipo de tentativas de "abordagem da agulha no palheiro",[41] uma vez que o plasma sanguíneo contém mais de 10 mil proteínas diferentes. É de fato uma agulha no palheiro, pois a identificação das proteínas produtoras do efeito de sangue jovem levou a uma corrida do ouro na biologia. As start-ups estão no caminho certo, assim como as grandes farmacêuticas. Em 2017, o Instituto Nacional de Envelhecimento prometeu uma verba de 2,35 milhões de dólares para cientistas interessados na área.[42] Assim, como podemos ver, em pleno século XXI, não apenas carros voadores e robôs pessoais se tornaram de repente uma realidade, mas o Drácula também.

Por milhares de anos tentamos descobrir onde fica a fonte da juventude. Mas todos esses trabalhos deixam claro que nossa busca na verdade se refere menos a um lugar do que a um momento. A fonte da juventude é um período particular na história, o ponto em que as tecnologias convergem sobre a mortalidade. Então, ainda que a pergunta "Conseguiremos um dia viver para sempre?" continue sem resposta, fazer de um século de vida os novos sessenta — ou seja, estender de maneira significativa a expectativa de vida humana — deixou de ser questão de "se" para se tornar uma questão de "quando".

11. O futuro do seguro, das finanças e dos imóveis

O FUTURO INTEGRAL

Avançamos nesse passeio pelo futuro nos concentrando nas áreas da sociedade que ocasionam o maior impacto em nossa vida cotidiana. Já nos debruçamos sobre o transporte, a saúde, a longevidade, o varejo, a publicidade, o entretenimento e o ensino. Na terceira parte, ampliaremos nosso escopo para cobrir os tópicos mais amplos da energia, do meio ambiente e do governo. Porém, como fica tudo o mais que se situa entre uma coisa e outra? Em suma, como fica o futuro do resto da sua vida?

Esse futuro com certeza será diferente do passado. A aceleração tecnológica parece chegar a todas as áreas. De arquitetura e arte a aviação e contabilidade, dezenas de indústrias serão transformadas em breve. Porém, nos dois capítulos finais da segunda parte, voltaremos nossa atenção a quatro áreas específicas — seguro, finanças, imóveis e alimentos.

Escolhemos esse quarteto por uma série de razões. Para começar, três desses setores — finanças, seguro e imóveis — estão entre as dez principais indústrias americanas. Na verdade, quando combinados ao que já cobrimos na segunda parte — excluindo governo e segurança, dois tópicos que reservamos à terceira parte —, esses setores complementam nossa análise dos principais meios de vida dos americanos. Neste capítulo, examinaremos os três primeiros. Depois, no seguinte, encerraremos a segunda parte com um olhar sobre o futuro dos alimentos, pois não só sua importância é fundamental, como também está se acelerando de forma incrível. Assim, somadas, as áreas que veremos neste capítulo lideram a corrida por reinventar o resto da sua vida.

Vejamos isso de perto...

CAFÉ, RISCO E AS ORIGENS DO SEGURO

Em 1680, Edward Lloyd[1] chegou a Londres. Estava com 32 anos e à procura de uma oportunidade. E encontrou uma no café. Energizada com sua mais nova bebida, a cena dos cafés londrinos explodia. Já existiam mais de 3 mil cafeterias espalhadas por toda a cidade. Haveria espaço no mercado para mais um competidor? Lloyd achava que sim. Em 1686, inaugurou seu próprio estabelecimento, o Lloyd's Coffee House, na Tower Street, em Londres.

Na época, Londres era movida por dois motores econômicos: a navegação e as finanças. O café de Lloyd se localizava na confluência de ambas, enfiado numa área minúscula entre a Torre de Londres e a Thames Street. Dada sua localização, a loja foi popular desde o início entre mercadores, marujos e armadores.

Na época, os cafés conquistavam a lealdade do freguês fornecendo um cardápio variado de bebidas cafeinadas, as últimas notícias e informações bem como a oportunidade de participar de um acalorado debate intelectual. Lloyd foi mais longe que a maioria nessas opções. Para oferecer notícias confiáveis e precisas sobre a marinha mercante a seus clientes, ele criou uma rede de correspondentes em portos por toda a Europa e publicava as notícias recolhidas por eles em folhetos com dicas. O período passado no Lloyd's significava acesso a um serviço de inteligência detalhado sobre navios, cargas e acontecimentos no exterior.

Esse encontro de um rio de dados com um rio de café resultou num caudaloso sucesso. Em 1691, os negócios iam a todo vapor e Lloyd precisava expandir. Ele mudou suas operações para a Lombard Street, 16, em frente à Royal Exchange, no coração do bairro mercantil. O local, mais novo e muito maior, era coberto de lousas nas paredes e tinha um púlpito central. As lousas substituíram os folhetos de dicas. O púlpito oferecia um lugar para anunciar preços de leilões marítimos e notícias em tempo real sobre a navegação mercante. E assim, entre cafés pretos e quadros-negros, Lloyd fez de uma ideia inventada pelos babilônios a base da moderna indústria do seguro.

Há quase 4 mil anos, os babilônios desenvolveram uma estratégia para mercadores que navegavam o Mediterrâneo. Se o comerciante fizesse um empréstimo para financiar um envio de mercadorias, pagava uma soma adicional em troca de uma garantia: caso seus bens fossem roubados ou perdidos no mar, o prestamista anulava o empréstimo. No século IV a.C., as taxas de empréstimo diferiam conforme a época do ano. Os preços eram mais baixos durante o verão, quando o mar estava mais calmo que no perigoso mar encrespado de inverno — ou seja, os babilônios desenvolveram uma ideia de precificação baseada em risco similar aos fundamentos do seguro moderno.

Cerca de dois milênios depois, a ideia de seguro marítimo baseado em risco e orientado por dados atingiu novas alturas no interior de um café londrino. Os banqueiros que frequentavam o Lloyd's estavam dispostos a assumir os riscos da navegação em troca de prêmios. Eles chamaram esse processo de "subscrição" [*underwriting*: garantia do segurador], pois os banqueiros literalmente anotavam seu nome no quadro-negro sob o nome do navio e seu manifesto de viagem: carga, tripulação, clima e destino.

Hoje, cerca de 320 anos depois, essa ideia da "subscrição" cresceu para se transformar numa indústria de seguros multitrilionária. O humilde café de Lloyd evoluiu no famoso Lloyd's londrino, que gerou 33,6 bilhões de libras em prêmios de seguro em 2017.[2] Porém, movida a forças muito similares às que ajudaram a esculpir o Lloyd's original — uma explosão de informação e colaboração —, a indústria do seguro está outra vez prestes a ser transformada por completo.

Há três grandes mudanças a caminho. Primeiro, transferindo o risco do consumidor para o fornecedor do serviço, categorias inteiras de seguro estão sendo eliminadas. Em seguida, o *crowdsurance* ["seguro colaborativo"] vai substituir as categorias tradicionais de seguro de saúde e de vida. Por fim, a ascensão das redes, dos sensores e da IA estão reescrevendo as maneiras pelas quais o seguro é precificado e vendido, remodelando a própria natureza da indústria.

Mas vamos começar por uma pergunta simples: se você utiliza o serviço de um carro autônomo, sem motorista, precisa de seguro?

CARROS QUE NÃO BATEM

Seguro é um jogo de médias. O modelo de negócios básico da indústria é estimar riscos e determinar prêmios — ou seja, cobrir esse tanto de risco custa esse tanto de dinheiro. Com quantidade suficiente de clientes e períodos de tempo longos o bastante, isso resulta em lucro para o segurador. O seguro de um automóvel,[3] por exemplo, hoje é calculado de acordo com a idade e o histórico do condutor, características do veículo, local onde o condutor vive e onde deixa o carro. Com motoristas suficientes e tempo de negócios o bastante, o lucro é enorme. Mas o que acontecerá na próxima década, quando os veículos autônomos chegarem às ruas e mudarem cada aspecto desse cálculo?

No momento, o erro humano reside no centro do seguro de automóveis. As pessoas — distraídas, emotivas, às vezes irracionais — são responsáveis por 90%[4] do 1,2 milhão de fatalidades anuais no trânsito.[5] Mas, sem humanos no banco do motorista, 90% desse perigo é eliminado. Para uma indústria de seguros construída em torno da avaliação de risco, só isso já é uma mudança gigantesca.

Agora avancemos mais um passo. Hoje, seguramos coisas que possuímos. Mas os carros autônomos nos levarão do automóvel enquanto propriedade para o automóvel enquanto serviço, eliminando por completo a necessidade de um seguro voltado para o consumidor. Por isso, a firma de contabilidade KPMG[6] prevê que o mercado de seguros de veículos pode encolher em 60% até 2040!

O enxugamento já começou. A Waymo oferece um seguro automático ao passageiro assim que pisa em um de seus carros. E a avaliação é feita com a confiança advinda dos big data.

Em 2018, os veículos autônomos da Waymo transitaram por 16 milhões de quilômetros de vias públicas,[7] além de 8 bilhões de quilômetros extras numa simulação. Todas essas viagens eram missões de coleta de dados, com a informação obtida sendo usada para treinar a IA da Waymo. O mais importante aqui é tanto a segurança como uma vantagem de mercado quase inatacável. Todos esses dados deixam a Waymo muito à frente da competição. Significa que nossa transição para o carro autônomo ainda não começou de fato e que as companhias de seguro tradicionais estão anos atrás.

Quando combinamos a tecnologia de veículos autônomos a sistemas de tráfego inteligente e vias com sensores embutidos — duas realidades —, os riscos do trânsito não só despencam, como também se transformam. Por exemplo, se o sensor Lidar que ajuda a guiar o carro autônomo falha e ocorre um acidente, de quem é a culpa? Não do passageiro. Talvez do fabricante do carro. Ou do fornecedor do Lidar. Ou então, se seu carro Waymo perde a conexão 5G e de repente para de andar, de quem é a culpa? Da Alphabet, a dona do veículo; da Verizon, que controla a conexão; ou da OneWeb, dona do satélite que fornece essa conexão? E se o veículo autônomo for hackeado ou roubado?

Embora tais questões ainda estejam sem resposta, e sem dúvida os cenários descritos soam perigosos, não custa lembrar que costumamos entregar picapes de duas toneladas nas mãos de adolescentes cheios de testosterona. Para não mencionar o fato de que quase 1 milhão de pessoas são detidas por embriaguez ao volante todo ano.[8] Em outras palavras, assim como com a tecnologia antiga, a nova vem com prós e contras. Mas, dessa vez, os prós podem significar o fim do seguro de veículos tal como o conhecemos.

CROWDSURANCE

Antes da chegada da tecnologia exponencial, tamanho era a vantagem suprema em seguro. Mais uma vez, tudo se resume a médias ou, em termos mais técnicos, ao que for necessário para calcular uma média, antes de mais nada.

Tabelas atuariais estatisticamente precisas demandam uma tonelada de dados. Para coletá-los, você precisa de um exército de clientes. Para encontrar esses clientes, precisa de um exército de vendedores. Para analisar os dados gerados por esses dois exércitos, precisa — surpresa! — de outro exército, o de estatísticos. Administrar todos eles exige outro exército. E, até o momento, essa lei dos grandes exércitos assegurava que o jogo fosse disputado por gigantes.

Era também um jogo de estatística. Em seguro, de saúde ou de vida, os prêmios dos saudáveis cobrem os custos dos não saudáveis. Mas os saudáveis acabam pagando prêmios desnecessariamente altos por esse privilégio, fazendo deles os perdedores permanentes desse jogo particular.

Assim, o que acontece quando os ultrassaudáveis se cansam do arranjo e decidem usar as mídias sociais para encontrar outros ultrassaudáveis, compartilhar dados e fazer um autosseguro? Não é preciso mais que uns poucos para erguer a mão digital e dizer: "Ei, veja meus genes, veja como eu faço exercícios, verifique meus dados do anel Oura, os dados do Apple Watch. Se houver aí alguém saudável como eu, vamos nos juntar e fazer isso".

No jogo do seguro, se os clientes de risco mais baixo não participam, a estatística deixa de funcionar. Com os ultrassaudáveis fora do cálculo, a curva de risco muda de maneira dramática. Para cobrir os custos, a taxa de todos deve aumentar ou a companhia de seguros vai à falência. Mas, se a taxa geral sobe, todo mundo procura seguro em outro lugar e, mais uma vez, a companhia de seguros quebra.

Que é exatamente o que está acontecendo.

Apresentamos o seguro descentralizado *peer-to-peer* ou, como ficou conhecido, "crowdsurance". O *crowdsurance* elimina o intermediário. Em vez de uma companhia de seguros, há uma infraestrutura tecnológica — um aplicativo conectado a uma base de dados conectada a uma IA. Essa infraestrutura supervisiona uma rede de pessoas que pagam os prêmios e acionam o seguro, após a aprovação da rede. Em outras palavras, a infraestrutura tecnológica elimina três dos quatro exércitos necessários para criar uma companhia de seguros. E o único exército restante? Os clientes — que ainda não se decidiram sobre o que fazer com todo o dinheiro que acabaram de economizar em seguro de saúde e de vida.

Pegue a Lemonade,[9] de Nova York, considerada com razão a start-up de *crowdsurance* mais bem financiada da atualidade. Por meio de um aplicativo, a Lemonade reúne pequenos grupos de segurados que pagam os prêmios a uma "reserva" central. A inteligência artificial cuida do resto. A experiência toda é digital, simples e rápida. Noventa segundos para fazer o seguro, três minutos para receber o dinheiro e zero papelada.

Acrescentando mais tecnologia a esse arranjo, empresas como a suíça Etherisc[10] vendem "produtos de seguro personalizados" no *blockchain* Ethereum. Como os contratos inteligentes eliminam a necessidade de empregados, de burocracia etc., todo tipo de novos produtos de seguro está sendo criado. A primeira oferta da Etherisc é algo não coberto pelas seguradoras tradicionais: atrasos e cancelamentos de voo.[11] A pessoa se inscreve pelo cartão de crédito e se o seu avião estiver mais do que 45 minutos atrasado, recebe na mesma hora, de forma automática, sem necessidade de papelada. E esse é apenas um exemplo. O *crowdsurance* ganha cada vez mais espaço. Categorias de microsseguro novas em folha — seguro para casco de embarcação, para chihuahuas

— começam a sair da prancheta para chegar ao mercado. Voltando às analogias históricas, é como se os marinheiros que frequentavam o Lloyd's começassem a fazer acordos diretamente com as lousas e todos os outros só continuassem a tomar o seu café em silêncio.

RISCO DINÂMICO

Fundada em 1937, a Progressive Insurance[12] foi a primeira a entrar num nicho que ninguém queria: motoristas de alto risco. Em seguida, fazendo jus ao nome, ela conservou sua vantagem por meio da tecnologia. A Progressive foi a primeira companhia de seguros a ter um site,[13] a primeira a permitir que os clientes adquirissem as apólices por essa via e a primeira a enriquecê-lo com vídeos de alta qualidade e ferramentas de transmissão de voz pela internet. Como pioneiros nos aplicativos para compra e gerenciamento de apólices, também foram os primeiros no celular. Todos esses desdobramentos ajudaram a modernizar o seguro e tornaram a Progressive uma das corporações mais lucrativas dos Estados Unidos. Mas, em 2004, eles assumiram o primeiro lugar em uma categoria diferente, e essa decisão foi um pouco mais do que progressista. A seu modo atuarial, foi absolutamente revolucionária.

Mas não no começo.

De início, a Progressive nada mais fez que pedir aos clientes em Minnesota para se voluntariar para um programa de pesquisa, o "TripSense".[14] Literalmente uma caixa-preta, o TripSense era plugado na porta diagnóstica do carro e monitorava três variáveis: quilometragem, velocidade e tempos de viagem. Quando terminava, os voluntários enviavam a caixa-preta de volta e a Progressive lhes mandava 25 dólares pela colaboração.

Em 2008, esse programa-piloto se espalhou. Rebatizado de "Snapshot", a atualização era projetada para coletar uma única informação: a velocidade veicular a intervalos de um segundo. A Progressive em seguida usou essa informação para calcular dois dados adicionais: quilômetros rodados e "eventos de freada brusca", como um motorista pisando com tudo no breque para não atropelar um gato. Por quê? Porque a Snapshot havia ido de um projeto-piloto para uma ideia radical: calcular o valor do seguro em decorrência dos hábitos de direção do motorista, não do seu histórico.

O termo técnico para isso é precificação dinâmica. O paranoico: o Grande Irmão está sempre de olho. Seja como for, a Progressive ajudou a substituir o modelo de seguro veicular tradicional por sensores. A velocidade com que a pessoa dirige, hábitos de frenagem, o volume do rádio, a quantidade de outros carros na pista pode impactar sua classificação. Os motoristas hoje são segurados com base na taxa de uso do carro (quanto menos você dirige, menos paga), no modo como dirigem (você sempre respeita o limite de velocidade) e em horários de uso de baixo risco (sua ida diária ao trabalho não ocorre após a meia-noite).

Essa mesma tendência começa a chegar ao seguro residencial. A tabela de preços costumava se basear no estado do imóvel quando a apólice era comprada, mas 30% das vezes em que o seguro residencial é acionado se devem a prejuízos com enchente[15] ocorridos muito tempo após a venda da apólice. Hoje as companhias obtêm métrica em tempo real usando sensores de temperatura embutidos nos encanamentos e detectores de água embutidos nas paredes, e os proprietários do imóvel são notificados sobre potenciais problemas bem antes de ocorrerem.

Graças aos dados do que podemos vestir, essa mesma mudança em breve chegará ao seguro de saúde. As companhias de seguro de repente terão oportunidade de prevenir doenças antes que aconteçam, em vez de aparecer no pós-operatório para arrumar a bagunça. A vantagem será um seguro mais barato em troca de uma vida mais saudável; a desvantagem: o Grande Irmão. Suas taxas sobem se você fuma um cigarro escondido? E se você come suas verduras, elas baixam?

O termo cunhado por McKinsey[16] para descrever esse tipo de seguro controlado por IA e repleto de sensores é "pague ao sair", transformando o tradicional papel de "detecção e reparo" de uma companhia de seguros no de "prever e prevenir". Suas taxas flutuam segundo suas escolhas, em um processo quase inteiramente automatizado. Até 2030, o número de humanos exigidos para acionar uma apólice cairá entre 70% e 90%,[17] enquanto o tempo de liberação do dinheiro encolherá de semanas para minutos. Isso sugere um futuro em que as companhias de seguro se tornam as guardiãs na linha de frente da saúde, e é uma mudança e tanto em relação aos dias de Lloyd, de seu café e de seus quadros-negros.

FINANÇAS

Observe o *skyline* de São Paulo, Hong Kong ou Nova York. Veja os edifícios mais altos, esses monstros de ferro. Quem são os proprietários desses imóveis estratosféricos? Companhias de seguro e firmas financeiras. Por quê? Pelo mesmo motivo que Willie Sutton teria dito que roubava bancos — "Porque é onde guardam o dinheiro".

Como já cobrimos o assunto do seguro, voltemos nosso foco para as mudanças que estão ocorrendo nos bancos e nas finanças, em que as tecnologias exponenciais passaram como um rolo compressor por ambas as indústrias, alterando por completo todo o negócio do dinheiro. Demos uma olhada nessa transformação um pouco acima, quando examinamos os dólares despejados em crowdfunding, ICOs, capital de risco e fundos soberanos. Para compreender o que está por vir, comecemos por uma simples pergunta: o que exatamente fazemos com nosso dinheiro?

Nós o guardamos, claro. A maior parte em bancos. Também o movemos de um lugar para outro, às vezes com transferências entre empresas, outras, tomando emprestado ou emprestando entre indivíduos. Em seguida, nós o investimos, tentando usar nosso dinheiro para produzir mais dinheiro. Por fim, desde os tempos em que moedas eram conchinhas, nós o trocamos pelas coisas que queremos. Graças às tecnologias exponenciais convergentes, cada uma dessas áreas está sendo reimaginada, com bits e bytes substituindo dólares e centavos, e a economia e o modo como vivemos nossa vida nunca mais serão os mesmos.

DINHEIRO DO BEM

Gunnar Lovelace[18] teve uma infância pobre. Criado apenas pela mãe em uma comunidade alternativa da Califórnia, ele nunca esqueceu a luta de sua família para atender as necessidades básicas, principalmente comida e dinheiro. Depois de adulto, Lovelace se tornou um empreendedor em muitas áreas e, embora suas três primeiras start-ups fossem em tecnologia e moda, ele investiu os lucros numa quarta, a Thrive Market,[19] sua tentativa de solucionar a luta por alimento.

Empresa movida por um propósito, a Thrive utiliza embalagens ecologicamente corretas, transporte com desperdício zero e ingredientes atóxicos para levar alimento orgânico de alta qualidade diretamente à porta de mais de 9 milhões de consumidores. Mas a Thrive resolveu apenas o primeiro dos problemas de Lovelace, ainda havia a luta por dinheiro a ser considerada. Isso nos leva a sua quinta empresa, a Good Money,[20] que usa essa mesma abordagem movida por valores para investir na tradicional indústria bancária em sua capacidade de depósito.

No momento, a maior parte do nosso dinheiro fica em bancos e, na maioria, sofremos abusos pelo privilégio. Em média, pagamos 360 dólares anuais em taxas bancárias.[21] Os grandes bancos, enquanto isso, faturam em média 30 bilhões de dólares por ano só com juros do especial.[22] Mas onde as coisas de fato saem do rumo é no que fazem com nosso dinheiro.

Os bancos podem investir nosso dinheiro, em geral com lucro significativo, onde acharem melhor. Isso com frequência inclui projetos não alinhados aos valores dos clientes. A Wells Fargo, por exemplo, perdeu uma tonelada de negócios[23] quando foi denunciada como uma das maiores patrocinadoras do controverso Oleoduto de Dakota. Assim, embora o banco esteja fazendo caixa, não só seu dinheiro não está trabalhando para você, como na verdade pode estar trabalhando contra.

A Good Money faz o contrário, em meia dúzia de maneiras diferentes. Tecnicamente uma carteira digital, ela vive dentro do seu celular e trabalha com moedas normais e criptomoedas. Pode ser utilizada em qualquer máquina de saque, com anuidade zero, sem cobranças por operação, e paga juros cem vezes maiores do que a maioria dos bancos. Os clientes também são proprietários. Ponha dinheiro no Good Money e você recebe em troca uma participação acionária, enquanto a empresa canaliza 50% dos lucros em investimentos de impacto e doações à caridade.

Com essa estratégia, a Good Money é direcionada a pessoas que preferem empresas movidas por valores, bem como aos 40 milhões de americanos alijados do sistema bancário tradicional por dívidas no especial e listas de vetos. Mas o maior mercado digital é uma terceira categoria por completo, os sem-banco, que não têm onde depositar seu dinheiro.

O problema é a infraestrutura, em especial nos países mais pobres, onde o custo de construir e manter bancos simplesmente excede o valor que conseguem gerar. A ciência econômica fica de cabeça para baixo. Mas, embora mais de 2 bilhões de pessoas no planeta ainda não tenham conta bancária,[24] quase todo mundo tem celular. E isso nos traz a um executivo da Vodafone chamado Nick Hughes[25] e a um dos mais intratáveis de todos os problemas econômicos internacionais: as microfinanças.

UMA PROPOSTA INCOMUM

Na Cúpula Mundial para o Desenvolvimento Sustentável de 2002, Nick Hughes, da Vodafone, fez uma apresentação sobre risco. Ele tinha um objetivo ingrato: convencer grandes corporações a ajudar as nações mais pobres alocando dólares de pesquisa para ideias com alto risco e grandes recompensas. Havia um funcionário do Departamento de Desenvolvimento Internacional do Reino Unido entre o público. Ao final, ele se aproximou de Hughes com uma proposta ainda mais incomum.

O departamento andava investigando usos do celular e notou que em algumas partes da África as pessoas tratavam minutos de celular quase como se fosse uma moeda, trocando-os por bens e serviços que em geral exigiriam dinheiro vivo. Os ingleses viram potencial nisso e, mais importante, tinham 1 milhão de dólares para investir. Se a Vodafone aceitasse contribuir com meio a meio no financiamento, o departamento concordava em bancar um projeto-piloto.

Como conseguir empréstimo é um dos maiores problemas enfrentados pelos sem-banco, a ideia de projeto-piloto inicial deles eram as microfinanças. Um microempréstimo para uma vaca, uma motocicleta, uma máquina de costura — ou seja, os custos de start-up para um pequeno negócio — costuma ser o início do fim do ciclo de pobreza. Dando às pessoas uma maneira de retirar e pagar seu empréstimo via minutos de celular, o departamento imaginava que poderiam revigorar o empreendedorismo nos países que mais necessitavam isso.

O resultado dessa colaboração foi a M-Pesa,[26] desenvolvida inicialmente no Quênia em 2007. Sem filiais bancárias ou máquinas de saque automático, a M-Pesa se baseia numa tecnologia antiga: pessoas. Agentes individuais vendem minutos de celular em mercados locais, trocando-os por dinheiro e vice-versa. Os clientes carregam os minutos em seu cartão SIM, depois em seu celular, transformando o tempo de conexão em dinheiro, que pode ser enviado para outra pessoa via mensagem de texto.

Embora os microempréstimos tenham sido os geradores iniciais desse plano, os valores remetidos o transformaram numa força. A transferência sem taxas bancárias permitiu aos trabalhadores na cidade enviar dinheiro para parentes na zona rural, tanto poupando-os dos 12%[27] cobrados por empresas como a Western Union como substituindo o método mais antigo: entregar um envelope com dinheiro a um motorista de ônibus e torcer pelo melhor.

Oito meses após o lançamento,[28] 1 milhão de quenianos usavam a M-Pesa. Hoje, é quase o país inteiro. Segundo pesquisa feita no MIT,[29] sem nada além de acesso a serviços bancários básicos, a M-Pesa tirou 2% da população queniana — mais de 200 mil pessoas — da pobreza extrema.

Tampouco é só o Quênia. A M-Pesa hoje fornece serviços bancários para mais de 30 milhões de pessoas em dez países diferentes.[30] Em lugares tomados pela corrupção, virou uma maneira de os governos se protegerem. No Afeganistão, é como se paga o Exército. Na Índia, as aposentadorias. E não é apenas a M-Pesa que oferece tais serviços.

Em Bangladesh, a bKash serve hoje mais de 23 milhões de usuários;[31] a chinesa Alipay, quase 1 bilhão.[32] E como a Good Money, a Alipay se tornou uma força de transformação social. Mais de 500 milhões de usuários jogam "Ant Forest",[33] ganhando pontos por tomar decisões ecologicamente corretas em sua vida diária. Esses pontos são resgatados em árvores reais plantadas no mundo real. Virou algo como uma obsessão nacional. Até o momento já foram plantadas mais de 1 milhão de árvores.

O importante é que esses acontecimentos viraram o arco tradicional da tecnologia de cabeça para baixo. Em geral, ideias de ponta desenvolvidas originalmente no Vale do Silício são introduzidas primeiro na Costa Oeste, depois adotadas pela Costa Leste, passando por uma investigação na Europa para por fim, um dia, chegar ao resto do mundo. Mas o processo se inverteu, com a inovação no mundo em desenvolvimento virando a disrupção no mundo desenvolvido.

E vem mais disrupção por aí.

Os bancos ocupam uma rara posição no ecossistema econômico: toda a infraestrutura pela qual flui o dinheiro lhes pertence. Como repositórios centrais da confiança, sempre que alguém quer mover dinheiro — emprestar, transferir, até mesmo doar —, os bancos podem se intrometer no processo. Ou, pelo menos, podiam, até a chegada do *blockchain*.

Com o *blockchain*, como a confiança vem embutida no sistema, ele não é mais necessário. Pegue o mercado de ações. Hoje, para realizar um negócio, há o comprador, o vendedor, uma série de bancos que guardam o dinheiro de ambos, a própria Bolsa de Valores, instituições financeiras etc. — grosso modo, dez intermediários diferentes. O *blockchain* elimina todos, exceto o comprador e o vendedor. A tecnologia cuida do resto.

Numa tentativa de se agarrar à fatia cada vez menor do bolo, os grandes bancos estão correndo para o *blockchain*. No entanto, os milhares de empreendedores que usam o *blockchain* para a disrupção desses mesmos bancos são provavelmente mais velozes. Considere a R3[34] e a Ripple,[35] dois exemplos de disrupção no mundo em desenvolvimento que impactam os negócios no mundo desenvolvido. Nos dois casos, essas empresas estão usando *blockchain* para substituir a rede Swift,[36] o protocolo-padrão que supervisiona as transações bancárias internacionais.

Esse fluxo invertido de disrupção não vai acabar tão cedo. Ao longo da próxima década, 4 bilhões de pessoas, os bilhões em ascensão, terão acesso à internet.[37] Como todas precisarão de serviços bancários básicos, a oportunidade é gigante. Mas, graças à convergência de tecnologias, como resultado do objetivo ingrato de Nick Hughes em algum momento quase todo mundo, menos os bancos, terminarão capitalizando com ela.

A INVASÃO DA IA

"Fintech" é o termo para a convergência entre a tecnologia e os serviços financeiros. Colonizado inicialmente pelas redes e pelos aplicativos, ele foi em seguida radicalizado pela IA e pelo *blockchain* e hoje funciona como um mecanismo de redistribuição da riqueza global. Pense em Robin Hood com um celular, tirando dinheiro dos bancos para devolvê-lo às mãos dos clientes.

Sempre que quantidades volumosas de frustração do cliente vão de encontro a pilhas volumosas de dinheiro, a oportunidade fica à espreita. Isso deu origem a uma empresa chamada TransferWise.[38] Por exemplo, unindo clientes com pesos que querem converter em dólares a clientes com dólares que querem converter pesos, a TransferWise usa um aplicativo de namoro modificado para atuar em todo o mercado de moeda estrangeira. Na verdade, como é mais fácil juntar pessoas tentando trocar moeda do que pessoas à procura de encontros, em menos de cinco anos a empresa foi avaliada em 1 bilhão de dólares.

Construída com base em redes e aplicativos, a TransferWise é mais um exemplo da onda colonizadora das fintechs. Quando a IA entrou em cena, a onda radicalizada cresceu. Considere a prática milenar do "Parceiro, tem um dólar pra me arrumar?", também conhecida como empréstimo *peer-to-peer*. Em geral, é uma prática de alto risco — ou seja, o Parceiro raramente vê seu dólar de novo. Em larga escala, o problema só faz agravar. À medida que as aldeias se tornaram vilas, e as vilas se expandiram em cidades, e as cidades se espraiaram, a confiança comunitária ruiu. Foi aí que os bancos entraram em cena — eles devolveram a confiança à equação do empréstimo.

Mas quem precisa de confiança quando existem dados?

Com a IA, grupos imensos podem se juntar, compartilhar informação financeira e criar uma reserva de risco, compondo o mercado *peer-to-peer* hoje conhecido como "crowdlending". Prosper,[39] Funding Circle[40] e LendingTree[41] são três exemplos em um mercado previsto para crescer de 26,16 bilhões de dólares, em 2015, para 897,85 bilhões, em 2024.[42]

Um exemplo diferente é o Smart Finance Group.[43] Criado em 2013 para atender a enorme população dos sem-banco e sub-bancarizados chineses, o Smart Finance usa uma IA para esquadrinhar os dados pessoais do usuário — mídias sociais, dados de celular, histórico educacional e profissional etc. — e gerar quase na mesma hora uma pontuação de crédito confiável. Com esse método, é possível aprovar um empréstimo *peer-to-peer* em menos de oito segundos, incluindo microempréstimos para os sem-banco. E os resultados falam por si. Cerca de 1,5 milhão a 2 milhões de empréstimos são feitos a cada mês via Smart Finance.

A IA também causou impacto nos investimentos. Tradicionalmente, essa sempre foi uma briga de cachorro grande, pois depende de dados. Os consultores financeiros dispunham dos melhores dados, mas você precisava ser rico o bastante para pagar um consultor financeiro e ter acesso a eles. E consultores são exigentes. Como a gestão de pequenos investidores pode demandar mais tempo que a de grandes, o investimento mínimo de muitos gestores patrimoniais está na faixa de centenas de milhares de dólares.

Mas a IA equilibrou o jogo. Hoje, consultores-robôs como Wealthfront[44] e Betterment[45] levaram a gestão patrimonial às massas. Por meio de um aplicativo, os clientes respondem uma série de questões iniciais sobre tolerância a risco, metas de investimento e objetivos de aposentadoria, e então os algoritmos assumem.

Na verdade, já assumiram. Diariamente, cerca de 60% de todas as negociações do mercado são feitas por computadores.[46] Quando o mercado fica volátil, pode chegar a 90%.[47] O consultor-robô apenas disponibilizou o processo para o consumidor e, como resultado, protege seu dinheiro.

Sem humanos na cadeia de serviço, as comissões são drasticamente reduzidas. Em vez dos usuais 2% sobre os ganhos cobrados por um gestor patrimonial, a maioria dos consultores-robôs fica com cerca de 0,25%.[48] Os investidores deram a resposta. Em janeiro de 2019, a Wealthfront gerenciava 11 bilhões de dólares,[49] enquanto a Betterment, 14 bilhões de dólares.[50] Embora os consultores-robôs representem apenas cerca de 1% do investimento americano total, a Business Insider Intelligence[51] calcula que esse número atingirá 4,6 trilhões de dólares em 2022.

Por fim, chegamos a nossa última categoria, o uso do dinheiro para pagar coisas. Mas já conhecemos essa história. Quando foi a última vez que você despejou moedas numa cabine de pedágio automática? Ou pagou uma viagem de táxi com dinheiro? Para falar a verdade, Uber e Lyft nos permitem circular pela cidade sem carteira. A combinação entre lojas sem caixa, como Amazon Go, e serviços como Uber Eats[52] e o costume de prescindir do dinheiro vivo está prestes a se tornar o novo normal.

A Dinamarca parou de imprimir papel-moeda em 2017.[53] No ano anterior, em sua tentativa de expandir o sistema bancário móvel e desmonetizar o mercado financeiro paralelo do país, a Índia fez um recall de 86% do seu dinheiro.[54] O Vietnã pretende que 90% de seu varejo seja feito sem dinheiro vivo até 2020.[55] A Suécia, onde mais de 80% de todas as transações são digitais, já chegou lá.[56]

Os economistas costumam observar que dois dos principais fatores que impulsionam o crescimento econômico são a disponibilidade — a reserva que podemos sacar — e a velocidade, ou a rapidez e a facilidade com que podemos mover o dinheiro de um lugar para outro. Ambos os fatores estão sendo amplificados pelas tecnologias exponenciais. O resultado é a aceleração, uma profunda mudança em quem são os donos dos imóveis que dominam nossos *skylines*. Na verdade, ao nos debruçarmos sobre o próprio mercado imobiliário, perceberemos que a transformação do *skyline* é apenas o começo da mudança.

IMÓVEIS

Nossa história começa na Grande Recessão de 2008,[57] quando o comportamento irresponsável de dois atores familiares — os grandes bancos e as grandes seguradoras — lançou os Estados Unidos no caos. O mercado imobiliário foi atingido com particular dureza e mergulhou numa espiral descendente. A crise hipotecária sobreveio e as coisas foram de mal a pior, até chegarmos ao fundo do poço. Foi então que Glenn Sanford[58] teve o que deve ter parecido uma ideia de fato estúpida: criar uma imobiliária.

Mas uma imobiliária para seu tempo. Diante dos custos indiretos crescentes e da dilapidação dos rendimentos, Sanford resolveu fugir do que os corretores sempre fizeram: abrir um escritório. Abandonando por completo o modelo de tijolos e argamassa, ele criou a eXp Realty,[59] primeira corretora imobiliária nacional baseada na nuvem.

Sem unidade física, Sanford construiu um megacampus inteiramente imersivo usando uma plataforma de mundo virtual chamada VirBELA (hoje propriedade da eXp).[60] Atualmente, o campus da eXp Realty compreende 1600 corretores[61] de todos os cinquenta estados americanos, três províncias canadenses e quatrocentos mercados imobiliários importantes — tudo sem precisar de uma única sala.

Em vez de sair para o trabalho, os corretores e gerentes ficam em casa. Usando um *headset* de RV ou seu laptop, eles se reúnem virtualmente em um campus que inclui saguão de entrada, biblioteca, teatros, salas de reunião e campo esportivo. Sanford, enquanto isso, atribui pelo menos 100 milhões de dólares da capitalização de mercado de 650 milhões de dólares[62] de sua imobiliária ao dinheiro economizado com a redução da infraestrutura e das despesas indiretas.

Embora a reinvenção de Sanford tenha tido consequências significativas para o setor imobiliário, é só o resultado de um trio de convergências: computação, redes e RV. Junte isso ao que está por vir — IA, impressão 3D, carros autônomos, táxi aéreo e cidades flutuantes — e tudo muda num piscar de olhos. E isso inclui o único componente da indústria que Sanford deixou intocado: o corretor de imóveis.

O FIM DO CORRETOR DE IMÓVEIS

A maioria, se tiver sorte, um dia consegue comprar uma casa. Em geral, acontece uma vez na vida. Com frequência é a maior decisão de compra que a pessoa fará, o maior cheque que vai preencher e, para muitos, o maior medo enfrentado. Vamos contar a história de como a IA está mudando esse processo, mas, antes de chegarmos lá, vale lembrar que na verdade essa é uma história de pessoas aflitas tomando decisões duras no mundo real.

Sem dúvida, a IA tem nos ajudado a tomar decisões imobiliárias difíceis já faz algum tempo. Zillow,[63] Trulia,[64] Move,[65] Redfin[66] e muitas outras empresas investiram milhões em tecnologia.[67] As buscas, a avaliação, a consultoria e a gestão imobiliárias nunca foram tão fáceis, rápidas e precisas. Os investidores hoje têm uma capacidade de análise que transcende em muito a humana, mesclando variáveis imobiliárias estabelecidas como aluguel, taxas de ocupação e dados sobre escolas locais a novos inputs: dados sobre sequência de cliques na internet, imagens de satélites, rastreamento de geolocalização etc. E assim como a corrida armamentista da IA em outras indústrias, também no mercado imobiliário as empresas com os melhores dados acabarão por dominá-lo.

Se a IA já faz tudo isso pelo lado da pesquisa no mercado imobiliário, por que não permitir que conduza também a corretagem? Ou, para ser mais específico, por que não deixar a convergência entre IA, RV e sensores ser seu corretor?

Em um futuro no qual o rastreamento constante das preferências é um recurso-padrão de qualquer IA pessoal, quem vai querer contratar um estranho para procurar um imóvel? Sua IA já o conhece, graças a suas curtidas e descurtidas, provavelmente melhor do que você mesmo. Não estamos longe do dia em que a maior parte da busca por imóveis — casas, apartamentos, escritórios, seja o que for — será conduzida do sofá, com um *headset* de RV e a ajuda de sua IA pessoal. Seria como falar com a Siri se a Siri fosse uma designer de interiores: "Loft industrial moderno, piso de cimento, próximo a um Whole Foods" etc. Sua IA corretora oferecerá opções que se encaixam em seus critérios, enquanto o *headset* de RV permite ver o imóvel a qualquer hora do dia ou da noite.

Para o vendedor, isso significa que os compradores potenciais podem estar a dois quilômetros ou a dois continentes de distância. Para o comprador, todo tour de RV imersivo é uma experiência de aprendizado de IA. Um software de rastreamento ocular avançado acompanha a direção do seu olhar, enquanto algoritmos de reconhecimento de voz detectam se há prazer ou aversão em seu tom. Ambos vêm se somar a sua lista de curtidas e descurtidas, com a IA recomendando imóveis cada vez melhores à medida que sua busca prossegue.

Está curioso sobre como a sala vai ficar com as paredes pintadas de azul? Sem problema. Programas de RV podem modificar um ambiente de modo instantâneo, alterando variáveis infinitas: assoalho, papel de parede, orientação do sol. Ansioso por experimentar seus móveis em uma residência criada por RV? A IA avançada poderia um dia compilar toda sua mobília, seus objetos de arte, seus livros, e em seguida inseri-los em qualquer espaço virtual, introduzindo certeza onde antes não havia quase nenhuma. Em essência, plataformas imobiliárias operando por IA e RV lhe permitirão explorar qualquer imóvel no mercado e reformá-lo segundo seu gosto, para descobrir se a casa com que você sempre sonhou é de fato o lar dos seus sonhos.

REINVENTANDO A CIDADE

"Ponto" é o mantra dos corretores imobiliários, mas existe um importante complemento a ele, a "proximidade".

O valor de sua casa é em parte medido por sua proximidade com meia dúzia de lugares: um centro comercial, boas escolas, seu local de trabalho, restaurantes favoritos, as casas de seus melhores amigos etc. Mas, na próxima década, com a iminente transformação dos transportes, a relação entre perto e longe está se alterando. Então o que acontece quando carros autônomos, carros voadores e o Hyperloop fazem da proximidade uma possibilidade para todos?

Se o trajeto de Las Vegas a Los Angeles se transforma numa viagem de meia hora com o Hyperloop; se o norte de Vermont e o centro de Boston ficam a um passeio de carro voador de distância; se leva uma hora, cochilando em um

Uber autônomo, para ir da distante Virginia à capital Washington — por que não comprar o dobro de casa pela metade do preço em áreas mais afastadas? O tempo de viagem agora pode ser aproveitado da maneira que você achar melhor — dormindo, meditando, conversando. Quando antigas localizações geograficamente indesejáveis se tornam de fácil acesso, a proximidade em si é democratizada.

A questão é que nossa definição de "oportunidade imperdível" começará a mudar na próxima década. Mas não se trata apenas de alterar a relação entre perto e longe — tem a ver também com produzir mais do "perto".

Entra em cena a cidade flutuante.

Cidades flutuantes são uma solução proposta para um trio de problemas modernos: a elevação oceânica, o crescimento populacional vertiginoso e os ecossistemas em perigo. Em quinhentas cidades costeiras hoje ameaçadas pelo aquecimento global,[68] as cidades flutuantes poderiam nos oferecer o que mais precisamos: um modo de vida à prova de enchentes, tsunamis e furacões. Além do mais, cerca de 40% da humanidade já vive perto do oceano;[69] assim, se bem-sucedidas, elas criarão uma fartura de ofertas imobiliárias onde antes não havia nenhuma.

Versões anteriores dessa ideia enfrentam considerável resistência, mas, em 2019, em face dos perigos crescentes da mudança climática, as Nações Unidas decidiram que a tecnologia valia uma segunda tentativa. Uma das alternativas consideradas é a Oceanix City,[70] projeto de desperdício zero e energia positiva criado pelos empreendedores taitianos Marc Collins e Itai Madamombe. Consiste em uma série de ilhas hexagonais dispostas em círculo, com cada uma dessas plataformas autossustentáveis de 4,5 acres capaz de abrigar trezentas pessoas, e com os 75 acres da propriedade completa conseguem sustentar até 10 mil pessoas.

Um segundo projeto feito pelo Instituto Seasteading.[71] de San Francisco, está sendo testado na Polinésia francesa.[72] Conhecido como Projeto Ilha Flutuante, a ideia aqui é menos uma cidade flutuante do que uma plataforma de testes para os projetos de futuras cidades flutuantes. Com cem acres de propriedades de frente para o mar e uma zona econômica especial para os moradores, esse projeto planeja ter uma dúzia de estruturas erguidas até 2021.

Tanto em um lugar como no outro, sustentabilidade é a chave. Tecnologias de captação fornecem água potável; uma série de estufas, fazendas verticais e pisciculturas proporcionam alimento; e energia solar, eólica e de ondas suprem todas as necessidades energéticas. Barcos elétricos ou, em breve, carros voadores autônomos, transportarão os moradores num piscar de olhos para trabalhar no continente. Ou, melhor ainda, talvez não. Com suprimentos entregues por drones e viagens feitas por avatares para reuniões de negócio, talvez você nunca precise deixar a ilha.

A tecnologia exponencial está desmaterializando, desmonetizando e democratizando quase todos os aspectos dos imóveis. A infraestrutura corporativa passou a virtual; os corretores não ficaram muito atrás. Ponto e proximidade, os pilares gêmeos da indústria, são os próximos, compreensivelmente desmonetizados até o fim desta década. A escassez atual de endereços personalizados para uns poucos felizardos se transformará no futuro em oportunidades de imóveis a preços acessíveis para a maioria.

Quando as mudanças no mercado imobiliário se combinam à reformulação das finanças e do seguro, presenciamos uma alteração drástica tanto no *skyline* das cidades como no negócio de fazer negócios. Tornando esses processos mais rápidos e mais baratos, cortando o intermediário e disponibilizando essas oportunidades para todos, estamos reimaginando três dos maiores motores de geração de riqueza da história. O que, mais uma vez, constitui outro motivo para o futuro ser mais rápido do que você pensa.

12. O futuro dos alimentos

É 2030 e você está com fome. Há pouco tempo, andou experimentando a última moda: cozinhas híbridas. Sua IA tem algumas sugestões baseadas em seu histórico de preferências, suas necessidades nutricionais e sua agenda, entre outras coisas. Amanhã você vai surfar, então é uma boa ideia consumir algumas calorias extras antes. A opção dessa noite: fusão asiático-iídiche. Como você nunca experimentou essa hibridização antes, melhor prevenir que remediar. Você deixa a IA selecionar os pratos que serão preparados.

Oito minutos depois, um drone da Amazon chega com duas sacolas de ingredientes. Você os despeja em sete bandejas anexas a sua impressora de comida 3D.[1] Há um legume que você nunca viu antes. Ao escanear um pequeno código, um aplicativo de rastreamento de identidade alimentar auxiliado por *blockchain* é acionado. Como você descobre, é um novo tipo de abobrinha, originária do Vietnã, agora disponível em uma fazenda vertical na sua rua.

Os ingredientes restantes são deixados com seu chef robô, na verdade nada mais que um par de braços articulados com interface de tela sensível ao toque. Mas não é preciso encostar na tela, uma vez que as receitas foram descarregadas na primeira vez que você pediu um jantar. Como o sistema todo é automatizado, também não há necessidade de ficar por perto.

Ao sair da cozinha, você percebe o braço robô fatiando atum fresco com um movimento suave.[2] Com vinte motores diferentes, 24 articulações e 129 sensores, esse robô culinário consegue imitar os movimentos do braço e da mão humanos. Na verdade, esse robô particular foi treinado usando machine learning a partir de vídeos de chefs destacados cozinhando em restaurantes cinco estrelas.

Melhor ainda, como você selecionou uma fazenda orgânica para lhe fornecer carne cultivada em laboratório,[3] sabe que o atum não foi capturado em pesca de arrastão, com dinamite ou qualquer outro pesadelo ecológico. Na verdade, foi cultivado a partir de células-tronco, sem prejudicar nenhum animal ou o meio ambiente na fabricação. Por fim, como o processo todo foi automatizado e customizado, o desperdício de alimento é zero. Você limpa o prato e então, como ele foi impresso com chocolate em 3D, literalmente o come.

Em 2020, quase tudo nessa história já é realidade. Claro, sua cozinha não se parece em nada com isso, mas parecerá em breve. Antes de considerarmos as modificações exigidas em seu apartamento, vamos começar nossa investigação sobre o futuro dos alimentos por sua gênese — o coração da estrela que chamamos Sol.

A INEFICIÊNCIA ALIMENTAR

A história da comida é de desperdício. A ineficiência é inerente a cada etapa do processo. Considere a origem da refeição em seu prato. "Todos os animais comem plantas ou comem animais que comem plantas", escreveu Richard Manning em um ensaio para a *Harpers*.[4] "Essa é a cadeia alimentar, e o que a põe em movimento é a capacidade única das plantas de transformar a luz do Sol em energia armazenada na forma de carboidratos, o combustível básico de todos os animais. A fotossíntese, a partir da energia solar, é a única maneira de produzir esse combustível. Não existe alternativa à energia vegetal, assim como não existe uma alternativa para o oxigênio."

A comida em nosso prato inicia sua jornada a cerca de 150 milhões de quilômetros de distância, na origem do processo de fotossíntese a energia solar. Ainda que muitos milhões de toneladas cúbicas de hidrogênio sejam fundidos no Sol a cada segundo, menos de um bilionésimo dessa energia chega à Terra. E, do total que alcança a superfície terrestre, menos de 1% é usado para a fotossíntese.

Mas o desperdício não para por aí. Depois que o alimento é cultivado, ainda precisa ser transportado. Nada nesse processo dá trégua para o meio ambiente. Num feriado, há uma boa chance de que a comida sobre a mesa tenha viajado distâncias maiores do que as pessoas em volta. A refeição do americano percorre em média entre 2500 e 4 mil quilômetros para chegar a seu prato.[5] Batatas do Iowa, vinho da França, carne da Argentina — não é difícil imaginar o custo energético.

Mais energia ainda é desperdiçada na etapa final do processo dessa mesma refeição. Enquanto um em cada oito americanos tem dificuldade para conseguir comida, 40% do alimento nos Estados Unidos nunca é consumido. Ele apodrece no campo ou termina num aterro sanitário. Na verdade, segundo o Conselho de Defesa de Recursos Nacional,[6] se conseguíssemos "resgatar" apenas 15% desse alimento, poderíamos alimentar 25 milhões dos 42 milhões de americanos que hoje sofrem de insegurança alimentar.

A ajuda está a caminho, conforme todas as etapas de nossa cadeia alimentar passam por uma transformação completa. No início do processo, os pesquisadores estão descobrindo como elevar a capacidade vegetal de transformar luz solar em comida. O tabaco é o rato de laboratório das plantas. Aprimorando a capacidade vegetal de usar a luz do Sol para produzir açúcar, os pesquisadores na Ucla[7] conseguiram um aumento de 14% a 20% na produção de tabaco. O Projeto Ripe, de Bill Gates, na Universidade de Illinois,[8] igualou e superou esses números. Estudos conduzidos na Universidade de Essex os levaram ainda mais longe. Aumentando os níveis de uma proteína envolvida na fotorrespiração, eles aumentaram a produção de tabaco em 27% a 47%. As Nações Unidas estimam que precisamos dobrar o rendimento da safra mundial até 2050 para alimentar uma população estimada em mais de 9 bilhões.[9] O que todo esse trabalho mostra é que o aperfeiçoamento da fotossíntese pode nos deixar bem mais perto dessa meta.

Essas melhorias talvez demorem algum tempo para ir do laboratório à mesa, mas as empresas já estão se preparando para a etapa seguinte do processo: o transporte. Além de nossos veículos ficarem cada vez mais econômicos, nossa comida está cada vez mais resistente.

A Apeel Sciences, de Santa Barbara,[10] utiliza a biomimética e a ciência dos materiais para tratar o problema do desperdício de alimentos. Acontece que a natureza dota os frutos e as hortaliças de um mecanismo antiapodrecimento natural: a casca. Tecnicamente conhecida como "cutina", essa camada mais externa da epiderme vegetal é uma pele cerosa de ácidos graxos feita para segurar a umidade. A Apeel encontrou um modo de usar derivados vegetais 100% naturais para produzir cutina em laboratório, que pode ser borrifada sobre o alimento (ou onde ele pode ser imerso). A substância é inodora, incolor e insípida, e o alimento protegido continua sendo considerado orgânico. Abacates[11] acondicionados dessa forma demoram 60% a mais de tempo para amolecer e já estão disponíveis na maioria dos principais supermercados americanos.

Proteger contra o apodrecimento ajuda a preservar nosso alimento por mais tempo, mas não resolve por completo a questão do transporte. Assim, as empresas começam a contornar por completo essa etapa. A fim de tornar o transporte da fazenda para a mesa mais eficiente, o lugar de produção está mudando. A ideia é conhecida como "fazenda vertical",[12] ou seja, cultivar produtos em prédios, não no campo. Como mais de 70% da humanidade viverá em cidades até 2025, o transporte de produtos cultivados em fazendas por mais de 3 mil quilômetros em média não só é dispendioso, como também insalubre. O valor nutricional dos vegetais cai a cada segundo passado fora do solo. Se demora duas semanas para o alimento chegar a sua mesa — um tempo de viagem nada incomum —, o valor nutricional pode ser reduzido em até 45%.[13] Com a fazenda vertical, "cultivado localmente" assume um significado literal. A Ikea, por exemplo, agora alimenta seus consumidores com alimentos cultivados verticalmente em suas lojas.

Além de eliminar o tempo de viagem, as fazendas verticais resolvem uma série de outros problemas. Como são ambientes completamente fechados, a necessidade de pesticidas também some. Assim como de água. Utilizando hidroponia e aeroponia,[14] as fazendas verticais nos permitem cultivar colheitas usando 90% menos água do que a agricultura tradicional — algo crucial para nosso planeta cada vez mais sedento.

A fazenda vertical tem progredido a um ritmo incrível. Em 2012, quando escrevemos pela primeira vez sobre o conceito em *Abundância*, havia apenas um punhado de projetos-piloto em andamento. Hoje, há uma indústria estabelecida.

O maior participante no setor é a Plenty Unlimited Inc., de Bay Area.[15] Com mais de 200 milhões de dólares em recursos captados,[16] a Plenty trouxe uma abordagem baseada em tecnologia inteligente à agricultura de ambiente fechado. As plantas crescem em torres de seis metros de altura, monitoradas por milhares de câmeras e sensores e otimizadas com machine learning por big data. Isso permite acomodar quarenta plantas no espaço que antes era ocupado por uma. Também produz colheitas 350 vezes maiores que uma fazenda ao ar livre com menos de 1% da água utilizada. E em lugar de hortaliças personalizadas para uns poucos ricos, o processo lhes permite derrubar de 20% a 35% dos custos dos supermercados tradicionais. Até o momento, os carros-chefe da Plenty são sua operação no sul de San Francisco; uma fazenda de quase 10 mil metros quadrados[17] em Kent, Washington; uma fazenda em ambiente fechado nos Emirados Árabes Unidos; e a construção de mais de trezentas fazendas na China.

Do outro lado dos Estados Unidos, em uma fábrica remodelada de quase 7 mil metros quadrados em Newark, New Jersey, uma empresa chamada AeroFarms[18] criou um modo de cultivar cerca de uma tonelada de verduras sem terra nem luz solar. Em suas instalações, fileiras e mais fileiras de LEDs controlados por IA fornecem o comprimento de onda luminosa exato que cada planta precisa para prosperar. Com o uso da aeroponia, os nutrientes são borrifados diretamente nas raízes, assim nenhum solo é necessário. As plantas ficam suspensas em uma malha feita de garrafas plásticas recicladas. E aqui também sensores, câmeras e machine learning orientam todo o processo.

Nenhuma fazenda dessas ainda tem tamanho suficiente para impactar nosso problema alimentar global, mas as tecnologias exponenciais conspiram a seu favor. A agricultura, como Matt Barnard, CEO da Plenty,[19] declarou recentemente à imprensa, está de fato se beneficiando da convergência. "Assim como a Google se beneficiou da combinação simultânea de tecnologia aperfeiçoada, algoritmos melhorados e massas de dados, presenciamos o mesmo [na fazenda vertical]."

Também vimos a chegada dos robôs. Hoje, de 50% a 80% do custo de uma fazenda vertical vem da mão de obra humana,[20] mas a Iron Ox, do Vale do Silício,[21] está projetando um robô de quase meia tonelada capaz de carregar contêineres de cultivo de quatrocentos quilos. Ou, como a *Engadget* afirmou recentemente:[22] "Velho MacDonald era um droide".

Em suma, a agricultura não só ficou mais alta, como também mais forte. E mais inteligente. E, acima de tudo, bem mais eficiente.

A INEFICIÊNCIA DE CRIAR UMA VACA

Um fato assustador: em 2050, para alimentar uma população de 9 bilhões de pessoas, o mundo precisará de 70% mais alimentos do que precisou em 2009.[23] Grande parte desse alimento será carne. Até 2050, graças sobretudo à modernização da China e da Índia, o consumo mundial de carne deve aumentar em 76%.[24] Isso é problemático, para dizer o mínimo.

Hoje, 50% de toda terra habitável no mundo é composta por fazendas,[25] com 80% delas reservadas à criação animal. Um quarto da massa terrestre disponível no planeta[26] é utilizada no momento para cuidar da criação de 20 bilhões de frangos, 1,5 bilhão de cabeças de gado e 1 bilhão de ovelhas — isto é, até serem abatidos e comidos. O quociente de sofrimento sobe à estratosfera. Assim como o desperdício. Um em cada oito americanos irá para a cama com fome esta noite, e no entanto os animais de fazenda consomem 30% da safra mundial.

Pior é a água envolvida. A produção de carne responde por 70% do uso mundial da água.[27] Comparados aos 1500 litros[28] exigidos para produzir um quilo de trigo, são necessários 15 mil litros para produzir um quilo de carne, ou seja, há água suficiente em um boi adulto para fazer um destróier da Marinha americana flutuar.

A carne também é responsável por 14,5% de todos os gases de efeito estufa[29] e por parte considerável de nosso problema de desmatamento. Na verdade, estamos no meio de uma das maiores extinções em massa da história — mais sobre isso no capítulo 13 —, e a perda de terras para a agropecuária hoje é a maior causa dessa extinção.[30]

O cerne do problema é o mesmo: ineficiência.

Hoje temos de criar uma vaca inteira para obter um único filé. Também precisamos lidar com todo o desperdício e os gases de efeito estufa que a vaca produz ao longo do caminho e dar um jeito na carcaça do animal no fim da cadeia produtiva. No entanto, à medida que os avanços em biotecnologia começam a convergir com os avanços em agrotecnologia, podemos contornar todo o processo, cultivando esse mesmo filé a partir de uma única célula-tronco — nenhuma vaca é necessária.

A receita de carne cultivada é a seguinte.[31] Pegue algumas células-tronco de um animal vivo (em geral por meio de uma biópsia, sem lhe causar danos). Insira essas células em uma solução rica em nutrientes. Use biorreatores para o fornecimento de energia de todo o processo. Dê à indústria alguns anos para amadurecer e à tecnologia alguns anos para derrubar os custos e, por fim, podemos produzir uma quantidade infinita de filés e alimentar uma população carnívora cada vez mais voraz.

Ou, pelo menos, essa é a meta, mas ainda há alguns obstáculos a superar. No momento, essa solução rica em nutrientes continua sendo à base animal e terrivelmente cara. Se um dos principais objetivos é uma carne livre de crueldade, a solução terá de ser inteiramente derivada de plantas, algo em que os cientistas e as empresas ainda estão trabalhando. Devido a nossa incapacidade de oferecer essa solução com o timing exato e a precisão de localização, fomos mais bem-sucedidos em imitar carnes mais "moles" — como hambúrguer ou chouriço — do que em cultivar o filé em si. Por fim, em uma colaboração entre as indústrias de alimento e de energia, os pesquisadores ainda estão trabalhando em fontes alternativas para todo o sistema. Um dia os biorreatores exigirão menos energia e/ou funcionarão completamente à base de energias renováveis, mas ainda não chegamos lá.

Mesmo assim, os benefícios ambientais são consideráveis. A carne cultivada usa 99% menos solo, de 82% a 96% menos água e produz de 78% a 96% menos gases de efeito estufa.[32] O uso de energia cai para algo entre 7% e 45%, dependendo da variedade envolvida (as criações tradicionais de frango consomem muito mais energia do que as de boi). Liberando um quarto de nossa massa terrestre, podemos reflorestar, o que proporciona o habitat exigido para impedir a crise da biodiversidade, bem como os sumidouros de carbono necessários para desacelerar o aquecimento global. E embora esses números deem um nó na nossa cabeça, eles apontam para algo extraordinário: uma solução ética e ambiental para a fome mundial.

A carne cultivada também é uma solução mais saudável.[33] Como o filé é criado a partir de células-tronco, podemos aumentar a quantidade de proteínas úteis, reduzir a gordura saturada e até acrescentar vitaminas. A carne não precisa de antibióticos e, considerando ameaças como a doença da vaca louca, é na verdade mais segura para os humanos. Recorrendo à carne cultivada, baixamos a carga global de morbidade e, como 70% das enfermidades emergentes vêm do gado,[34] diminuímos o risco de pandemias. Além do mais, testes com consumidores e chefs mostram que o sabor não é mais um empecilho para a preferência.

Hoje, fazer isso em larga escala continua caro. Em 2013, o primeiro hambúrguer cultivado custava 330 mil dólares.[35] Em 2018, a Memphis Meats[36] baixara isso para 5300 dólares por quilo, enquanto a Aleph Farms, para cerca de 110 dólares por quilo.[37] Mais uma vez, as tecnologias exponenciais estão a favor delas: a Memphis acredita que acelerar a tecnologia derrubará o custo desse hambúrguer para cerca de cinco dólares em alguns anos e, em restaurantes asiáticos mais sofisticados, o frango produzido em laboratório já figura no cardápio.

À medida que progride, a carne cultivada tem potencial para alcançar um custo-benefício muito maior do que a carne convencional.[38] A produção é na maior parte automatizada, sem muita necessidade de terreno ou mão de obra. Além disso, leva alguns anos para criar uma vaca, mas apenas algumas semanas para cultivar um filé bovino em laboratório. E é mais do que apenas um contra-filé. As carnes em desenvolvimento incluem linguiça suína, nuggets de frango, foie gras, filé-mignon — tudo depende das células usadas como ponto de partida. No fim de 2018, a Just Inc. anunciou uma parceria com a Toriyama, produtora da carne bovina Wagyu japonesa,[39] para desenvolver carne de células-tronco a partir desse que é há muito tempo o filé mais raro e caro da Terra.

O que é verdade para a carne também o é para o leite. A Perfect Day Foods,[40] uma empresa de Berkeley, na Califórnia, descobriu como fabricar queijo sem necessidade de vacas. Combinando sequenciamento genético com impressão 3D e ciência da fermentação, eles criaram uma linha de laticínios de origem vegetal.

Junte tudo isso e vemos um futuro alimentar muito diferente. Daqui a alguns anos, os humanos passarão a ser os primeiros animais a obter suas proteínas animais sem ferir nenhum outro no processo. Os açougues serão uma história de horror que contaremos a nossos netos. E um planeta hoje onerado pelo peso de quase 8 bilhões de almas terá alguma chance quando ultrapassarmos os 9 bilhões.

Parte III

O futuro mais rápido

13. Ameaças e soluções

Ampliemos nosso escopo. Até o momento, este livro apresentou duas metas principais. Na parte I, examinamos as forças de aceleração e vimos como a convergência de tecnologias está desencadeando ondas de mudança sem paralelo na história em sua capacidade disruptiva. Na parte II, acompanhamos a propagação dessas ondas pela sociedade, prestando especial atenção a seu impacto em nossa vida diária. Em ambos os casos, mantivemos o escopo de nosso exame limitado aos próximos dez anos.

Na parte III, ampliamos nossos horizontes em duas direções fundamentais. Neste capítulo, vamos focar nas disrupções de nossa disrupção — isto é, uma série de riscos ambientais, econômicos e existenciais que ameaçam o progresso feito até aqui. Obviamente, cada uma dessas categorias é densa o bastante para encher um livro. Nosso objetivo não são os detalhes exatos. De preferência, queremos delinear o problema, em seguida examinar as maneiras pelas quais as tecnologias convergentes podem oferecer soluções.

No capítulo a seguir, consideramos as consequências a longo prazo, expandindo nosso foco da próxima década para o século adiante. Vamos explorar cinco grandes migrações causadas (em grande parte) pela tecnologia que começam a ocorrer. Analisaremos os deslocamentos por motivos econômicos, as sublevações ocasionadas pela mudança climática, a exploração de mundos virtuais, a colonização do espaço sideral e as colaborações de mentes em colmeia — ou o quinteto dos movimentos em massa que remodelarão a demografia do globo e a natureza da sociedade ao longo dos próximos cem anos.

Começaremos por voltar nossa atenção à atual crise hídrica, em seguida passaremos à mudança climática e ao colapso populacional das espécies, antes de mudar o foco para o desemprego tecnológico, IAs rebeldes e outras ameaças exponenciais que tiram nosso sono.

APUROS HÍDRICOS

Em 2018, o Painel Intergovernamental das Nações Unidas sobre Mudanças Climáticas publicou seu "Relatório especial sobre aquecimento global",[1] com uma conclusão terrível: a humanidade está acabando com o planeta. Nosso fascínio pela tecnologia industrial e nossa incapacidade de lidar com a consequente devastação ambiental pôs a Terra — chamada por Carl Sagan de "o único lar que já conhecemos" — em rota de colisão com o desastre. Segundo os principais cientistas do clima mundiais, restam-nos apenas doze anos para consertar o problema. Se não limitarmos o aquecimento global a 1,5°C, enfrentaremos consequências catastróficas.

Meses depois, o Fórum Econômico Mundial (FEM) referendou essa ideia, publicando seu "Relatório de riscos globais",[2] a edição mais recente de um periódico criado para destacar as cinco principais ameaças que a humanidade enfrentará na próxima década. Tradicionalmente, as preocupações do FEM são econômicas — crises do petróleo, financeiras e assim por diante. Mas 2018 marcou a primeira vez que os temores econômicos não figuravam entre os cinco principais problemas. Na verdade, os maiores perigos atuais são de natureza ecológica: crises hídricas, perda da biodiversidade, eventos climáticos extremos, mudança climática e poluição.

Nas cinco seções seguintes, examinaremos como a tecnologia está nos ajudando a lidar com as cinco grandes preocupações do Fórum Econômico Mundial, mas isso não acontece de modo automático. Nosso argumento é tecnoutópico. Resolver os apuros ecológicos do planeta exige tecnologia, sem dúvida, mas também demanda um dos maiores esforços cooperativos da história. Se aprendermos a trabalhar juntos como nunca fizemos, temos boas chances. Mas, à luz desses relatórios recentes, é bom que seja rápido.

E isso nos traz a Dean Kamen.[3]

Dean Kamen é uma espécie de super-herói geek, um Batman nerd vestindo uma camisa jeans. Para começar, vive em um covil secreto — uma ilha-fortaleza com cômodos ocultos, heliportos e, após uma pacífica secessão dos Estados Unidos, sua própria Constituição. O currículo dele inclui mais de 440 patentes diferentes, incluindo bombas de insulina, próteses robóticas e cadeiras de rodas off-road. Como muitas de suas invenções exerceram tremendo impacto, em 2000 o presidente Bill Clinton agraciou Kamen com a maior honraria concedida a inventores, a Medalha Nacional da Tecnologia.

Em *Abundância*, contamos a história da "Slingshot" [Estilingue],[4] de Kamen, inovação que recebeu o nome da arma usada por Davi para derrotar Golias, mas que foi projetada para abater um gigante diferente: a ameaça da escassez hídrica. Hoje, 900 milhões de pessoas não têm acesso a água potável limpa.[5] Doenças transmitidas pela água são a principal causa de mortalidade mundial, reclamando 3,4 milhões de vidas por ano,[6] em sua maioria crianças. A mudança climática, a população em expansão acelerada e a péssima gestão dos recursos não ajudam em nada. Até 2025, segundo as Nações Unidas, metade do globo sofrerá com o estresse hídrico.[7]

Para reverter a tendência, Kamen projetou a Slingshot, um sistema de destilação por compressão a vapor acionada por um motor Stirling — ou um purificador de água do tamanho de um frigobar capaz de funcionar com qualquer combustível, incluindo esterco de vaca seco. Consumindo menos eletricidade que um secador de cabelo, a Slingshot consegue purificar a água de qualquer origem: aquíferos poluídos, água salobra, esgoto, urina, o que você imaginar. Uma única máquina fornece água potável limpa para trezentas pessoas por dia; 100 mil máquinas — bem, é de um esforço cooperativo como esse que estamos falando.

Também é por isso que queremos voltar à história de Kamen, retomando--a em 2012, onde paramos. Na época, a Slingshot acabara de completar uma série de testes versão beta, fornecendo dois meses de água potável limpa para diversas aldeias africanas remotas. Ao mesmo tempo, Kamen acabara de firmar um acordo verbal com a Coca-Cola.[8] O inventor concordava em construir uma máquina de refrigerantes melhor para a gigante mundial e, em troca, a Coca-Cola concordava em usar sua rede de distribuição global para levar a Slingshot a países que enfrentam seca.

As duas partes mantiveram sua palavra. Kamen ajudou a projetar o "Freestyle Fountain Beverage Dispenser",[9] que utiliza "tecnologia de microdosagem" para misturar mais de 150 refrigerantes diferentes sob demanda (isso sim que é indecisão!). A Coca-Cola, nesse meio-tempo, se aliou a outras dez organizações internacionais e iniciou a distribuição da Slingshot em 2013, um item fundamental de seus quiosques "Ekocenter".[10] Parte armazém geral, parte centro comunitário, os Ekocenters são contêineres de transporte movidos a energia solar que fornecem água potável segura, acesso à internet, artigos não perecíveis (como repelente de mosquito), kits de primeiros socorros e, é claro, produtos da Coca-Cola para vender a comunidades remotas e de baixa renda. Em 2017, havia 150 Ekocenters operando em oito países,[11] em sua maioria conduzidos de forma sustentável por empreendedores locais, que distribuíam 78,1 milhões de litros[12] de água potável segura por ano — nada mal para um acordo feito no fio do bigode.

Só que a Slingshot não é a única competidora nessa corrida.

As tecnologias começam a convergir em nossos apuros hídricos, com milhares de atores operando em uma enorme gama de abordagens. No extremo high-tech do espectro de desenvolvimento, há a dessalinização por infusão de nanotecnologia; no meio, bombas de água subterrânea movidas a energia solar; e no extremo low-tech, métodos de captura de neblina. Para oferecer outro exemplo, a Slingshot de Kamen tem como concorrente a iniciativa Omni Processor, financiada por Bill Gates, que transforma fezes humanas em água potável, produzindo ao mesmo tempo eletricidade e fertilizante com as cinzas.

Há também a Skysource, da Califórnia,[13] vencedora do Water Abundance XPRIZE, de 1,5 milhão de dólares,[14] cuja tecnologia extrai 2 mil litros de água por dia da atmosfera — ou o suficiente para duzentas pessoas. Isso é conseguido com energia renovável, a um custo de não mais que dois centavos por litro. Como as necessidades hídricas de um planeta de 7 bilhões de pessoas estão entre 350 bilhões e 400 bilhões de galões diários,[15] o uso de tecnologias como a Skysource para aproveitar os mais de 12 quatrilhões de galões contidos na atmosfera a qualquer hora pode ser a única maneira de aplacar essa sede.

Ou considere a "malha hídrica inteligente",[16] ou o que acontece quando as tecnologias exponenciais convergem na fazenda. A malha inteligente possibilita monitoramento preciso do solo, irrigação da colheita, detecção precoce de insetos e doenças e assim por diante. As estimativas variam, mas a maioria dos estudos considera que a malha inteligente possibilitaria uma economia de trilhões de galões por ano[17] — e é essa a questão. Know-how tecnológico não falta. Sabemos utilizar a água, mas somos estúpidos na execução, usando uma abordagem assistemática para atacar um problema que abrange a biosfera inteira.

Porém isso é também a típica curva de desenvolvimento exponencial. As tecnologias hídricas estão passando da fase desiludida para a disruptiva, costurando essas tentativas assistemáticas para obter as soluções globais que necessitamos de fato. E um motivo para afirmar isso de maneira segura é que as tecnologias hídricas parecem cerca de cinco anos atrasadas em relação às tecnologias energéticas, que — como veremos em breve — estão se expandindo como uma força global para lidar com o próximo problema a ser considerado: o aquecimento do planeta.

MUDANÇA CLIMÁTICA PARA OTIMISTAS

Quarenta bilhões de toneladas de CO_2[18] — esse é o custo de queimar combustíveis fósseis. Todo ano despejamos 40 bilhões de toneladas de dióxido de carbono na atmosfera. Como conceber uma quantidade dessas? Em 2017, Caleb Scharf, jornalista da *Scientific American*,[19] usou incêndios florestais como termo de comparação.

Árvores armazenam carbono. Se você queima um acre de uma floresta de coníferas, ela libera 4,81 toneladas de carbono. Logo, para liberar 40 bilhões de toneladas de carbono é preciso queimar 10 bilhões de acres de floresta por ano, ou o equivalente a 42 milhões de quilômetros quadrados. Infelizmente, explicou Scharf, "o continente inteiro da África não tem mais que 30 milhões de quilômetros quadrados. Assim [é uma África], mais um terço, pegando fogo, todo ano".

Essas emissões, os detritos de carvão, petróleo e gás natural incinerados, são a principal causa do aquecimento global. Na verdade, segundo a Carbon Majors Database,[20] fundada em 1988, 71% das emissões de gases de efeito estufa podem estar ligadas a não mais que uma centena de companhias de combustível fóssil. Por isso, passar à energia limpa deve ser nossa prioridade número um na lista de coisas que podemos fazer para deter a mudança climática. E a maioria dos especialistas concorda que essa transformação possui três componentes principais: geração de energia, armazenamento de energia e transporte verde. Assim, em nossa análise das soluções para as maiores ameaças enfrentadas pela humanidade hoje, comecemos pela geração de energia — ponto em que temos boas notícias.

As energias solar e eólica passam por um crescimento exponencial há décadas, derrubando os preços e melhorando o desempenho numa base incrivelmente consistente. Para fins de comparação, o carvão,[21] que por muito tempo foi a forma de energia mais barata disponível, hoje custa cerca de seis centavos por quilowatt-hora.[22] Mas a comparação termina por aí.

Na década de 1980, a energia produzida por uma usina eólica nova custava 0,57 dólar por quilowatt-hora.[23] Hoje, em regiões de vento, custa 0,021 dólar (se você retira todos os subsídios, 0,04 dólar).[24] Isso representa uma queda de 94% no preço.[25] Ao longo da próxima década, os especialistas preveem que esse número será cortado pela metade, disponibilizando o "vento de um centavo" até 2030.[26]

Na energia solar, a notícia é melhor ainda. Nos últimos quarenta anos, houve uma redução de trezentas vezes no custo de fabricação do painel solar. Esqueça os quilowatts-hora por um momento. Em 1977, a geração de um watt de energia em um painel solar custava 77 dólares. Hoje, custa 0,30 dólar, ou uma redução de 250 vezes no preço. "Essa curva de preço-desempenho em energia é algo nunca visto",[27] explica Ramez Naam, diretor de Energia, Clima e Inovação da Singularity University. "A explosão da energia solar é quase como uma transformação digital na categoria mais fundamental da infraestrutura."

Esse crescimento abrupto ajuda a explicar por que a Peabody Coal, maior companhia de carvão privada do mundo, quebrou recentemente. Já era de se esperar. Na última década, os estoques de carvão caíram entre 75% e 90%,[28] conforme oito das maiores companhias de carvão americanas pediam falência. A Ásia também se uniu aos Estados Unidos nesse afã anticarvão. Só em 2016, a China cancelou a construção de 160 usinas.[29] A Índia fez algo similar no ano seguinte, cancelando num único mês 9 bilhões de dólares em projetos já iniciados.[30]

À medida que o carvão desaparece, as energias renováveis tomam seu lugar. A maior usina de carvão na América do Norte, a Nanticoke Generating Station, em Ontário, no Canadá, virou há pouco tempo uma fazenda solar.[31] O Reino

Unido hoje gera mais energia de fontes de carbono zero do que de carvão,[32] um fato significativo se considerarmos que foi esse mineral que ajudou a unir o reino, para começo de conversa. Segundo pesquisa conduzida pelo Carbon Disclosure Project, mais de cem grandes cidades[33] obtiveram 70% de sua energia de fontes renováveis em 2017. No mesmo ano, a Costa Rica passou trezentos dias funcionando completamente à base de energias renováveis, enquanto outros países não ficam muito atrás. No total, 8% da eletricidade mundial hoje vem da energia solar e eólica,[34] e atualmente custa menos construir uma nova fazenda solar ou eólica do que operar uma usina de carvão.[35]

Resultado? Energia muito barata.

E por toda parte. Em regiões ensolaradas dos Estados Unidos, a energia solar custa 0,045 dólar por quilowatt-hora.[36] Na Índia, onde se imaginava que o carvão predominaria durante a maior parte deste século, 0,038 dólar.[37] Em Abu Dhabi, 0,024 dólar[38] — quando o contrato de fornecimento foi assinado era o custo energético mais barato da história. Então o Chile chegou mais longe, com 0,021 dólar,[39] enquanto o Brasil foi a 0,0175 dólar.[40] Em países equatoriais, os lugares onde vive a maioria das pessoas que não têm eletricidade, a energia solar se tornou a forma mais barata disponível. Mais importante, os países mais pobres do mundo são também os mais ensolarados, algo que inverterá por completo o paradigma tradicional de poder.

E mais ainda está por vir. A ciência dos materiais vem se fundindo à energia solar, mudando a maneira como construímos painéis, bem como seu desempenho. Pegue os "pontos quânticos",[41] essencialmente pedaços de material semicondutor em nanoescala, que começam a ser usados em painéis solares. A grande novidade é a conversão de energia. Uma célula solar típica transforma um fóton de luz solar em um elétron de energia, ou seja, hoje, em um painel com tecnologia de ponta, cerca de 21% da luz do sol que entra sai como energia.[42] Pontos quânticos, enquanto isso, triplicam essa produção, transformando um único fóton numa trilogia de elétrons, elevando essa taxa de conversão para 66%.[43]

A tecnologia não só torna a energia solar mais potente, como também mais acessível. Agora, dois terços do preço da energia solar vêm de custos indiretos[44] — terreno, manutenção, rastreadores solares; na prática, tudo o que não seja o painel. As empresas já usam drones para monitorar fazendas solares e eólicas e sensores embutidos para acompanhar o painel antes que surjam problemas. Mas não estamos longe de empregar técnicos robôs na instalação e na manutenção das fazendas solares e eólicas, usando IA para supervisioná-los.

Por fim, a razão de discutirmos as energias solar e eólica juntas é porque essas tecnologias também estão convergindo — e com uma enorme vantagem. "O vento tende a soprar quando não tem sol e vice-versa", afirma Naam. "Isso é verdadeiro numa base horária e numa base sazonal. A combinação das energias solar e eólica em uma mesma malha energética é um pouco como somar um mais um e obter três. Se isso existisse nos Estados Unidos, poderíamos agora mesmo atender a 80% de nossas necessidades energéticas."

Mas o ponto mais importante é também o mais óbvio: a luz solar é gratuita. E abundante. A cada 88 minutos,[45] 470 exajoules de energia solar atingem nosso planeta, praticamente o que a humanidade consome em um ano. Em 112 horas — ou pouco menos de cinco dias — recebemos 36 zettajoules de energia, ou o correspondente a todas as reservas de petróleo, carvão e gás natural comprovadas da Terra. Se pudéssemos capturar apenas um milésimo dessa quantidade, teríamos seis vezes mais energia do que a utilizada hoje. E embora os números sejam diferentes, vale o mesmo para o vento. Energia tem mais a ver com acessibilidade do que com escassez — exatamente o tipo de problema que a tecnologia exponencial já mostrou ser capaz de solucionar.

O PROBLEMA DO ARMAZENAMENTO

Se queremos produzir energias renováveis em larga escala, precisamos armazenar energia. Para as emergências, para ter paz de espírito, para ocasiões em que o vento não sopra e o sol não brilha, baterias são críticas. Mas precisaremos de muitas baterias.

Recentemente, a Califórnia decidiu obter 100% de sua eletricidade com fontes renováveis até 2045.[46] Para alcançar essa meta, segundo a Força-Tarefa do Ar Limpo, o estado necessita de 36,3 milhões de megawatts-hora de armazenamento energético. De quanto dispõe hoje? Cerca de 150 mil megawatts-hora. Em outras palavras, a Califórnia avançou 0,4% em seu objetivo.

Baterias a íon de lítio foram a solução inicial universal para esse problema. Uma tecnologia exponencial, essas baterias presenciaram queda de preço por três décadas, ficando 90% mais baratas entre 1990 e 2010,[47] e 80% depois disso. Ao mesmo tempo, sua capacidade aumentou onze vezes.[48] Mas uma produção suficiente para atender à demanda tem sido um complicador.

Entra em cena a Gigafactory[49] — tentativa da Tesla de dobrar a produção global de baterias de íon de lítio. Localizada nos arredores de Reno, a Gigafactory produz vinte gigawatts de armazenamento de energia por ano, marcando a primeira vez que vemos baterias de íon de lítio sendo fabricadas em larga escala. Uma segunda Gigafactory foi construída em Buffalo,[50] uma terceira em Shanghai,[51] e uma filial europeia está sob consideração.[52] Embora ainda precise ser provado, Elon Musk calculou que cem Gigafactories[53] poderiam produzir estoque suficiente para as necessidades do planeta.

A Tesla também mostrou que suas baterias funcionam em larga escala. Em um projeto de 2018 para atualizar uma fazenda solar/eólica na Austrália, a empresa construiu as maiores instalações de bateria da história[54] — cem megawatts de armazenamento — em menos de cem dias. Resultado? Primeiro, hoje podemos construir usinas integradas solar/eólica/baterias que geram energia a um preço inferior ao do carvão. Segundo, podemos fazer isso ao longo de um único verão.

Esses fatos chamaram a atenção de outras companhias automotivas. A Renault começou a construir armazenamento de energia doméstica baseada em suas baterias Zoe,[55] enquanto circuitos de bateria 500 i3 da BMW[56] estão sendo integrados à malha energética nacional do Reino Unido, e Toyota, Nissan e Audi anunciaram projetos-piloto. A despeito dessa aposta nas baterias de íon de lítio, elas são apenas uma parte da nossa história.

A outra são as baterias de fluxo.[57] Enquanto baterias de íon de lítio armazenam energia em sólidos como metal, as baterias de fluxo a armazenam em líquidos, como sal fundido. Como o lítio é um recurso escasso encontrado em climas secos — e sua mineração exige meio milhão de toneladas de água para cada tonelada de lítio —, a troca por sal, que é barato e abundante, seria uma substituição útil.

Baterias de fluxo também atendem a diferentes necessidades. Por serem leves e portáteis, as baterias de íon de lítio são perfeitas para a tecnologia móvel. A desvantagem é a pequena durabilidade. Uma bateria de íon de lítio comum consegue aguentar mil ciclos de carga.[58] Com baterias de fluxo, é o contrário. Elas são volumosas e pesadas, mas capazes de segurar carga por 5 mil a 10 mil ciclos,[59] passando décadas sem precisar de troca. San Diego, por exemplo,[60] como parte da tentativa da Califórnia de usar energias renováveis em larga escala, instalou recentemente uma bateria de fluxo que armazena dois megawatts de eletricidade, ou o suficiente para suprir mil residências por quatro horas.

O custo continua um problema. As baterias de fluxo hoje são mais caras do que as de íon de lítio,[61] mas estão prestes a ficar bem mais baratas. A Form Energy,[62] financiada pela Breakthrough Energy Ventures, de Bill Gates, está trabalhando em uma bateria de fluxo de enxofre aquoso que custa um quinto de sua equivalente de íon de lítio.

Dezenas de opções de armazenamento diferentes também estão chegando ao mercado. Companhias como a Hydrostor bombeiam ar comprimido em tanques e em instalações de contenção subterrâneas, criando baterias que custam cerca da metade dos sistemas tradicionais e duram mais de trinta anos. Em breve chegarão também os sistemas de armazenamento de volante, a energia termal e as centrais de energia reversível.

A ciência dos materiais contribuiu para a causa. Pesquisadores do MIT usaram nanotubos de carbono para criar "ultracapacitores", que aumentam a capacidade da bateria em pelo menos 50%.[63] E há muito mais por vir.

De modo que o desafio não é gerar energia de renováveis ou armazenar a energia gerada, mas sim fazer isso no mundo inteiro. Não é apenas questão de construir a malha inteligente continental de Ramez Naam, mas sim uma em cada continente. Equivale à gestão de recursos em nível global, pois, gostemos ou não, quando se trata do meio ambiente, estamos com certeza todos no mesmo barco.

O CARRO ELÉTRICO PISA FUNDO

A última peça no quebra-cabeça da energia é o transporte. Nos Estados Unidos, o combustível de carros, picapes e caminhões representa um quinto do balanço energético total.[64] O acréscimo de aviões, trens e navios gera 30% das emissões de gases de efeito estufa.[65] No mundo todo, isso é um pouco menos de 20%.[66] Embora os carros autônomos — que são predominantemente elétricos — venham um dia a diminuir esse ônus energético, a maioria dos especialistas acha que a transição não será rápida o bastante para manter o aquecimento global abaixo dos 2°C.

Para reduzir esses números, legisladores do mundo todo têm pressionando a indústria automobilística, anunciando futuras proibições da venda de motores a gasolina e a diesel. A Alemanha, quarta maior fabricante mundial de automóveis, foi a primeira a ir por esse caminho. Em 2016, o país anunciou o fim da fabricação do motor de combustão interna para 2030.[67] No ano seguinte, a Noruega superou a Alemanha,[68] com um prazo final até 2025. E os noruegueses literalmente compraram essa ideia: 52% das vendas em 2017 foram de um veículo elétrico. Para comparação, nos Estados Unidos, em 2018, isso foi de 2,1%.[69]

A Índia também entrou na onda,[70] prometendo se livrar dos combustíveis fósseis até 2030. A China, maior fabricante de carros do planeta, está considerando um veto, com a Volvo chinesa[71] à frente da iniciativa, interrompendo toda sua produção exceto de veículos elétricos. Enquanto isso, França, Alemanha, Dinamarca, Suécia, Japão, Holanda, Portugal, Coreia do Sul, Costa Rica e Espanha determinaram metas oficiais para a comercialização de carros elétricos.[72]

E onde há verde, o verde prospera — ou seja, pressentindo a grande mudança no mercado, quase todas as fabricantes importantes hoje possuem um veículo elétrico em produção e/ou à venda. A disponibilidade de modelos ecologicamente corretos foi de ínfimos dois, em 2010, para 41 veículos, em 2019. Só a Ford vai gastar mais de 11 bilhões de dólares para eletrificar quarenta veículos até 2022. A Daimler superou os gastos da Ford, despejando 11,7 bilhões de dólares na produção de dez carros elétricos puros e quarenta modelos híbridos.[73] Mas o maior investidor isolado é a Volkswagen, que está empregando 40 bilhões de dólares para eletrificar quarenta veículos até 2030.[74] No total, as automotivas mundiais já investiram mais de 300 bilhões de dólares no setor.[75]

Uma grande parte desse dinheiro é gasto em baterias. Além da parceria com a Tesla na Gigafactory, a Panasonic também se aliou à Toyota[76] para desenvolver uma nova tecnologia de bateria, enquanto Porsche e BMW[77] estão colaborando em estações de recarga ultrarrápida. A Volkswagen investiu na start-up QuantumScape,[78] cujas baterias de estado sólido da próxima geração são baratas, leves e — ao contrário de suas primas de íon de lítio (e para grande alívio da Transportation Security Administration) — não pegam fogo. Além do mais, sua densidade energética deve representar um aprimoramento triplicado, proporcionando aos veículos elétricos autonomia bem mais próxima da desfrutada pelos veículos a gasolina.

Mas a autonomia continua sendo um problema. Hoje, a maioria dos veículos elétricos faz cerca de trezentos quilômetros por bateria,[79] porém a tendência desse número é aumentar. A autonomia cresceu 15% ao ano por quase uma década.[80] Até 2022, o modelo de autonomia média fará 440 quilômetros com a bateria carregada,[81] enquanto os modelos mais sofisticados ficarão entre 560 e 640 quilômetros, que é a autonomia média de um carro a gasolina. Até 2025, ano em que as baterias de estado sólido devem chegar ao mercado,[82] os veículos estarão próximos dos oitocentos quilômetros de autonomia, ou o que se acredita necessário para uma ampla adoção.

A peça seguinte no quebra-cabeça elétrico: tempo de carga. Em média, você leva menos de dez minutos para abastecer em um posto de gasolina. O tempo médio para carregar a bateria de um veículo elétrico, dependendo do tipo de carregador, pode se estender em até quatro horas. Mas as forças do mercado e a convergência de tecnologias aceleraram as coisas de maneira considerável. A supramencionada colaboração entre a Porsche e a BMW, por exemplo, resultou em um carregador de quatrocentos megawatts que funciona 25 mil vezes mais rápido do que o carregador de celular. Ele põe cem quilômetros de carga em uma bateria de carro em três minutos e consegue elevar essa mesma bateria de 10% a 80% de carga em menos de quinze minutos.

A StoreDot, start-up de Tel Aviv,[83] foi ainda mais longe. Eles aproveitaram novos materiais para desenvolver uma "bateria relâmpago" de íons de lítio que carrega tão rápido quanto um supercapacitor,[84] mas descarrega tão devagar quanto uma bateria normal. Uma recarga de cinco minutos lhe dá 480 quilômetros de autonomia.[85] Isso representa 96 quilômetros por minuto, ou o equivalente aproximado a bombas de gasolina de um modelo mais antigo.

A disponibilidade de estações de recarga é a última peça. As estimativas variam, mas a maioria calcula haver cerca de 150 mil postos de gasolina nos Estados Unidos.[86] Cada um tem em média oito bombas, para um total nacional de 1,2 milhão. Para comparação, hoje há apenas 68 mil unidades de recarga de veículos elétricos nos Estados Unidos.[87] Mas esses números são enganosos.

Eles não incluem a recarga doméstica, principal ponto de carregamento de veículos elétricos.[88] Tampouco abrangem a ChargePoint,[89] uma empresa que levantou mais de 500 milhões de dólares para construir 2,5 milhões de estações de recarga até 2025, metade na Europa, metade nos Estados Unidos. Se conseguir, a ChargePoint poderá levar a disponibilidade de pontos de recarga ao mesmo patamar das bombas de gasolina.

O que nos traz a outro dos cinco principais perigos do Fórum Econômico Mundial: o evento climático extremo. Em 2017, o lar americano médio funcionava com 29,5 quilowatts-hora por dia,[90] enquanto o Modelo-S[91] da Tesla tem um circuito de baterias de 85 quilowatts-hora. Mal comparando, isso significa que um Modelo-S com a bateria 100% carregada poderia fornecer energia a três lares americanos durante quase 24 horas. Assim, se um furacão arrasa o sul da Flórida, uma frota de Teslas pode servir como sistema de emergência. Com uma malha inteligente movida a IA, os veículos elétricos se tornam nós em uma rede nacional, uma frota móvel de geradores reserva para nos deixar preparados para o evento climático extremo iminente.

BIODIVERSIDADE E SERVIÇOS ECOSSISTÊMICOS

Para complementar essa enumeração das ameaças ambientais mais significativas enfrentadas hoje, temos de investigar a extinção das espécies e o colapso do ecossistema. A combinação entre mudança climática, desmatamento, poluição, pesca excessiva e assim por diante gerou uma crise de biodiversidade gigantesca. Em um dia ruim, segundo as Nações Unidas, duzentas espécies são extintas. Quarenta por cento de todas as espécies de insetos estão em queda. Nossos parentes mais próximos — os chimpanzés, os grandes primatas, na verdade todos os membros da família dos primatas — estão ameaçados. Até o fim do século, pelo ritmo atual, 50% de todos os grandes mamíferos terão desaparecido.

A história pode ser pior no oceano, com três quartos dos recifes de coral mundiais sob risco.[92] Esses recifes abrigam cerca de 25% da biodiversidade mundial[93] e além de representarem o ganha-pão de mais de 500 milhões de pessoas,[94] produzem 70% do oxigênio da atmosfera. Contudo, em 2050, se nada mudar, 90% desses recifes terão ido embora. E o quadro não é nem um pouco mais animador se olharmos para o resto do oceano. Até 2100, 50% de toda a vida marinha terá desaparecido.[95]

A biodiversidade é fundamental para a saúde de nossos ecossistemas e para a dos serviços ecossistêmicos, ou seja, todas as coisas que o planeta faz por nós que não podemos fazer sozinhos. Isso inclui a produção de oxigênio, de alimentos, de madeira, os serviços de polinização, a proteção contra enchentes, a estabilização do clima — 36 no total. E devido à perda da biodiversidade, 60% desses serviços estão criticamente degradados e são insustentáveis a longo prazo.

Então como protegemos a biodiversidade e preservamos os serviços do ecossistema? Não existe solução simples, mas queremos sublinhar cinco acontecimentos que estão ajudando a reverter a tendência.

Reflorestamento com drones: Em terra, as florestas são *hotspots* de biodiversidade, e é também por isso que o desmatamento é uma das maiores causas de extinção. A escala da destruição é vasta. Todo ano, perdemos 18,7 milhões de acres de floresta,[96] ou um território do tamanho do Panamá. Como as árvores são um importante sorvedouro de carbono, o desmatamento também responde por 15% das emissões anuais totais de gases de efeito estufa. Assim, como combater o desmatamento em escala industrial? Com reflorestamento em escala industrial.

Entra em cena a BioCarbon Engineering,[97] uma empresa britânica fundada por ex-funcionários da Nasa que desenvolve drones de plantio de árvore guiados por IA. Os drones primeiro mapeiam a área para identificar os melhores lugares de plantio, depois disparam mísseis biodegradáveis que portam cápsulas com sementes no solo. As cápsulas contêm um meio de crescimento gelatinoso customizado que atua como absorsor de choque para amortecer o impacto e como dispensador de nutrientes para acelerar o crescimento. Um único piloto pode controlar seis drones de uma vez, plantando impressionantes 100 mil árvores por dia. Um exército global de 10 mil drones, que é o que a BioCarbon pretende construir, poderia replantar 1 bilhão de árvores por ano.

Restauração dos corais: Os recifes de coral são as florestas do oceano; portanto, se queremos restabelecer a saúde oceânica, temos de consertar os corais. Existe cerca de meia dúzia de tecnologias de recuperação de coral em desenvolvimento, mas o dr. David Vaughan,[98] biólogo marinho do laboratório de pesquisa Mote Tropical, é pioneiro em um dos trabalhos mais empolgantes. Tomando emprestadas técnicas de engenharia de tecidos, Vaughan concebeu um modo de recuperar o equivalente a cem anos de coral em menos de dois anos. E enquanto um coral normal só desova ao atingir a maturidade — algo que pode levar de 25 a cem anos —, os corais de Vaughan se reproduzem com dois anos, dando-nos, pela primeira vez, uma forma de repor nossos recifes de maneira significativa.

Reinvenção da aquicultura: A pesca é uma das principais causas do declínio da vida oceânica. Hoje, um terço de todas as áreas de pesca mundiais se estendem além dos limites legais. Um melhor manejo desse recurso é crucial — mas para que manejar quando podemos cultivar? As mesmas técnicas de engenharia de tecido que nos permitem produzir um filé de células-tronco nos permitem cultivar mahi-mahi, atum de nadadeira azul e outros.[99] Na verdade, há hoje seis empresas diferentes perseguindo exatamente essa meta, para trazer a nosso cardápio desde salmão cultivado até camarões criados em laboratório.

Reinvenção agrícola: Plantas e animais precisam de espaço para se espalhar, extensões amplas de habitat puro e intocado, terrestre ou aquático. Hoje, 15% da Terra são compostos de áreas selvagens protegidas. Para impedir a chamada "Sexta Grande Extinção", E. O. Wilson, de Harvard,[100] e outros especialistas acreditam que seria necessário preservar metade do planeta. O que toca numa questão crítica: onde encontrar essa terra?

Em suma, combinando reflorestamento e restauração com a reinvenção da agricultura. Cerca de 37% da massa terrestre global e 75% de seus recursos de água doce[101] são destinados a fazendas: 11% para a agricultura e o resto para produção de carne e laticínios. Mas esses números começam a encolher. Não só os fazendeiros estão abandonando suas terras em quantidade recorde, como também todas as inovações descritas no capítulo "O futuro dos alimentos" — carne bovina cultivada, fazenda vertical, colheitas geneticamente projetadas etc. — nos permitem obter muito mais com muito menos. Assim, uma ideia simples: vamos devolver essa terra extra para a natureza.

Economias de circuito fechado: A poluição é outra das cinco grandes ameaças enfrentadas hoje. Um estudo de 2017 conduzido pelo periódico médico *Lancet* estima que a poluição mata 9 milhões de pessoas por ano e custa cerca de 5 trilhões de dólares.[102] O impacto sobre a natureza pode ser pior. Obviamente, poluição de gases de efeito estufa é o maior perigo, mas as substâncias químicas nos rios, o plástico nos oceanos e as partículas no ar estão sufocando a vida do planeta.

Mas o que pode ser feito? Substituir o petróleo em que nossa economia se baseia pelas energias renováveis ajuda, porém é preciso fazer mais. Nossa maior arma provavelmente é a fabricação com desperdício zero. O processo permite às empresas eliminar por completo o lixo e abandonar o uso de aterros sanitários. A lista de empresas indo por esse caminho é cada vez maior: Toyota, Google, Microsoft, Procter & Gamble e outras. Além de ser bom para o meio ambiente, também é bom para os lucros. A GM relatou recentemente que economizou 1 bilhão de dólares nos últimos anos com suas 152 instalações de lixo zero.

No início do capítulo, destacamos as cinco principais ameaças do Fórum Econômico Mundial — crises hídricas, mudança climática, perda da biodiversidade, evento climático extremo e poluição. Abordamos cada uma individualmente, porém não se trata de problemas individuais.

O evento climático extremo resulta da mudança climática, mas seus efeitos são acentuados por outros problemas. Considere o delta do rio Irrawaddy, em Mianmar, antigo *hotspot* de biodiversidade que abrigava um dos maiores manguezais do mundo. Nas últimas décadas, quase 75% desse delta foi desmatado, interrompendo serviços ecossistêmicos básicos, como a proteção contra enchentes. Quando um ciclone atingiu a área em 2008, mais de 138 mil pessoas morreram[103] — sendo que grande parte dessa devastação se deveu à perda dos manguezais como barreira.

Mas assim como esses problemas se sobrepõem, existem soluções sobrepostas. Hoje, drones da BioCarbon Engineering estão replantando uma parte do delta do Irrawaddy[104] com o dobro do tamanho do Central Park nova-iorquino. Isso não só vai proporcionar o habitat tão necessário para a vida selvagem, como também dará novo impulso a serviços ecossistêmicos, como a proteção contra enchentes. Além disso, como manguezais armazenam três vezes mais carbono que uma floresta normal, esse delta reflorestado passa a ser uma ferramenta inestimável na luta contra o aquecimento global.

Em outras palavras, a rede da vida não é uma metáfora. Tudo tem impacto em tudo. As soluções destacadas aqui resolvem múltiplos problemas de uma vez. Mas será preciso a colaboração de todos, a começar por hoje. Pesquisadores de Stanford calculam que dispomos de três gerações para impedir o colapso de espécies antes que os serviços ecossistêmicos parem de funcionar para valer.

O Painel Intergovernamental sobre Mudanças Climáticas estima que restam doze anos para tentar impedir o aquecimento global em 1,5°C. Mas já dispomos da tecnologia exigida para enfrentar esses desafios e, graças às convergências, ela só continuará melhorando. Pode ser que nossas inovações não fiquem atrás dos nossos problemas. Colaboração é a peça faltando no quebra-cabeça. Se pretendemos empreender a mudança para a sustentabilidade na velocidade exigida, as pessoas são tanto o obstáculo como a oportunidade.

RISCOS ECONÔMICOS: A AMEAÇA DO DESEMPREGO TECNOLÓGICO

Quando mencionamos os perigos à nossa espreita, o meio ambiente sempre ocupa o primeiro lugar, mas, nos últimos tempos, ele tem dividido os holofotes com a automação. Os robôs e a IA, anunciam cada vez mais as manchetes, chegaram para tomar nossos empregos. Em anos recentes, agências de consultoria importantes, como McKinsey, Gartner e Deloitte, publicaram relatórios afirmando que o desemprego tecnológico é inevitável. Um estudo da Universidade de Oxford revela que 47% de todos os empregos nos Estados Unidos[105] estão ameaçados nas próximas décadas e que esse número pode chegar a 85% no resto do mundo.

No entanto, os fatos contam uma história diferente. Considere o mercado de empregos, um dos primeiros lugares onde procurar os sinais desse robopocalipse iminente. Exceto que, como o jornalista e escritor James Surowiecki afirmou em um artigo de 2017 para a *Wired*:[106]

O desemprego está abaixo dos 5%, e os patrões em muitos estados [americanos] se queixam de escassez de mão de obra, não de excesso. E embora milhões de americanos tenham deixado a força de trabalho após a Grande Recessão de 2008, agora começam a voltar — e a conseguir emprego. Ainda mais extraordinário, os salários do trabalhador comum sobem à medida que o mercado de trabalho melhora. Admito que os aumentos salariais são minguados para os padrões históricos, mas estão subindo mais rápido que a inflação e a produtividade. É algo que não aconteceria se os trabalhadores humanos caminhassem a passos largos para a obsolescência.

A história nos mostra algo similar. Teoricamente, os trabalhadores caminham a passos largos para a obsolescência desde que os luditas destruíram teares industriais a marretadas no início do século XIX. Em 1790, 90%[107] dos americanos tiravam seu sustento do campo; hoje, são menos de 2%. Esses trabalhos desapareceram? Não exatamente. A economia agrária se transformou,[108] primeiro, na economia industrial, em seguida na economia de serviços, e agora na economia da informação. A automação gera mais substituição do que supressão de empregos.

Mesmo onde a automação existe, nem sempre produz os resultados temíveis que esperamos. Considere os caixas eletrônicos.[109] Quando surgiram, no fim da década de 1970, houve sérias preocupações com demissões bancárias. Entre 1995 e 2010, o número de caixas eletrônicos nos Estados Unidos passou de 100 mil para 400 mil, mas não se traduziu no desemprego em massa de caixas de banco. Como as máquinas barateiam as operações bancárias, a quantidade de bancos cresceu em 40%. Mais bancos significou mais empregos para caixas humanos, e por isso a contratação deles na verdade aumentou durante o período.

O mesmo pode ser dito da indústria têxtil, como o jornalista T. L. Andrews lembrou na *Quartz*: "Embora 98% das funções na fabricação de materiais estejam automatizadas, a quantidade de empregos de tecelagem aumentou a partir do século XIX".[110] E o mesmo pode ser dito também de paralegais e assessores de juízes, duas profissões supostamente ameaçadas como resultado da IA. No entanto, o software jurídico, introduzido nos escritórios de advocacia nos anos 1990, provocou o efeito contrário. Acontece que a IA é tão boa em ler os documentos dos processos que as firmas agora precisam de mais advogados humanos para filtrar a enxurrada de dados coletados — de modo que a contratação de paralegais aumentou.

A produtividade é a principal razão para as empresas almejarem uma força de trabalho automatizada. No entanto, com muita frequência, os maiores crescimentos de produtividade não vêm de substituir humanos por máquinas, mas, antes, de aumentar as máquinas com humanos. "Sem dúvida, muitas empresas têm usado a IA para automatizar os processos", explicaram James Wilson e Paul Daugherty,[111] da Accenture, na *Harvard Business Review*, "mas os que a utilizam principalmente para substituir empregados obterão ganhos de produtividade apenas a curto prazo. Em nossa pesquisa envolvendo 1500 empresas, descobrimos que os incrementos de desempenho mais significativos são obtidos quando humanos e máquinas trabalham juntos." A BMW, por exemplo, presenciou um ganho de produtividade de 85%[112] quando substituiu sua linha de montagem tradicional — ou seja, um processo automatizado — por equipes humanas/robôs.

Vale observar que sempre que uma tecnologia fica exponencial, encontramos uma oportunidade do tamanho da internet guardada dentro dela. Tirar vantagem dessas oportunidades exige adaptação — coisa que demanda o retreinamento da força de trabalho —, porém o resultado é um ganho líquido em empregos. Pegue a própria internet. Segundo pesquisa feita pela McKinsey,[113] em treze países, incluindo China, Rússia e Estados Unidos, a internet criou 2,6 novos empregos para cada emprego eliminado. No total, em cada um desses treze países, o crescimento da internet contribuiu em 10% para o aumento do PIB, e esse número continua a subir.

Não se iluda; certos trabalhos caminham para a extinção. Enquanto os especialistas preveem que o desemprego tecnológico causará maior impacto na década de 2030, a próxima década pode ver categorias inteiras começando a virar lembrança. Robôs substituirão motoristas de caminhão e de táxi, funcionários de depósitos e do varejo. A Amazon Go pode não significar o fim do caixa de banco, mas, em mercados e armazéns, lojas de conveniência e postos de gasolina, a ausência de seres humanos será uma constante mais comum do que a presença. A pergunta a se fazer é se haverá tempo suficiente para retreinar nossa força de trabalho antes que esses efeitos se espalhem.

A resposta parece ser sim. Por exemplo, a Goldman Sachs recentemente ganhou as manchetes[114] com um estudo mostrando que veículos autônomos acabarão com 300 mil vagas de motorista por ano. O que chamou menos atenção foi sua afirmação de que temos 25 anos para fazer a transição. Igualmente importante, todo avanço educacional — de ambientes de aprendizagem acelerada por RV a programas curriculares controlados por IA — torna o retreinamento mais fácil, rápido e eficaz. Por fim, à medida que a inteligência artificial se transforma em nossa interface amigável com a tecnologia, presenciamos uma mudança nas habilidades de retreinamento exigidas. Em uma variedade de empregos, a fluência tecnológica e a agilidade substituirão o domínio profundo das habilidades.

Outra vez, tudo se resume à nossa capacidade de colaboração. Em julho de 2018, com 6,7 milhões de vagas de emprego[115] por preencher nos Estados

Unidos, a escassez de mão de obra atingiu uma alta histórica. Não só os empregos estão aí, como também estão em quantidade recorde. A capacidade de retreinar rapidamente nossa força de trabalho para preencher essas vagas é o desafio que ainda estamos por enfrentar.

RISCOS EXISTENCIAIS: VISÃO, PREVENÇÃO E GOVERNANÇA

Em 2002, um filósofo de Oxford relativamente desconhecido chamado Nick Bostrom[116] publicou um artigo no *Journal of Evolution and Technology*. Alguns anos depois, Bostrom conquistaria fama geek com sua "hipótese da simulação", ao argumentar de forma convincente que vivemos dentro da Matrix. Entretanto, esse artigo anterior também causou sensação, sobretudo porque deixou quase todo mundo que o leu de cabelos em pé.

O artigo de Bostrom descrevia um novo tipo de ameaça, por ele apelidada de "risco existencial", também conhecido como "risco de catástrofe global", mas de uma variedade um pouco diferente. Tradicionalmente, "riscos catastróficos globais" se referem a acontecimentos como a colisão de um asteroide devastador ou uma guerra nuclear total. Mas Bostrom queria nos deixar por dentro do mais novo terror no pedaço. A tecnologia exponencial, em sua opinião, tinha o mau hábito passar a risco existencial.

A nanotecnologia fora de controle — chamada por Eric Drexler de *"grey goo"* — é um exemplo familiar. Outro seria uma IA rebelada despertando, hackeando o Norad e decretando Defcon 666 no mundo inteiro. Novos temores incluem organismos geneticamente modificados devastando ecossistemas, ciberterroristas derrubando a rede elétrica de uma grande cidade como Nova York ou biohackers espalhando o vírus do ebola por San Francisco. São horrores desse tipo que tiram nosso sono à noite. E Bostrom prevê que muitos deles nos aguardam.

Mas temos certeza disso?

Essa é uma questão controversa. Sem dúvida, líderes do pensamento como Elon Musk e o saudoso Steven Hawking foram excepcionalmente enfáticos sobre os perigos existenciais, e instituições eminentes como Oxford e MIT possuem departamentos voltados para tais estudos, mas as opiniões estão longe de um consenso. Tentar encontrar probabilidades precisas para nossas chances de sobrevivência é um exercício fútil. A despeito das discordâncias, certo senso comum começa a emergir. As ideias representam menos tentativas de solução do que categorias de soluções: visão, prevenção e governança.

Visão

Visão tem a ver com horizontes de tempo, quão longe decidimos olhar para o futuro. Nosso cérebro evoluiu numa era de imediatismo, somos uma espécie míope. Como evitar ser comido por um tigre — hoje. Como encontrar comida suficiente para alimentar minha família — hoje. Se havia algum pensamento a longo prazo, era na linha de *onde encontro um lugar para passar o inverno*. Em outras palavras, a evolução moldou nossos horizontes de tempo para enxergarmos cerca de seis meses no futuro.

Claro que desenvolvemos maneiras de estender essa perspectiva. Gratificação postergada é o termo psicológico, e uma característica distintiva de nossa espécie é a capacidade de adiar a gratificação para além da própria expectativa de vida. Religiões que moldam o comportamento presente prometendo um pós-vida futuro dependem desse mecanismo. Nenhum outro animal faz isso.

Mas parece que estamos perdendo o dom. "A civilização caminha de forma acelerada para um limiar de atenção patologicamente curto", escreve Stewart Brand[117] em um ensaio para a Long Now Foundation. "Essa tendência pode ser originária da aceleração da tecnologia, da perspectiva de horizonte curto para as economias de mercado, da perspectiva na próxima eleição para as democracias ou das distrações das multitarefas pessoais. Tudo está aumentando. Precisamos de uma espécie de corretivo compensatório para a miopia."

O corretivo imaginado por Brand foi a supramencionada Long Now Foundation, organização famosa por construir um relógio dentro de uma caverna numa área remota do parque nacional Great Basin, em Nevada. O relógio foi projetado para funcionar por 10 mil anos, mas seu propósito real é psicológico. Está sendo construído para nos levar a pensar em horizontes de tempo de 10 mil anos. O principal objetivo da fundação é fazer as pessoas compreenderem que, se queremos nos proteger de riscos existenciais, precisamos pensar a longo prazo.

Prevenção

Então como pensar a longo prazo funciona no mundo real? Prevenção, nossa segunda categoria. Um exemplo é a Holanda. A maior parte do país fica sob o nível do mar; assim, é a região da Europa mais ameaçada pela mudança climática. Mas, em lugar de ver a elevação oceânica como um problema que necessita de rápido conserto — por exemplo, maiores quebra-mares, que, por sua vez, exigirão manutenção a curto prazo e reposição posterior —, a Holanda é proativa a longo prazo. "Para a mentalidade holandesa", explicou Michael Kimmelman ao *New York Times*,[118] "a mudança climática não é hipotética nem um estorvo para a economia, mas uma oportunidade [...]. Os holandeses inovaram de maneira singular. Essencialmente, deixando a água entrar, onde possível, sem esperar subjugar a Mãe Natureza: conviver com a água, não tentar derrotá-la. Os holandeses projetam lagos, garagens, parques e praças que sejam benéficos para a vida cotidiana e que ao mesmo tempo funcionem como enormes reservatórios para quando oceanos e rios transbordarem."

Outro exemplo está na convergência entre IA, redes, sensores e satélites. Nisso, conquistamos a capacidade de desenvolver redes de detecção de ameaça global muito mais sofisticadas do que tudo que existe hoje. As sugestões vão de A a Z, como monitoramento on-line do alimento mundial para nos proteger de fomes catastróficas ou ataques terroristas; farejadores atmosféricos para caçar desde patógenos causadores de epidemias até o cheiro de materiais nucleares; e detectores de IA rebelde — em essência, IA construída para caçar IA rebelde.

E embora tudo isso possa soar como ficção científica, considere a detecção de um asteroide capaz de destruir um planeta. Há duas décadas, essa ideia parecia algo entre uma teoria da conspiração e um filme de Hollywood. Hoje, há o "Sistema de Sentinela",[119] projetado pelo Laboratório de Propulsão a Jato da Nasa para "monitorar impactos terrestres", e o projeto Dart,[120] da Nasa, nossa primeira missão de deflexão de asteroide criada para a defesa planetária.

Menos futurista, mas não menos fantástico, há algum tempo usamos imagens por satélite para monitorar incêndios florestais. Em 2018, a Nasa começou a treinar IA para interpretar os dados.[121] Após um ano, suas redes neurais baseadas no espaço conseguiam detectar incêndios florestais com acerto de 98%.

Outros pesquisadores trabalham na resposta à detecção de focos. Drones de combate a incêndios florestais estão sendo desenvolvidos. Até o fim da década, podemos imaginar IAs de detecção de incêndios florestais no espaço se comunicando com drones autônomos de combate a incêndio na superfície terrestre — ou seja, um passo inicial rumo à desmaterialização dos serviços de emergência.

É fundamental que pensemos dessa forma. Mesmo sem os avanços tecnológicos, a Terra é um sistema vivo onde a mudança é constante. Originalmente, nossa atmosfera era composta por uma deliciosa combinação de metano e enxofre, até que um gás venenoso chamado oxigênio surgiu para estragar tudo. Os dinossauros gozaram de um lugar ao sol como as criaturas dominantes do planeta até ganhar um lugar em nossos museus, onde celebramos sua antiga dominação. Em um mundo turbulento, a menos que queiramos nos juntar aos dinossauros, precisamos dominar a arte da prevenção.

Governança

Em um mundo em rápida transformação, a prevenção talvez seja a chave para derrotar os riscos existenciais, mas adaptabilidade e agilidade são as ações preventivas supremas. Contudo, não é assim que a sociedade está organizada. A maioria de nossos órgãos e nossas instituições foram construídos em outra era, numa época em que o sucesso era medido em tamanho e estabilidade. Durante a maior parte do século passado, a medida-padrão de sucesso nos negócios era a quantidade de empregados, os ativos possuídos e esse tipo de coisa.

Em nosso mundo exponencial, a agilidade supera a estabilidade, então para que possuir algo quando podemos arrendar? E para que arrendar quando podemos recorrer ao *crowdsourcing*? A Airbnb construiu a maior rede hoteleira do mundo, porém não são donos de um único quarto. A Uber e a Lyft substituíram empresas de táxi em quase todas as grandes metrópoles do mundo, no entanto não possuem um único táxi. E esse nível de flexibilidade, embora uma exigência nos negócios hoje em dia, é igualmente necessário na governança, nossa terceira e última categoria.

Ideias modernas sobre governo surgiram cerca de trezentos anos atrás, em um mundo pós-revolucionário, quando o desejo por liberdade da tirania andava de mãos dadas com o desejo por estabilidade. Assim, as democracias modernas são sistemas de múltiplas câmaras, uma redundância criada a fim de garantir a separação de poderes. Para combater a tirania e a instabilidade, esses sistemas são concebidos para mudar de forma lenta e democrática.

Nosso mundo exponencial demanda um tempo de reação muito mais rápido.

Desde 1997, o minúsculo estado báltico da Estônia[122] se tornou pioneiro no governo eletrônico — ou seja, a digitalização do que costuma ser o setor tradicionalmente mais moroso e recalcitrante da Terra. A meta é acelerar de forma profunda o tempo de reação. Há um problema a ser resolvido pelo governo? Em quase qualquer país do mundo isso significa longas filas, burocracia excessiva e enormes dores de cabeça. Na Estônia, 99% dos serviços públicos são pela internet, com interfaces amigáveis. Os cidadãos pagam impostos em menos de cinco minutos, votam em segurança de qualquer lugar do mundo e acessam toda sua informação de saúde em um banco de dados descentralizado e protegido por *blockchain*. No total, o país calcula que reduziu a burocracia de tal forma que foram economizados *oitocentos anos* de horas trabalhadas.

Encorajados pelo exemplo da Estônia, governos do mundo todo estão se tornando digitais. E com a ajuda das start-ups. A OpenGov[123] transforma a morosidade das finanças públicas numa série de gráficos de pizza fáceis de ler; a Transitmix permite planejamento do sistema de transporte em tempo real, controlado por dados; a Appallicious criou um painel eletrônico de assistência a desastre para coordenar respostas de emergência; a Social Glass[124] torna as licitações do governo rápidas, ágeis e desburocratizadas.

As grandes empresas de tecnologia também tomam parte na iniciativa. A Sidewalk Labs,[125] da Alphabet, por exemplo, tem colaborado com o governo canadense no Quayside. Nessa comunidade inteligente planejada para a região industrial de Toronto às margens do lago Ontário, robôs entregam correspondência, a IA usa dados de sensores para gerenciar desde a qualidade do ar até o trânsito, e a paisagem urbana inteira é *climate positive*, ou seja, construída para padrões verdes e funcionando com energia sustentável. Mas o que faz desse projeto mais do que apenas uma ótima notícia para o mercado imobiliário é que todos os sistemas de software desenvolvidos para o Quayside serão de código aberto, assim qualquer um pode usá-los, acelerando o progresso nas cidades inteligentes do mundo todo.

Será que alguma dessas coisas — os planos de detecção de asteroide da Nasa, o replanejamento hídrico da Holanda, o ágil governo eletrônico da Estônia — bastará para desescalar o risco exponencial? A resposta fica em algum lugar entre "longe disso" e "ainda não". Mas há três razões para otimismo.

Primeiro, o empoderamento tecnológico. Há quinhentos anos, os únicos capazes de fazer algo a respeito desses grandes desafios globais pertenciam à realeza. Há trinta anos, eram os membros das grandes corporações e dos governos. Hoje, somos todos nós. A tecnologia exponencial proporciona a equipes pequenas a capacidade de lidar com problemas grandes. Segundo, a oportunidade. Um dos argumentos centrais de nosso último livro, *Bold*, era que os maiores problemas do mundo também são as maiores oportunidades. Isso significa que todos os riscos que enfrentamos, ambientais, econômicos ou existenciais, são a base do empreendedorismo e da inovação. Terceiro, convergência. Tendemos a pensar de maneira linear sobre os perigos que enfrentamos, tentando aplicar as ferramentas de ontem aos problemas de amanhã. Mas, nos próximos dez anos, vamos conhecer cem anos de progresso tecnológico. Na verdade, muitas das tecnologias mais poderosas que teremos à nossa disposição — inteligência artificial, nanotecnologia, biotecnologia — mal começaram a funcionar on-line. Então, sem dúvida, as ameaças enfrentadas podem parecer terríveis, mas as soluções de que já dispomos apenas continuarão a ficar mais poderosas.

14. As cinco grandes migrações

Somos uma espécie migratória. Nos últimos 7 mil anos, deixamos o continente africano e continuamos andando. Subimos montanhas, transpusemos florestas, cruzamos rios, atravessamos continentes, navegamos oceanos e, por fim, acabamos por atingir os rincões mais longínquos da Terra. Foi um influxo de inovação impulsionado pelo êxodo. Conforme abandonávamos o antigo e buscávamos o novo, levávamos nossas ideias, tecnologias e culturas junto. E o processo não explica apenas como o Harlem Shake chegou a Hong Kong, explica como nós — todos nós — chegamos ao momento presente.

A jornada não tem sido fácil. Inúmeras migrações em massa começaram com as pessoas fugindo de perigos, desastres e todos os horrores inefáveis que chamamos de "história". Contudo, a despeito de se originar de lutas e tragédias, a longo prazo a migração exerce um impacto positivo na cultura. Em seu livro *Exceptional People: How Migration Shaped Our World and Will Define Our Future* [Pessoas excepcionais: Como a migração moldou nosso mundo e vai definir nosso futuro],[1] Ian Goldin e Geoffrey Cameron, de Oxford, explicam da seguinte forma:

> A história das comunidades humanas e do desenvolvimento mundial põe em relevo como a migração foi um motor de progresso social. Vendo nosso passado coletivo pela lente da migração, podemos apreciar em que medida o movimento de pessoas através das fronteiras culturais produziu o mundo globalizado e integrado em que

vivemos hoje [...]. Conforme as pessoas se deslocavam, encontravam novos ambientes e culturas que as compeliam a se adaptar e a criar novas maneiras de fazer as coisas. O desenvolvimento de sistemas de crenças e tecnologias, a disseminação dos métodos de colheita e a produção muitas vezes surgiam da experiência dos imigrantes ou do contato com eles.

Migração, como mostram Golding e Cameron, não se trata apenas de gente em marcha, mas de ideias em movimento. A migração é e sempre será um dos maiores impulsionadores do progresso. Ela é um acelerante da inovação.

Há alguns anos, uma economista de Stanford chamada Petra Moser[2] (hoje na NYU) decidiu quantificar o impacto dessa aceleração. Era algo como uma investigação pessoal. "Mais da metade dos meus colegas em Stanford são imigrantes",[3] ela contou a um jornal. "Eu [queria] descobrir como as políticas que alteram o fluxo desses imigrantes altamente capacitados afetam a ciência e a inovação."

Para responder a essa pergunta, Moser e sua equipe examinaram uma antiga suposição — de que os judeus alemães que fugiram da Alemanha nazista exerceram um impacto colossal na inovação americana. Se isso se deu de fato, foi um impacto colossal trazido por um êxodo colossal.

O fluxo migratório começou em abril de 1933,[4] quando Adolf Hitler aprovou a "Lei para a Restauração do Serviço Público Profissional", expulsando todos os "não arianos" de cargos no governo. Dezenas de milhares perderam o emprego: bombeiros, professores e, mais importante nessa discussão, acadêmicos. Apenas dois meses após Hitler virar chanceler, o destino deles foi selado. Durante a década seguinte, mais de 133 mil judeus alemães fugiram para os Estados Unidos. Contextualizando, é como se todas as pessoas em Charleston, na Carolina do Sul, se mudassem para o Texas — ou seria, caso entre a população da Carolina do Sul também se incluíssem um Albert Einstein e cinco outros laureados com o Nobel.[5]

Para medir o impacto desse influxo, Petra Moser começou pelas patentes de química. Depois, passou à maioria dos demais campos técnicos, computando a quantidade de patentes solicitadas e atendidas de 1920 a 1970, acompanhando o impacto da migração com o registro de mais de meio milhão de invenções.

O que ela descobriu? Que a migração é um acelerante de inovação tão eficaz quanto quase qualquer força discutida até aqui. Em todas as áreas em que os judeus alemães entraram, ela descobriu um aumento de 31% nas patentes. Na época, quando o antissemitismo era desenfreado nos Estados Unidos, inúmeros imigrantes eram proibidos de atuar em suas profissões de escolha. Quando Moser e sua equipe ajustaram os dados para explicar esse fato, descobriram que os imigrantes na verdade respondiam por impressionantes 70% do aumento de patentes.

Embora o trabalho de Moser tenha confirmado uma suposição e proporcionado um modo diferente de olhar tanto para o poder da imigração como para esse extraordinário período da história, vale a pena notar também algo que nada tem de extraordinário — que a migração impulsiona a inovação. Esse mesmo padrão continua hoje. Um estudo de 2012 da Parceria para uma Nova Economia Americana,[6] por exemplo, revelou que três em cada quatro patentes emitidas nos Estados Unidos para as dez principais universidades produtoras de patentes têm ao menos um inventor nascido no exterior.

Um olhar diferente sobre essa mesma tendência vem mediante a "realocação de produto",[7] que descreve a taxa com que novos bens e serviços entram no mercado e expulsam os antigos, ou o que o economista Joseph Schumpeter chamou de "destruição criativa".[8] Muito mais do que patentes, os pesquisadores consideram a realocação de produtos o padrão-ouro do impacto inovador.

Há alguns anos, pesquisadores da Universidade da Califórnia, em San Diego, descobriram uma conexão direta entre a migração e esse padrão-ouro. Monitorando a taxa de realocação de produto[9] para cada empresa americana que contratou um trabalhador altamente capacitado nascido no exterior entre 2001 e 2014, descobriram um indício muito claro. As empresas com estrangeiros altamente capacitados presenciaram um aumento tanto em suas taxas de inovação como no impacto que essas inovações tiveram no mercado: um aumento de 10% em estrangeiros capacitados na folha de pagamento levou a um crescimento de 2% na realocação de produtos. E isso foi assim independentemente de quanto a empresa gastou em pesquisa e desenvolvimento.

O que é verdade para o impacto da migração na invenção também é para o empreendedorismo. Embora muito se alardeie que imigrantes tiram o trabalho dos cidadãos de um país, os dados mostram o contrário. Em lugar de roubar empregos, muito provavelmente criam novos.

Nos Estados Unidos, imigrantes têm uma probabilidade duas vezes maior de começar um novo negócio[10] e são responsáveis por 25% de todos os novos empregos. Entre 2006 e 2012, 33% das empresas financiadas por capital de risco[11] que entraram para o mercado de ações tinham pelo menos um imigrante como fundador. Entre as Fortune 500, 40% das empresas foram fundadas por imigrantes ou filhos de imigrantes. Em 2016, metade de todos os unicórnios[12] — essas raras start-ups avaliadas em mais de 1 bilhão de dólares — foi fundada por imigrantes, cada um oferecendo pelo menos 760 novos empregos.

E por que isso importa tanto?

Por dois motivos. Primeiro, os desafios delineados no capítulo anterior exigirão significativa inovação. Vamos precisar de ideias novas para conter os riscos ambientais e existenciais e novos empregos para substituir os que os robôs e a IA estão prestes a tornar obsoletos. Para implementar essas ideias, precisaremos também de maior colaboração e cooperação global e de uma empatia mais profunda que ultrapasse fronteiras, culturas e continentes. E graças a cinco das maiores migrações que o mundo já presenciou, em breve veremos tudo isso e mais.

Neste capítulo, conforme ampliamos nossa visão da década seguinte para o século seguinte, estamos prestes a testemunhar a migração em massa numa escala nunca vista. Em alguns casos, a mudança se deve a motivos familiares — fugir de desastres ambientais e buscar oportunidades econômicas —, porém a intervalos de tempo mais breves e em maior quantidade do que tudo já visto. Em outros, cruzamos fronteiras que nunca havíamos cruzado antes. Trocando nosso mundo pelo espaço sideral; indo da realidade normal à realidade virtual; passando, se a vanguarda do desenvolvimento da interface cérebro--computador continuar nesse ritmo, da consciência individual à coletiva, uma mente em colmeia tecnologicamente capacitada ou, para os *trekkies*, um Borg mais bondoso e gentil.

Assim, senhoras e senhores, apertem os cintos e mantenham braços e pernas dentro do vagão o tempo todo. A migração é um acelerante sério. E, nos próximos cem anos, graças a cinco grandes migrações, estamos prestes a ver o mundo tal como o conhecemos desaparecer num passe mágica.

MIGRAÇÕES CLIMÁTICAS

Enquanto o último capítulo se deteve sobre as maneiras como as tecnologias podem atenuar a mudança climática, aqui admitimos que nossa capacidade de implementar essas soluções em larga escala está longe do ideal. E não se iluda: quando o clima muda, as pessoas também o fazem.

As estimativas desse impacto são alarmantes. E cada vez mais sombrias. Em 1990, o primeiro relatório do Painel Intergovernamental sobre Mudanças Climáticas (IPCC, na sigla em inglês)[13] alertou que até a mínima elevação no nível do mar poderia produzir "dezenas de milhões de refugiados ambientais". Em 1993, Norman Myers, cientista de Oxford,[14] atualizou de forma controversa a previsão do IPCC, afirmando que a mudança climática pode desalojar 200 milhões de pessoas até 2050. Até o fim da década, como explicou Mark Levine na revista *Outside*:[15] "O clima assumiu a forma de nossas ansiedades coletivas, nossas fantasias sobre tecnologia, natureza, retribuição, inevitabilidade [...]. Demos um passo maior que a perna, dizemos em voz baixa, mudamos o clima. Agora, o clima vai nos mudar".

Em que medida fará isso? Em uma metanálise em 2015 de todos os dados disponíveis,[16] o Climate Central, importante grupo independente de cientistas e jornalistas, informou que mesmo se conseguíssemos manter o aquecimento a 2°C, eventos climáticos extremos desalojariam 130 milhões de pessoas. E se não conseguirmos? O prognóstico do Climate Central não é nada bom: "Emissões de carbono que levam a 4°C de aquecimento — o que o cenário *business-as-usual* indica hoje — poderiam causar uma elevação do nível do mar capaz de inundar áreas que hoje abrigam entre 470 milhões e 760 milhões de pessoas".

Para identificar de maneira correta com que se parece esse deslocamento, o Climate Central também fez uma série de mapas[17] que retratam os efeitos do aquecimento global em todas as nações costeiras e megacidades do planeta. A menos que você seja um peixe, as notícias são desanimadoras.

A 4°C de aquecimento, em muitas megacidades do mundo — Londres, Hong Kong, Rio de Janeiro, Mumbai, Shanghai, Jacarta, Calcutá etc. —, nadar passaria a ser o caminho mais curto para ir do ponto A ao B. Ilhas-nações inteiras desaparecerão para sempre. Nos Estados Unidos, 20 milhões de pessoas ficarão submersas. Na capital Washington, o nível do mar chegará ao Pentágono. E se você já achava absurdo o preço do metro quadrado em Nova York, espere só para ver quando tudo ao sul de Wall Street desaparecer.[18]

Além do dilúvio, o aquecimento global também traz no horizonte a antiga ameaça da seca. A seca nos expulsou da África há aproximadamente 70 mil anos, e continua a fazê-lo hoje. A Síria tem a maior quantidade de refugiados do mundo, e isso se deve em parte à seca. Na Europa, mesmo que o aquecimento não ultrapasse 2°C, o Mediterrâneo continuará a secar, com Itália, Espanha e Grécia sendo particularmente atingidas. "Em outras palavras", como escreveu a jornalista Ellie Mae O'Hagan no *Guardian*,[19] "os países mediterrânicos que hoje tentam lidar com imigrantes de outras partes do mundo talvez acabem com uma crise migratória própria. Um dia, será concebível termos italianos e gregos no Calais, à medida que seus países ficam cada vez mais quentes e áridos."

Em termos históricos, a separação entre Índia e Paquistão em 1947[20] é considerada a maior migração forçada da história, afetando a vida de 18 milhões de pessoas. Mesmo levando em conta a migração climática no extremo inferior do espectro de previsões — ou seja, 2°C de aquecimento e 130 milhões de desabrigados —, continuamos diante de uma movimentação global sete vezes maior do que qualquer coisa vista antes.

No entanto, a migração climática é um tipo peculiar de migração forçada, já que somos nós os responsáveis. O custo, tanto em termos financeiros como de sofrimento humano, é muito mais elevado do que deveríamos nos dispor a pagar. Com uma população de 38 milhões, Tóquio é a maior megacidade do planeta.[21] Considere quanto custaria transferir quinze Tóquios de lugar. Agora, considere que esse gasto é todo voluntário.

Como vimos no capítulo anterior, dispomos de inúmeras estratégias e tecnologias para lidar com a mudança climática. Independentemente do que custará para implementar essas soluções, será muito mais barato do que encontrar um novo lar para 700 milhões de pessoas. De um modo ou de outro, a longo prazo, conforme o clima nos joga de um lado para outro, a taxa de inovação, como sempre fez, continua a subir.

DESLOCAMENTOS URBANOS

A escala imensa da migração climática — 700 milhões em movimento — representa a maior reacomodação demográfica da história. Porém, comparada a nosso segundo fluxo, é uma gota no oceano. Nas próximas décadas, quase todo mundo vai morar na cidade.

Há trezentos anos, 2% da população mundial vivia nas cidades.[22] Há duzentos anos, 10%. Mas o ímpeto da Revolução Industrial e da energia a vapor alterou esses números para sempre. Entre 1870 e 1920, 11 milhões de americanos trocaram o campo pela cidade.[23] Na Europa, outros 23 milhões cruzaram o oceano para se estabelecer, predominantemente, em cidades americanas. Em 1900, 40% dos Estados Unidos haviam sido urbanizados. Em 1950, 50%. Na virada do milênio, 80%.

O resto do mundo não ficou muito atrás.[24] Nos últimos cinquenta anos, em países de renda baixa para média, a urbanização dobrou e, às vezes, triplicou — por exemplo, Nigéria e Quênia. Em 2007, o mundo atravessara um limiar radical: metade da população vivia nas cidades. Ao longo do percurso, surgiram cidades anabolizadas. Em 1950, só Nova York e Tóquio abrigavam 10 milhões de habitantes, quantidade exigida para merecer o status de "megacidade". Em 2000, havia mais de dezoito megacidades. Hoje, são 33. E no futuro?

No futuro é quando os números enlouquecem. Na verdade, temos uma nova palavra para a loucura, a "hipercidade", um local com população acima de 20 milhões.[25] Por comparação, durante a Revolução Francesa, a população urbana do mundo inteiro era inferior a 20 milhões de pessoas. Em 2025, só a Ásia abrigará dez, talvez onze, hipercidades.

E vamos precisar delas.

Em 2050, entre 66% e 75% do mundo terão sido urbanizados.[26] Com mais de 9 bilhões de habitantes previstos para essa data, é um crescimento sem precedentes. Um êxodo três vezes maior do que o causado pela mudança climática, a maior migração real da história, um movimento gigantesco envolvendo 2,5 bilhões de pessoas.

E com a movimentação das massas, as posições também se alteram.

Em 2050, Tóquio perde o posto, quando, segundo as expectativas, Déli se tornará a cidade mais populosa do mundo. E a urbanização chinesa superará a indiana, ganhando trezenas novas cidades com mais de 1 milhão de habitantes e duas megacidades. A África simplesmente explode. Do Cairo ao Congo, a população urbana do continente vai crescer 90% até 2050. No fim do século, Lagos, na Nigéria, poderá abrigar 100 milhões de pessoas.

Fazendo as contas, toda semana, de hoje até 2050, 1 milhão de pessoas se mudam para a cidade. O professor de estudos urbanos da Universidade de

Toronto, Richard Florida,[27] chama isso de "a principal crise de nosso tempo". Como qualquer crise, essa também traz oportunidades e perigos.

Primeiro, os prós.

De uma perspectiva econômica, cidades são boas para os negócios. Em 2016, o Brookings Institute[28] examinou as 123 maiores economias metropolitanas do mundo. Embora compreendendo apenas 13% da população do planeta, elas geraram quase um terço da produção econômica total. No ano seguinte, o Departamento Nacional de Pesquisas Econômicas[29] examinou de novo essa relação entre produtividade e densidade populacional. Encontraram o mesmo padrão: quanto mais pessoas, mais produtividade.

Londres e Paris,[30] por exemplo, são significativamente mais produtivas do que o restante da Grã-Bretanha e da França. Nos Estados Unidos, nossas cem maiores cidades são 20% mais produtivas que todas as demais. Em Uganda, os trabalhadores urbanos são 60% mais produtivos do que os rurais. O PIB de Shenzhen, por sua vez, é três vezes maior do que do resto da China.

A densidade também impulsiona a inovação. Geoffrey West, físico do Santa Fe Institute,[31] descobriu que toda vez que a população de uma cidade dobra, sua taxa de inovação, medida em número de patentes, aumenta em 15%. Na verdade, pela pesquisa de West, independentemente da cidade estudada, à medida que a densidade populacional cresce, também aumentam os salários, o PIB e fatores de qualidade de vida como quantidade de teatros e restaurantes.

E conforme as cidades crescem, precisam de menos, não mais, recursos. Dobre o tamanho de uma metrópole, e tudo aumenta em apenas 85% — do número de postos de gasolina à quantidade de calor necessário no inverno. Acontece que cidades maiores e mais densas são mais sustentáveis do que cidades pequenas e subúrbios. Por quê? As distâncias de viagem diminuem, o transporte compartilhado aumenta e menos infraestrutura — hospitais, escolas, coleta de lixo — é exigida. O resultado é que as cidades são mais limpas, usam energia com mais eficiência e emitem menos dióxido de carbono.

E as cidades inteligentes poderiam levar isso ainda mais longe. Um estudo McKinsey de 2018[32] revelou que soluções de cidade inteligente reduziriam os gases de efeito estufa urbanos em cerca de 15%, e o lixo sólido em trinta a 130 quilos por pessoa anualmente, além de economizar água — entre 95 e trezentos litros por dia. Na verdade, usando a tecnologia atual, poderíamos cumprir 70% das Metas de Desenvolvimento Sustentável das Nações Unidas apenas fazendo a transição para cidades inteligentes.

Agora, os contras: a calamidade é uma possibilidade muito presente. A urbanização não planejada é uma receita fantástica para crimes, doenças, ciclo de pobreza e devastação ambiental. Porém, como este livro deixa claro, nossas ferramentas estão à altura desses desafios. A parte complicada é combinar a tecnologia visionária à boa e velha visão — boa governança e cooperação cívica. Se fizermos isso direito, a urbanização será uma das táticas mais eficazes em nossa luta contra vários dos nossos problemas atuais mais prementes. E se errarmos? Nesse caso, a maior migração da história produzirá a conurbação mais caótica de todos os tempos.

MUNDOS VIRTUAIS

Estritamente falando, as 12 milhões de pessoas arrancadas da África pelo comércio de escravos, as 18 milhões redistribuídas com a divisão da Índia e do Paquistão e as 20 milhões reordenadas no tabuleiro de xadrez da Europa nos anos após a Segunda Guerra Mundial foram os três maiores deslocamentos humanos forçados da história. Cada um motivado por uma razão familiar: economia (e despersonalização), religião e política, respectivamente. Cada um remodelou o mundo. No entanto, o impacto combinado ficará pequeno em breve por um novo êxodo, o primeiro provocado apenas pela tecnologia.

Nossa próxima migração começa com o apertar de um botão.

Em algum momento nos próximos anos, em algum lugar alguém vai se plugar na Matrix para nunca mais voltar. Bem-vindo à mais estranha fuga em massa jamais vista: a migração da realidade normal para a virtual.

Já estamos de malas prontas. Hoje, no mundo todo, os videogames consomem 3 bilhões de horas semanais.[33] Nos Estados Unidos, as mídias digitais consomem onze horas do nosso dia. Dependência da internet já é um transtorno mental reconhecido, e os relatos de excessos são incontáveis. Em 2005, a BBC noticiou[34] que um sul-coreano morreu após passar cinquenta horas consecutivas em um jogo on-line. Sua morte foi a primeira de muitas. Em 2010, o *Guardian*[35] noticiou sobre um casal que deixou seu bebê de três meses morrer de fome enquanto criavam um bebê virtual on-line num cibercafé local.

No Japão, existe até uma palavra para isso: *hikikomori*, a geração perdida,[36] a juventude invisível, os quase 1 milhão de adolescentes que se trancam em seus quartos para se aventurarem apenas pela internet.

Eles são os pioneiros dessa migração. Estão preparando pontas de lança para a exploração virtual. Mas, nas próximas décadas, dois fatores acentuarão o influxo. Vamos chamá-los de psicologia e oportunidade.

Comecemos pela psicologia. Enquanto todas as migrações anteriores foram acionadas por fatores externos, ou coisas que acontecem no mundo, a próxima será motivada por fatores internos, pulsões psicológicas ou coisas que acontecem em nosso cérebro. Essa próxima migração começa com a nossa neuroquímica do vício, contra a qual não conhecemos defesa.

Videogames são viciantes. Na raiz do vício está uma substância excitante conhecida como dopamina,[37] uma das drogas de prazer primárias do cérebro. Sentimos a dopamina como envolvimento, empolgação, desejo de investigar e extrair significado do mundo. Ela é liberada sempre que assumimos um risco, esperamos por uma recompensa ou encontramos uma novidade. Uma vez inserido em nossa programação neurológica — ou seja, assim que nosso cérebro determina a ligação entre determinada atividade e a dopamina —, o desejo de obter mais dessa substância química vira uma obsessão. A cocaína, para comparação,[38] é uma das substâncias mais viciantes da Terra, mas grande parte do que a droga faz é inundar o cérebro com dopamina.

Videogames são dominados por risco, recompensa e novidade — são injeções de dopamina disfarçadas de joystick.[39] Mas não são só os videogames. Quando seu celular zumbe com uma mensagem, a vontade de ver quem é também se deve à dopamina. A pequena sensação de prazer que você obtém ao ler a mensagem também é a dopamina. Quase todos os principais usos da internet[40] — jogos, navegação, mídias sociais, mensagens de texto, *sexting* e pornô — são governados pela dopamina. No entanto, nenhum deles mexe com a dopamina como a RV.

A pesquisa mostra que a natureza imersiva do ambiente virtual faz a dopamina atingir picos[41] em geral impossíveis de atingir com videogames tradicionais ou qualquer outra mídia digital. Embora os números variem um pouco, a maioria dos pesquisadores acredita que os videogames são de fato viciantes para cerca de 10% da população. A realidade virtual aumentará de forma significativa essa proporção. "O Facebook é uma droga tecnológica viciante que, como qualquer droga, oferece prazer temporário e, em último caso, deixa a pessoa psiquiatricamente doente", explicou o psiquiatra Keith Ablow[42] em um artigo para a *Fox News*. "O Oculus Rift vai tornar as coisas ainda piores."

E, contudo, a dopamina é apenas uma das principais substâncias químicas de recompensa do cérebro. Há ainda norepinefrina, endorfinas, serotonina, anandamida e oxitocina a considerar. Todas são imensamente prazerosas. As mídias digitais são bastante eficientes em produzir apenas dopamina, mas a natureza imersiva da RV a capacita a acionar todas as seis.[43] É o coquetel completo da neuroquímica da euforia, um pico na veia por meio do *headset* — e isso é apenas o começo da história.

A parte seguinte vem da pesquisa com estados de flow.[44] Para quem não sabe, flow é tecnicamente definido como "um estado ideal de consciência em que nos sentimos bem como nunca e extraímos nosso melhor desempenho". É um estado de desempenho máximo e parte do que o produz são essas seis substâncias químicas do prazer. É por isso que os pesquisadores consideram o flow como uma das experiências mais viciantes que existem. Porém é também uma das mais significativas. Em mais de cinquenta anos de pesquisa, as pessoas que pontuavam mais alto em significado profundo e satisfação geral eram as que apresentavam mais flow na vida delas.

Embora os videogames possam nos conduzir a esse estado, a natureza imersiva da RV faz dessa tecnologia consideravelmente a mais indicada para o flow. Isso significa que, à medida que a ciência do flow e a realidade virtual continuam a convergir, em breve conquistaremos a capacidade de criar uma realidade alternativa que seja não só mais prazerosa como também mais significativa do que a realidade regular. Agora, deixe essa ideia de lado por um momento, conforme exploramos as oportunidades presentes nessa história. Três delas, em particular: empregos, educação e sexo.

Na questão do emprego, já sabemos que a realidade virtual traz em si uma possibilidade econômica. Second Life foi o primeiro mundo virtual. Em 2006, a *BusinessWeek*[45] publicou em sua capa a magnata dos imóveis Anshe Chung, que, mediante negócios conduzidos *dentro* da Second Life, tornou--se a primeira milionária do mundo real a fazer toda a sua fortuna no virtual. Temos presenciado situações similares no mundo dos videogames e das mídias sociais, e a realidade virtual levará isso ainda mais longe. Ou seja, se os robôs e a IA começarem a tomar nossos empregos nas próximas décadas, o golpe duplo de um mercado de trabalho em encolhimento na realidade regular e um mercado de trabalho em expansão na realidade virtual constituem um poderoso ímpeto migratório.

A segunda tendência é a educação. A RV nos permite criar ambientes de aprendizado distribuídos, customizados, acelerados. Seja nossa florescente população global em busca de educação, seja nossa população subitamente desempregada pela tecnologia em busca de retreinamento, uma força está se formando. A capacidade da RV de fazer a pessoa entrar em flow a torna ainda mais poderosa, na medida em que esse estado amplifica nossa capacidade de absorver e reter nova informação. Uma pesquisa conduzida pelo Departamento de Defesa, por exemplo, descobriu que soldados em flow podiam aprender 230% mais rápido do que o normal. Também é por isso que, no best-seller de Ernest Cline, *Jogador nº 1*[46] — em que grande parte do mundo já passou à RV —, a educação foi o impulso inicial da migração.

Nossa oportunidade final é o sexo. Do videocassete à internet, quase toda grande tecnologia de comunicação foi impulsionada pela pornografia. A RV sem dúvida é a próxima onda. Mas a RV aumentada pela háptica faz da pornografia uma experiência multissensorial. Pela primeira vez, podemos olhar e tocar — o que em si representa um coquetel muito maior de neuroquímica viciante.

Além disso, é mais do que o pornô. Também são as mídias sociais. Imagine um Tinder em RV, ou a possibilidade de mandar sensações reais em um *sexting*. Al Cooper,[47] professor emérito de psiquiatria em Stanford, que conduziu um dos maiores e mais detalhados estudos sobre cibersexo, descreveu a internet como "o crack da compulsão sexual". Segundo sua pesquisa, 200 mil americanos são viciados sexuais digitais. No mundo todo, esse número beira os milhões. Se você considera que sexo em RV é mais eficaz para produzir dopamina do que sexo digital, começa a entender que há outro ímpeto migratório em ação nesse caso — um que aproveita ao máximo uma pulsão evolucionária primitiva.

Combinadas, nossas três maiores migrações — o tráfico de escravos, a bifurcação da Índia e do Paquistão e a diáspora europeia pós-Segunda Guerra Mundial — produziram um total de 44,5 milhões de exilados. Mas hoje 321 milhões de americanos passam onze horas diárias on-line,[48] e o coquetel neuroquímico da RV definitivamente fará esse número aumentar. Agora acrescente motivadores humanos sérios, como significado, perícia, dinheiro e sexo, e o ímpeto fica bem mais forte. Ele resulta em outra grande migração, um êxodo da consciência e que só agora começa a ter lugar.

MIGRAÇÃO ESPACIAL

"A Terra é o berço da humanidade, mas ninguém pode permanecer no berço para sempre", afirmou Konstantin Tsiolkovski[49] no final do século XIX. Tsiolkovski foi um verdadeiro visionário.[50] Tido como pai do voo espacial, o cientista russo também é considerado o primeiro a imaginar eclusas de ar, propulsores de estabilidade, foguetes multiestágio, estações espaciais, o ciclo fechado que os sistemas biológicos precisam para fornecer alimento e oxigênio para as colônias espaciais e muito mais. Ao longo de sua carreira, ele publicou mais de noventa artigos sobre esses temas, concebendo quase todos os aspectos necessários para a conquista da fronteira final, com exceção, é claro, do que de fato foi preciso para conquistar essa fronteira final: a competição.

Na década de 1960, o que nos motivou a deixar nosso mundo foi o tira-teima tortuoso de ideologias e ideólogos entre Estados Unidos e União Soviética, conhecido como Guerra Fria. E é a competição que continua a nos impulsionar para a frente. Só que agora, embora alguns governos sigam no jogo — Estados Unidos vs. China, por exemplo —, o confronto interessante de verdade é a rivalidade entre dois titãs da tecnologia: Jeff Bezos e Elon Musk.

Ambos têm um desejo profundo de nos levar do berço às estrelas, desbravar a fronteira espacial e "resguardar a biosfera",[51] criando uma segunda civilização humana no espaço, caso as coisas não terminem bem por aqui na Terra. E esses sonhos e essa competição se tornaram uma força em si mesmos, tanto um grande impulso para deixarmos nosso mundo como a única migração na história acompanhada de sua própria batalha no Twitter.

@JeffBezos, 24 de novembro de 2015: O animal mais raro que existe: um foguete usado. A aterrissagem controlada não é fácil, mas, se realizada direito, pode parecer fácil. Confira o vídeo: bit.ly/OpyW5N.[52]

@elonmusk, 24 de novembro de 2015: Não é bem o "mais raro": o Grasshopper da SpaceX realizou seis voos suborbitais há três anos & segue vivo.[53]

Comecemos por Bezos,[54] cuja paixão pelo espaço teve início no ensino médio. Um filho da era Apollo e um ávido fã de *Jornada nas Estrelas*, em seu discurso de formatura Bezos falou de "um futuro onde milhões de pessoas vivem e trabalham [no espaço]", e encerrou com a frase: "Espaço, a fronteira final, vejo vocês por lá". Em Princeton, Bezos presidiu os Estudantes para Exploração e Desenvolvimento do Espaço (Seds, na sigla em inglês). Ele frequentou a faculdade na época do falecido físico Gerard K. O'Neill, fundador do Instituto de Estudos Espaciais. No início da década de 1980, O'Neill fez aos alunos uma pergunta fundamental: "A superfície de um planeta seria o melhor lugar para viver quando os seres humanos se expandirem pelo sistema solar?". Por fim, determinando que a resposta era não, O'Neill propôs a construção de gigantescos cilindros rotatórios conhecidos como "colônias de O'Neill", fabricados com recursos encontrados fora da gravidade profunda de planetas como Terra ou Marte, mais especificamente, com matéria-prima obtida na superfície lunar.

Essas aulas sobre o espaço nunca saíram da cabeça de Bezos. Depois da faculdade, elas o ajudaram a levá-lo de Wall Street à Amazon, numa primeira etapa do que ele brincando se referiu como "um plano simples em dois passos. Primeiro, ganhar bilhões; depois, abrir a fronteira espacial".[55]

Após ganhar bilhões, Bezos os injetou no espaço. Em 2000, fundou a Blue Origin, alocando 1 bilhão de dólares anuais para o projeto. Sua meta inicial, anunciada na época, era a construção de foguetes capazes de levar pessoas e cargas para fora da Terra, ao espaço e, por fim, à Lua — que ele continua acreditando ser a melhor base de lançamento para nossa colonização do cosmos.[56]

"Fomos presenteados com uma dádiva", disse Bezos em um evento de 2019 em Washington,[57] "esse corpo próximo chamado Lua. É um bom lugar para começar a fabricar no espaço devido à gravidade baixa [...]. Extrair recursos na Lua exige 24 vezes menos energia do que tirá-los da superfície terrestre. É uma vantagem imensa."

Como próximo passo, Bezos anunciou o Blue Moon Lunar Lander,[58] que viajaria à Lua a bordo de seu foguete New Glenn reutilizável, desembarcando 3,6 toneladas de veículos, cargas e humanos na superfície lunar. Ele argumentou também que não temos escolha nessa questão. "Não existe um plano B. Temos de salvar este planeta. [Mas] não deveríamos abrir mão de um futuro de dinamismo e crescimento para nossos netos. [No espaço] podemos ter os dois."

Bezos então trouxe de novo à baila o trabalho de O'Neill, proclamando que a visão pós-alunissagem da Blue Origin era o desenvolvimento das colônias de O'Neill, cada uma sustentando uma população independente de 1 milhão, ou um dos grandes impulsionadores de nossa próxima grande migração. "A Terra é a joia do sistema solar",[59] afirmou ele. "Deveria ser decretada como zona residencial e de indústria leve. A indústria pesada deve ser transferida para o espaço [...], onde existe terreno de sobra [...]. O sistema solar pode sustentar 1 trilhão de humanos, e então teremos mil Mozarts e mil Einsteins. Pensem em como essa civilização será incrível e dinâmica."

E ainda que haja uma rivalidade saudável em jogo, Elon Musk não discorda:[60] "A história vai se bifurcar em duas direções: um caminho é permanecermos na Terra para sempre e ficar à espera de um evento de extinção [...] a alternativa é nos tornarmos uma civilização espacial e uma espécie multiplanetária. Acho o futuro vastamente mais empolgante e interessante se formos uma civilização espacial e uma espécie multiplanetária".

Nascido em Pretória, na África do Sul, Musk vendeu sua primeira empresa de computadores com doze anos. Após se formar em Wharton e abandonar o programa de Ph.D. de Stanford, ele repetiu seu sucesso no mundo do software primeiro com a venda por 307 milhões de dólares da Zip2, depois, com a venda por 1,5 bilhão de dólares do PayPal. Por fim, considerando que tinha recursos suficientes para fazer a diferença, Musk começou a perseguir o que julgava ser as duas missões mais críticas para nossa sobrevivência: pôr um fim à dependência dos combustíveis fósseis com uma economia próspera à base de energia solar — isto é, seu trabalho com Tesla e Solar Cities — e transformar a humanidade em uma espécie multiplanetária. Mas, para essa migração, diferentemente da base lunar de Bezos, a obsessão de Musk sempre foi Marte.

Em 2001, um ano antes da venda do PayPal, Musk teve a ideia de enviar uma planta — sementes, na verdade — para Marte. Em seu projeto "Oásis Marte",[61] sua espaçonave incluiria uma câmara lacrada com atmosfera semelhante à da Terra, uma coleção de sementes e um gel nutriente para acelerar o cultivo. "Quando você aterrissar", explicou Musk, "é só hidratar o gel e terá uma pequena estufa em Marte."

Musk queria tirar fotos da planta crescendo na superfície do planeta vermelho, imagem tão impactante que tinha certeza de que inspiraria o governo americano a financiar missões a Marte e estabelecer uma colônia humana permanente ali. Mas, quando avaliou o custo dos foguetes exigidos para enviar sua estufa, percebeu que as opções de lançamento disponíveis eram primitivas e caras demais para algum dia facilitar a colonização humana do espaço.

Para resolver esses problemas, Musk fundou a SpaceX em 2002.[62] Em junho de 2008, após diversos fracassos espetaculares e um perigoso flerte com a falência, o Falcon 1 deixou o solo para entrar em órbita. Esse sucesso foi seguido de mais algumas dezenas, cada um mais barato que o anterior. Em seguida vinha a questão do reuso, um foguete capaz de decolar e aterrissar sem se destruir, um sonho antigo da indústria aeroespacial. Assim nasceu o Falcon Heavy, o maior foguete do planeta, que, no início de 2018, lançou o Roadster cereja da Tesla para além de Marte, na trajetória do cinturão de asteroides. Por fim, a SpaceX anunciou que encerraria em breve a produção dos veículos Falcon — sem a capacidade necessária para mandar humanos a Marte — e começou a trabalhar na "Starship".[63]

Musk vê o estabelecimento da colônia marciana como um plano de contingência para a humanidade e um problema a ser solucionado nesta década.[64] Os testes de voo da Starship já estão em andamento e sua meta declarada é ter humanos na superfície do planeta vermelho antes de 2030, com uma cidade plenamente construída e funcionando até 2050. Para conseguir isso, a SpaceX programou dez grandes lançamentos entre 2027 e 2050, um a cada 22 ou 24 meses, quando a distância entre a Terra e Marte é menor.

O plano atual funciona mais ou menos assim: uma Starship entra em órbita, depois diversas Starships-cargueiros seriam lançadas, levando combustível à primeira. De lá, esses foguetes iriam direto para Marte, transportando a tripulação e cerca de cem passageiros por vez. O custo por pessoa de uma passagem só de ida? Musk pensa em cerca de 500 mil dólares,[65] ou, como ele disse: "Barato o bastante para que a maioria das pessoas nas economias avançadas possa vender sua casa na Terra e se mudar para Marte".

Uma coisa é certa, não importa se Musk ou Bezos vença essa corrida espacial, como também observou Konstantin Tsiolkovski, inúmeras coisas que a humanidade aprecia aqui na Terra — metais, minerais, energia, água doce, imóveis, aventuras sem fim, luxúria, amor, significado, propósito — existem em quantidade quase infinita no espaço. E é a corrida para reclamar esse tesouro — hoje empreendida por bilionários rivais — que vai nos tirar do berço e nos enviar às estrelas, na vanguarda de mais uma das grandes migrações desse século, nossa primeira incursão de verdade pela fronteira final.

METAINTELIGÊNCIA: DENTRO DO BORG

Em 2015, Charles Lieber, químico de Harvard,[66] tentava resolver um problema difícil no novo campo da neuromodulação. Nas últimas décadas, a estimulação cerebral profunda fora desenvolvida para ajudar as vítimas do mal de Parkinson. Com o paciente acordado, é aberto um buraco em seu crânio para a inserção de um dispositivo que envia pulsos elétricos a áreas do cérebro responsáveis pelos movimentos. Tornou-se quase um procedimento rotineiro. Mais de 100 mil dispositivos foram implantados e, para pacientes que esgotaram todas as outras opções médicas, a estimulação cerebral profunda permanece o único modo de melhorar o controle motor e diminuir os tremores.

Infelizmente, existem efeitos colaterais. Estranhos efeitos colaterais. A tendência a desenvolver um problema de apostar compulsivamente sendo o mais frequente. Workaholics se tornando preguiçosos do dia para a noite é outro. Um terceiro é a depressão crônica. O motivo? O tamanho.

A depender deles, os neurocirurgiões impactariam o cérebro num único nível neuronal, mas os atuais métodos de estimulação cerebral profunda são volumosos demais para tanta precisão. Tentar atingir neurônios individuais com os atuais implantes, como afirmou Polina Anikeeva, professora de ciência dos materiais e engenheira do MIT, em sua TED Talk de 2015, é como "tentar tocar o primeiro concerto para piano de Tchaikóvski com dedos do tamanho de uma picape".[67]

Para complicar um pouco mais as coisas, esses dispositivos precisam ser instalados cirurgicamente e, uma vez que o cérebro os vê como invasores, é necessária uma medicação pesada no pós-operatório. Há também a questão do design. O corpo é um ambiente 3D flexível, mas a maioria dos implantes cerebrais atuais — de estimulação cerebral profunda ou quaisquer outros — são dispositivos 2D inflexíveis, tendo mais em comum com chips de silício tradicionais do que com qualquer coisa que exista naturalmente no corpo. No ambiente gosmento, quente e úmido do cérebro, não admira que os sinais se cruzem e haja efeitos colaterais.

Charles Lieber, porém, adotou uma abordagem bem diferente. Para ajudar na regeneração óssea, os médicos costumam implantar um "andaime biológico" na área danificada, oferecendo uma estrutura de apoio para o novo tecido crescer. Cerca de cinco anos atrás, Lieber decidiu tentar construir um bioandaime microscópio feito de componentes eletrônicos. Ele empregou fotolitografia para imprimir uma sonda de quatro camadas, uma de cada vez, criando uma retícula metálica em nanoescala com sensores capazes de registrar a atividade cerebral.

Após enrolar essa retícula em um cilindro estreito, Lieber usou uma seringa para injetá-la no hipocampo de um camundongo. Em uma hora, a retícula se desenrolara de volta à forma original sem danificar tecidos no processo. Resultado: a TV Camundongo-Cérebro. Lieber podia monitorar a atividade do cérebro do camundongo, em tempo real, em um animal vivo. O sistema imune do camundongo aceitou o implante tranquilamente. Em vez de rejeitar a retícula como invasora, os neurônios se conectaram a ela e passaram a se multiplicar.

Em um experimento separado, Lieber injetou a retícula na retina de um camundongo,[68] onde ela se desenrolou sem causar mal ao olho. O resultado é um dispositivo que não prejudica a visão nem bloqueia a luz, no entanto permanece capaz de gravar a visão do camundongo, no nível de um único neurônio, por dezesseis canais ao mesmo tempo, durante anos a fio. O trabalho rendeu muitos elogios ao Lieber Group e ajudou a técnica a se difundir de modo rápido. Tutoriais de como fazer são fáceis de encontrar na internet. Assim como uma porção de vídeos de Elon Musk descrevendo o passo seguinte na evolução dessa ideia, que ele chamou de "malha neural",[69] de interface cérebro-computador injetável e de "interface cérebro-máquina de banda larga ultraelevada para conectar humanos a computadores".

As interfaces cérebro-computador (ou BCIs) são a história de convergência suprema. Elas se situam na interseção de quase tudo neste livro, incluindo a biotecnologia, a nanotecnologia e a ciência dos materiais — que, como vimos, estão de modo rápido se transformando numa mesma indústria. Há ainda a computação quântica, que nos dá a capacidade de modelar ambientes complexos como o cérebro humano, e a inteligência artificial, que nos permite interpretar o que modelamos. E redes de banda larga elevada, que nos possibilitam descarregar sinais neurológicos na nuvem. Na verdade, combinados nesse único avanço, encontramos a maioria de nossos avanços.

Se considerarmos nosso desenvolvimento das tecnologias exponenciais entre os principais exemplos de inteligência humana, então as BCIs são o coroamento dessas conquistas. Elas também podem ser uma maneira de sobrevivermos ao nosso próprio sucesso, uma vez que, na cabeça de muitos, as BCIs constituem o upgrade tão necessário para participarmos plenamente de um mundo dominado pela IA.

Os principais proponentes dessa visão são Elon Musk e Bryan Johnson, que criaram a Neuralink e a Kernel, respectivamente, para acelerar seu desenvolvimento. Mas, do Facebook à Darpa, todo mundo está envolvido. O Facebook quer uma neurotecnologia que nos permita pensar em vez de digitar, substituindo o teclado pela mente como a interface de computador suprema para as mídias sociais. A Darpa vê as BCIs como uma tecnologia de campo de batalha de última geração e quer algo capaz de registrar 1 milhão de neurônios ao mesmo tempo que estimula 100 mil. Há também uma infinidade de start-ups chegando nessa área, de saúde e bem-estar a ensino e entretenimento.

E tem havido progresso.

Na última década, utilizando interfaces cérebro-computador com base em eletroencefalograma — que não requerem cirurgia para instalação e ficam apenas no alto da cabeça como uma coroa de eletrodos —, os pesquisadores realizaram verdadeiros milagres. As BCIs permitiram a paraplégicos voltar a andar.[70] Vítimas de AVC, paralisadas por anos, começaram a recuperar o uso das pernas.[71] Epilépticos foram curados dos ataques.[72] Quadriplégicos agora podem controlar cursores com a mente. E, se juntando ao Drácula, a carros voadores e a robôs pessoais em nossa lista de fantasias de infância transformadas em realidade, a telepatia também passa a ser possível.

Em 2014, uma equipe de pesquisadores de Harvard[73] enviou palavras de uma mente a outra por meio da internet. Tecnicamente conhecida como "comunicação cérebro a cérebro", foi um exemplo da versão de longa distância — com um indivíduo na França e o outro na Índia. Os pesquisadores usaram um *headset* de EEG sem fio conectado à internet como transceptor e um estimulador transcraniano magnético — que envia débeis pulsos magnéticos para o cérebro — como receptor. Os participantes da experiência não recebiam pensamentos exatamente, mas conseguiram ler de maneira correta os clarões luminosos correspondentes à mensagem.

Só que isso já ficou para trás. Em 2016, usávamos *headsets* de EEG para jogar videogame[74] telepaticamente e, em 2018, pilotávamos drones com o pensamento. O próximo passo é descobrir uma maneira de ligar perfeitamente nossos cérebros à internet via nuvem — e por isso a rede injetável de Lieber é tão importante. Acredita-se que uma neurotecnologia acomodada sobre a cabeça não será capaz de capturar sinais numa resolução útil, enquanto dispositivos que necessitam de cirurgia para serem implantados — por menor que seja o procedimento envolvido — continuam arriscados demais para a adoção generalizada. Mas uma malha neural injetável, para tomar emprestado o termo de Musk, resolve esses problemas e mais alguns.

E isso nos traz à nossa última migração, deixando um pouco nossa familiar consciência singular sediada no cérebro para ingressar na consciência coletiva sediada na nuvem, tanto uma mente em colmeia como um lembrete de que as maiores jornadas são com frequência no interior de nossa psique, e não rumo às estrelas. Considerações de ordem exclusivamente econômica, como defendem Elon Musk e Bryan Johnson, exigem essa mudança. Em um mundo no qual humanos competem com a inteligência artificial, o antigo motivador de "pagar as contas" é acionado.

Mas há outros em operação.

Conectar nosso cérebro à nuvem nos proporciona um incremento imenso em poder de processamento e memória e, ao menos em teoria, pode nos dar acesso a todas as demais mentes on-line. Pense o seguinte: os computadores, por si só, são interessantes. Mas ao conectar alguns desses computadores entre si, montamos uma rede e criamos a World Wide Web. Agora imagine o que acontece quando esses computadores são na verdade cérebros, as máquinas mais complicadas no universo conhecido. E imagine que você consiga transmitir não apenas pensamentos, mas sensações, experiências e, talvez, significado. Se isso fosse possível, permaneceríamos agarrados a nossa consciência singular por muito tempo ou começaríamos a migrar para a mente que está evoluindo on-line?

Antes de responder, considere mais três detalhes. Primeiro, nós humanos somos uma espécie extremamente social. A solidão, segundo numerosos estudos,[75] é um dos maiores e mais mortais terrores da era moderna. O anseio por conexão é um impulso humano fundamental, um motivador intrínseco, no linguajar da psicologia. Mas não é o único em ação.

O mais perto que os humanos chegaram de uma mente em colmeia é a experiência conhecida como "flow em grupo",[76] a versão compartilhada, coletiva, de um estado de flow. O flow em grupo consiste numa equipe atingindo um desempenho máximo: uma incrível sessão de brainstorming, a vitória fantástica de um time, uma banda incendiando o público. Também é considerado o estado mais prazeroso que existe. Quando os psicólogos pedem às pessoas para enumerar suas experiências favoritas, as de flow em grupo sempre ocupam o primeiro lugar. Assim, a oportunidade de passar por essa experiência essencialmente sob demanda também será um ímpeto migratório poderoso.

Por fim, temos a evolução a considerar.

Desde que a vida se originou no planeta, a trajetória da evolução[77] sempre seguiu do individual para o coletivo. Passamos de organismos unicelulares a multicelulares, depois a imensos organismos multicelulares conhecidos como seres humanos. Esse é o impulso típico da seleção natural, e por que com as seleções de hoje deveria ser diferente? Há pouca razão para crer que a humanidade tenha atingido o apogeu da inteligência, do desenvolvimento, da possibilidade; que o reality de televisão, que nossas megacidades caóticas de aço e asfalto sem fim representem o melhor que a vida na Terra tem a oferecer. Na verdade, somos um mero ponto no espectro, a seta definitiva de "você está aqui".

Há fortes evidências, porém, de que não continuaremos aqui por muito tempo. A Neuralink planeja[78] uma conexão sem fio de dois gigabits por segundo do cérebro para a nuvem e quer começar os testes com humanos até o fim de 2021. Cada vez mais — como isso e tantas outras descobertas ilustradas por este livro —, o outrora lento e passivo processo da seleção natural está sendo transformado em um processo rápido e proativo: a evolução orientada pelo ser humano. Isso significa que, no próximo século, a aceleração tecnológica talvez faça mais do que apenas levar disrupção às indústrias e instituições; ela deve na verdade levar a disrupção ao progresso da inteligência biologicamente baseada na Terra. Essa ruptura fará surgir uma nova espécie que progride a velocidades exponenciais, uma migração em massa e uma metainteligência, e, em última instância, aqui no fim da nossa história, mais um motivo para o futuro ser mais rápido do que pensamos.

A metainteligência seria um tremendo acelerante da inovação. Se mentes solitárias trabalhando em organizações coletivas — mais conhecidas como negócios, cultura e sociedade — produziram tecnologias exponenciais convergentes — mais conhecidas como o acelerante de inovações mais rápido que o mundo já viu —, imagine o que um planeta inteiro de mentes em colmeia

— mais conhecidas como um Borg do bem — seria capaz de criar. Em outras palavras: com que rapidez chega o futuro se todos pensarmos juntos?

E se depois de refletir sobre todas essas coisas você se sente um pouco inquieto, há na verdade um termo técnico para isso também: aversão à perda. Um de nossos vieses cognitivos mais poderosos, a aversão à perda é uma suspeita evolucionariamente programada de que, se eu o privar de algo que você tem hoje, qualquer coisa que puser no lugar amanhã será muito pior. Por isso as pessoas se aferram com unhas e dentes a seu modo de vida, as empresas têm uma dificuldade tremenda de inovar, e a mudança cultural é lenta como uma tartaruga.

Pode ser que um dia nossa mente em colmeia nos leve a superar esse ponto cego específico, mas, até lá, essa vertigem desorientadora do encontro entre tecnologias exponenciais convergentes e cinco grandes migrações que você pode estar sentindo é perfeitamente natural. Assim como a agitação, a empolgação, a liberdade de imaginação. Também sentimos isso. E a única coisa que podemos dizer é o que viemos dizendo um ao outro ao longo do caminho: respirem fundo e não pisquem, porque, preparados ou não, aí vem o amanhã.

Posfácio

Abundância revisitada

Uma maneira de ver a aceleração da tecnologia descrita neste livro é como parte de uma marcha contínua para a abundância. Apresentamos esse tema pela primeira vez em nosso livro de 2002, apropriadamente intitulado: *Abundância: O futuro é melhor do que você imagina*. Desde sua publicação, a tendência só continuou. Não há dúvida de que o custo de uma quantidade cada vez maior de bens e serviços quase desapareceu. Tampouco resta muita dúvida quanto aos futuros efeitos positivos da desmonetização. Energia barata abundante resulta em água limpa abundante. Carros elétricos autônomos levam a opções de transporte mais baratas e verdes e acesso de baixo custo à moradia. A combinação entre IA, 5G e RA/RV proporcionará ensino, entretenimento e saúde a baixo custo para quase todos os humanos da Terra, independentemente da geografia ou do status socioeconômico.

Claro que há uma porção de razões para discordar dessa ideia. O abismo entre ricos e pobres fica cada vez maior, e a ideia de que existe uma solução fácil à nossa espera em algum lugar de nossa tecnologia costuma ser criticada como tecnoutópica. Mas as tecnologias exponenciais continuam adiante em sua marcha e, com elas, o atual processo da desmonetização e democratização.

Em janeiro de 2019, por exemplo, uma manchete do *Wall Street Journal* afirmava: "O mundo está ficando melhor em silêncio". A matéria examinava os números mais recentes do Banco Mundial, que mostravam um contínuo declínio na quantidade de pessoas vivendo com menos de dois dólares por dia, a assim chamada pobreza extrema. E embora seja verdade que os ricos estão cada vez mais ricos, os pobres estão cada vez mais capacitados, com um acesso crescente a ferramentas e tecnologias não mensurado pelos sistemas econômicos atuais.

Esses dois cenários quase sempre andam juntos. Os primeiros celulares da década de 1980 eram lentos, falhos e usados apenas pelos ricos. Hoje, quando nossos celulares são rápidos, sofisticados e repletos de recursos, são baratos o bastante para chegar às mãos dos mais pobres da Terra. Assim, embora vislumbremos um futuro em que ricos vivem em Marte e têm acesso aos tratamentos de longevidade mais recentes, ele caminha de mãos dadas com um futuro em que todos na Terra têm acesso barato e cada vez maior a alimento, energia, água, ensino, saúde e entretenimento.

Conforme *Abundância* se aproxima de seu décimo aniversário (2022), esse deixou de ser apenas um conceito. Certamente, ainda há um longo caminho a ser percorrido. Inúmeras soluções existentes não foram disseminadas pelo mundo e questões críticas como escassez de água, mudança climática e fome mundial vão na direção errada. Contudo, como o *Wall Street Journal* observou, dezenas de outros indicadores conhecem tendência de alta. Em *The Better Angels of Our Nature* [Os melhores aspectos de nossa natureza], para dar um exemplo diferente, Steven Pinker demonstra com eloquência que as guerras e os conflitos atingiram uma baixa histórica e vivemos no período mais pacífico da humanidade. E também o mais saudável. Esteja você mensurando isso pela diminuição da mortalidade infantil e da gravidez na adolescência, pelo número de mortes por malária, pela mortalidade causada por fome ou por nossa expectativa de vida cada vez maior, aqui também os indicadores mostram incrível progresso. Entrementes, o custo da energia renovável não subsidiada continua a despencar, enquanto tanto a conectividade digital de alta velocidade como a disponibilidade de dispositivos baratos e potentes estão explodindo. E com a chegada desses dispositivos e dessa conectividade, um mundo de possibilidade começa a se materializar diante de nossos olhos.

Hoje, uma criança na Tanzânia tem acesso à tecnologia de ensino possibilitada pela IA, assim como à soma total da informação disponível no mundo, via Google ou Baidu. Essa mesma criança, conectada à iminente explosão da banda larga, em breve será capaz de criar milhares de núcleos de processamento pertencentes a um sem-número de serviços baseados na nuvem e desfrutar desde os bilhões de horas de entretenimento livre no YouTube até nossa *gig economy* cada vez mais próspera. Convenientemente, as nações mais pobres da Terra são também as mais ensolaradas e, com esse sol — e a difusão cada vez maior da energia solar —, vem a oportunidade para a energia abundante. Com a energia vem a capacidade de fornecer água limpa, e com a água limpa vêm os crescimentos extraordinários em saúde e bem-estar, que junto com a melhora do ensino e a diminuição da natalidade podem ajudar a interromper a tendência da superpopulação.

Sem dúvida, continuará a haver terrorismo, guerras e assassinatos. Ditaduras e doenças não vão sumir. Mas o mundo seguirá melhorando em silêncio. E, como descrevemos em *Abundância*, o objetivo aqui não é criar uma vida de luxos, mas, antes, uma vida de possibilidades. Graças às forças de convergência, os avanços tecnológicos necessários para esse mundo de abundância chegam a um ritmo cada vez mais acelerado. Claro que a criação desse mundo não ocorrerá de forma automática. Vai exigir o maior esforço cooperativo da história. E isso nos leva a nossa questão final: o que exatamente você está esperando?

E AGORA, PARA QUE LADO?

Se você cansou de esperar, se os conceitos e capacidades delineados no livro despertam seu interesse, se você é um CEO tentando dirigir sua empresa em meio à mudança tecnológica acelerada ou um empreendedor de garagem procurando capitalizar com essas mesmas mudanças, temos o que procura. Mas com certeza tentar lidar com um século de mudança tecnológica se desenrolando na próxima década é uma tarefa das mais difíceis, e tentar fazer isso com nosso cérebro local e linear a torna ainda mais complicada.

A única maneira que seus autores encontraram de navegar por essas águas, ao menos hoje, é se educando constante e continuamente.

Sentimos haver dois componentes críticos para essa educação: um mental, outro físico. No aspecto mental, as significativas melhoras de desempenho advindas de aprender a aproveitar o estado de consciência conhecido como flow — ampliação de produtividade, aprendizagem, criatividade, colaboração, cooperação (a lista continua) — nos proporciona a capacidade de acompanhar o ritmo da mudança. O flow aumenta todo o maquinário de processamento de informação básico do cérebro, dando-nos a capacidade de pensar com velocidade e em larga escala — dois requisitos cognitivos fundamentais para prosperarmos em um mundo exponencial.

Ao mesmo tempo, há um lado físico nessa equação — construído a partir de uma tecnologia real, física. Os empreendedores e líderes exponenciais atuais devem atualizar com afinco e de modo contínuo seu entendimento das novas tecnologias e do que elas possibilitam, a todo momento. Embora esse tipo de aprendizado contínuo seja possível, não é fácil, o que talvez constitua um dos principais motivos para a popularidade da Singularity University, do Abundance360 e do Abundance Digital — programas que renovam a todo momento a relação de participantes do estado do "exponencialmente possível".

Abaixo, para ambos os lados dessa equação, você encontrará uma ótima lista de opções e oportunidades.

Zero-to-Dangerous: o maior treinamento do mundo em atalhos para o flow: Zero to Dangerous é um treinamento projetado para ajudar empreendedores e líderes a acessar o estado de desempenho máximo conhecido como flow. Seu foco específico é ensinar a ter um desempenho de alta velocidade e em larga escala — duas coisas essenciais para prosperar num mundo exponencial. Zero to Dangerous mescla ciência de ponta com treinamento em desempenho máximo *one-on-one* oferecido por psicólogos clínicos licenciados, além de proporcionar acesso a uma rede de indivíduos de alto desempenho no mundo todo. O treinamento é conduzido por Steven Kotler e recorre às mesmas ferramentas que ele usa para dar treinamento à Google, aos Navy Seals e à Accenture. Para saber mais, visite ‹Zeroto-Dangerous.com›. Para saber mais sobre o Flow Research Collective, visite ‹FlowResearchCollective.com›.

Abundance360: O A360 é um curso com duração de um ano (sob curadoria e direção de Peter Diamandis) planejado para ajudar os empreendedores a se guiar pela mudança tecnológica exponencial. Todo ano ele começa com um *mastermind group* de três dias em Beverly Hills, no qual os participantes se reúnem para aprender sobre as inovações mais recentes em IA, redes, robótica, impressão 3D, RA/RV, biotecnologia e *blockchain*, e como essas tecnologias são imediatamente aplicáveis aos negócios e à vida deles. Nossa missão é proporcionar a informação, os insights e as ferramentas de implementação que os participantes precisarão para se manter a par das tendências.

Aprender a se orientar em meio à aceleração da tecnologia é essencial para qualquer empreendedor. A missão do A360 é proporcionar os insights e as ferramentas para multiplicar em dez vezes as capacidades de sua equipe e conectá-lo a outros líderes em abundância e mentalidade exponencial. Para se inscrever no A360, visite <www.A360.com>.

Abundance Digital: Abundance Digital é a versão digitalizada, desmonetizada e democratizada do Abundance360. O programa atende a mais de 2 mil empreendedores no mundo todo a um custo dez vezes menor. A comunidade Abundance Digital é sua *one stop shop* para colaborar com outros agentes da abundância e da mentalidade exponencial do mundo todo — incluindo o próprio Peter Diamandis. Outros benefícios incluem:

• Dailey Coaching and Insights do aplicativo Abundance Digital e mais de cem horas de conteúdo de vídeo, lições e treinamento com o dr. Diamandis.

• Acesso à transmissão ao vivo do 3Day Abundance360 Executive Summit anual de Peter, bem como ao programa Global Summit and Exponential Medicine da Singularity University.

• Seminários mensais na web: acesso ao vivo a cerca de quatro videos-seminários on-line mensais apresentando CEOs e empreendedores.

Para se inscrever, visite <www.Abundance.Digital>.

Singularity University: A Singularity oferece programas e eventos no mundo todo focados no ensino exponencial para alunos de pós, executivos e líderes. Para uma lista detalhada do que o programa oferece, visite <www.SU.org>.

XPRIZE Foundation: A XPRIZE Foundation utiliza competições de incentivo globais em larga escala para soluções de *crowdsourcing* para os grandes desafios mundiais. A XPRIZE acredita que as soluções podem vir de qualquer pessoa em qualquer lugar. Cientistas, engenheiros, acadêmicos, empreendedores e outros inovadores com ideias originais do mundo todo estão convidados a formar equipes e competir para ganhar o prêmio. Em vez de injetar dinheiro num problema, incentivamos a solução e desafiamos o mundo a resolvê-lo. O XPRIZE planejou e alocou mais de 200 milhões de dólares em bolsas para uma variedade de assuntos, de espaço e oceanos a educação, alimento, água, energia e meio ambiente, para mencionar só alguns. Para aprender mais sobre como se envolver e/ou competir, visite <www.XPRIZE.org>.

Bold Capital Partners: A Bold Capital Partners (BPC) gerencia uma família de fundos dirigida a investimentos em estágio inicial e empresas de tecnologia em crescimento, muitas das quais são mencionadas neste livro. A BPC está particularmente interessada em líderes empresariais que usam tecnologias exponenciais para transformar o mundo e criar soluções inovadoras para os grandes desafios da humanidade. A BPC nasceu da convergência de três forças fundamentais: uma visão destacada do futuro; uma rede única e valiosa de especialistas e praticantes que apoiam essa visão; e uma equipe experiente de investidores capazes de investir em torno dessa visão. A Bold deve seu nome ao segundo livro de Peter (com esse mesmo título). Para mais informações sobre o fundo e o portfólio de empresas da BPC, visite <www.BoldCapitalPartners.com>.

HEALTH NUCLEUS, da Human Longevity: Neste livro, mencionamos os avanços potenciais que chegam até nós na área da longevidade. Uma das ferramentas mais importantes é possibilitada pelo programa Health Nucleus da HLI, que usa os mais recentes avanços tecnológicos para oferecer um novo padrão de saúde pessoal. Integrando exames de imagem do corpo todo com sequenciamento genético completo, o Health Nucleus Core é a primeira avaliação personalizada para revelar um retrato mais completo da condição passada, presente e futura da sua saúde. Você se beneficia de nossa equipe altamente experiente de médicos certificados e licenciados, geneticistas e cientistas especializados que usam tecnologia inovadora para conduzir à próxima grande mudança na qualidade de vida. Para mais informações, visite <www.HumanLongevity.com>.

KEYNOTES: CONTRATANDO PETER DIAMANDIS E/OU STEVEN KOTLER

Peter e Steven adoram falar sobre seu trabalho em *Abundância*, *Bold* e *O futuro é mais rápido do que você pensa*. Ambos realizam uma quantidade limitada de *keynotes* todo ano.

Para mais informações sobre como contratar Peter Diamandis, visite: <www.diamandis.com/speaking>.

Para mais informações sobre como contratar Steven Kotler, visite: <www.stevenkotler.com/speaking>.

Agradecimentos

O futuro é mais rápido do que você pensa se beneficiou enormemente da sabedoria generosa de inúmeras pessoas. Antes de mais nada, nós os autores, gostaríamos de expressar profunda gratidão a suas famílias — Jet, Dax e Kristen Diamandis e Joy Nicholson —, por seu amor, sua paciência e seu apoio incríveis. Também gostaríamos de agradecer a nosso agente, John Brockman; nossa editora Stephanie Frerich, e todo mundo na Simon & Schuster que trabalhou com tanto afinco neste projeto.

Também na edição, o sempre incrível Michael Wharton esteve presente em cada passo do caminho e lhe devemos enormes agradecimentos por seu insight, feedback e energia incrível. Obrigado a Max Goldberg pela tarefa monumental de ajudar a localizar e organizar nossas referências e a Jarom Longhurst pela irretocável campanha de marketing do livro.

Agradecimentos especiais também à equipe de Steven no Flow Research Collective (especialmente Rian Doris) e à equipe de Peter na PHD Ventures (Esther Count, Claire Adair, Max Goldberg, Derek Dolin, Kelley Lujan, Jarom Longhurst, Bri Lempesis, Greg O'Brien, Tom Compere, Sue Glanzrock, Joe Mosely e Connie Fox), por sua ajuda inestimável na pesquisa, no conteúdo de *crowdsourcing* e na criação do blog, e por oferecer apoio permanente 24 horas por dia. E por fim um reconhecimento especial a Esther Count e Connie Fox, pela tarefa hercúlea de coordenar os horários e a vida de Peter.

Pela pesquisa e inspiração, somos gratos à família de ex-alunos, professores e funcionários da Singularity University, sob a liderança do cofundador e presidente da universidade, Ray Kurzweil, do sócio fundador Rob Nail, da diretora de crescimento Carin Watson e do presidente executivo Erik Anderson. Obrigado também à família XPRIZE, sob a liderança de Anousheh Ansari, pelas salas que ocupamos e pelas histórias inspiradoras de inovação que pudemos contar neste livro.

Finalmente, Peter gostaria de agradecer a Dan Sullivan e à equipe Strategic Coach pelo encorajamento, pela sabedoria e pelo apoio para que seu impacto no mundo seja dez vezes maior.

Notas

1. CONVERGÊNCIA [pp. 15-37]

1. Inrix, "Global Traffic Scorecard", disponível em: <http://inrix.com/scorecard/>. Acesso em: 28 nov. 2020.

2. Ver: <https://www.uber.com/us/en/elevate/summit/2018/>. Acesso em: 28 nov. 2020.

3. A fala original de Holden está em <https://www.youtube.com/watch?v=fmW2Y2nEW1U&feature=youtu.be>. Acesso em: 28 nov. 2020.

4. Sarah Perez, "Groupon Product Chief Jess Holden to Depart, Is Heading to a Bay Area Tech Company", *TechCrunch*, 11 fev. 2014. Ver: <https://techcrunch.com/2014/02/11/groupon-product--chief-jeff-holden-departs-is-headed-to-a-bay-area-tech-company/>. Acesso em: 28 nov. 2020.

5. Dennis Green, "A Survey Found That Amazon Prime Membership Is Soaring to New Heights — But One Trend Should Worry the Company", *Business Insider*, 18 jan. 2019, p. 1.

6. Para uma bio completa de Holden, ver seu LinkedIn: <https://www.linkedin.com/in/jeffholden/>. Acesso em: 28 nov. 2020.

7. Tim Fernholz, "Are There Bubbles in Space", *Quartz*, 30 jul. 2018. Ver: <https://qz.com/1343920/investors-have-pumped-nearly-1-billion-into-aerospace-start-ups-this-year/>. Acesso em: 28 nov. 2020.

8. Mark Harris, "Larry Page Is Quietly Amassing a 'Flying Car' Empire", *Verge*, 19 jul. 2018. Ver: <https://www.theverge.com/2018/7/19/17586878/larry-page-flying-car-opener-kitty-hawk--cora>. Acesso em: 28 nov. 2020.

9. AAA, "AAA Reveals True Cost of Vehicle Ownership", 23 ago. 2017. Ver: <https://newsroom.aaa.com/tag/driving-cost-per-mile/>. Acesso em: 28 nov. 2020.

10. Essa comparação foi feita pela Uber, como parte de seu estudo de viabilidade interna. Ver: <https://www.cnet.com/roadshow/news/will-you-be-able-to-afford-uberairs-flying-car-service/>. Acesso em: 28 nov. 2020.

11. Ibid.

12. Ibid.

13. Para uma relação completa dos parceiros da Uber, ver: <https://www.uber.com/us/en/elevate/partners/>. Acesso em: 28 nov. 2020.

14. "Vimana" é o nome de carruagens voadoras mitológicas descritas em antigos textos hindus. Ver: <https://en.wikipedia.org/wiki/Vimana>. Acesso em: 28 nov. 2020.

15. Steven Kotler, *Tomorrowland*. Stafford: New Harvest, 2015, pp. 97-105.

16. Ver: <https://www.intel.com/content/www/us/en/silicon-innovations/moores-law-technology.html>. Acesso em: 28 nov. 2020.

17. Ray Kurzweil, *How to Create a Mind*. Nova York: Viking, 2012, pp. 179-98.

18. Ray Kurzweil, "The Law of Accelerating Returns", 7 mar. 2001. Ver: <https://www.kurzweilai.net/the-law-of-accelerating-returns>. Acesso em: 28 nov. 2020.

19. Clayton Christensen, *The Innovator's Dilemma*. Nova York: Harper Business, 2000, pp. 15-9.

20. Mark Moore, "Distributed Electric Propulsion Aircraft", Nasa Langley Research Center. Ver: <https://aero.larc.nasa.gov/files/2012/11/Distributed-Electric-Propulsion-Aircraft.pdf>. Acesso em: 28 nov. 2020.

21. Tecnicamente, o alcance completo fica entre 90% e 98%, mas para uma análise e comparação com um motor a gasolina, ver: Karim Nice e Jonathon Strickland, "Gasoline and Battery Power Efficiency", *How Stuff Works*, <https://auto.howstuffworks.com/fuel-efficiency/alternative-fuels/fuel-cell4.htm>. Acesso em: 28 nov. 2020.

22. Holden, entrevista, ibid. Editores History.com, "Ford Motor Company Unveils the Model T", *History*, 27 ago. 2009. Ver: <https://www.history.com/this-day-in-history/ford-motor-company-unveils-the-model-t>. Acesso em: 28 nov. 2020.

23. Staff at Henry Ford, "Willow Run Bomber Plant". Ver: <https://www.thehenryford.org/collections-and-research/digital-collections/expert-sets/101765/>. Acesso em: 28 nov. 2020.

24. Ibid.

25. Editores History.com, "Ford Motor Company Unveils the Model T", *History*, 27 ago. 2009. Ver: <https://www.history.com/this-day-in-history/ford-motor-company-unveils-the-model-t>. Acesso em: 28 nov. 2020.

26. Elizabeth Kolbert, "Hosed", *New Yorker*, 8 nov. 2009.

27. Fabian Kroger, "Automated Driving in Its Social, Historical and Cultural Contexts", *Autonomous Driving*, 22 maio 2016, pp. 41-68.

28. Ver o site da Darpa para uma análise completa dos eventos: <https://www.darpa.mil/about-us/timeline/-grand-challenge-for-autonomous-vehicles>. Acesso em: 28 nov. 2020.

29. Alexis Madrigal, "Waymo's Robots Drove More Miles Than Everyone Else Combined", *Atlantic*, 14 fev. 2009. Ver: <https://www.theatlantic.com/technology/archive/2019/02/the-latest-self-driving-car-statistics-from-california/582763/>. Acesso em: 28 nov. 2020.

30. Andrew Hawkins, "Waymo and Jaguar Will Build Up to 20,000 Self-Driving Electric suvs", *Verge*, 27 mar. 2018. Ver: <https://www.theverge.com/2018/3/27/17165992/waymo-jaguar-i-pace-self-driving-ny-auto-show-2018>. Acesso em: 28 nov. 2020.

31. Ver press release original da GM: <https://media.gm.com/media/us/en/gm/news.detail.html/content/Pages/news/us/en/2018/may/0531-gm-cruise.html>. Acesso em: 28 nov. 2020.

32. Entrevista com o autor, 2019.

33. Ibid.

34. US Census Bureau, "Average One-Way Commuting Time by Metropolitan Areas", 7 dez. 2017. Ver: <https://www.census.gov/library/visualizations/interactive/travel-time.html>. Acesso em: 28 nov. 2020.

35. Você pode encontrar uma lista de marcas de carro, tanto operando como aposentadas, nesta página da Wikipedia: <https://en.wikipedia.org/wiki/List_of_car_brands>. Acesso em: 28 nov. 2020.

36. Donald Shoup, *The High Cost of Free Parking*. Londres: Routledge, 2011, p. 624.

37. Richard Florida, "Parking Has Eaten American Cities", *CityLab*, 24 jul. 2018.

38. Eran Ben-Joseph, *ReThinking a Lot*. Cambridge, MA: MIT Press, 2012, pp. xi-xix.

39. Para o relatório original: <https://www.spacex.com/sites/spacex/files/hyperloop_alpha.pdf>. Acesso em: 28 nov. 2020.

40. Malcolm Browne, "New Funds Fuel Magnet Power for Trains", *The New York Times*, 3 mar. 1992.

41. Robert Salter, "The Very High Speed Transit", Rand Corporation, 1972. Ver: <https://www.rand.org/pubs/papers/P4874.html>. Acesso em: 28 nov. 2020.

42. Para a história completa do desenvolvimento do Hyperloop One, ver: <https://hyperloop-one.com/our-story#partner-program>. Acesso em: 28 nov. 2020. (Nota dos autores: a empresa de capital de risco de Peter é uma investidora.)

43. Entrevista com o autor, 2019.

44. Ver: <https://twitter.com/elonmusk>. Acesso em: 28 nov. 2020.

45. Dana Hull, "Musk's Boring Co. Raises $113 Million for Tunnels, Hyperloop", *Bloomberg*, 16 abr. 2018. Ver: <https://www.bloomberg.com/news/articles/2018-04-16/musk-s-boring-co-raises-113-million-for-tunnels-and-hyperloop>. Acesso em: 28 nov. 2020.

46. Aarian Marshall, "Las Vegas Orders Up a Boring Company Loop", *Wired*, 22 maio 2019.

47. Ed Oswald, "Here's Everything You Need to Know About the Boring Company", *Digital Trends*, 26 fev. 2019.

48. Para o endereço completo, visite: <https://www.youtube.com/watch?v=tdUX3ypDVwI>. Acesso em: 28 nov. 2020.

49. Darrell Etherington, "SpaceX Aims to Replace Falcon 9, Falcon Heavy and Dragon with One Spaceship", *Techcrunch*, 28 set. 2017. Ver: <https://techcrunch.com/2017/09/28/spacex-aims-to-replace-falcon-9-falcon-heavy-and-dragon-with-one-spaceship/>. Acesso em: 28 nov. 2020.

50. Ver: <https://twitter.com/mayorofla>. Acesso em: 28 nov. 2020.

51. Ver: <https://spacenews.com/spacex-begins-starship-hopper-testing>. Acesso em: 28 nov. 2020

52. Todos os dados (empresa, ano e capitalização de mercado) foram extraídos de <https://www.macrotrends.net>. Usamos valores máximos de capitalização de mercado para o ano dado.

53. Ibid.

54. Ibid.

55. Ibid.

56. Para todos os dados de empresas neste parágrafo, ver também: Ibid.

57. Por exemplo, ver: Arnaud D'Argembeau, "Modulation of Medial Prefrontal and Inferior Parietal Cortices When Thinking About Past, Present and Future Selves", *Social Neuroscience*, 2 maio 2010, pp. 187-200.

58. Para uma visão geral da maioria dos estudos principais, ver: Jill Lepore, "Are Robots Competing for Your Job?", *The New Yorker*, 4 mar. 2019. Para uma visão diferente: Marguerite Ward,

"AI and Robots Could Threaten Your Career Within 5 Years", CNBC, 5 out. 2017. Ver: <https://www.cnbc.com/2017/10/05/report-ai-and-robots-could-change-your-career-within-5-years.html>. Acesso em: 28 nov. 2020.

59. Matthieu Pélissié du Rausas, "Internet Matters: The Net's Sweeping Impact on Growth, Jobs, and Prosperity", McKinsey Global Institute, maio 2011.

60. Richard Foster e Sarah Kaplan, *Creative Destruction*. Nova York: Crown Business, 2001. Como essa pesquisa original foi conduzida com a Innosight, ver seu sumário executivo para uma rápida visão geral: <https://www.innosight.com/insight/creative-destruction>. Acesso em: 28 nov. 2020.

61. Para o anúncio oficial, ver: <https://avatar.xprize.org/prizes/avatar>. Acesso em: 28 nov. 2020.

2. O SALTO À VELOCIDADE DA LUZ: TECNOLOGIAS EXPONENCIAIS, PARTE I [pp. 38-58]

1. Entrevista do autor com Chad Rigetti, 2018.

2. Public Information Office, Jet Propulsion Laboratory, "Boomerang Nebula Boasts Coolest Spot in the Universe", 20 jun. 1997. Para a informação oficial da Nasa/ JPL, ver: <https://www.jpl.nasa.gov/news/releases/97/coldspot.html>. Acesso em: 28 nov. 2020.

3. Luke Harding e Leonard Barden, "Deep Blue Win a Giant Step for Computerkind", *Guardian*, 12 maio 2011.

4. Erik Brynjolfsson e Andrew McAfee, *The Second Machine Age*. Nova York: W. W. Norton and Co., 2014, p. 49.

5. Lieven Eeckhout, "Is Moore's Law Slowing Down? What Next?", *IEEE Micro*, 37, n. 4, pp. 4-5.

6. Kurzweil, "Law of Accelerating Returns".

7. Ver: <https://www.apple.com/iphone-xs/a12-bionic/>. Acesso em: 28 nov. 2020.

8. Tim Ferriss faz uma boa análise dessa ideia e sua história em: <https://tim.blog/2018/05/31/steve-jurvetson/>. Acesso em: 28 nov. 2020.

9. Rigetti, entrevista com o autor.

10. Isso veio de uma palestra que ele deu na Oxford Martin School, em fevereiro de 2016. Ver: <https://www.oxfordmartin.ox.ac.uk/videos/the-dawn-of-quantum-technology-with-prof-simon--benjamin/>. Acesso em: 28 nov. 2020.

11. Ver: <https://www.internetlivestats.com/total-number-of-websites/>. Acesso em: 28 nov. 2020.

12. Geoff Spencer, "Much More Than a Chat: China's Xiaoice Mixes AI with Emotions and Wins Over Millions of Fans", news.microsoft.com, 1 nov. 2018. Ver: <https://news.microsoft.com/apac/features/much-more-than-a-chatbot-chinas-xiaoice-mixes-ai-with-emotions-and-wins-over--millions-of-fans/>. Ver também: <https://blogs.microsoft.com/ai/xiaoice-full-duplex/>. Acesso em: 28 nov. 2020.

13. Esse e o exemplo seguinte em que minha namorada ficou furiosa comigo foram extraídos de entrevistas do autor com Zo, a versão americana de Xiaoice que foi liberada no Twitter em 2018.

14. Matt McFarland, "What Happened When a Chinese TV Station Replaced Its Meteorologist with a Chatbot", *Washington Post*, 12 jan. 2016.

15. John Ward, "The Services Sector: How Best to Measure It?", *International Trade Organization*, out. 2010.

16. Para acompanhar o progresso no machine learning, a Wikipedia tem um gráfico útil em: <https://en.wikipedia.org/wiki/Timeline_of_machine_learning>. Acesso em: 28 nov. 2020.Ver também: Andrew McAfee e Erik Brynjolfsson, *Machine Platform Crowd*. Nova York: Norton, 2017), pp. 66-86.

17. Para uma demonstração, ver: <https://www.youtube.com/watch?v=gsfkGlSajHQ>. Acesso em: 28 nov. 2020.

18. Para uma demonstração, ver: <https://www.youtube.com/watch?v=gsfkGlSajHQ>. Acesso em: 28 nov. 2020.

19. Ver: <https://ai.googleblog.com/2018/05/duplex-ai-system-for-natural-conversation.html>. Acesso em: 28 nov. 2020.

20. Ver: <https://experiments.withgoogle.com/talk-to-books>. Acesso em: 28 nov. 2020.

21. Chloe Olewitz, "A Japanese AI Program Just Wrote a Short Novel, and It Almost Won a Literary Prize", *Digital Trends*, 23 mar. 2016.

22. Para uma boa análise da diferença entre o xadrez e o *go*, ver: Danielle Muoio, "Why Go Is So Much Harder for AI to Beat Than Chess", *Business Insider*, 10 mar. 2016. Para informações sobre a derrota de Lee Sodol, ver também: Jon Russell, "Google AI Beat Go World Champion Again to Complete Historic 4-1 Series", *Techcrunch*, 15 mar. 2016.

23. Aatif Sulleyman, "Google AI Creates Its Own Child AI That's More Advanced than Systems Built by Humans", *Independent*, 5 dez. 2017.

24. Megan Dickey, "Facebook Brings Suicide Prevention Tools to Live and Messenger", *TechCrunch*, 1º mar. 2017.

25. Steven Kotler e Jamie Wheal, *Stealing Fire*. Nova York; HarperCollins, 2018, pp. 100-2.

26. Paul Withers, "Robots Take Over", *Express*, 17 abr. 2018. Escolhemos essas referências porque elas têm o melhor vídeo. Ver: <https://www.express.co.uk/news/world/947448/robots-japan-tokyo-mayor-artificial-intelligence-ai-news>. Acesso em: 28 nov. 2020.

27. Equipe da Biblioteca do Congresso, "Invention of the Telegraph", Samuel F. B. Morse Papers at the Library of Congress, 1793-1919. Ver: <https://www.loc.gov/collections/samuel-morse-papers/articles-and-essays/invention-of-the-telegraph/>. Acesso em: 28 nov. 2020.

28. Ver: <https://www.loc.gov/item/today-in-history/march-10/>. Acesso em: 28 nov. 2020.

29. Para uma ótima história do desenvolvimento da comunicação em massa, ver: <https://www.elon.edu/e-web/predictions/150/1870.xhtml>. Acesso em: 28 nov. 2020.

30. Ver: <https://www.verizon.com/personal/info/international-calling/>. Acesso em: 28 nov. 2020.

31. O Banco Mundial mantém bons números em: <https://data.worldbank.org/indicator/SP.POP.TOTL>. Acesso em: 28 nov. 2020.

32. Ibid.

33. G. Smilarubavathy, "The Survey on Evolution of Wireless Network Generations", *International Journal of Science, Technology and Engineering*, v. 3, n. 5, nov. 2016.

34. Ver: <https://loon.com/>. Acesso em: 28 nov. 2020.

35. Sarah Scoles, "Maybe Nobody Wants Your Space Internet", *Wired*, 15 mar. 2018.

36. Alan Boyle, "Amazon to Offer Broadband Access from Orbit", *GeekWire*, 4 abr. 2019. Ver: <https://www.geekwire.com/2019/amazon-project-kuiper-broadband-satellite/>. Acesso em: 28 nov. 2020.

37. Para o press release original do FCC, ver: <https://www.fcc.gov/document/fcc-authorizes-spacex-provide-broadband-satellite-services>. Acesso em: 28 nov. 2020.

38. Entrevista do autor com o CEO da Oura, Harpreet Singh, 2018. (Nota dos autores: a empresa de capital de risco de Peter é uma investidora.)

39. Ver: <http://ouraring.com>. Acesso em: 28 nov. 2020. (Nota dos autores: a empresa de capital de risco de Peter é uma investidora.)

40. Ryan Nagelhout, *Smart Machines and the Internet of Things*. Nova York: Rosen Publishing, 2016.

41. Neil Gross, "The Earth Will Don an Electronic Skin", *BusinessWeek*, 29 ago. 1999.

42. Dave Evans, "The Internet of Things", Cisco.com, abr. 2011. Ver: <https://www.cisco.com/c/dam/en_us/about/ac79/docs/innov/IoT_IBSG_0411FINAL.pdf>. Acesso em: 28 nov. 2020.

43. Louis Columbus, "Roundup of Internet of Things Forecasts and Market Estimates, 2016", Forbes.com, n. 27, 2016. Ver: <https://www.forbes.com/sites/louiscolumbus/2016/11/27/roundup-of-internet-of-things-forecasts-and-market-estimates-2016/#32a1a5ba292d>. Acesso em: 28 nov. 2020.

44. Para uma análise completa do relatório da Accenture, ver: <https://newsroom.accenture.com/subjects/management-consulting/industrial-internet-of-things-will-boost-economic-growth-but-greater-government-and-business-action-needed-to-fulfill-its-potential-finds-accenture.htm>. Acesso em: 28 nov. 2020.

45. Steven Kotler e Peter Diamandis, *BOLD*. Nova York: Simon & Schuster, 2015, pp. 4-6. [Ed. bras.: *Bold: Oportunidades exponenciais*. Trad. Ivo Korytowski. Rio de Janeiro: Alta Books, 2019.]

46. Sean Higgins, "Livox Announces $600 Lidar for Autonomous Vehicles", Spar3D.com, 23 jan. 2019. Ver: <https://www.spar3d.com/news/lidar/livox-announces-600-lidar-for-autonomous-vehicles-uav-mapping-and-more-an-its-shipping-now/>. Acesso em: 28 nov. 2020.

47. Para uma boa análise gráfica da história completa do GPS, ver: <https://on-linemasters.ohio.edu/blog/the-evolution-of-portable-gps/>. Ver também: <https://web.mit.edu/digitalapollo/Documents/Chapter6/hoagprogreport.pdf>. Acesso em: 28 nov. 2020.

48. Brendan Koerner, "What Is Smart Dust Anyway", *Wired*, 1º jun. 2003. Ver também: <https://news.berkeley.edu/2018/04/10/berkeley-engineers-build-smallest-volume-most-efficient-wireless-nerve-stimulator/>. Acesso em: 28 nov. 2020.

49. Para uma boa análise, ver: <https://newsroom.intel.com/news/2018-ces-keynote-intel-brian-krzanich/#gs.yzs68u>. Acesso em: 28 nov. 2020.

50. Para o relatório completo da Comissão de Energia Atômica Internacional sobre Fukushima, ver: <https://www-pub.iaea.org/MTCD/Publications/PDF/Pub1710-ReportByTheDG-Web.pdf>. Acesso em: 28 nov. 2020.

51. Evan Ackerman, "Honda Halts Asimo Development in Favor of More Useful Humanoid Robots", *IEEE Spectrum*, 28 jun. 2018. Ver também: <https://blogs.wsj.com/japanrealtime/2011/04/20/the-little-robot-that-couldnt/>. Acesso em: 28 nov. 2020.

52. Katie Drummond and Noah Shachtman, "Darpa's Next Grand Challenge", *Wired*, 5 abr. 2012.

53. Para a citação de Gill Pratt sobre o Challenge, ver: <https://spectrum.ieee.org/automaton/robotics/humanoids/darpa-robotics-challenge-amazing-moments-lessons-learned-whats-next>. Acesso em: 28 nov. 2020.

54. Ver: <https://www.bostondynamics.com/atlas>. Acesso em: 28 nov. 2020.

55. Evan Ackerman, "Honda Unveils Prototype E2-D2 Disaster Response Robot", *IEEE Spectrum*, 2 out. 2017.

56. Ingrid Lunden, "Softbank Is Buying Robotics Firm Boston Dynamics and Schaft from Alphabet", *TechCrunch*, 8 jun. 2017.

57. Ver: <https://www.economist.com/graphic-detail/2019/07/09/japans-pension-problems--are-a-harbinger-of-challenges-elsewhere>. Ver também: este artigo no *Japan Times*: <https://www.japantimes.co.jp/news/2019/06/04/business/financial-markets/japans-pension-system--inadequate-aging-society-council-warns/#.XWayvi2ZOWY>. Acesso em: 28 nov. 2020.

58. Veja o vídeo: <https://www.youtube.com/watch?v=HiOkXKb1DBk>. Acesso em: 28 nov. 2020.

59. Ver: <https://www.universal-robots.com/products/ur3-robot/>. Acesso em: 28 nov. 2020.

60. Ver: <https://www.amazon.com/Amazon-Prime-Air>.

61. Edward Baig, "Cell Service Can Mean Life or Death After a Disaster. Can Drones Help?", *USA Today*, 16 mar. 2018. Ver também: <https://www.nytimes.com/2018/04/06/nyregion/drone-cellphone-disaster-service.html>. Acesso em: 28 nov. 2020.

62. Alex Davies, "Boeing's Experimental Cargo Drone Is a Heavy Lifter", *Wired*, 14 jan. 2018.

63. Ver: <https://flyzipline.com>. Acesso em: 28 nov. 2020.

64. Ver: <https://www.biocarbonengineering.com>. Acesso em: 28 nov. 2020.

3. TURBINANDO: TECNOLOGIAS EXPONENCIAIS, PARTE II [pp. 59-78]

1. Entrevista com o autor, 2019.

2. Patente US2955156A, "Stereoscopic-Television Apparatus for Individual Use".

3. Simon Parkin, "Virtual Reality Start-ups Look Back to the Future", 7 mar. 2014, *Technology Review*. Ver: <https://www.technologyreview.com/s/525301/virtual-reality-start-ups-look-back--to-the-future>. Acesso em: 28 nov. 2020. Ver também: "A Whole New Universe", *New York*, 6 ago. 1990, p. 32.

4. "Facebook to Acquire Oculus", 25 mar. 2015. *Facebook Newsroom*, ver: <https://newsroom.fb.com/news/2014/03/facebook-to-acquire-oculus/>. Acesso em: 28 nov. 2020.

5. Dean Takahashi, "The Landscape of VR Is Complicated — with 234 Companies Valued at $13B", *Venture Beat*, 12 out. 2015.

6. Shanhong Liu, "Worldwide Virtual Reality (VR) Headset Unit Sales by Brand in 2016 and 2017 (In Millions)", *Statista*, 9 ago. 2019. Ver: <https://www.statista.com/statistics/752110/global-vr-headset-sales-by-brand/>. Acesso em: 28 nov. 2020.

7. Jeremy Horwitz, "Apple Lists AR/VR Jobs, Reportedly Taps Executive Who Finalizes Products", *Venture Beat*, 1º ago. 2019.

8. Ver: <https://vr.google.com/>. Acesso em: 28 nov. 2020.

9. Jens Meggers, "Virtual Reality, Meet Cisco Spark", 18 set. 2017, Cisco.com. Ver: <https://blogs.cisco.com/collaboration/cisco-spark-in-virtual-reality>. Acesso em: 28 nov. 2020.

10. Adi Robertson, "Microsoft Says It's No Longer Planning VR Support on Xbox", *Verge*, 20 jun. 2018. Ver: <https://www.theverge.com/2018/6/20/17485852/microsoft-xbox-one-no-vr--headset-support-windows-mixed-reality-e3-2018>. Acesso em: 28 nov. 2020.

11. Google Cardboard. Ver: <https://vr.google.com/cardboard/>. Acesso em: 28 nov. 2020.

12. "Introducing Oculus Quest, Our First 6DOF All-In-One VR System, Launching Spring 2019", 28 set. 2018. Oculus.com, ver: <https://www.oculus.com/blog/introducing-oculus-quest--our-first-6dof-all-in-one-vr-system-launching-spring-2019/?locale=en_US>. Ver também: "HTC VIVE Unveils VIVE Focus Plus Pricing, Availability, Improved Connectivity, and Enhanced Lenses", 25 mar. 2019, HTC.com, disponível em: <https://www.htc.com/us/newsroom/2019-03-25/>. Acesso em: 28 nov. 2020.

13. Carlin Vieri, "An 18 Megapixel 4.3,Ä≥ 1443 Ppi 120 Hz OLED Display for Wide Field of View High Acuity Head Mounted Displays", *Society for Information Display*, 9 maio 2018, pp. 314-24. Ver também: Stefan Etienne, "Google and LG Show Off Their High-Res VR Display for Future Headsets", *Circuit Breaker*, 23 maio 2018, em <https://www.theverge.com/circuitbreaker/2018/5/23/17383990/google-lg-vr-display-high-res-headsets>. Acesso em: 28 nov. 2020.

14. Hear360. Ver: <https://hear360.io/#8ball>. Acesso em: 28 nov. 2020.

15. Sarah Needleman, "Virtual Reality, Now with the Sense of Touch", *Wall Street Journal*, 3 abr. 2018.

16. Por exemplo, ver: máscara sensória Feelreal: <https://feelreal.com/>. Acesso em: 28 nov. 2020.

17. Por exemplo, ver: Neurable: <http://www.neurable.com/>. Acesso em: 28 nov. 2020.

18. Victoria Petrook, "Virtual and Augmented Reality Users 2019", *eMarketer*, 27 mar. 2019. Ver: <https://www.emarketer.com/content/virtual-and-augmented-reality-users-2019>. Ver também: "Forecast for the Number of Active Virtual Reality Users Worldwide from 2014 to 2018 (in Millions)", Statista, <https://www.statista.com/statistics/426469/active-virtual-reality-users--worldwide/>. Acesso em: 28 nov. 2020.

19. "Profiles in Innovation: Virtual and Augmented Reality", 13 jan. 2016. GoldmanSachs.com, ver: <https://www.goldmansachs.com/insights/pages/technology-driving-innovation-folder/virtual-and-augmented-reality/report.pdf>. Acesso em: 28 nov. 2020.

20. Entrevista do autor com Bailenson. Ver também: Jeremy Bailenson, *Experience on Demand: What Virtual Reality Is, How It Works, and What It Can Do*. Nova York: W. W. Norton & Company, 2018.

21. "The Virtues of Virtual Reality: How Immersive Technology Can Reduce Bias" (vídeo), 26 abr. 2019. Ver: <https://www.youtube.com/watch?v=vXxfkkINq8M>. Acesso em: 28 nov. 2020.

22. Lauren Musni, "Pokémon GO Surpasses The 1 Billion Downloads Milestone", *Nintendo Wire*, 31 jul. 2019.

23. Você pode encontrar detalhes sobre o pacote de desenvolvimento de ra da Apple em: <https://developer.apple.com/augmented-reality/>. Acesso em: 28 nov. 2020.

24. Lucas Matney, "Apple Buys Denver Start-up Building Waveguide Lenses for AR Glasses", *TechCrunch*, 29 ago. 2018.

25. Você pode fazer sua própria busca com esta URL: <https://angel.co/companies?markets[ ]=Augmented+Reality>. Acesso em: 28 nov. 2020.

26. "Global Augmented Reality (AR) Market Will Reach USD 133.78 Billion by 2021", Zion Market Research, 24 nov. 2016.

27. Jeremy Horwitz, "Leap Motion Shows Crazy-Looking $100 North Star AR Headset with Hand Tracking", *Venture Beat*, 9 abr. 2018.

28. Mariella Moon, "Microsoft HoloLens 2 Will Go On Sale in set. (Update)", *Engadget*, 29 ago. 2019. Descubra mais sobre a HoloLens em: <https://www.microsoft.com/en-us/hololens>. Acesso em: 28 nov. 2020.

29. Remy Melina, "International Space Station: By the Numbers", Space.com, 4 ago. 2017. Ver: <https://www.space.com/8876-international-space-station-numbers.html>. Acesso em: 28 nov. 2020.

30. "Advanced Space Transportation Program: Paving the Highway to Space", National Aeronautics and Space Administration (Nasa), 12 abr. 2018. Ver: <https://www.nasa.gov/centers/marshall/news/background/facts/astp.html>. Ver também: Robert Dempsey, "The International Space Station Operating an Outpost in the New Frontier", National Aeronautics and Space Administration (Nasa), 13 abr. 2018, disponível em: <https://www.nasa.gov/sites/default/files/atoms/files/iss-operating_an_outpost-tagged.pdf>. Acesso em: 28 nov. 2020.

31. Ibid.

32. Ver: <https://madeinspace.us/>. Acesso em: 28 nov. 2020.

33. Quincy Bean, "3D Printing in Zero-G Technology Demonstration", National Aeronautics and Space Administration (Nasa). Ver: <https://www.nasa.gov/mission_pages/station/research/experiments/explorer/Investigation.html?#id=1039>. Acesso em: 28 nov. 2020.

34. J. Y. Wong, "On-Site 3D Printing of Functional Custom Mallet Splints for Mars Analogue Crewmembers", *Aerospace Medicine and Human Performance*, out. 2015, doi: 10.3357/AMHP.4259.2015, pp. 911-4. Ver também: "3D Printing the First Medical Supplies on the Space Station", 12 jan. 2017, <http://www.3D4md.com/blog/2017/1/12/3D-printing-the-first-medical--supplies-on-the-space-station>. Acesso em: 28 nov. 2020.

35. Dana Goldberg, *Autodesk.com*, "History of 3D Printing: It's Older Than You Are (That Is, If You're Under 30)", 13 abr. 2013. Ver: <https://www.autodesk.com/redshift/history-of-3D--printing/>. Acesso em: 28 nov. 2020.

36. Entrevista do autor com Avi Reichental, CEO da Exponential Works, 2018.

37. Matthew Van Dusen, "GE's 3D-Printed Airplane Engine Will Run This Year. General Electric", 19 jun. 2017. Ver: <https://www.ge.com/reports/mad-props-3D-printed-airplane-engine--will-run-year/>. Acesso em: 28 nov. 2020.

38. Brittney Sevenson, "Shanghai-Based WinSun 3D Prints 6-Story Apartment Building and an Incredible Home", 3DPrint.com, 8 jan. 2015. Ver: <https://3Dprint.com/38144/3D-printed--apartment-building/>. Acesso em: 28 nov. 2020.

39. Nano Dimension Inc. Ver: <https://www.nano-di.com/>. Acesso em: 28 nov. 2020.

40. Para um banco de dados com exemplos de próteses impressas em 3D, ver: "3D-Printable Prosthetic Devices", National Institutes of Health, <https://3Dprint.nih.gov/collections/prosthetics>. Acesso em: 28 nov. 2020.

41. Eric Gjovik, "Additive Manufacturing and Its Impact on a $12 Trillion Industry", 14 maio 2019. Ver: <https://www.manufacturing.net/2019/05/additive-manufacturing-and-its-impact-12--trillion-industry>. Acesso em: 28 nov. 2020.

42. Blake Griffin, "New Report Shows Manufacturing Output Hit $35 Trillion in 2017", Interact Analysis. Ver: <https://www.interactanalysis.com/new-report-shows-manufacturing-output-hit-35-trillion-in-2017-growth-forecast-to-continue/>. Acesso em: 28 nov. 2020.

43. B. T. Wittbrodta, "Life-Cycle Economic Analysis of Distributed Manufacturing with Open-Source 3D Printers", *Mechatronics*, set. 2013, pp. 713-26. Ver: <https://www.sciencedirect.com/science/article/pii/S0957415813001153>. Acesso em: 28 nov. 2020.

44. Avi Reichental, entrevista com o autor.

45. Lucas Mearin, "3D Printer Presages the Future of Multi-Layer Circuit Board Design", *ComputerWorld*. Ver: <https://www.computerworld.com/article/3195839/desktop-3D-printer--presages-the-future-of-multi-layer-circuit-board-design.html>. Acesso em: 28 nov. 2020.

46. "3D-Printed Lithium-Ion Batteries", American Chemical Society, 17 out. 2018. Ver: <https://www.acs.org/content/acs/en/pressroom/presspacs/2018/acs-presspac-october-17-2018/3D--printed-lithium-ion-batteries.html>. Acesso em: 28 nov. 2020.

47. Jon Fingas, "3D-Printed Wind Turbine Puts 300W of Power in Your Backpack", *Engadget*, 17 ago. 2014. Ver: <https://www.engadget.com/2014/08/17/airenergy-3D-wind-turbine/>. Ver também: "Transforming Wind Turbine Blade Mold Manufacturing with 3D Printing", <https://www.energy.gov/eere/wind/videos/transforming-wind-turbine-blade-mold-manufacturing-3D--printing>. Acesso em: 28 nov. 2020.

48. Santanu Bag, "Aerosol-Jet-Assisted Thin-Film Growth of CH3NH3PbI3 Perovskites — A Means to Achieve High Quality, Defect-Free Films for Efficient Solar Cells", *Advanced Energy Materials*, 14 jul. 2017. Ver também: Corey Clark, "Air Force Research Laboratory Creates 3D Printed Solar Cells", *3D Printing Industry*, 19 jul. 2017.

49. Tomas Kellner, "Fired Up: GE Successfully Tested Its Advanced Turboprop Engine with 3D-Printed Parts", *General Electric*, 2 jan. 2018. Ver: <https://www.ge.com/reports/ge-fired-its-3D--printed-advanced-turboprop-engine/>. Acesso em: 28 nov. 2020.

50. Ver essa história da impressão 3D: <https://3Dinsider.com/3D-printing-history/>. Acesso em: 28 nov. 2020.

51. Hanna Watkin, "Doctors Without Borders Hospital in Jordan 3D Print Prostheses for War Victims", *All About 3D Printing*, 10 dez. 2018. Ver: <https://all3Dp.com/4/doctors-without--borders-hospital-jordan-3D-print-prostheses-war-victims/>. Acesso em: 28 nov. 2020.

52. Ver: <https://www.unlimitedtomorrow.com/product/>. Acesso em: 28 nov. 2020.

53. Recuperado de <https://openbionics.com/>. Acesso em: 28 nov. 2020.

54. Jelle ten Kate, "3D-Printed Upper Limb Prostheses: A Review", *Assistive Technology*, 2 fev. 2017, pp. 300-14.

55. Anthony Atala, "Printing a Human Kidney", TED, 2018. Ver: <https://www.ted.com/talks/anthony_atala_printing_a_human_kidney?language=en>. Ver também: Kate Yandell, "Organs on Demand", *Scientist*, 1º set. 2013, <https://www.the-scientist.com/features/organs-on-demand-38787>. Acesso em: 28 nov. 2020. Ver também: Patente US6673339B1, "Prosthetic Kidney and Its Use for Treating Kidney Disease".

56. Vanesa Listek, "Organovo: Bioprinting Could Be the New Solution to Organ Transplanta-tion", 3DPrint.com, 27 ago. 2019. Ver também: Kena Hudson, "First Fully Bioprinted Blood Vessels", *Business Wire*, 8 dez. 2010, <https://www.businesswire.com/news/home/20101208006587/en/Fully-Bioprinted-Blood-Vessels>. Ver também: Karoly Jakab, "Tissue Engineering by Self--Assembly and Bio-Printing of Living Cells", IOP Science, 2 jun. 2010, <https://iopscience.iop.org/article/10.1088/1758-5082/2/2/022001>. Acesso em: 28 nov. 2020.

57. Ver: <https://www.prellisbio.com/>. Ver também: Scott Claire, "Prellis Biologics Reaches Record Speed and Resolution in Viable 3D Printed Human Tissue", 3DPrint.com, disponível em: <https://3Dprint.com/217267/prellis-biologics-record-speed/>. Acesso em: 28 nov. 2020.

58. Conversa do autor com o CEO da Iviva Medical, dr. Brock Reeve. Ver também: <https://ivivamedical.com/>. Acesso em: 28 nov. 2020. (Nota dos autores: a empresa de capital de risco de Peter é uma investidora.)

59. Ibid.

60. "3D Printers Print Ten Houses in 24 Hours" (vídeo), 16 abr. 2014. Ver: <https://www.youtube.com/watch?v=SObzNdyRTBs>. Ver também: "China: Firm 3D Prints 10 Full-Sized Houses in a Day", BBC News, 25 abr. 2014, <https://www.bbc.com/news/blogs-news-from--elsewhere-27156775>. Acesso em: 28 nov. 2020.

61. Leo Gregurić, "How Much Does a 3D Printed House Cost in 2019?", 12 fev. 2019. Ver: <https://all3Dp.com/2/3D-printed-house-cost/>. Acesso em: 28 nov. 2020.

62. "Chinese Construction Firm Erects 57-Storey Skyscraper in 19 Days", The Guardian, 30 abr. 2015.

63. Entrevista com o autor, 2019. (Nota dos autores: a empresa de capital de risco de Peter é uma investidora.)

64. Entrevista com o autor, 2018. Para mais detalhes sobre a história da empresa de Brett Hagler, a New Story, ver: Adele Peters, "There Will Soon Be a Whole Community of Ultra-Low--Cost 3D-Printed Homes", Fast Company, 11 mar. 2019, disponível em: <https://www.fastcompany.com/90317441/there-will-soon-be-a-whole-community-made-of-these-ultra-low-cost-3D-printed--homes>. Acesso em: 28 nov. 2020.

65. Ibid.

66. David Chaum, "Blind Signatures for Untraceable Payments", Advances in Cryptography (Springer 1998), pp. 199-203. Ver: <http://blog.koehntopp.de/uploads/Chaum.BlindSigForPayment.1982.PDF>. Acesso em: 28 nov. 2020.

67. Satoshi Nakamoto, "Bitcoin: A Peer-to-Peer Electronic Cash System". Ver: <https://bitcoin.org/bitcoin.pdf>. Acesso em: 28 nov. 2020.

68. Nick Bilton, "Disruptions: Betting on a Coin with no Realm", The New York Times, 22 dez. 2013.

69. Dados obtidos em: <https://coinmarketcap.com/currencies/bitcoin/>. Acesso em: 28 nov. 2020.

70. "Billion Reasons to Bank Inclusively". Ver: <https://www.accenture.com/us-en/_acnmedia/accenture/conversion-assets/dotcom/documents/global/pdf/dualpub_22/accenture-billion--reasons-bank-inclusively.pdf#zoom=50>. Acesso em: 28 nov. 2020.

71. "Mitigation and Remittances", World Bank Group, 2018. Ver: <https://www.knomad.org/sites/default/files/2018-04/Migration%20and%20Development%20Brief%2029.pdf>. Acesso em: 28 nov. 2020.

72. Katie Lobosco, "Walmart Offers Less Costly Money Wire Service", CNN, 17 abr. 2014. Ver: <https://money.cnn.com/2014/04/17/news/companies/walmart-money-transfers/index.html>. A Tabela de Taxas da Western Union pode ser consultada em: <https://www.westernunion.com/content/dam/wu/EU/EN/feeTableRetailEN-ES.PDF>. Acesso em: 28 nov. 2020.

73. Desai Vyjayanti, "The Global Identification Challenge: Who Are the 1 Billion People Without Proof of Identity?". World Bank, 25 abr. 2018. Ver: <https://blogs.worldbank.org/voices/global-identification-challenge-who-are-1-billion-people-without-proof-identity>. Acesso em: 28 nov. 2020.

74. Paul Vigna, *The Truth Machine: The Blockchain and the Future of Everything*. Londres: Macmillan Publishing Group, 2018, p. 7.

75. Elizabeth Paton, "Will Blockchain Be a Boon to the Jewelry Industry?", *The New York Times*, 30 nov. 2018.

76. Gerald Fenech, "Blockchain in Gambling and Betting: Are There Real Advantages?", *Forbes*, 30 jan. 2019.

77. Goldman: Alastair Marsh, "Goldman Sachs Explores Creating a Digital Coin like JPMorgan's", *Bloomberg*, 28 jun. 2019. J. P. Morgan: Hugh Son, "JP Morgan Is Rolling Out the First US Bank-Backed Cryptocurrency to Transform Payments Business", CNBC, 14 fev. 2019. Bank of America: Hugh Son, "Bank of America Tech Chief Is Skeptical on Blockchain Even Though BofA Has the Most Patents for It", CNBC, 26 mar. 2019.

78. "Funds Raised in 2018". Ver: <https://www.icodata.io/stats/2018>. Acesso em: 28 nov. 2020.

79. "Gartner Predicts 90% of Current Enterprise Blockchain Platform Implementations Will Require Replacement by 2021". Ver: <https://www.gartner.com/en/newsroom/press-releases/2019-07-03-gartner-predicts-90 of-current-enterprise-blockchain>. Acesso em: 28 nov. 2020.

80. Ver: <https://www.crunchbase.com/organization/vatomic>. Acesso em: 28 nov. 2020.

81. "History of the Light Bulb", Departamento de Energia, 22 nov. 2013. Ver: <https://www.energy.gov/articles/history-light-bulb>. Acesso em: 28 nov. 2020. Joyce Bedi, "Thomas Edison's Inventive Life. Lemelson Center", 18 abr. 2004. Ver: <https://invention.si.edu/thomas-edisons-inventive-life>. Acesso em: 28 nov. 2020.

82. "Edison Files", ver: <http://edisonmuseum.org/content3399.html>. Acesso em: 28 nov. 2020.

83. "Incandescent Lamp with Ductile Tungsten Filament". Americanhistory.edu, ver: <https://americanhistory.si.edu/collections/search/object/nmah_704238>. Acesso em: 28 nov. 2020.

· 84. Presidente Barack Obama, "Remarks by the President at Carnegie Mellon University's National Robotics Engineering Center", Gabinete do Secretário de Imprensa: Casa Branca, jun. 24, 2011. Ver também: "The First Five Years of the Materials Genome Initiative: Accomplishments and Technical Highlights", disponível em: <https://mgi.gov/sites/default/files/documents/mgi-accomplishments-at-5-years-august-2016.pdf>. Acesso em: 28 nov. 2020.

85. Entrevista com o autor, 2018.

86. Adrian P. Mouritz, "Introduction to Aerospace Materials", *Introduction to Aerospace Materials*. Cambridge: Woodhead Publishing Limited, 2012, pp. 1-14.

87. Kalpana S Katti, "Biomaterials in Total Joint Replacement", *Colloids and Surfaces B: Biointerfaces*, 2004, pp. 133-42.

88. Yayuan Liu, "Design of Complex Nanomaterials for Energy Storage: Past Success and Future Opportunity", *Accounts of Chemical Research*, 5 dez. 2017, pp. 2895-905.

89. "Nanotechnology for Quantum Computers, Industry Skills for Physics Students, Technologies That Make Physics Happen", *Physics World*, 1º ago. 2019. Ver: <https://physicsworld.com/a/nanotechnology-for-quantum-computers-industry-skills-for-physics-students-technologies-that-make-physics-happen/>. Acesso em: 28 nov. 2020.

90. Entrevista com o autor, 2019.

91. Ran Fu, "U. S. Solar Photovoltaic System Cost Benchmark: Q1 2018", *National Renewable Energy Laboratory*, 2018. Ver: <https://www.nrel.gov/docs/fy19osti/72399.pdf>. Acesso em: 28 nov. 2020.

92. Brian Wang, "First Commercial Perovskite Solar Late in 2019 and the Road to Moving the Energy Needle", *Next Big Future*, 3 fev. 2019. Ver: <https://www.nextbigfuture.com/2019/02/first-commercial-perovskite-solar-late-in-2019-and-the-road-to-moving-the-energy-needle.html>. Acesso em: 28 nov. 2020.

93. Richard P. Feynman, "There's Plenty of Room at the Bottom", *Engineering and Science*, 1960.

94. *Eric Drexler, Engines of Creation: The Coming Era of Nanotechnology (Anchor Library of Science)*. Nova York: Anchor Books, 1987.

95. Dan Ferber, "Printing Tiny Batteries, Wyss Institute", 18 jun. 2013. Ver: <https://www.seas.harvard.edu/news/2013/06/printing-tiny-batteries>. Acesso em: 28 nov. 2020.

96. Conversa do autor com Steve Sinclair, SVP, Mojo Vision, 2018. (Nota dos autores: a empresa de capital de risco de Peter é uma investidora.)

97. Suping Li, "A DNA Nanorobot Functions as a Cancer Therapeutic in Response to a Molecular Trigger in Vivo", *Nature Biotechnology*, 2018, pp. 258-64.

98. Megan Molteni, "The Rise of DNA Data Storage", *Wire*, 2018. Ver: <https://www.wired.com/story/the-rise-of-dna-data-storage/>. Mais recentemente, "Catalog Successfully Stores All 16GB of Wikipedia Text on DNA", *Verdict*, 9 jul. 2019. Ver: <https://www.verdict.co.uk/dna-data--storage-2019/>. Acesso em: 28 nov. 2020.

99. Conversa do autor com Bill Gross, CEO, Idealab, 2018.

100. "John Travolta", IMDb. Ver: <https://www.imdb.com/name/nm0000237>. Acesso em: 28 nov. 2020.

101. "Welcome Back, Kotter", IMDb. Ver: <https://www.imdb.com/title/tt0072582>. Acesso em: 28 nov. 2020.

102. "The Boy in the Plastic Bubble", IMDb. Ver: <https://www.imdb.com/title/tt0074236>. Acesso em: 28 nov. 2020.

103. Theodore Friedmann, "Gene Therapy for Human Genetic Disease?", *Science*, mar. 1972, pp. 949-55. Ver: <https://science.sciencemag.org/content/175/4025/949.long>. Acesso em: 28 nov. 2020.

104. Sheryl Gay Stolberg, "The Biotech Death of Jesse Gelsinger", *The New York Times Magazine*, 28 nov. 1999. Ver: <https://www.nytimes.com/1999/11/28/magazine/the-biotech-death-of-jesse--gelsinger.html>. Acesso em: 28 nov. 2020.

105. "Why Gene Therapy Caused Leukemia in Some 'Boy in the Bubble Syndrome' Patients", *Journal of Clinical Investigation*, 10 ago. 2008. Ver: <https://www.sciencedaily.com/releases/2008/08/080807175438.htm>. Acesso em: 28 nov. 2020.

106. "Gene Therapy Cures Babies with 'Bubble Boy' Disease", *Genetic Engineering & Biotechnology News*, 19 ago. 2019. Ver: <https://www.genengnews.com/topics/gene-therapy-cures-babies--with-bubble-boy-disease/>. Acesso em: 28 nov. 2020.

107. "Gene Therapy Phase 4". Ver: <https://clinicaltrials.gov/ct2/results?term=gene+ therapy&age_v=&gndr=&type=&rslt=&phase=3&Search=Apply>. Acesso em: 28 nov. 2020.

108. Rose Eveleth, "There Are 37.2 Trillion Cells in Your Body", *Smithsonian Magazine*, 24 out. 2013. Ver: <https://www.smithsonianmag.com/smart-news/there-are-372-trillion-cells-in--your-body-4941473>. Acesso em: 28 nov. 2020.

109. "Humane Genome Results". Ver: <https://www.genome.gov/human-genome-project/results>. Acesso em: 28 nov. 2020.

110. "DNA Sequencing Costs: Data". Genome.gov, ver: <https://www.genome.gov/about--genomics/fact-sheets/DNA-Sequencing-Costs-Data>. Acesso em: 28 nov. 2020.

111. Ibid.

112. "Crispr 2.0: Genome Engineering Made Easy as A-B-C", 5 nov. 2017. Hardvard.edu, ver: <http://sitn.hms.harvard.edu/flash/2017/crispr-2-0-genome-engineering-made-easy-b-c>. Acesso em: 28 nov. 2020.

113. Eric S. Lander, "The Heroes of Crispr", *Cell*, 14 jan. 2016, pp. 18-28. Ver: <https://www.cell.com/cell/fulltext/S0092-8674(15)01705-5>. Acesso em: 28 nov. 2020.

114. Deborah Netburn, "New Gene-Editing Technique May Lead to Treatment for Thousands of Diseases", *LA Times*, 25 out. 2017. Ver: <https://www.latimes.com/science/sciencenow/la-sci--sn-dna-gene-editing-20171025-story.html>. Acesso em: 28 nov. 2020.

115. Antonion Regalado, "EXCLUSIVE: Chinese Scientists Are Creating Crispr Babies", *MIT Review*, 25 nov. 2018. Ver: <https://www.technologyreview.com/s/612458/exclusive-chinese--scientists-are-creating-crispr-babies>. Ver também: Heidi Ledford, "Crispr Babies: When Will the World Be Ready?", *Nature*, 19 jun. 2019, disponível em: <https://www.nature.com/articles/d41586-019-01906-z>. Acesso em: 28 nov. 2020.

116. "Stem Cell Information", National Institutes of Health. Ver: <https://stemcells.nih.gov/info/basics/1.htm>. Acesso em: 28 nov. 2020.

4. A ACELERAÇÃO DA ACELERAÇÃO [pp. 79-101]

1. Andy Hertzfeld, "Saving Lives", *Folklore.com*, ago. 1983. Ver: <https://www.folklore.org/StoryView.py?story=Saving_Lives.txt>. Acesso em: 28 nov. 2020.

2. Yan Chen, "A Day Without a Search Engine: An Experimental Study of On-line and Offline Searches", *Experimental Economics* 17, n. 4, dez. 2014, pp. 512-36. Ver: <https://link.springer.com/article/10.1007/s10683-013-9381-9>. Acesso em: 28 nov. 2020.

3. Universidade de Montreal, "Fridges and Washing Machines Liberated Women, Study Suggests", *Science Daily*, 13 mar. 2009. Ver: <https://www.sciencedaily.com/releases/2009/03/090312150735.htm>. O artigo original pode ser encontrado em: <https://pdfs.semanticscholar.org/423D/28062802774c5687bd2545c4024a4961085e.pdf>. Acesso em: 28 nov. 2020.

4. "Maps of the Day: Travel Times from NYC in 1800, 1830, 1857 and 1930". aei.org, ver: <http://www.aei.org/publication/maps-of-the-day-travel-times-from-nyc-in-1800-1830-1857-and-1930>. Acesso em: 28 nov. 2020.

5. Tim Wallace, "How Sputnik 1 Launched the Space Age", *Cosmos Magazine*, 4 out. 2017. Ver: <https://cosmosmagazine.com/space/how-sputnik-1-launched-the-space-age>. Acesso em: 28 nov. 2020.

6. Ibid.

7. Paul Dickson, *Sputnik*. Londres: Walker, 2001, p. 116.

8. Ibid., p. 215.

9. Deborah D. Stine, "The Manhattan Project, the Apollo Program, and Federal Energy Technology R&D Programs: A Comparative Analysis", *Congressional Research Service*, 30 jun. 2009. Ver: <https://fas.org/sgp/crs/misc/RL34645.pdf>. Acesso em: 28 nov. 2020.

10. Mike Mettler, "Prog Legends Marillion Have Mastered Crowdfunding, High-Res Rock", *Digital Trends*, 2 dez. 2016. Ver: <https://www.digitaltrends.com/music/interview-mark-kelley--of-marillion>. Acesso em: 28 nov. 2020.

11. Ben Paynter, "How Will the Rise of Crowdfunding Reshape How We Give to Charity?", *Fast Company*, 3 mar. 2017, ver: <https://www.fastcompany.com/3068534/how-will-the-rise-of--crowdfunding-reshape-how-we-give-to-charity-2>. Acesso em: 28 nov. 2020.

12. Ver: <https://www.kickstarter.com/help/stats>. Acesso em: 28 nov. 2020.

13. John McDermott, "Pebble 'Smartwatch' Funding Soars on Kickstarter", *Inc.*, 20 abr. 2012. Ver: <https://www.inc.com/john-mcdermott/pebble-smartwatch-funding-sets-kickstarter-record.html>. Acesso em: 28 nov. 2020.

14. Massolution/ Crowdsourcing.org, 2015 CF Crowdfunding Industry Report. Ver: <http://reports.crowdsourcing.org/index.php?route=product/product&product_id=54>. Acesso em: 28 nov. 2020.

15. "The Future of Finance, the Socialization of Finance", relatório Goldman Sachs, mar. 2015. Ver: <https://www.planet-fintech.com/downloads/The-future-of-Finance-the-Socialization-of--Finance-Golman-Sachs-march-2015_t18796.html>. Acesso em: 28 nov. 2020.

16. Ver: <https://www.nsf.gov/statistics/issuebrf/sib99303.htm#nsb>. Acesso em: 28 nov. 2020.

17. PWC/ CB Insights MoneyTree™ Report Q4 2018, p. 6, encontrado em: <https://www.pwc.com/us/en/moneytree-report/moneytree-report-q4-2018.pdf>. Acesso em: 28 nov. 2020.

18. Ibid., p. 10.

19. Ibid., p. 85.

20. Ibid., p. 82.

21. Ibid., p. 20.

22. 3Q 2018 PitchBook-NVCA Venture Monitor Report, encontrado em: <https://files.pitchbook.com/website/files/pdf/3Q_2018_PitchBook_NVCA_Venture_Monitor.pdf>. Acesso em: 28 nov. 2020.

23. Para esta e todas as referências abaixo às maiores ICOs, Oscar Williams-Grut, "The 11 Biggest ICO Fundraises of 2017", *Business Insider*, 1º jan. 2018. Ver: <https://www.businessinsider.com/the-10-biggest-ico-fundraises-of-2017-2017-12>. Acesso em: 28 nov. 2020.

24. Dados agregados deste artigo da Wikipedia: <https://en.wikipedia.org/wiki/Sovereign_wealth_fund>, através da base de dados do Sovereign Wealth Fund Institute em <https://www.swfinstitute.org>. Acesso em: 28 nov. 2020.

25. Claire Milhench, "Sovereign Investors Hunt for 'Unicorns' in Silicon Valley", *Reuters*, 11 maio 2017.

26. Sam Shead, "The Japanese Tech Billionaire Behind Softbank Thinks the 'Singularity' Will Occur Within 30 Years", *Business Insider*, 27 fev. 2017. Ver: <https://www.businessinsider.com/

softbank-ceo-masayoshi-son-thinks-singularity-will-occur-within-30-years-2017-2>. Acesso em: 28 nov. 2020.

27. "Masayoshi Son Prepares to Unleash His Second $100bn Tech Fund", *Economist*, 23 mar. 2019. Ver: <https://www.economist.com/business/2019/03/23/masayoshi-son-prepares-to--unleash-his-second-100bn-tech-fund>. Acesso em: 28 nov. 2020.

28. Sarah Buhr, "Illumina Wants to Sequence Your Whole Genome for $100", *TechCrunch*, 10 jan. 2017. Ver: <https://techcrunch.com/2017/01/10/illumina-wants-to-sequence-your-whole--genome-for-100>. Acesso em: 28 nov. 2020.

29. Ver press release Irena: <https://www.irena.org/newsroom/pressreleases/2019/Apr/Renewable-Energy-Now-Accounts-for-a-Third-of-Global-Power-Capacity>. Acesso em: 28 nov. 2020.

30. Robert Kanigel, *The Man Who Knew Infinity*. Nova York: Washington Square Press, 1992.

31. Para uma boa análise, ver artigo do pesquisador de inteligência da Duke University Jonathon Wai para a *Psychology Today*: <https://www.psychologytoday.com/us/articles/201207/brainiacs--and-billionaires>. Acesso em: 28 nov. 2020.

32. Richard Chi e Allan Snyder, "Brain Stimulation Enables the Solution of an Inherently Difficult Problem", *Neuroscience Letters*, v. 515, n. 2, 2 maio 2012, pp. 121-4.

33. Ver: <https://neuralink.com>. Acesso em: 28 nov. 2020.

34. Ver: <https://kernel.co>. Acesso em: 28 nov. 2020.

35. Entrevista do autor com Bryan Johnson, 2018.

36. Eileen Toh, "USC Researchers Develop Brain Implant to Improve Memory", *USC Daily Troject*, 19 nov. 2017. Ver: <http://dailytrojan.com/2017/11/19/usc-researchers-develop-brain--implant-improve-memory>. Acesso em: 28 nov. 2020.

37. Jillian Eugenios, "Ray Kurzweil: Humans Will Be Hybrids by 2030", CNN, 4 jun. 2015. Ver: <http://money.cnn.com/2015/06/03/technology/ray-kurzweil-predictions>. Acesso em: 28 nov. 2020.

38. Dominic Basulto, "Why Ray Kurzweil's Predictions Are Right 86% of the Time", *Big Think*, 13 dez. 2012. Ver: <https://bigthink.com/endless-innovation/why-ray-kurzweils-predictions-are--right-86-of-the-time>. Acesso em: 28 nov. 2020.

39. Matt Ridley, *Rational Optimist*. Nova York: HarperCollins, 2010, p. 1.

40. West escreveu um ótimo artigo sobre esse trabalho na *Medium*. Ver: <https://medium.com/sfi-30-foundations-frontiers/scaling-the-surprising-mathematics-of-life-and-civilization--49ee18640a8>. Acesso em: 28 nov. 2020.

41. "Individuals Using the Internet (% of population)", World Bank. Ver: <https://data.world-bank.org/indicator/IT.net.USER.ZS>. Ver também: "Population, Total", World Bank, disponível em: <https://data.worldbank.org/indicator/SP.POP.TOTL>. Acesso em: 28 nov. 2020.

42. Marc de Jong, "Disrupting Beliefs: A New Approach to Business-Model Innovation", *McKinsey Quarterly*, jul. 2015. Ver: <https://www.mckinsey.com/business-functions/strategy-and--corporate-finance/our-insights/disrupting-beliefs-a-new-approach-to-business-model-innovation>. Acesso em: 28 nov. 2020.

43. Randal C. Picker, "The Razors-and-Blades Myth(s)", *University of Chicago Law Review*, 6 fev. 2011. Ver: <https://lawreview.uchicago.edu/publication/razors-and-blades-myths>. Acesso em: 28 nov. 2020.

44. Kerry Pipes, "History of Franchising: Franchising in the Modern Age", Franchising.com. Ver: <https://www.franchising.com/guides/history_of_franchising_part_two.html>. Acesso em: 28 nov. 2020.

45. Kevin Kelly, *The Inevitable*. Nova York: Viking, 2016, p. 33.

46. "Decentralized Organizations to Automate Government". Ver: <https://archive.org/stream/DecentralizedAutonomousOrganizations/WhitePaper_djvu.txt>. Acesso em: 28 nov. 2020.

47. Maria Korolov, "Second Life GDP Totals $500 Million", *Hypergrid Business*, 11 nov. 2015. Ver: <https://www.hypergridbusiness.com/2015/11/second-life-gdp-totals-500-million>. Acesso em: 28 nov. 2020.

48. Joseph Pine e James Gilmore, "Welcome to the Experience Economy", *Harvard Business Review*, jul.-ago. 1998.

49. Mark Johnson, *Reinvent Your Business Model*. Brighton, MA: Harvard Business Press, 2018, quarta capa.

50. Walter Isaacson, *The Innovators*. Nova York: Simon & Schuster, 2014, pp. 7-33.

51. Para uma ótima análise da expectativa de vida humana ao longo da história, ver: <https://ourworldindata.org/life-expectancy>. Acesso em: 28 nov. 2020.

52. Entrevista do autor com Robert Hariri, MD, Ph.D., 2018.

53. Harry McCracken, "How CEO Larry Page Has Transformed the Search Giant into a Factory for Moonshots. Our Exclusive Look at His Boldest Bet Yet — to Extend Human Life", *Time*, 30 set. 2013.

54. Connor Simpson, "Google Wants to Cheat Death", *Atlantic*, 18 set. 2013.

55. Ver: <https://unitybiotechnology.com>. Acesso em: 28 nov. 2020.

56. Jan M. van Deursen, "Senolytic Therapies for Healthy Longevity", *Science*, v. 364, n. 6441, pp. 636-7.

57. Saul A Villeda, "Young Blood Reverses Age-Related Impairments in Cognitive Function and Synaptic Plasticity in Mice", *Nature Medicine*, v. 20, 2014, pp. 659-63.

58. Ver: <https://www.elevian.com>. Acesso em: 28 nov. 2020. (Nota dos autores: a empresa de capital de risco de Peter é uma investidora.)

59. Para corações: Francesco Loffredo, "Growth Differentiation Factor 11 Is a Circulating Factor That Reverses Age-Related Cardiac Hypertrophy", *Cell*, v. 153, n. 4, 9 maio 2013, pp. 828-39. Para cérebros: Lida Katsimpardi, "Vascular and Neurogenic Rejuvenation of the Aging Mouse Brain by Young Systemic Factors", *Science*, v. 344, n. 6184, 9 maio 2014, pp. 630-4. Para músculos: Manisha Sinha, "Restoring Systemic GDF11 Levels Reverses Age-Related Dysfunction in Mouse Skeletal Muscle", *Science*, v. 344, n. 6184, 9 maio 2014, pp. 649-52. Para pulmões: Katsuhiro Onodera, "Decrease in an Anti-Ageing Factor, Growth Differentiation Factor 11, in Chronic Obstructive Pulmonary Disease", *Thorax*, v. 72, n. 10, 28 abr. 2017. Para rins: Y. Zhang, "GDF11 Improves Tubular Regeneration After Acute Kidney Injury in Elderly Mice", *Nature Scientific Reports*, v. 6, 5 out. 2016.

60. Ibid.

61. Lydia Ramsey, "Samumed, a $12 Billion Start-up That Wants to Cure Baldness and Smooth Out Your Wrinkles, Just Raised Even More Funding as It Plots an IPO", *Business Insider*, 11 ago. 2018. Ver: <https://www.businessinsider.com/samumed-raises-438-million-at-12-billion--valuation-2018-8>. Acesso em: 28 nov. 2020.

62. Ver: <https://www.celularity.com>. Acesso em: 28 nov. 2020.

63. Hariri, entrevista com o autor.

64. Ray Kurzweil, entrevista com o autor, 2018. Para um vídeo: <https://singularityhub.com/2017/11/10/3Dangerous-ideas-from-ray-kurzweil>. Acesso em: 28 nov. 2020.

5. O FUTURO DAS COMPRAS [pp. 105-24]

1. Vicki Howard, "The Rise and Fall of Sears", *Smithsonian Magazine*, 25 jul. 2017. Ver: <https://www.smithsonianmag.com/history/rise-and-fall-sears-180964181/>. Ver também: "Richard Warren Sears: Biography & Sears, Roebuck, & Company", <https://schoolworkhelper.net/richard-warren--sears-biography-sears-roebuck-company>; "Richard W. Sears", disponível em: <https://www.britannica.com/biography/Richard-W-Sears>. Acesso em: 28 nov. 2020.

2. "Why Do We Have Time Zones?", *TimeandDate.com*. Ver: <https://www.timeanddate.com/time/time-zones-history.html>. Acesso em: 28 nov. 2020.

3. "Rural Free Delivery", ago. 2013. Ver: <https://about.usps.com/who-we-are/postal-history/rural-free-delivery.pdf>. Acesso em: 28 nov. 2020.

4. Derek Thompson, "Sears Is Not a Failure", *Atlantic*, 15 out. 2018. Ver: <https://www.theatlantic.com/ideas/archive/2018/10/end-sears/573070>. Acesso em: 28 nov. 2020.

5. Elena Holodny, "A Key Player in China and the eu's 'Third Industrial Revolution' Describes the Economy of Tomorrow", *Business Insider*, 16 jul. 2017. Ver: <https://www.businessinsider.com/jeremy-rifkin-interview-2017-6>. Acesso em: 28 nov. 2020.

6. Thompson, "Sears Is Not a Failure".

7. Marisa Gertz, "How One of America's Oldest Retailers Unraveled", *Bloomberg*, 12 out. 2018. Ver: <https://www.bloomberg.com/news/photo-essays/2018-10-12/how-sears-got-left-behind--as-walmart-amazon-took-over-retail>. Ver também: Matt Day, "The Enormous Numbers Behind Amazon's Market Reach", *Bloomberg*, 27 mar. 2019. <https://www.bloomberg.com/graphics/2019--amazon-reach-across-markets>. Acesso em: 28 nov. 2020.

8. "Global Powers of Retailing 2018", Deloitte. Ver: <https://www2.deloitte.com/content/dam/Deloitte/tr/Documents/consumer-business/cip-2018-global-powers-retailing.pdf>. Ver também: Jackie Wattles, "2017 Just Set the All-Time Record for Store Closings", cnn, 25 out. 2017, <https://money.cnn.com/2017/10/25/news/economy/store-closings-2017/index.html?sr=twCNN102517economy0528PMStory>. Acesso em: 28 nov. 2020.

9. Dados de <https://www.macrotrends.net>; relatamos o valor máximo para cada empresa durante o ano listado.

10. Census.com, "Monthly Retail Trade". Ver: <https://www.census.gov/retail/index.html>. Ver também: "Retail E-Commerce Sales in the United States from 1st Quarter 2009 to 2nd Quarter 2019 (In Million us Dollars)", Statista, <https://www.statista.com/statistics/187443/quarterly--e-commerce-sales-in-the-the-us/>. Acesso em: 28 nov. 2020.

11. "Quarterly Retail E-Commerce Sales 3rd Quarter 2017", us Census Bureau. Ver: <https://www2.census.gov/retail/releases/historical/ecomm/17q3.pdf>. Acesso em: 28 nov. 2020.

12. "Individuals Using the Internet (% of population)", World Bank. Ver: <https://data.worldbank.org/indicator/IT.net.USER.ZS>. Ver também: "Population, Total", World Bank, <https://data.worldbank.org/indicator/SP.POP.TOTL>. Acesso em: 28 nov. 2020.

13. Daniel Goodkind, "The World Population at 7 Billion", U.S. Census Bureau, 31 out. 2011. Ver: <https://www.census.gov/newsroom/blogs/random-samplings/2011/10/the-world-population--at-7-billion.html>. Acesso em: 28 nov. 2020.

14. James Surowiecki, "Where Nokia Went Wrong", *The New Yorker*, 3 set. 2013. Ver: <https://www.newyorker.com/business/currency/where-nokia-went-wrong>. Ver também: Haydn Shaughnessy, "Apple's Rise and Nokia's Fall Highlight Platform Strategy Essentials", *Forbes*, 8 mar. 2013, <https://www.forbes.com/sites/haydnshaughnessy/2013/03/08/apples-rise-and-nokias-fall--highlight-platform-strategy-essentials/#575a41346e9a>. Acesso em: 28 nov. 2020.

15. "Star Trek", IMDb. Ver: <https://www.imdb.com/title/tt0060028/>. Acesso em: 28 nov. 2020.

16. "Digital Voice Assistants in Use to Triple to 8 Billion by 2023, Driven by Smart Home Devices", Juniper Research, 12 fev. 2018. Ver: <https://www.juniperresearch.com/press/press--releases/digital-voice-assistants-in-use-to-8-million-2023>. Acesso em: 28 nov. 2020.

17. Eugene Kim, "Amazon Echo Owners Spend More on Amazon Than Prime Members, Report Says", CNBC, 3 jan. 2018. Ver: <https://www.cnbc.com/2018/01/03/amazon-echo-owners-spend--more-on-amazon-than-prime-members.html>. Acesso em: 28 nov. 2020.

18. "Google Duplex: An AI System for Accomplishing Real-World Tasks over the Phone", Google AI Blog, 8 maio 2018. Ver: <https://ai.googleblog.com/2018/05/duplex-ai-system-for--natural-conversation.html>. Acesso em: 28 nov. 2020.

19. Abner Li, "Googler in Charge of I/O 2019 Says It Takes 6-9 Months to Plan", *9To5Google*, 6 maio 2019.

20. "Keynote (Google I/O '18)". Ver: <https://www.youtube.com/watch?v=ogfYd705cRs>. Acesso em: 28 nov. 2020.

21. "The Impact of Customer Service on Customer Lifetime Value 2013". Ver: <https://www.zendesk.com/resources/customer-service-and-lifetime-customer-value>. Acesso em: 28 nov. 2020.

22. Ver: <https://beyondverbal.com>. Acesso em: 28 nov. 2020.

23. Ben Woods, "Emotion Analytics Company Beyond Verbal Releases Moodies as Standalone Ios App". TheNextWeb.com, ver: <https://thenextweb.com/apps/2014/01/23/beyond-verbal--releases-moodies-standalone-ios-app>. Acesso em: 28 nov. 2020.

24. Greg Cross, entrevista com o autor, 2018. Ver também: <https://www.soulmachines.com>. Acesso em: 28 nov. 2020.

25. "Soul Machines". IBM.com, ver: <https://www.ibm.com/case-studies/soul-machines--hybrid-cloud-ai-chatbot>. Acesso em: 28 nov. 2020.

26. Kari Johnson, "How Autodesk's Assistant Ava Attempts to Avoid Uncanny Valley", *Venture Beat*, 18 maio 2018. Ver: <https://venturebeat.com/2018/05/18/how-autodesks-assistant-ava--attempts-to-avoid-uncanny-valley>. Acesso em: 28 nov. 2020.

27. "Hot Off the Press: Emotional Intelligence Daimler Financial Services Invests in Soul Machines", *Soul Machines*, 17 out. 2018. Ver: <https://www.soulmachines.com/news/2018/10/17/hot-off-the-press-emotional-intelligence-daimler-financial-services-invests-in-soul-machines>. Acesso em: 28 nov. 2020.

28. Ver: <https://www.mckinsey.com/~/media/mckinsey/business%20functions/mckinsey%20digital/our%20insights/the%20internet%20of%20things%20the%20value%20of%20digitizing%20the%20physical%20world/unlocking_the_potential_of_the_internet_of_things_full_report.ashx>. Acesso em: 28.nov. 2020.

29. "Beyond Amazon Go: The Technologies and Players Shaping Cashier-Less Retail", *CB Insights*, 9 out. 2018. Ver: <https://www.cbinsights.com/research/cashierless-retail-technologies--companies-trends>. Acesso em: 28 nov. 2020.

30. Nick Wingfield, "Inside Amazon Go, a Store of the Future", *The New York Times*, 21 jan. 2018. Ver: <https://www.nytimes.com/2018/01/21/technology/inside-amazon-go-a-store-of--the-future.html>. Acesso em: 28 nov. 2020.

31. Brad Stone, "Amazon's Most Ambitious Research Project Is a Convenience Store", *Bloomberg Businessweek*, 18 jul. 2019. Ver: <https://www.bloomberg.com/news/features/2019-07-18/amazon-s-most-ambitious-research-project-is-a-convenience-store>. Acesso em: 28 nov. 2020.

32. Wingfield, "Inside Amazon Go".

33. "The Internet of Things: Mapping the Value Beyond the Hype", McKinsey & Company, jun. 2015. Ver: <https://www.mckinsey.com/~/media/McKinsey/Business%20Functions/McKinsey%20Digital/Our%20Insights/The%20Internet%20of%20Things%20The%20value%20of%20digitizing%20the%20physical%20world/The-Internet-of-things-Mapping-the-value-beyond-the--hype.ashx>. Acesso em 28 nov. 2020

34. "This AI Start-up Wants to Automate Every Store Like Amazon Go", *Fast Company*, 9 nov. 2017. Ver: <https://www.fastcompany.com/40493622/this-ai-start-up-wants-to-automate-every--store-like-amazon-go>. Ver também: <https://www.v7labs.com/retail>. Acesso em: 28 nov. 2020.

35. Rebecca Fannin, "Alibaba Beats Amazon to New All-Digital Retail Trend", *Forbes*, 21 set. 2018. Ver: <https://www.forbes.com/sites/rebeccafannin/2018/09/21/alibaba-beats-amazon--to-new-all-digital-retail-trend/#6b7660436653>. Acesso em: 28 nov. 2020.

36. "The Future of Retail: Shopping and the Smart Shelf", *Intel*. Ver: <https://www.intel.com/content/www/us/en/retail/digital-retail-futurecasting-report.html>. Acesso em: 28 nov. 2020.

37. Andrew Meola, "How IOT Logistics Will Revolutionize Supply Chain Management", *Business Insider*, 21 dez. 2016. Ver: <https://www.businessinsider.com/internet-of-things-logistics-supply--chain-management-2016-10>. Acesso em: 28 nov. 2020.

38. Daniel Faggella, "Artificial Intelligence In Retail — 10 Present and Future Use Cases", Emerj.com, 28 mar. 2019. Ver: <https://emerj.com/ai-sector-overviews/artificial-intelligence--retail>. Acesso em: 28 nov. 2020.

39. Introduzindo DOM (vídeo). Ver: <https://www.youtube.com/watch?v=rb0nxQyv7RU&feature=youtu.be>. Acesso em: 28 nov. 2020.

40. Mariella Moon, "Domino's Delivery Robots Are Invading Europe", *Engadget*, 30 mar. 2017.

41. Kayla Mathews, "5 Ways Retail Robots Are Disrupting the Industry", *Robotics Business Review*, 2 ago. 2018. Ver: <https://www.roboticsbusinessreview.com/retail-hospitality/retail--robots-disrupt-industry>. Acesso em: 28 nov. 2020.

42. Luke Dormehl, "The Rise and Reign of Starship, the World's First Robotic Delivery Provider", *Digital Trends*, 22 maio 2019. Ver: <https://www.digitaltrends.com/cool-tech/how--starship-technologies-created-delivery-robots>. Acesso em: 28 nov. 2020.

43. Mark Harris, "Softbank's $940 Million Smaller Robots Could Leap from Driverless Vehicles to Complete Last-Yard Deliveries", *TechCrunch*, 23 mar. 2019. Ver: <https://techcrunch.com/2019/03/23/how-nuro-plans-to-spend-softbanks-money>. Acesso em: 28 nov. 2020.

44. Kyle Wiggers, "Nuro Expands Kroger Driverless Deliveries to Houston", *Venture Beat*, 14 mar. 2019. Ver: <https://venturebeat.com/2019/03/14/nuro-expands-driverless-delivery--partnership-with-kroger-to-houston>. Acesso em: 28 nov. 2020.

45. Alex Davies, "Nuro's Pizza Robot Will Bring You a Domino's Pie", *Wired*, 17 jun. 2019. Ver: <https://www.wired.com/story/nuro-dominos-pizza-delivery-self-driving-robot-houston>. Acesso em: 28 nov. 2020.

46. "First Prime Air Delivery". Ver: <https://www.amazon.com/Amazon-Prime-Air/b?ie=U TF8&node=8037720011>. Acesso em: 28 nov. 2020.

47. Nicole Lee, "7-Eleven Has Already Made 77 Deliveries by Drone", *Engadget*, 20 dez. 2016. Ver: <https://www.engadget.com/2016/12/20/7-eleven-has-already-made-77-deliveries--by-drone/?guccounter=1>. Acesso em: 28 nov. 2020.

48. Mary Hanbury, "There's a Way Walmart Could Beat Amazon When It Comes to Speedy Delivery, and New Data Shows It's Going All In", *Business Insider*, 18 jun. 2019. Ver: <https://www.businessinsider.com/walmart-invests-in-drones-as-amazon-delivery-war-heats-up-2019-6>. Acesso em: 28 nov. 2020.

49. Mihir Zaveri, "Wing, Owned by Google's Parent Company, Gets First Approval for Drone Deliveries in US", *The New York Times*, 23 abr. 2019. Ver: <https://www.nytimes.com/2019/04/23/technology/drone-deliveries-google-wing.html>. Ver também: "Transforming the Way Goods Are Transported", <https://x.company/projects/wing>. Acesso em: 28 nov. 2020.

50. "China Is on the Fast Track to Drone Deliveries", *Bloomberg*, 3 jul. 2018. Ver: <https://www.bloomberg.com/news/features/2018-07-03/china-s-on-the-fast-track-to-making-uav-drone--deliveries>. Acesso em: 28 nov. 2020.

51. "Drone Deliveries Really Are Coming Soon, Officials Say", *Drive*, 14 mar. 2018. Ver: <https://www.thedrive.com/tech/19239/drone-deliveries-really-are-coming-soon-officials-say>. Acesso em: 28 nov. 2020.

52. Erico Guizzo, "How Aldebaran Robotics Built Its Friendly Humanoid Robot, Pepper", *IEEE Spectrum*, 26 dez. 2014. Ver: <https://spectrum.ieee.org/robotics/home-robots/how-aldebaran--robotics-built-its-friendly-humanoid-robot-pepper>. Acesso em: 28 nov. 2020.

53. Bill Streeter, "Seriously Successful Results from HSBC Bank's Branch Robot Rollout", *Financial Brand*, 5 jun. 2019, ver: <https://thefinancialbrand.com/84245/hsbc-banks-branch--robot-pepper-digital-transformation-phygital>. Ver também: Parmy Olson, "Softbank's Robotics Business Prepares to Scale Up", *Forbes*, 30 maio 2018, <https://www.forbes.com/sites/parmyolson/2018/05/30/softbank-robotics-business-pepper-boston-dynamics/#2579283e4b7f>. Acesso em: 28 nov. 2020.

54. Sarah Nassauer, "Walmart Is Rolling Out the Robots", *Wall Street Journal*, 9 abr. 2019. Ver: <https://www.wsj.com/articles/walmart-is-rolling-out-the-robots-11554782460>. Acesso em: 28 nov. 2020.

55. Kavita Kumar, "Best Buy Tests Robot at New York Store", *Star Tribune*, 26 set. 2015. Ver: <http://www.startribune.com/best-buy-tests-robot-at-new-york-store/329583301>. Acesso em: 28 nov. 2020.

56. "LoweBot". Ver: <http://www.lowesinnovationlabs.com/lowebot>. Acesso em: 28 nov. 2020.

57. Evelyn M. Rusli, "Amazon.com to Acquire Manufacturer of Robotics", *The New York Times*, 19 mar. 2012. Ver: <https://dealbook.nytimes.com/2012/03/19/amazon-com-buys-kiva-systems--for-775-million/?mtrref=undefined&gwh=A926616EBBF3A219E03216397142BB8B&gwt=pay&assetType=REGIWALL>. Acesso em: 28 nov. 2020.

58. Sam Shead, "Amazon Now Has 45,000 Robots in Its Warehouses", *Business Insider*, 3 jan. 2017. Ver: <https://www.businessinsider.com/amazons-robot-army-has-grown-by-50-2017-1>. Acesso em: 28 nov. 2020.

59. Jay Yarow, "Amazon Was Selling 306 Items Every Second at Its Peak This Year", *Business Insider*, 27 dez. 2012. Ver: <https://www.businessinsider.com/amazon-holiday-facts-2012-12>. Acesso em: 28 nov. 2020.

60. Bob Trebilcock, "Resilience and Innovation at Gap Inc.", *Modern Materials Handling*, 12 nov. 2018. Ver: <https://www.mmh.com/article/resilience_and_innovation_at_gap_inc>. Acesso em: 28 nov. 2020.

61. "Kindred Robot". Ver: <https://www.kindred.ai>. Acesso em: 28 nov. 2020. (Nota dos autores: a empresa de capital de risco de Peter é uma investidora.)

62. Nandita Bose, "House Passes Bill to Raise Federal Minimum Wage to $15 An Hour", Reuters, 18 jul. 2019. Ver: <https://www.reuters.com/article/us-usa-congress-minimum-wage/house-passes-bill-to-raise-federal-minimum-wage-to-15-an-hour-idUSKCN1UD2DV>. Acesso em: 28 nov. 2020.

63. "Ministry of Supply". Ver: <https://ministryofsupply.com/>. Ver também: Richard Kestenbaum, "3D Printing In-Store Is Very Close and Retailers Need to Address It", *Forbes*, 6 abr. 2017, <https://www.forbes.com/sites/richardkestenbaum/2017/04/06/3D-printing-in-store-is-very--close-and-retailers-need-to-address-it/#4ba78ea333b4>. Acesso em: 28 nov. 2020.

64. Rip Empson, "With Tech from Space, Ministry of Supply Is Building the Next Generation of Dress Shirts", *TechCrunch*, 1º jul. 2012. Ver: <https://techcrunch.com/2012/06/30/ministry--of-supply>. Acesso em: 28 nov. 2020.

65. "Danit Peleg". Ver: <https://danitpeleg.com>. Acesso em: 28 nov. 2020.

66. Brian Lord, "Reebok's 3D Printed Shoe Line Dashes into Production", *3D Printing Industry*, 3 ago. 2018. Ver: <https://3Dprintingindustry.com/news/reeboks-3D-printed-shoe-line-dashes--into-production-137497>. Acesso em: 28 nov. 2020.

67. Tyler Koslow, "New Balance Announces 3D Printed Midsoles in New Running Shoe Line", *3D Printing Industry*, 19 nov. 2015. Ver: <https://3Dprintingindustry.com/news/new-balance--announces-3D-printed-midsoles-in-new-running-shoe-line-62313/>. Acesso em: 28 nov. 2020.

68. Scott J. Grunewald, "Staples' New Sculpteo-Powered On-line 3D Printing Service Launches", *3D Print.com*, 17 set. 2015. Ver: <https://3Dprint.com/96380/staples-sculpteo--launched/>. Acesso em: 28 nov. 2020.

69. Beau Jackson, "Interview: How ZMorph 3D Printers Are Helping the Leroy Merlin Bricolab Movement in Brazil", *3D Printing Industry*, 28 jan. 2019. Ver: <https://3Dprintingindustry.com/news/interview-how-zmorph-3D-printers-are-helping-the-leroy-merlin-bricolab-movement-in--brazil-147975/>. Acesso em: 28 nov. 2020.

70. B. Joseph Pine II, "Welcome to the Experience Economy", *Harvard Business Review*, jul.--ago. 1998. Ver: <https://hbr.org/1998/07/welcome-to-the-experience-economy>. Acesso em: 28 nov. 2020.

71. Christophe Cuvillier, "Destination 2028", *The URW 2018 Report*. Ver: <https://report.urw.com/2018/>. Acesso em: 28 nov. 2020.

72. "Shopping Center", Encyclopedia.com. Ver: <https://www.encyclopedia.com/reference/encyclopedias-almanacs-transcripts-and-maps/shopping-center>. Acesso em: 28 nov. 2020.

73. "Mall of America by the Numbers". Ver: <https://www.mallofamerica.com/upload/Fact-Sheets_2016.pdf>. Acesso em: 28 nov. 2020.

74. "The Largest Shopping Malls in Asia", World Atlas. Ver: <https://www.worldatlas.com/articles/the-largest-shopping-malls-in-asia.html>. Acesso em: 28 nov. 2020.

75. Pamela Kokoszka, "Is 3D Body Scanning the Future Of Fashion?": Verdict. Ver: <https://www.verdict.co.uk/3D-body-scanning-fashion-future/>. Acesso em: 28 nov. 2020.

76. Marc Bain, "Could 3D Body Scanning Mean Never Entering Another Dressing Room Again", *Quartz*, 9 set. 2015. Ver: <https://qz.com/497259/could-3D-body-scanning-mean-never--entering-another-dressing-room-again/>. Acesso em: 28 nov. 2020.

77. Lydia Mageean, "3D Technology: A New Dimension for Fashion", whichPML, 22 nov. 2018. Ver: <https://www.whichplm.com/3D-technology-a-new-dimension-for-fashion/>. Acesso em: 28 nov. 2020.

78. "Bodi.Me". Ver: <http://bodi.me/>. Acesso em: 28 nov. 2020.

79. Ryan Lawler, "500 Start-ups-Backed Bombfell Helps Nerds Get Stylish, for Just $69 a Month", *TechCrunch*, 14 jun. 2012. Ver: <https://techcrunch.com/2012/06/14/bombfell/>. Acesso em: 28 nov. 2020.

80. Natasha Lomas, "Amazon Has Acquired 3D Body Model Start-up, Body Labs, for $50M-$70M", *TechCrunch*, 3 out. 2017. Ver: <https://techcrunch.com/2017/10/03/amazon--has-acquired-3D-body-model-start-up-body-labs-for-50m-70m/>. Acesso em: 28 nov. 2020.

81. Christine Chou, "New Alibaba Concept Store Teases Future of Fashion Retail", 4 jul. 2018. Ver: <https://www.alizila.com/new-alibaba-concept-store-teases-future-of-fashion-retail>. Acesso em: 28 nov. 2020.

82. "Real-Time Product Recommendations", Amazon. Ver: <https://aws.amazon.com/mp/scenarios/bi/recommendation/>. Acesso em: 28 nov. 2020.

83. Matt Brown, "How Microsoft Is Shaking Up Fashion with Mixed Reality, AI, and IOT", Windows Central, 9 jun. 2018. Ver: <https://www.windowscentral.com/microsoft-fashion-mixed--reality-ai-iot>. Acesso em: 28 nov. 2020.

6. O FUTURO DA PUBLICIDADE [pp. 125-32]

1. Ryan Avent, *The Wealth of Humans: Work, Power, and Status in the Twenty-First Century*. Nova York: St. Martins, 2016, p. 3.

2. Ver: <https://www.statista.com/statistics/266249/advertising-revenue-of-google/>. Acesso em: 28 nov. 2020.

3. Ver: <https://www.statista.com/statistics/271258/facebooks-advertising-revenue-world-wide/>. Acesso em: 28 nov. 2020.

4. Ver: <https://www.statista.com/statistics/236943/global-advertising-spending/>. Acesso em: 28 nov. 2020.

5. Matthew Lynley, "Google Joins the Race to $1 Trillion", *TechCrunch*, 23 jul. 2018. Ver: <https://techcrunch.com/2018/07/23/google-joins-the-race-to-1-trillion/>. Acesso em: 28 nov. 2020.

6. Matt Egan, "Facebook and Amazon Hit $500 Billion Milestone", CNN, 27 jul. 2017. Ver: <https://money.cnn.com/2017/07/27/investing/facebook-amazon-500-billion-bezos-zuckerberg/index.html>. Acesso em: 28 nov. 2020.

7. Josh Constine, "Snapchat Lets You Take a Photo of an Object to Buy It on Amazon", *TechCrunch*, 24 set. 2018. Ver: <https://techcrunch.com/2018/09/24/snapchat-amazon-visual--search/>. Acesso em: 28 nov. 2020.

8. Ver o anúncio original do Pinterest: <https://newsroom.pinterest.com/en/post/introducing--the-next-wave-of-visual-search-and-shopping>. Acesso em: 28 nov. 2020.

9. Ver: <https://lens.google.com>. Acesso em: 28 nov. 2020.

10. Arielle Pardes, "Ikea's New App Flaunts What You'll Love Most About AR", *Wired*, 20 set. 2017. Ver: <https://www.wired.com/story/ikea-place-ar-kit-augmented-reality/>. Acesso em: 28 nov. 2020.

11. Yoram Wurmser, "Visual Search 2018: New Tools from Pinterest, eBay, Google and Amazon Increase Accuracy, Utility", *eMarketer*, 26 set. 2018. Ver: <https://www.emarketer.com/content/visual-search-2018>. Acesso em: 28 nov. 2020.

12. Partner Content, "How Lyrebird USES AI to Find Its (Artificial) Voice", *Wired*. Ver: <https://www.wired.com/brandlab/2018/10/lyrebird-uses-ai-find-artificial-voice/>. Ver também: <https://lyrebird.ai/>. Acesso em: 28 nov. 2020.

13. Greg Allen, "AI Will Make Forging Anything Entirely Too Easy", *Wired*, 1º jul. 2017. Ver: <https://www.wired.com/story/ai-will-make-forging-anything-entirely-too-easy/>. Acesso em: 28 nov. 2020.

14. Luke Dormehl, "Baidu's New AI Can Mimic Your Voice After Listening to It for Just One Minute", *Digital Trends*, 28 fev. 2018. Ver: <https://www.digitaltrends.com/cool-tech/baidu-ai--emulate-your-voice/>. Acesso em: 28 nov. 2020.

15. David Mack, "This PSA About Fake News from Barack Obama Is Not What It Appears", *BuzzFeed News*, 17 abr. 2018. Ver: <https://www.buzzfeednews.com/article/davidmack/obama--fake-news-jordan-peele-psa-video-buzzfeed>. Acesso em: 28 nov. 2020.

16. Technology, "The Real Danger of DeepFake Videos Is That We May Question Everything", *NewScientist*, 29 ago. 2018. Ver: <https://www.newscientist.com/article/mg23931933-200-the--real-danger-of-deepfake-videos-is-that-we-may-question-everything/>. Ver também: Oscar Swartz, "You Thought Fake News Was Bad? Deep Fakes Are Where Truth Goes to Die", *The Guardian*, 12 nov. 2018, <https://www.theguardian.com/technology/2018/nov/12/deep-fakes-fake-news--truth>. Acesso em: 28 nov. 2020.

17. Ver o artigo original da Carnegie Mellon: <https://www.cmu.edu/news/stories/archives/2018/september/deep-fakes-video-content.html>. Acesso em: 28 nov. 2020.

18. Vala Afshar, "How AI-Powered Commerce Will Change Shopping", *ZDNet*, 21 dez. 2018. Ver: <https://www.zdnet.com/article/how-ai-powered-commerce-will-change-shopping>. Acesso em: 28 nov. 2020.

7. O FUTURO DO ENTRETENIMENTO [pp. 133-49]

1. Reed Hastings, "How I Did It: Reed Hastings, Netflix", *Inc. Magazine*, 1º dez. 2005. Ver: <https://www.inc.com/magazine/20051201/qa-hastings.html>. Acesso em: 28 nov. 2020.

2. Miguel Helft, "Netflix to Deliver Movies to the PC", *The New York Times*, 16 jan. 2007. Ver: <https://www.nytimes.com/2007/01/16/technology/16netflix.html>. Acesso em: 28 nov. 2020.

3. Mansoor Iqbal, "Netflix Revenue and Usage Statistics (2018)", *Business of Apps*, 27 fev. 2019. Ver: <https://www.businessofapps.com/data/netflix-statistics>. Acesso em: 28 nov. 2020.

4. Ibid.

5. Anthony Ha, "Netflix Added 9.6M Subscribers in Q1, with Revenue of $4.5B", *TechCrunch*, 16 abr. 2019. Ver: <https://techcrunch.com/2019/04/16/netflix-q1-earnings/#:~:text=Netflix%20just%20released%20its%20earnings,subscribers%20that%20analysts%20had%20predicted>. Acesso em: 28 nov. 2020.

6. "Netflix Market Cap 2006-2019 | NFLX". Macrotrends.com. Ver: <https://www.macrotrends.net/stocks/charts/NFLX/netflix/market-cap>. Acesso em: 28 nov. 2020.

7. Arne Alsin, "The Future of Media: Disruptions, Revolutions and the Quest for Distribution", *Forbes*, 19 jul. 2018. Ver: <https://www.forbes.com/sites/aalsin/2018/07/19/the-future-of--media-disruptions-revolutions-and-the-quest-for-distribution/#5a2ca52d60b9>. Acesso em: 28 nov. 2020.

8. "Netflix Is Moving Television Beyond Time-Slots and National Markets", *The Economist*, 30 jun. 2018. Ver: <https://www.economist.com/briefing/2018/06/30/netflix-is-moving-television--beyond-time-slots-and-national-markets>. Acesso em: 28 nov. 2020.

9. Todd Spangler, "Netflix Eyeing Total of About 700 Original Series in 2018", *Variety*, 27 fev. 2018.

10. Marc Graser, "Epic Fail: How Blockbuster Could Have Owned Netflix", *Variety*, 12 nov. 2013. Ver: <https://variety.com/2013/biz/news/epic-fail-how-blockbuster-could-have-owned--netflix-1200823443/>. Acesso em: 28 nov. 2020.

11. Tripp Mickle, "Apple Readies $1 Billion War Chest for Hollywood Programming", *Wall Street Journal*, 16 ago. 2017. Ver: <https://www.wsj.com/articles/apple-readies-1-billion-war-chest--for-hollywood-programming-1502874004>. Acesso em: 28 nov. 2020.

12. Adam Levy, "Here's Exactly How Much Amazon Is Spending on Video and Music Content", *Motley Fool*, 30 abr. 2019. Ver: <https://www.fool.com/investing/2019/04/30/heres-how-much--amazon-is-spending-on-video-music.aspx>. Acesso em: 28 nov. 2020.

13. Para receitas da TV no mundo, ver: "Global TV Revenues Grow to $265 Billion", *Broadband TV News*, 22 out. 2018, <https://www.broadbandtvnews.com/2018/10/22/global-tv-revenues--grow-to-265-billion>. Para receitas das bilheterias no mundo, ver: Pamela McClintock, "Global Box Office Revenue Hits Record $41B in 2018, Fueled by Diverse US Audiences", *Hollywood Reporter*, 21 mar. 2019, <https://www.hollywoodreporter.com/news/global-box-office-revenue--hits-record-41b-2018-fueled-by-diverse-us-audiences-1196010>. Acesso em: 28 nov. 2020.

14. "Me at the Zoo" (vídeo), 23 abr. 2005. Ver: <https://www.youtube.com/watch?v=jNQXAC9IVRw>. Acesso em: 28 nov. 2020.

15. "Ronaldinho Nike Ad" (vídeo), 2 ago. 2006. Ver: <https://www.youtube.com/watch?v=i_JS1YG8H2c>. Acesso em: 28 nov. 2020.

16. Miguel Helft, "Venture Firm Shares a YouTube Jackpot", *The New York Times*, 10 out. 2006. Ver: <https://www.nytimes.com/2006/10/10/technology/10payday.html>. Acesso em: 28 nov. 2020.

17. Ibid.

18. "Over One Billion Users". Ver: <https://www.youtube.com/about/press/>. Acesso em: 28 nov. 2020.

19. "Binging with Babish" (vídeo). Ver: <https://www.youtube.com/user/bgfilms>. Acesso em: 28 nov. 2020.

20. "Cooking with Dog" (vídeo). Ver: <https://www.youtube.com/user/cookingwithdog>. Acesso em: 28 nov. 2020.

21. "My Drunk Kitchen" (vídeo). Ver: <https://www.youtube.com/user/MyHarto>. Acesso em: 28 nov. 2020.

22. Natalie Robehmed, "Highest-Paid YouTube Stars 2018: Markiplier, Jake Paul, Pewdiepie and More", *Forbes*, 3 dez. 2018. Ver: <https://www.forbes.com/sites/natalierobehmed/2018/12/03/highest-paid-youtube-stars-2018-markiplier-jake-paul-pewdiepie-and-more/#22c2828e909a>. Acesso em: 28 nov. 2020.

23. Ver: <https://bambuser.com>. Acesso em: 28 nov. 2020.

24. "Sunspring" (vídeo). Ver: <https://www.youtube.com/watch?v=LY7x2Ihqjmc>. Acesso em: 28 nov. 2020.

25. "BM Creates First Movie Trailer by AI [HD] | 20th Century Fox", 31 ago. 2016. Ver: <https://www.youtube.com/watch?v=gJEzuYynaiw>. Acesso em: 28 nov. 2020.

26. Matthew Guzdial, "Crowdsourcing Open Interactive Narrative". Ver: <https://www.cc.gatech.edu/~riedl/pubs/guzdial-fdg15.pdf>. Ver também: "Artificial Intelligence System for Crowdsourcing Interactive Fiction" (vídeo), 1º set. 2016. Ver: <https://www.youtube.com/watch?time_continue=1&v=znqw17aOrCs>. Acesso em: 28 nov. 2020.

27. "Category: Video Games with User-Generated Gameplay Content", Wikipedia. Ver: <https://en.wikipedia.org/wiki/Category:Video_games_with_user-generated_gameplay_content>. Acesso em: 28 nov. 2020.

28. Ver: <http://mashupmachine.io/>. Acesso em: 28 nov. 2020.

29. Caroline Chan, "Everybody Dance Now", Arvix.org, 22 ago. 2018. Ver: <https://arxiv.org/pdf/1808.07371v1.pdf>. Acesso em: 28 nov. 2020.

30. Tony Robbins, entrevista com o autor, 2018. *Lifekind*: "AI Personas Based on Real People". Ver: <http://www.rivaltheory.com>. Acesso em: 28 nov. 2020.

31. Jules Urbach, entrevista com o autor, 2018. Ver também: Fotis Georgiadis, "The Future Is Now: 'Now We Can Effortlessly Interact with Digital Holographic Objects That Naturally Blend into Everyday Life' with Otoy CEO Jules Urbach & Fotis Georgiadis", *Thrive Global*, 16 jan. 2019. Ver: <https://thriveglobal.com/stories/the-future-is-now-now-we-can-effortlessly-interact-with-digital-holographic-objects-that-naturally-blend-into-everyday-life-with-otoy-ceo-jules-urbach-fotis-georgiadis>. Acesso em: 28 nov. 2020.

32. "Otoy". Ver: <https://home.otoy.com>. Acesso em: 28 nov. 2020.

33. "Light Field Lab". Ver: <https://www.lightfieldlab.com>. Ver também: <https://variety.com/2018/digital/features/light-field-lab-holographic-display-demo-1203026693>. Acesso em: 28 nov. 2020.

34. "High Fidelity Raises $35m to Bring Virtual Reality to 1 Billion People", *High Fidelity*, 28 jun. 2018. Ver: <https://www.prnewswire.com/news-releases/high-fidelity-raises-35m-to-bring-virtual-reality-to-1-billion-people-300673807.html>. Acesso em: 28 nov. 2020.

35. "NeoSensory". Ver: <https://neosensory.com/?v=7516fd43adaa>. Ver também: David Eagleman, "Can We Create New Senses for Humans?", TED Talk, <https://www.ted.com/talks/david_eagleman_can_we_create_new_senses_for_humans>. Acesso em: 28 nov. 2020.

36. "Dreamscape". Ver: <https://dreamscapeimmersive.com>. Ver também: Bryan Bishop, "Dreamscape Immersive Wants to Bring Location-Based VR to the Masses, Starting with a Shopping Mall", *Verge*, 15 jan. 2019. Ver: <https://www.theverge.com/2019/1/15/18156854/dreamscape--immersive-virtual-reality-los-angeles-walter-parkes-bruce-vaughn>. Acesso em: 28 nov. 2020. (Nota dos autores: a empresa de capital de risco de Peter é uma investidora.)

37. Geovany A. Ramirez, "Color Analysis of Facial Skin: Detection of Emotional State", Universidade do Texas, ver: <http://www.cs.utep.edu/ofuentes/papers/emotionSkin_final.pdf>. Acesso em: 28 nov. 2020.

38. "Affectiva". Ver: <https://www.affectiva.com>. Ver também Samar Marwan, "Rana El Kaliouby CEO of Affectiva Is Training Robots to Read Feelings", *Forbes*, 29 nov. 2018, <https://www.forbes.com/sites/samarmarwan/2018/11/29/affectiva-emotion-ai-ceo-rana-el-kaliouby/#7d5f8c5c1572>. Acesso em: 28 nov. 2020.

39. "Finding the Essence of Fear in Nevermind", 21 jul. 2016. Ver: <https://blog.affectiva.com/finding-the-essence-of-fear-in-nevermind>. Acesso em: 28 nov. 2020.

40. Tom Foster, "Ready or Not, Companies Will Soon Be Tracking Your Emotions", *Inc. Magazine*, jul. 2016. Ver: <https://www.inc.com/magazine/201607/tom-foster/lightwave-monitor--customer-emotions.html>. Acesso em: 28 nov. 2020.

41. "Ubimo". Ver: <https://www.ubimo.com>. Acesso em: 28 nov. 2020.

42. "Cluep". Ver: <https://cluep.com>. Acesso em: 28 nov. 2020.

43. Ricardo Lopez, "'Choose Your Own Adventure' Interactive Movie in the Works at Fox", *Variety*, 26 abr. 2018. Ver: <https://variety.com/2018/film/news/choose-your-own-adventure--interactive-1202788741>. Acesso em: 28 nov. 2020.

44. Josh Spiegel, "Does a 'Choose Your Own Adventure' Movie Sound Appealing?", *Hollywood Reporter*. Ver: <https://www.hollywoodreporter.com/heat-vision/choose-your-own-adventure--movie-does-it-sound-appealing-1106999>. Acesso em: 28 nov. 2020.

45. Rony Abovitz, entrevista com o autor, 2018. Ver também: "Magic Leap", <https://www.magicleap.com>, e Peter Yang, "The Untold Story of Magic Leap, the World's Most Secretive Start-up", *Wired*, <https://www.wired.com/2016/04/magic-leap-vr>. Acesso em: 28 nov. 2020.

46. "OLED Lighting Products: Capabilities, Challenges, Potential", US Department of Energy, maio 2016. Ver: <https://www.energy.gov/sites/prod/files/2016/08/f33/ssl_oled-products_2016.pdf>. Acesso em: 28 nov. 2020.

47. "Bendy Smartphone Made of Graphene Displayed at China Tech Fair" (vídeo), 27 abr. 2016. Ver: <https://www.youtube.com/watch?v=ZwuQXfHXsa4>. Ver também: Jon Porter, "Nubia's New Wearable Puts a 4-Inch Flexible Smartphone on Your Wrist", *Verge*, <https://www.theverge.com/circuitbreaker/2019/2/25/18240370/nubia-alpha-release-date-price-features-wearable--smartwatch-flexible-display-mwc-2019>. Acesso em: 28 nov. 2020.

48. "For AR/VR 2.0 to Live, AR/VR 1.0 Must Die", Digi-Capital, 15 jan. 2019. Ver: <https://www.digi-capital.com/news/2019/01/for-ar-vr-2-0-to-live-ar-vr-1-0-must-die>. Acesso em: 28 nov. 2020.

49. David Phelan, "Apple CEO Tim Cook: As Brexit Hangs over UK, 'Times Are Not Really Awful, There's Some Great Things Happening'", *The Independent*. Ver: <https://www.independent.co.uk/life-style/gadgets-and-tech/features/apple-tim-cook-boss-brexit-uk-theresa-may-number-10--interview-ustwo-a7574086.html>. Acesso em: 28 nov. 2020.

50. Lauren Munsi, "Pokémon GO Surpasses the 1 Billion Downloads Milestone", *Nintendo Wire*, 31 jul. 2019. Ver: <https://nintendowire.com/news/2019/07/31/pokemon-go-surpasses-the-1-billion-downloads-milestone>. Acesso em: 28 nov. 2020.

51. Mansoor Iqbal, "Pokémon GO Revenue and Usage Statistics (2019)", *Business of Apps*, 10 maio 2019. Ver: <https://www.businessofapps.com/data/pokemon-go-statistics/>. Acesso em: 28 nov. 2020.

52. Ver: <https://mojo.vision>. Ver também: Dean Takahashi, "Mojo Vision Reveals the World's Smallest and Densest Micro Display", *Venture Beat*, <https://venturebeat.com/2019/05/30/mojo-vision-reveals-the-worlds-smallest-and-densest-micro-display/>. Acesso em: 28 nov. 2020. (Nota dos autores: a empresa de capital de risco de Peter é uma investidora.)

53. Ahn Minkyu, "A Review of Brain-Computer Interface Games and an Opinion Survey from Researchers, Developers and Users", *Sensors*, ago. 2014, pp. 14601-33, DOI: 10.3390/s140814601. Ver: <https://www.ncbi.nlm.nih.gov/pmc/articles/PMC4178978/>. Acesso em: 28 nov. 2020.

54. Jiang Preston Linxing, "BrainNet: A Multi-Person Brain-to-Brain Interface for Direct Collaboration Between Brains", *Human-Computer Interaction*, 22 maio 2019. Ver: <https://arxiv.org/abs/1809.08632>. Acesso em: 28 nov. 2020.

55. Richard Ramchurn, "Now Playing: A Movie You Control with Your Mind", *MIT Technology Review*, 25 maio 2018. Ver: <https://www.technologyreview.com/s/611189/now-playing-a-movie-you-control-with-your-mind>. Acesso em: 28 nov. 2020.

8. O FUTURO DA EDUCAÇÃO [pp. 150-7]

1. Leia o relatório completo do Departamento de Educação dos Estados Unidos, "Our Future, Our Teachers: The Obama Administration's Plan for Teacher Education Reform and Improvement", em: <https://www.ed.gov/sites/default/files/our-future-our-teachers.pdf>. Acesso em: 28 nov. 2020.

2. Unesco, "The World Needs Almost 69 Million New Teachers to Reach the 2030 Education Goals", *Unesco Institute for Statistics*, n. 39 (out. 2016). Ver: <http://uis.unesco.org/sites/default/files/documents/fs39-the-world-needs-almost-69-million-new-teachers-to-reach-the-2030-education-goals-2016-en.pdf>. Acesso em: 28 nov. 2020.

3. Para um bom panorama sobre essas questões, ver Ken Robinson, *Out of Our Minds*. Mankato: Capstone, 2011.

4. A fala integral de Tony Miller, ex-secretário do Tesouro norte-americano, em julho de 2011, pode ser vista em: <https://www.ed.gov/news/speeches/partnering-education-reform>. Acesso em: 28 nov. 2020.

5. O relatório "The Silent Epidemic Perspectives of High School Dropouts" está em: <https://docs.gatesfoundation.org/documents/thesilentepidemic3-06final.pdf>. Acesso em: 28 nov. 2020.

6. David Talbot, "Given Tablets but No Teachers, Ethiopian Children Teach Themselves", *MIT Technology Review*, 29 out. 2012. Ver: <https://www.technologyreview.com/s/506466/given-tablets-but-no-teachers-ethiopian-children-teach-themselves>. Acesso em: 28 nov. 2020.

7. Ver: <http://one.laptop.org>. Acesso em: 28 nov. 2020.

8. Ibid.

9. Veja o TED Talk complete de Sugata Mitra, "Kids Can Teach Themselves", em: <https://www.ted.com/talks/sugata_mitra_shows_how_kids_teach_themselves?language=en>. Acesso em: 28 nov. 2020.

10. Ibid.

11. Ver: <https://www.xprize.org/prizes/global-learning>. Acesso em: 28 nov. 2020.

12. Segundo Gartner, mais de 1,5 bilhão de celulares foram vendidos em 2017. Desses, 1,32 bilhão foram usados no sistema operacional Android. Extraído de: Gartner Newsroom, Press Releases, "Gartner Says Worldwide Sales of Smartphones Recorded First Ever Decline During the Fourth Quarter of 2017", disponível em: <https://www.gartner.com/en/newsroom/press-releases/2018-02-22-gartner-says-worldwide-sales-of-smartphones-recorded-first-ever-decline-during-the-fourth-quarter-of-2017>. Acesso em: 28 nov. 2020.

13. Philip Rosedale, entrevista com o autor, 2018. Veja este vídeo do tour: <https://www.youtube.com/watch?v=zb2NUs0IDm4ut>. Acesso em: 28 nov. 2020.

14. F. Bailey e K. Pransky (16 jul. 2015). "Implications and applications of the latest brain research for learners and teachers" [seminário on-line]. Em *Association for Supervision and Curriculum Development Webinar Series*. Ver em: <http://www.ascd.org/professional-development/webinars/implications-and-applications-of-brain-research-webinar.aspx>. Acesso em: 28 nov. 2020.

15. Ver o perfil dele em: <https://vhil.stanford.edu/faculty-and-staff/>. Acesso em: 28 nov. 2020.

16. Fernanda Herrera, "Building Long-Term Empathy: A Large-Scale Comparison of Traditional and Virtual Reality Perspective-Taking", *PLoS ONE* 13, n. 10, 17 out. 2018. Ver: <https://vhil.stanford.edu/mm/2018/11/herrera-pone-building-long-term-empathy.pdf>. Acesso em: 28 nov. 2020.

17. Ver o perfil dele em: <http://ict.usc.edu/profile/albert-skip-rizzo>. Acesso em: 28 nov. 2020.

18. Jessica Maples-Keller, "The Use of Virtual Reality Technology in the Treatment of Anxiety and Other Psychiatric Disorders", *Harvard Review of Psychiatry*, 25, n. 3, maio-jun. 2017, pp. 103-13. Ver: <https://www.ncbi.nlm.nih.gov/pmc/articles/PMC5421394>. Acesso em: 28 nov. 2020.

19. Neal Stephenson, *The Diamond Age: Or, a Young Lady's Illustrated Primer*. Nova York: Spectra, 1995.

20. Davey Alba, "Sci-Fi Author Neal Stephenson Joins Mystery Start-up as 'Chief Futurist'", *Wired*, 16 dez. 2014. Ver: <https://www.wired.com/2014/12/neal-stephenson-magic-leap>. Acesso em: 28 nov. 2020.

9. O FUTURO DA SAÚDE [pp. 158-74]

1. Martine Rothblatt, entrevista com o autor, 2018. Para mais informações sobre Martine, ver: Neely Tucker, "Martine Rothblatt: She Founded Siriusxm, a Religion and a Biotech. For Starters", *Washington Post*, 12 dez. 2014, <https://www.washingtonpost.com/lifestyle/magazine/martine-rothblatt-she-founded-siriusxm-a-religion-and-a-biotech-for-starters/2014/12/11/5a8a4866-71ab-11e4-ad12-3734c461eab6_story.html>; e Tina Reed, "Martine Rothblatt's Theory of Evolution", *Puget Sound Business Journal*, 3 abr. 2018, <https://www.bizjournals.com/seattle/bizwomen/news/latest-news/2018/04/martine-rothblatts-theory-of-evolution.html>. Acesso em: 28 nov. 2020.

2. Ver: <https://www.unither.com>. Acesso em: 28 nov. 2020.

3. Chloe Sorvino, "How CEO Martine Rothblatt Turns Moonshots into Earthshots", *Forbes*, 20 jun. 2018. Ver também: Tucker, "Martine Rothblatt".

4. Segundo a United Network for Organ Sharing, nos Estados Unidos, 2530 pulmões foram transplantados em 2018. Mais dados sobre transplante em: <https://unos.org/data/transplant-
-trends>. Acesso em: 28 nov. 2020.

5. Rothblatt, ibid.

6. Ibid.

7. Para uma visão geral da tecnologia de perfusão *ex vivo*, ver: George Makdisis, "Ex Vivo Lung Perfusion Review of a Revolutionary Technology", *Annals of Translational Medicine*, 5, n. 17, 2017, disponível em: <https://www.ncbi.nlm.nih.gov/pmc/articles/PMC5599284>. Ver também o press release sobre a aprovação da FDA para um dos tratamentos de perfusão pulmonar *ex vivo* da United Therapeutics: <https://www.biospace.com/article/releases/united-therapeutics-announces-fda-
-approval-of-xps-and-steen-solution-used-to-perform-centralized-ex-vivo-lung-perfusion-services/>. Acesso em: 28 nov. 2020.

8. Rothblatt, ibid.

9. O *New York Times* publicou um artigo detalhado sobre xenotransplante. Ele pode ser lido em: Tom Clynes, "20 Americans Die Each Day Waiting for Organs. Can Pigs Save Them?", *The New York Times Magazine*, 11 nov. 2018, disponível em: <https://www.nytimes.com/interactive/2018/11/14/magazine/tech-design-xenotransplantation.html?emc=edit_nn_20181114&nl=morning-briefing&nlid=8215381320181114&te=1&mtrref=undefined&assetType=PAYWALL>. Ver também este artigo da *Nature*: Sara Reardon, "New Life for Pig Organs", *Nature*, 12 nov. 2015, <https://www.nature.com/news/polopoly_fs/1.18768!/menu/main/topColumns/topLeftColumn/pdf/527152a.pdf?origin=ppub>. Acesso em: 28 nov. 2020.

10. Rothblatt, ibid.

11. Antonio Regalado, "Inside the Effort to Print Lungs and Breathe Life into Them with Stem Cells", *MIT Technology Review*, 28 jun. 2018. Ver: <https://www.technologyreview.com/s/611236/inside-the-effort-to-print-lungs-and-breathe-life-into-them-with-stem-cells>. Acesso em: 28 nov. 2020.

12. Ver: <https://www.beta.team>. Ver também: Eric Adams, "Beta Technologies, a Vermont Air Taxi Start-Up, Might Be About to Change the Aviation World", *Drive*, 11 jan. 2019, disponível em: <https://www.thedrive.com/tech/25914/beta-technologies-a-vermont-e-vtol-air-taxi-start-
-up-might-be-about-to-change-the-aviation-world>. Acesso em: 28 nov. 2020. (Nota dos autores: a empresa de capital de risco de Peter é uma investidora.)

13. Marshall Allen, "Unecessary Tests and Treatments", *Scientific American*, 29 nov. 2017. Ver: <https://www.scientificamerican.com/article/unnecessary-tests-and-treatment-explain-why-
-health-care-costs-so-much/>. Ver também: <https://www.nap.edu/read/13444/chapter/1#xvii>. Acesso em: 28 nov. 2020.

14. "Fact Sheet: New Drug Development", California Biomedical Research Association. Ver: <https://studylib.net/doc/8182066/fact-sheet-new-drug-development-process>. Acesso em: 28 nov. 2020.

15. Ibid.

16. Os Centers for Medicare & Medicaid Services do governo dos Estados Unidos apre-sentam os dados de gastos com saúde em seu website, encontrado em: <https://www.cms.gov/

research-statistics-data-and-systems/statistics-trends-and-reports/nationalhealthexpenddata/ nationalhealthaccountshistorical.html>. Acesso em: 28 nov. 2020.

17. Veja o press release dos Centers for Medicare & Medicaid Services na íntegra em: <https:// www.cms.gov/newsroom/press-releases/2016-2025-projections-national-health-expenditures-data- -released>. Acesso em: 28 nov. 2020.

18. Lizzy Gurdus, "Tim Cook: Apple's Greatest Contribution Will Be 'About Health'", CNBC, 8 jan. 2019. Ver: <https://www.cnbc.com/2019/01/08/tim-cook-teases-new-apple-services-tied- -to-health-care.html>. Acesso em: 28 nov. 2020.

19. A CB Insights faz um excelente trabalho sintetizando o ecossistema high-tech da saúde nestes dois relatórios: <https://www.cbinsights.com/research/top-tech-companies-healthcare-investments- -acquisitions/> e <https://www.cbinsights.com/research/google-amazon-apple-health-insurance>. Acesso em: 28 nov. 2020.

20. Ver: <https://ouraring.com>. Acesso em: 28 nov. 2020. (Nota dos autores: a empresa de capital de risco de Peter é uma investidora.)

21. A Exo chamou a atenção recentemente com um aumento de 35 milhões de dólares. Leia o press release na íntegra em: <https://www.businesswire.com/news/home/20190805005114/ en/Exo-Imaging-Emerges-Stealth-Mode-35M-Series>. Ver também: <https://www.exo-imaging. com/>. Acesso em: 28 nov. 2020. (Nota dos autores: a empresa de capital de risco de Peter é uma investidora.)

22. Mary Lou Jepsen deu uma TED Talk sobre a Openwater, que pode ser vista em: <https:// www.youtube.com/watch?v=awADEuv5vWY>. Ver também: <https://www.openwater.cc/about-us>. Acesso em: 28 nov. 2020. (Nota dos autores: a empresa de capital de risco de Peter é uma investidora.)

23. Ver o press release da Apple na íntegra em: <https://www.apple.com/newsroom/2018/09/ redesigned-apple-watch-series-4-revolutionizes-communication-fitness-and-health>. Acesso em: 28 nov. 2020.

24. Ver: XPrize.com, <https://tricorder.xprize.org/prizes/tricorder/articles/family-led-team- -takes-top-prize-in-qualcomm-tricor>. Acesso em: 28 nov. 2020.

25. Previsão do Zion Market Research Group, e seu relatório intitulado "mHealth Market by Devices, by Stakeholder, by Service, by Therapeutics and by Applications: Global Industry Pers- pective, Comprehensive Analysis and Forecast, 2014-2022" pode ser encontrado em: <https:// www.zionmarketresearch.com/report/mhealth-market>. O press release apresenta alguns dados do relatório: <https://www.globenewswire.com/news-release/2017/11/15/1193431/0/en/ mHealth-Market-Size-Projected-to-Reach-USD-102-43-Billion-by-2022-Zion-Market-Research. html>. Acesso em: 28 nov. 2020.

26. Megan Molteni, "The Chatbot Therapist Will See You Now", Wired, 7 jun. 2017. Ver: <https://www.wired.com/2017/06/facebook-messenger-woebot-chatbot-therapist/>. Ver também: <https://woebot.io/>. Acesso em: 28 nov. 2020.

27. Ver: <https://www.humanlongevity.com/>. Acesso em: 28 nov. 2020.

28. Rob Stein, "Routine DNA Sequencing May Be Helpful and Not as Scary as Feared", NPR, 26 jun. 2017. Ver: <https://www.npr.org/sections/health-shots/2017/06/26/534338576/ routine-dna-sequencing-may-be-helpful-and-not-as-scary-as-feared>. Acesso em: 28 nov. 2020.

29. Jason Vasey, "The Impact of Whole-Genome Sequencing on the Primary Care and Outcomes of Healthy Adult Patients: A Pilot Randomized Trial", Annals of Internal Medicine, 67, n. 3, 2017,

pp. 159-69. Ver: <https://annals.org/aim/fullarticle/2633848/impact-whole-genome-sequencing-
-primary-care-outcomes-healthy-adult-patients>. Acesso em: 28 nov. 2020.

30. Detalhes do projeto e financiamento All of Us podem ser encontrados no site dos NIH,
em: <https://allofus.nih.gov/>. Acesso em: 28 nov. 2020.

31. "Q&A: George Church and Company on Genomic Sequencing, Blockchain, and Better
Drugs", *Science*, 8 fev. 2018. Ver: <https://www.sciencemag.org/news/2018/02/q-george-church-
-and-company-genomic-sequencing-blockchain-and-better-drugs>. Para mais informações sobre a
Nebula Genomics, ver o website: <https://nebula.org>. Acesso em: 28 nov. 2020.

32. Yuanyuan Li, "Genome-Edited Skin Epidermal Stem Cells Protect Mice from Cocaine-
-Seeking Behaviour and Cocaine Overdose", *Nature Biomedical Engineering*, 3, 2019, pp. 105-13.
Ver: <https://www.nature.com/articles/s41551-018-0293-z>. Acesso em: 28 nov. 2020.

33. Leonela Amoasii, "Gene Editing Restores Dystrophin Expression in a Canine Model of
Duchenne Muscular Dystrophy", *Science*, 362, n. 6410, pp. 86-91. Ver: <https://science.sciencemag.
org/content/362/6410/86>. Acesso em: 28 nov. 2020.

34. Emily Mullin, "FDA Approves Groundbreaking Gene Therapy for Cancer", *MIT Technology
Review*, 30 ago. 2017. Ver: <https://www.technologyreview.com/s/608771/the-fda-has-approved-
-the-first-gene-therapy-for-cancer>. Acesso em: 28 nov. 2020.

35. Megan Molteni, "Here's the Plan to End Malaria with Crispr-Edited Mosquitos", *Wired*, 24
set. 2018. Ver: <https://www.wired.com/story/heres-the-plan-to-end-malaria-with-crispr-edited-
-mosquitoes>. Ver também o artigo original: Nikolai Windbichler, "Targeting the X Chromosome
During Spermatogenesis Induces Y Chromosome Transmission Ratio Distortion and Early Dominant
Embryo Lethality in Anopheles gambiae", *PLoS Genet*, 4, n. 12, 2008. Ver: <https://www.ncbi.nlm.
nih.gov/pmc/articles/PMC2585807/>. Acesso em: 28 nov. 2020.

36. Peter Reuell, "A Step Forward in DNA Base Editing", *Harvard Gazette*, 25 out. 2017. Ver:
<https://news.harvard.edu/gazette/story/2017/10/a-step-forward-in-dna-base-editing>. Acesso
em: 28 nov. 2020.

37. Liat Ben-Senior, "[Infographic] 10 Most Common Genetic Diseases", *LabRoots*, 22 maio
2018. Ver: <https://www.labroots.com/trending/infographics/8833/10-common-genetic-diseases>.
Acesso em: 28 nov. 2020.

38. Jeff Foust, "Bridenstine Says Nasa Planning for Human Mars Missions in 2030s", *Space
News*, 16 jul. 2019. Ver: <https://spacenews.com/bridenstine-says-nasa-planning-for-human-mars-
-missions-in-2030s/>. Acesso em: 28 nov. 2020.

39. Richard Summers, "Emergencies in Space", *The Practice of Emergency Medicine/Concepts*,
2005. Ver: <https://pdfs.semanticscholar.org/a102/d4e61620dd77f93639cf47492f7ca6f8c44f.
pdf>. Acesso em: 28 nov. 2020.

40. A fala de Elon Musk na Conferência SS R&D de 19 de julho de 2017 está em: <https://
www.youtube.com/watch?v=BqvBhhTtUm4>. Acesso em: 28 nov. 2020.

41. Alan Brown, "Smooth Operator: Robot Could Transform Soft-Tissue Surgery", *Alliance
of Advanced Biomedical Engineering*, 14 ago. 2017. Ver: <https://aabme.asme.org/posts/smooth-
-operator-robot-could-transform-soft-tissue-surgery>. Acesso em: 28 nov. 2020.

42. Margaret J. Hall, "Ambulatory Surgery Data from Hospitals and Ambulatory Surgery Centers: United States, 2010", *Centers for Disease Control National Health Statistics Reports*, n. 102,
28 fev. 2017. Ver: <https://www.cdc.gov/nchs/data/nhsr/nhsr102.pdf>. Acesso em: 28 nov. 2020.

43. Christina Frangou, "An Eye on Surgical Robots", *General Surgery News*, 9 jul. 2018.

44. Ver o press release inicial que anuncia a parceria: ‹https://www.jnj.com/media-center/press-releases/johnson-johnson-announces-formation-of-verb-surgical-inc-in-collaboration-with-verily›. Para mais informações sobre Verb Surgical, ver também: ‹https://www.verbsurgical.com›. Acesso em: 28 nov. 2020.

45. Ver: ‹https://www.bionautlabs.com›. Acesso em: 28 nov. 2020. (Nota dos autores: a empresa de capital de risco de Peter é uma investidora.)

46. Alex Zhavoronkov, "Artificial Intelligence for Drug Discovery, Biomarker Development, and Generation of Novel Chemistry", *Molecular Pharmaceutics*, v. 15, 2018, pp. 4311-3.

47. Ver: ‹https://www.davincisurgery.com/da-vinci-systems/about-da-vinci-systems›. Acesso em: 28 nov. 2020.

48. Os NIH possuem uma biblioteca de arquivos CAD 3D imprimíveis para próteses funcionais, que pode ser encontrado em: ‹https://3Dprint.nih.gov/collections/prosthetics›. Acesso em: 28 nov. 2020.

49. Sung Hyun Park, "3D Printed Polymer Photodetectors", *Advanced Materials*, v. 30, n. 40, 4 out. 2018. Ver: ‹https://on-linelibrary.wiley.com/doi/abs/10.1002/adma.201803980›. Acesso em: 28 nov. 2020.

50. Para uma história mais detalhada das células-tronco, ver: ‹https://stemcells.nih.gov/info/basics/4.htm›. Acesso em: 28 nov. 2020.

51. Robert Hariri, entrevista com o autor, 2018.

52. Ibid.

53. O National Cancer Institute fornece uma boa explicação da tecnoloiga CAR-T em: ‹https://www.cancer.gov/about-cancer/treatment/research/car-t-cells›. Acesso em: 28 nov. 2020.

54. Johnathan Rockoff, "The Million-Dollar Cancer Treatment: Who Will Pay?", *The Wall Street Journal*, 26 abr. 2018. Ver: ‹https://www.wsj.com/articles/the-million-dollar-cancer-treatment-no-one-knows-how-to-pay-for-1524740401›. Acesso em: 28 nov. 2020.

55. Ver: ‹https://www.celularity.com/›. Acesso em: 28 nov. 2020.

56. Ver o panorama da FDA sobre o processo de desenvolvimento de fármacos em: ‹https://www.fda.gov/patients/drug-development-process/step-1-discovery-and-development›. Acesso em: 28 nov. 2020.

57. Joseph DiMasi, "Innovation in the Pharmaceutical Industry: New Estimates of R&D Costs", *Journal of Health Economics*, v. 47, maio 2016, pp. 20-33, disponível em: ‹https://doi.org/10.1016/j.jhealeco.2016.01.012›. Acesso em: 28 nov. 2020.

58. Alex Zhavoronkov, entrevista com o autor, 2018. Para mais informações sobre a Insilico Medicine, ver: ‹https://insilico.com/›. Acesso em: 28 nov. 2020. (Nota dos autores: a empresa de capital de risco de Peter é uma investidora.)

59. Ibid. Para informações mais detalhadas, ver o número especial de *Molecular Pharmaceutics* da American Chemical Society sobre uso de IA para a descoberta de medicações.

60. Alex Zhavoronkov, "Deep Learning Enables Rapid Identification of Potent DDR1 Kinase Inhibitors", *Nature Biotechnology*, v. 37, 2019, pp. 1038-40. Ver: ‹https://www.nature.com/articles/s41587-019-0224-x›. Acesso em: 28 nov. 2020. (Nota dos autores: a empresa de capital de risco de Peter é uma investidora.)

61. Reinhard Renneberg, *Biotechnology for Beginners*. Cambridge, MA: Academic Press, 2016, p. 281.

62. Ver: <http://predictioncenter.org/>. Acesso em: 28 nov. 2020.

63. Leia o blog da DeepMind sobre o AlphaFold em: <https://deepmind.com/blog/alphafold/>. Acesso em: 28 nov. 2020.

10. O FUTURO DA LONGEVIDADE [pp. 175-85]

1. O dr. Francis Collins dividiu o palco com Peter no evento de 2018 realizado pela Cura Foundation. Veja a conversa sobre *Longevity and the Morality of Extreme Life Extension* em: <https://www.youtube.com/watch?v=z6i0yTA4zRM>. Peter escreveu sobre sua experiência com o dr. Collins em seu blog: Peter Diamandis, "The Morality of Immortality", 2018, disponível em: <https://www.diamandis.com/blog/the-morality-of-immortality>. Acesso em: 28 nov. 2020.

2. Carlos Lopez-Otin, "The Hallmarks of Aging", *PMC*, 23 nov. 2013. Ver também: "The Future of Aging? The New Drugs & Tech Working to Extend Life & Wellness", *CB Insights*, disponível em: <https://www.ncbi.nlm.nih.gov/pmc/articles/PMC3836174/>, e o relatório da *CB Insights* sobre o futuro do envelhecimento, disponível em: <https://www.cbinsights.com/research/report/future-aging-technology-start-ups/>. Acesso em: 28 nov. 2020.

3. Para um panorama sobre o papel da *C. elegans* no estudo da genética, ver: Claudiu A. Giurumescu, "Cell Identification and Cell Lineage Analysis", *Methods in Cell Biology*, 2011, doi. org/10.1016/B978-0-12-544172-8.00012-8.

4. C. elegans Sequencing Consortium, "Genome Sequence of the Nematode C. Elegans: A Platform for Investigating Biology", *Science*, 11 dez. 1998. Ver: <https://www.ncbi.nlm.nih.gov/pubmed/9851916>. Acesso em: 28 nov. 2020.

5. Steven J. Cook, "Whole-Animal Connectomes of Both *Caenorhabditis elegans* Sexes", *Nature*, 3 jul. 2019. Ver: <https://www.nature.com/articles/s41586-019-1352-7>. Acesso em: 28 nov. 2020.

6. Ver o artigo original sobre esse estudo em: D. Chen, "Germline Signaling Mediates the Synergistically Prolonged Longevity Produced by Double Mutations in daf-2 and rsks-1 in C. elegans", *Cell Reports*, 26 dez. 2013, doi: 10.1016/j.celrep.2013.11.018. Ver também: Avaliação do diretor dos NIH, dr. Francis Collins, sobre o estudo, "Deciphering Secrets of Longevity, from Worms", *NIH Director's Blog*, 7 jan. 2014. Ver o artigo original sobre esse estudo em: <https://directorsblog.nih.gov/2014/01/07/deciphering-secrets-of-longevity-from-worms>. Acesso em: 28 nov. 2020.

7. Collins, "Deciphering Secrets".

8. George L. Sutphin, "*Caenorhabditis elegans* Orthologs of Human Genes Differentially Expressed with Age Are Enriched for Determinants of Longevity", *Aging Cell*, abr. 2017. Ver: <https://on-linelibrary.wiley.com/doi/full/10.1111/acel.12595>. Acesso em: 28 nov. 2020.

9. James Riley e Max Roser, "Life Expectancy by World Region", *Our World in Data*, 2015. Ver: <https://ourworldindata.org/life-expectancy>. Acesso em: 28 nov. 2020.

10. Ray Kurzweil, entrevista com o autor, 2018. Ver também a conversa entre Peter e Ray em que discutem o conceito de velocidade de escape da longevidade: <https://www.youtube.com/watch?time_continue=2&v=SaOfLtoaKqw>. Acesso em: 28 nov. 2020.

11. Kira Peikoff, "Anti-Aging Pioneer Aubrey de Grey: 'People in Middle Age Now Have a Fair Chance'", *Leapsmag*, 30 jan. 2018. Ver: <https://leapsmag.com/anti-aging-pioneer-aubrey-de-grey--people-middle-age-now-fair-chance>. Acesso em: 28 nov. 2020.

12. Joe Schwarz, "The Right Chemistry: Easter Island Might Just Hold the Key to Fighting Aging", *Montreal Gazette*, 5 mar. 2019.

13. Bethany Halford, "Rapamycin's Secrets Unearthed", *C&EN*, 18 jul. 2016. Ver também: Bill Gifford, "Does a Real Anti-Aging Pill Already Exist?", *Bloomberg*, 12 jul. 2015.

14. P. W. Serruys, "Rapamycin Eluting Stent: The Onset of a New Era in Interventional Cardiology", *Heart*, abr. 2002.

15. C. Morath, "Sirolimus in Renal Transplantation", *Nephrology Dialysis Transplantation*, set. 2007.

16. Yekaterina Y. Zaytseva, "mTOR Inhibitors in Cancer Therapy", *Cancer Letters*, jun. 2012, doi.org/10.1016/j.canlet.2012.01.005.

17. David E. Harrison, "Rapamycin Fed Late in Life Extends Lifespan in Genetically Heterogeneous Mice", *Nature*, 8 jul. 2019.

18. J. B. Mannick, "mTOR Inhibition Improves Immune Function in the Elderly", *Science Translational Medicine*, dez. 2014.

19. Nir Barzilai, "Metformin as a Tool to Target Aging", *Cell Metabolism*, 14 jun. 2016, 23 (6), pp. 1060-5, ver <https://www.ncbi.nlm.nih.gov/pmc/articles/PMC5943638>. Acesso em: 28 nov. 2020.

20. Ver: <https://unitybiotechnology.com>. Acesso em: 28 nov. 2020.

21. Jan M van Deursen, "Senolytic Therapies for Healthy Longevity", *Science*, 364, n. 6441, maio 2019, pp. 636-7.

22. Osman Kibar, entrevista com o autor, 2018. Ver também: <https://www.samumed.com/default.aspx>. Acesso em: 28 nov. 2020.

23. Brian Gormley, "Drugmaker Samumed Closes $438 Million Round at $12 Billion Pre--Money Valuation", *The Wall Street Journal Pro*, 6 ago. 2018. Ver: <https://www.wsj.com/articles/drugmaker-samumed-closes-438-million-round-at-12-billion-pre-money-valuation-1533602014>. Acesso em: 28 nov. 2020.

24. Michael Khan, "Wnt Signaling in Stem Cells and Cancer Stem Cells: A Tale of Two Co-activators", *Science Direct*, jan. 2018. Para um panorama das vias de sinalização Wnt, ver: <https://www.sciencedirect.com/science/article/pii/S1877117317301850>. Acesso em: 28 nov. 2020.

25. Kibar, entrevista com o autor.

26. Ver: <https://www.samumed.com/pipeline/default.aspx>. Acesso em: 28 nov. 2020.

27. Juyoung Park, "Various Types of Arthritis in the United States: Prevalence and Age-Related Trends from 1999 to 2014", *American Journal of Public Health*, 5 out. 2017. Como esse estudo só considera os Estados Unidos, o chefe de pesquisa, Juyoung Park, Ph.D., mais tarde extrapolou os resultados em: <https://www.fau.edu/newsdesk/articles/arthritis-trends.php>. Acesso em: 28 nov. 2020.

28. Y. Yazici, "A Novel Wnt Pathway Inhibitor, sm04690, for the Treatment of Moderate to Severe Osteoarthritis of the Knee: Results of a 24-Week, Randomized, Controlled, Phase 1 Study", *Osteoarthritis and Cartilage*, out. 2017. Ver: <https://www.ncbi.nlm.nih.gov/pubmed/28711582>. Acesso em: 28 nov. 2020.

29. Kibar, entrevista com o autor.

30. Samumed LLC, "A Study Evaluating the Safety, Tolerability, and Pharmacokinetics of Multiple Ascending Doses of SM04755 Following Topical Administration to Healthy Subjects", *U. S. National Library of Medicine*, 25 jul. 2017. Ver também: Samumed LLC, "A Repeat Insult Patch Test (RIPT) Study Evaluating the Sensitization Potential of Topical SM04755 Solution in Healthy Volunteers", *U. S. National Library of Medicine*, 18 abr. 2018. Ver: <https://clinicaltrials.gov/ct2/show/NCT03 229291?term=samumed&recrs=e&phase=0&rank=1>. Ver também: <https://clinicaltrials.gov/ct2/show/NCT03502434?term=samumed&recrs=e&phase=0&rank=2>. Acesso em: 28 nov. 2020.

31. Samumed LLC, "A Study Utilizing Patient-Reported and Radiographic Outcomes and Evaluating the Safety and Efficacy of Lorecivivint (SM04690) for the Treatment of Moderately to Severely Symptomatic Knee Osteoarthritis (STRIDES-X-ray)", *U. S. National Library of Medicine*, 26 abr. 2019. Ver: <https://clinicaltrials.gov/ct2/show/NCT03928184?term=samumed&phase=2&rank=1>. Acesso em: 28 nov. 2020.

32. Kibar, entrevista com o autor.

33. D. E. Wright, "Physiological Migration of Hematopoietic Stem and Progenitor Cells", *Science*, nov. 2001. Ver: <https://www.ncbi.nlm.nih.gov/pubmed/11729320>. Acesso em: 28 nov. 2020.

34. Megan Scudellari, "Ageing Research: Blood to Blood", *Nature*, 21 jan. 2015. Ver: <https://www.nature.com/news/ageing-research-blood-to-blood-1.16762>. Ver também: <https://static1.squarespace.com/static/5b7168984eddec1ee06cba31/t/5b7cfbc3aa4a99594f9ff075/1534917589733/Nature.pdf)>. Acesso em: 28 nov. 2020.

35. L. Katsimpardi, "Vascular and Neuro-genic Rejuvenation of the Aging Mouse Brain by Young Systemic Factors", *Science*, maio 2014. Ver: <https://www.ncbi.nlm.nih.gov/pubmed/24797482>. Acesso em: 28 nov. 2020.

36. Francesco S. Loffredo, "Growth Differentiation Factor 11 Is Circulating Factor That Reverses Age-Related Cardiac Hypertrophy", *Cell*, 9 maio 2013. Ver: <https://www.cell.com/abstract/S0092-8674(13)00456-X>. Acesso em: 28 nov. 2020.

37. Ibid.

38. Ver: <https://www.elevian.com>. Acesso em: 28 nov. 2020.

39. Mark Allen, entrevista com o autor, 2018.

40. Ver: <https://www.alkahest.com>. Acesso em: 28 nov. 2020.

41. Megan Molteni, "Start-ups Flock to Turn Young Blood into an Elixir of Youth", *Wired*, 5 set. 2018. Ver: <https://www.wired.com/story/startups-flock-to-turn-young-blood-into-an-elixir-of-youth/>. Acesso em: 28 nov. 2020.

42. Ibid.

11. O FUTURO DO SEGURO, DAS FINANÇAS E DOS IMÓVEIS [pp. 186-205]

1. Para a história completa, ver: <https://www.lloyds.com/about-lloyds/history/corporate-history>. Acesso em: 28 nov. 2020.

2. O press release completo de 27 de março de 2019 pode ser lido em: <https://www.lloyds.com/news-and-risk-insight/press-releases/2019/03/lloyds-reports-aggregated-market-results-for-2018>. Acesso em: 28 nov. 2020.

3. O Insurance Information Institute apresenta o que determina o prêmio do seguro do carro em: <iii.org/article/what-determines-price-my-auto-insurance-policy>. Acesso em: 28 nov. 2020.

4. Leia o relatório "Critical Reasons for Crashes Investigated in the National Motor Vehicle Crash Causation Survey" do National Highway Traffic Safety Administration na íntegra em: <https://crashstats.nhtsa.dot.gov/Api/Public/ViewPublication/812115>. Acesso em: 28 nov. 2020.

5. Dados da OMS, "Road Traffic Deaths Data by Country", encontrados em: <http://apps.who.int/gho/data/node.main.A997>. Acesso em: 28 nov. 2020.

6. O relatório da KPMG, "Road Traffic Injuries and Deaths: A Global Problem", de junho de 2015, está disponível em: <https://www.insurancejournal.com/research/research/kpmg-automobile--insurance-in-the-era-of-autonomous-vehicles>. Acesso em: 28 nov. 2020.

7. John Krafcik, "Where the Next 10 Million Miles Will Take Us", *Medium*, 10 out. 2018. Ver: <https://medium.com/waymo/where-the-next-10-million-miles-will-take-us-de51bebb67d3>. Acesso em: 28 nov. 2020.

8. Estatísticas do FBI para taxas de criminalidade nos Estados Unidos em 2016, disponível em: <https://ucr.fbi.gov/crime-in-the-u.s/2016/crime-in-the-u.s.-2016/tables/table-18>. Acesso em: 28 nov. 2020.

9. Ver: <https://www.lemonade.com/>. Acesso em: 28 nov. 2020.

10. Ver: <https://etherisc.com/>. Acesso em: 28 nov. 2020.

11. Etherisc, "First Blockchain-Based App to Insure Your Next Flight Against Delays", *Medium*, 23 jul. 2018. Ver: <https://blog.etherisc.com/first-blockchain-based-app-to-insure-your-next-flight--against-delays-10f53b38ad2d>. Acesso em: 28 nov. 2020.

12. Leia mais sobre a história da empresa em: <https://www.progressivecommercial.com/about-us/our-history/>. Acesso em: 28 nov. 2020.

13. Ver a longa lista de coisas em que a Progressive foi pioneira em: <https://www.progressive.com/about/firsts/>. Acesso em: 28 nov. 2020.

14. Veja o press release na íntegra em: <https://www.businesswire.com/news/home/20040809005574/en/Innovative-Auto-Insurance-Discount-Program-5000-Minnesotans>. Acesso em: 28 nov. 2020.

15. Segundo a Travelers Insurance Company, 20% das vezes em que o seguro residencial é acionado é por prejuízos com água não relacionados ao clima, enquanto 11%, por prejuízos com água relacionados ao clima. Ver: <https://www.travelers.com/tools-resources/home/maintenance/top-five-ways-things-can-go-wrong-interactive>. Acesso em: 28 nov. 2020.

16. McKinsey & Co., "Digital Insurance in 2018: dez. 2018 Driving Real Impact with Digital and Analytics", dez. 2018. Ver: <https://www.mckinsey.com/~/media/McKinsey/Industries/Financial%20Services/Our%20Insights/Digital%20insurance%20in%202018%20Driving%20-real%20impact%20with%20digital%20and%20analytics/Digital-insurance-in-2018.ashx>. Acesso em: 28 nov. 2020.

17. Ibid., p. 38.

18. Gunnar Lovelace, entrevista com o autor, 2018. Para mais informações sobre Gunnar Lovelace, ver sua biografia no LinkedIn: <https://www.linkedin.com/in/gunnarlovelace/>. Acesso em: 28 nov. 2020.

19. Ver: <https://thrivemarket.com>. Acesso em: 28 nov. 2020.

20. Ver: <https://goodmoney.com>. Acesso em: 28 nov. 2020.

21. Lovelace, entrevista com o autor.

22. Maria Lamagna, "Overdraft Fees Haven't Been This Bad Since the Great Recession", *MarketWatch*, 2 abr. 2018. Ver: <https://www.marketwatch.com/story/overdraft-fees-havent-been--this-bad-since-the-great-recession-2018-03-27>. Acesso em: 28 nov. 2020.

23. Seattle, Washington e Davis, Califórnia, tiraram mais de 3 bilhões de dólares da Wells Fargo: Bill Chappell, "2 Cities to Pull More Than $3 Billion from Wells Fargo Over Dakota Access Pipeline", NPR, 8 fev. 2017. Ver: <https://www.npr.org/sections/thetwo-way/2017/02/08/514133514/two-cities-vote-to-pull-more-than-3-billion-from-wells-fargo-over-dakota-pipeline>. Acesso em: 28 nov. 2020.

24. Niall McCarthy, "1.7 Billion Adults Worldwide Do Not Have Access to a Bank Account", *Forbes*, 8 jun. 2018. Ver dados originais em: <https://globalfindex.worldbank.org>. Acesso em: 28 nov. 2020.

25. Para um panorama da história da M-Pesa, ver Tim Harford, *Fifty Inventions That Shaped the Modern Economy*. Londres: Penguin, 2017, p. 228.

26. Ibid., p. 229.

27. As taxas da Western Union variam de 2% a 30%, dependendo de onde você está e de quanto está transferindo. A tabela de preços deles está em: <https://www.westernunion.com/content/dam/wu/EU/EN/feeTableRetailEN-ES.PDF>. Acesso em: 28 nov. 2020.

28. Harford, *Fifty Inventions*, p. 229.

29. Tavneet Suri, "The Long-Run Poverty and Gender Impacts of Mobile Money", *Science* 354, n. 6317, 9 dez. 2016, pp. 1288-92. Ver: <https://science.sciencemag.org/content/354/6317/1288>. Acesso em: 28 nov. 2020.

30. Leia a notícia "What Kenya's Mobile Money Success Could Mean for the Arab World" no site do Banco Mundial: <https://www.worldbank.org/en/news/feature/2018/10/03/what-kenya--s-mobile-money-success-could-mean-for-the-arab-world>. Acesso em: 28 nov. 2020.

31. O Inclusive Business Case Study of bKash da International Finance Corporation pode ser lido em: <http://documents.worldbank.org/curated/en/560181506580665929/pdf/119870--BRI-PUBLIC-bKash-Builtforchangereport.pdf>. Acesso em: 28 nov. 2020.

32. Xinhua, "China's Alipay Now Has Over 900m Users Worldwide", *China Daily*, 30 nov. 2018. Ver: <http://www.chinadaily.com.cn/a/201811/30/WS5c00a1d3a310eff30328c073.html>. Acesso em: 28 nov. 2020.

33. Christine Chou, "How Alipay Users Planted 100M Trees in China", *Alizila*, 22 abr. 2019. Ver: <https://www.alizila.com/how-alipay-users-planted-100m-trees-in-china>. Acesso em: 28 nov. 2020.

34. Ver: <https://www.r3.com/>. Acesso em: 28 nov. 2020.

35. Ver: <https://www.ripple.com/>. Acesso em: 28 nov. 2020.

36. O blog de *blockchain Cointelegraph* traz um bom panorama da relação entre Swift e *blockchain*: <https://cointelegraph.com/news/swift-announces-poc-gateway-with-r3-but-remains--overall-hesitant-about-blockchain>. Acesso em: 28 nov. 2020.

37. A população mundial deve atingir 8,2 bilhões até 2025, segundo projeções da United Nations Population Division. Disponível em: <https://population.un.org/wpp/Graphs/Probabilistic/POP/TOT/900>. Do outro lado da equação, usamos dados do Banco Mundial para fazer uma aproximação de quantas pessoas estão conectadas à internet no momento; World Bank, "Individuals

Using the Internet (% of Population)". Ver: <https://data.worldbank.org/indicator/IT.net.USER.ZS>. Ver também: "Population, total", The World Bank, <https://data.worldbank.org/indicator/SP.POP.TOTL>. Acesso em: 28 nov. 2020.

38. Ver: <https://transferwise.com/us>. Acesso em: 28 nov. 2020.

39. Ver: <https://www.prosper.com>. Acesso em: 28 nov. 2020.

40. Ver: <https://www.fundingcircle.com/us/>. Acesso em: 28 nov. 2020.

41. Ver: <https://www.lendingtree.com/>. Acesso em: 28 nov. 2020.

42. Segundo relatório do Transparency Market Research, encontrado em: <https://www.globenewswire.com/news-release/2016/08/31/868470/0/en/Increasing-Small-Business-Units--to-Act-as-Building-Blocks-for-Peer-to-Peer-Lending-Market.html>. Acesso em: 28 nov. 2020.

43. Alexandra Stevenson, "China's New Lenders Collect Invasive Data and Offer Billions. Beijing Is Worried", *The New York Times*, 25 dez. 2017. Ver: <https://www.nytimes.com/2017/12/25/business/china-on-line-lending-debt.html>. Acesso em: 28 nov. 2020.

44. Ver: <https://www.wealthfront.com/>. Acesso em: 28 nov. 2020.

45. Ver: <https://www.betterment.com/>. Acesso em: 28 nov. 2020.

46. Chris Isidore, "Machines Are Driving Wall Street's Wild Ride, Not Humans", CNN, 6 fev. 2018. Ver: <https://money.cnn.com/2018/02/06/investing/wall-street-computers-program--trading/index.html>. Acesso em: 28 nov. 2020.

47. Ibid.

48. Ver sites de Wealthfront e Betterment para suas taxas.

49. Leia o press release do SEC na íntegra, intitulado "SEC Charges Two Robo-Advisers with False Disclosures", em: <https://www.sec.gov/news/press-release/2018-300>. Acesso em: 28 nov. 2020.

50. Garrett Keyes, "How Betterment Stayed on Top in 2018 (and How They Plan to Stay There in 2019)", *Financial Advisor IQ*, 2 jan. 2019. Ver: <https://www.betterment.com/press/newsroom/how-betterment-stayed-on-top-in-2018-and-how-they-plan-to-stay-there-in-2019/>. Acesso em: 28 nov. 2020.

51. Sarah Kocianski, "The Evolution of Robo-Advising: How Automated Investment Products Are Disrupting and Enhancing the Wealth Management Industry", *Business Insider*, 3 jul. 2017. Ver: <https://www.businessinsider.com/the-evolution-of-robo-advising-report-2017-7>. Acesso em: 28 nov. 2020.

52. Uber Eats é um dos diversos aplicativos de entrega de comida que operam no mundo. Endereço do site deles é: <http://ubereats.com>. Acesso em: 28 nov. 2020.

53. Peter Levring, "Scandinavia's Disappearing Cash Act", *Bloomberg*, 15 dez. 2016. Ver: <https://www.bloomberg.com/news/articles/2016-12-16/scandinavia-s-disappearing-cash-act>. Acesso em: 28 nov. 2020.

54. Relatório UBS, "The Road to Cashless Societies: Shifting Asia", em: <https://www.ubs.com/content/dam/WealthManagementAmericas/cio-impact/shifting%20in%20asia.pdf>. Acesso em: 28 nov. 2020. Esse fato específico está na p. 19.

55. "Cashless Payment Posts Double-Digit Growth", *Viet Nam News*, 13 jul. 2019. Ver: <https://vietnamnews.vn/economy/522587/cashless-payment-posts-double-digit-growth.html#kpUKGbUeSj1J1IzH.97>. Acesso em: 28 nov. 2020.

56. Leia mais sobre esse tópico no site oficial da Suécia: <https://sweden.se/business/cashless--society/>. Acesso em: 28 nov. 2020.

57. Michael Lewis fez um exame minucioso do que causou a crise financeira de 2008 em seu best-seller de 2008 do *New York Times: The Big Short: Inside the Doomsday Machine*. Nova York: W. W. Norton & Company, 2011.

58. Glenn Sanford, entrevista com o autor, 2019.

59. Ver: <https://www.exprealty.com>. Acesso em: 28 nov. 2020.

60. Ibid.

61. Ibid.

62. Ibid.

63. Ver: <https://www.zillow.com>. Para saber mais sobre a estratégia de IA da empresa, veja essa entrevista com o diretor de analítica da Zillow, Stan Humphries: Michael Krigsman, "Zillow: Machine Learning and Data Disrupt Real Estate", ZDNet, 30 jul. 2017, disponível em: <https://www.zdnet.com/article/zillow-machine-learning-and-data-in-real-estate/>. Acesso em: 28 nov. 2020.

64. Ver: <https://www.trulia.com/>. Acesso em: 28 nov. 2020.

65. Ver: <https://www.move.com/>. Acesso em: 28 nov. 2020.

66. Ver: <https://www.redfin.com/>. Acesso em: 28 nov. 2020.

67. Para um exemplo de investimento em IA imobiliária, ver este artigo da *VentureBeat* sobre uma das mais recentes ferramentas de visão por computador da Zillow: Kyle Wiggers, "Zillow Now Uses Computer Vision To Improve Property Value Estimates", *VentureBeat*, 26 jun. 2019. Ver: <https://venturebeat.com/2019/06/26/zillow-now-uses-computer-vision-to-improve-property--value-estimates/>. Acesso em: 28 nov. 2020.

68. Esse relatório do Fórum Econômico Mundial prevê que 570 cidades costeiras pelo mundo são vulneráveis a uma elevação de meio metro no nível do mar até 2050: <http://www3.weforum.org/docs/WEF_Global_Risks_Report_2019.pdf>. Acesso em: 28 nov. 2020.

69. As Nações Unidas informam que quase 2,4 bilhões de pessoas (cerca de 40% da população mundial) vive a cem quilômetros da costa. Ver a ficha técnica das Nações Unidas em: <https://www.un.org/sustainabledevelopment/wp-content/uploads/2017/05/Ocean-fact-sheet-package.pdf>. Acesso em: 28 nov. 2020.

70. Ver: <http://oceanix.org/>. Para um perfil da empresa, ver também: Katharine Schwab, "Floating Cities Once Seemed Like Sci-Fi. Now the UN Is Getting On Board", *Fast Company*, disponível em: <https://www.fastcompany.com/90329294/floating-cities-once-seemed-like-sci--fi-now-the-un-is-getting-on-board>. Acesso em: 28 nov. 2020.

71. Ver: <https://www.seasteading.org/>. Acesso em: 28 nov. 2020.

72. David Gelles, "Floating Cities, No Longer Science Fiction, Begin to Take Shape", *The New York Times*, 13 nov. 2017. Ver: <https://www.nytimes.com/2017/11/13/business/dealbook/seasteading-floating-cities.html>. Acesso em: 28 nov. 2020.

12. O FUTURO DOS ALIMENTOS [pp. 206-13]

1. Jonathan Chadwick, "Here's How 3D Printers Are Changing What We Eat", *TechRepublic*, 7 nov. 2017. Ver: <https://www.techrepublic.com/article/heres-how-3D-food-printers-are-changing--the-way-we-cook/>. Acesso em: 28 nov. 2020.

2. Stuart Farrmiond, "The Future of Food: What We'll Eat in 2028", *Science Focus*, 17 maio 2019. Ver: <https://www.sciencefocus.com/future-technology/the-future-of-food-what-well-eat--in-2028/>. Acesso em: 28 nov. 2020.

3. Matt Simon, "Lab Grown Meat Is Coming, Whether You Like It or Not", *Wired*, 16 fev. 2018. Ver: <https://www.wired.com/story/lab-grown-meat/>. Acesso em: 28 nov. 2020.

4. Richard Manning, "The Oil We Eat: Following the Food Chain Back to Iraq", *Harpers*, fev. 2004. Ver: <https://harpers.org/archive/2004/02/the-oil-we-eat/>. Acesso em: 28 nov. 2020.

5. Rich Pirog, "The Evolution of Food Miles and Its Limitations as an Indicator of Energy Use and Climate Impact". Ver: <https://aceee.org/files/pdf/conferences/ag/2008/RPirog.pdf>. Acesso em: 28 nov. 2020.

6. Ver: <https://www.moveforhunger.org/about-food-waste/>. Acesso em: 28 nov. 2020.

7. Amina Khan, "Scientists Aim to Feed the World by Boosting Photosynthesis", *Los Angeles Times*, 18 nov. 2016. Ver: <https://www.latimes.com/science/sciencenow/la-sci-sn-boosting--photosynthesis-20161117-story.html>. Acesso em: 28 nov. 2020.

8. Claire Benjamin, "Scientists Boost Crop Production by 47 Percent Speeding Up Photorespiration", *Ripe Project*, 31 maio 2018. Ver: <https://ripe.illinois.edu/press/press-releases/scientists-boost-crop-production-47-percent-speeding-photorespiration>. Acesso em: 28 nov. 2020.

9. "Food Production Must Double by 2050 to Meet Demand from World's Growing Population, Innovative Strategies Needed to Combat Hunger, Experts Tell Second Committee", *Nações Unidas*, 9 out. 2009, disponível em: <https://www.un.org/press/en/2009/gaef3242.doc.htmfood>. Acesso em: 28 nov. 2020.

10. Ver: <https://apeelsciences.com/>. Acesso em: 28 nov. 2020.

11. "Apeel Avocados Expected at Every US Grocery Store Within a Year", Freshfruitportal. com, 24 out. 2018. Ver: <https://www.freshfruitportal.com/news/2018/10/24/apeel-avocados--expected-at-every-u-s-grocery-store-within-a-year/>. Acesso em: 28 nov. 2020.

12. Dickson Despommier, *The Vertical Farm*. Londres: Picador, 2011.

13. Caryn Roni Rabin, "Do Prepackaged Salad Greens Lose Their Nutrients?", *The New York Times*, 3 nov. 2017. Ver: <https://www.nytimes.com/2017/11/03/well/eat/do-prepackaged-salad--greens-lose-their-nutrients.html>. Acesso em: 28 nov. 2020.

14. Despommier, "Vertical Farm". Ver também: Lisa Grace Scott, "Vertical Garden Towers Can Grow Plants Three Times Faster Than Normal: How a Business in the Bronx Is Trying to Take Urban Gardening Mainstream", *Inverse*, 1º jun. 2018, disponível em: <https://www.inverse.com/article/45464-rooftop-garden-technology-vertical-garden>. Acesso em: 28 nov. 2020.

15. Ver: <https://www.plenty.ag/>. Acesso em: 28 nov. 2020.

16. Chelsea Ballarte, "Jeff Bezos and Other Investors Raise $200 Million for Vertical Farming Start-up Plenty", *GeekWire*, 20 jul. 2017. Ver: <https://www.geekwire.com/2017/jeff-bezos--investors-raise-200-million-vertical-farming-startup-plenty/>. Acesso em: 28 nov. 2020.

17. Olivia Solon, "Inside the World's Largest Vertical Farm", *Wired*, 29 fev. 2016. Ver: <https://www.wired.co.uk/article/aerofarms-largest-vertical-farm>. Acesso em: 28 nov. 2020.

18. Ver: <https://aerofarms.com/>. Acesso em: 28 nov. 2020.

19. "Agtech Start-up Plenty Plans To Grow Hydroponic Peaches", Matteroftrust.org. Ver: <https://matteroftrust.org/agtech-start-up-plenty-plans-to-grow-hydroponic-peaches/>. Acesso em: 28 nov. 2020.

20. Andrew Tarantola, "The Future of Indoor Agriculture Is Indoor Farms Run by Robots", *Engadget*, 3 out. 2018. Ver: <https://www.engadget.com/2018/10/03/future-indoor-agriculture--vertical-farms-robots/>. Acesso em: 28 nov. 2020.

21. Ver: <http://ironox.com/>. Acesso em: 28 nov. 2020.

22. Ibid.

23. Organização das Nações Unidas para a Alimentação e a Agricultura, "2050: A Third More Mouths to Feed", *FAO News*, 3 set. 2009. Ver: <http://www.fao.org/news/story/en/item/35571/icode/>. Acesso em: 28 nov. 2020.

24. Nações Unidas, "What's in Your Burger? More Than You Think", *UN Environment*, 8 nov. 2018. Ver: <http://www.unenvironment.org/news-and-stories/story/whats-your-burger-more-you--think>. Acesso em: 28 nov. 2020.

25. Natasha Brooks, "Chart Shows What the World's Land Is Used for... and It Explains Exactly Why So Many People Are Going Hungry", *One Green Planet*, 2018. Ver: <https://www.onegreen-planet.org/news/chart-shows-worlds-land-used/>. Acesso em: 28 nov. 2020.

26. Timothy P. Robinson, "Mapping the Global Distribution of Livestock", *PLoS ONE*, 29 maio 2014. Ver: <https://journals.plos.org/plosone/article?id=10.1371/journal.pone.0096084#pone-0096084-g002>. Ver também: "Counting Chickens", *The Economist*, 27 jul. 2011, <https://www.economist.com/graphic-detail/2011/07/27/counting-chickens>. Acesso em: 28 nov. 2020.

27. "Water for Sustainable Food and Agriculture: A Report Produced for the G20 Presidency of Germany", Organização das Nações Unidas para a Alimentação e a Agricultura, 2017. Ver: <http://www.fao.org/3/a-i7959e.pdf>. Acesso em: 28 nov. 2020.

28. Charles Ebikeme, "Water World", *Scitable*, 25 jul. 2013. Ver: <https://www.nature.com/scitable/blog/eyes-on-environment/water_world/>. Acesso em: 28 nov. 2020.

29. Lisa Friedman, Kendra Pierre-Louis e Somini Sengupta, "The Meat Question, by the Numbers", *The New York Times*, 25 jan. 2018. Ver: <https://www.nytimes.com-2018/01/25--climate-cows-global-warming>. Acesso em: 28 nov. 2020.

30. Damian Carrington, "Avoiding Meat and Dairy Is 'Single Biggest Way' to Reduce Your Impact on Earth", *The Guardian*, 31 maio 2018. Ver: <https://www.theguardian.com/environment/2018/may/31/avoiding-meat-and-dairy-is-single-biggest-way-to-reduce-your-impact-on-earth>. Acesso em: 28 nov. 2020.

31. Sam Baker, "Will 2019 Be the Year of Lab Grown Meat?", DW.com, 1º mar. 2019. Ver: <https://www.dw.com/en/will-2019-be-the-year-of-lab-grown-meat/a-46943665>. Acesso em: 28 nov. 2020.

32. Hanna L. Tuomisto e Joost M. Teixeira de Mattos, "Environmental Impacts of Cultured Meat Production", *Environmental Science and Technology*, 17 jun. 2011. Ver: <https://doi.org/10.1021/es200130u e https://pubs.acs.org/doi/10.1021/es200130u>. Acesso em: 28 nov. 2020.

33. Marta Zaraska, "Is Lab Grown Meat Good for Us?", *The Atlantic*, 19 ago. 2013. Ver: <https://www.theatlantic.com/health/archive/2013/08/is-lab-grown-meat-good-for-us/278778/>. Acesso em: 28 nov. 2020.

34. Organização das Nações Unidas para a Alimentação e a Agricultura, "Surge in Diseases of Animal Origin Necessitates New Approach to Health", FAO, 16 dez. 2013. Ver: <http://www.fao.org/news/story/en/item/210621/icode/>. Acesso em: 28 nov. 2020.

35. Pallab Ghosh, "World's First Lab-Grown Burger Is Eaten in London", *BBC News*, 5 ago. 2013. Ver: <https://www.bbc.com/news/science-environment-23576143>. Acesso em: 28 nov. 2020.

36. Chloe Sorvino, "Tyson Invests in Lab-Grown Protein Start-up Memphis Meats, Joining Bill Gates and Richard Branson", *Forbes*, 29 jan. 2018. Ver: <https://www.forbes.com/sites/chloe-sorvino/2018/01/29/exclusive-interview-tyson-invests-in-lab-grown-protein-start-up-memphis--meats-joining-bill-gates-and-richard-branson/#5f4025763351>. Acesso em: 28 nov. 2020.

37. Leanne Back e Tava Cohen, "On the Menu Soon: Lab-Grown Steak for Eco-Conscious Diners", Reuters, 15 jul. 2019. Ver: <https://www.reuters.com/article/us-food-tech-labmeat-aleph--farms/on-the-menu-soon-lab-grown-steak-for-eco-conscious-diners-idUSKCN1UA1ES>. Acesso em: 28 nov. 2020.

38. Yaakov Nahmias, "Lab-Grown Meat Is Getting Cheap Enough for Anyone to Buy", *Fast Company*, 2 maio 2018. Ver: <https://www.fastcompany.com/40565582/lab-grown-meat-is--getting-cheap-enough-for-anyone-to-buy>. Acesso em: 28 nov. 2020.

39. Adele Peters, "The Meat Growing in This San Francisco Lab Will Soon Be Available at Restaurants", *Fast Company*, 11 dez. 2018. Ver: <https://www.fastcompany.com/90278853/the-meat--growing-in-this-san-francisco-lab-will-soon-be-available-at-restaurants>. Acesso em: 28 nov. 2020.

40. Ver: <https://www.perfectdayfoods.com/>. Acesso em: 28 nov. 2020. Ver também: Alexandra Wilson, "Got Milk? This $40M Start-up Is Creating Cow-Free Dairy Products That Taste like the Real Thing", *Forbes*, 9 jan. 2019.

13. AMEAÇAS E SOLUÇÕES [pp. 217-41]

1. Painel Intergovernamental de Mudanças Climáticas, ver: <https://www.ipcc.ch/sr15/>. Acesso em: 28 nov. 2020.

2. Fórum Econômico Mundial, "Global Risks Report 2018: 13th Edition", 17 jan. 2018. Ver: <https://www.weforum.org/reports/the-global-risks-report-2018>. Acesso em: 28 nov. 2020.

3. Dean Kamen, entrevista com o autor, 2018. Para mais informações sobre Dean Kamen, ver sua biografia no site First Robotics, disponível em: <https://www.firstinspires.org/about/leadership/dean-kamen>. Acesso em: 28 nov. 2020.

4. Peter Diamandis e Steven Kotler, *Abundance: The Future Is Better Than You Think*. Nova York: Free Press, 2012, pp. 88-91. [Ed. bras.: *Abundância: O futuro é melhor do que você imagina*. Trad. de Ivo Korytowski. Rio de Janeiro: Alta Books, 2018.]

5. Organização Mundial da Saúde (oms) e Fundo das Nações Unidas para a Infância (Unicef), "Progress on Drinking Water, Sanitation and Hygiene", 2017. Ver: <https://apps.who.int/iris/bitstream/handle/10665/258617/9789241512893-eng.pdf;jsessionid=1FDA500FD803F836724FE17B699EE7AA?sequence=1>. Acesso em: 28 nov. 2020.

6. Organização das Nações Unidas para a Educação, a Ciência e a Cultura, "Managing Water Report Under Uncertainty And Risk: The United Nations World Water Development Report 4 Volume 1", 2012, p. 96. Ver: <http://www.unesco.org/new/fileadmin/MULTIMEDIA/HQ/SC/pdf/WWDR4%20Volume%201-Managing%20Water%20under%20Uncertainty%20and%20Risk.pdf>. Acesso em: 28 nov. 2020.

7. Organização Mundial da Saúde, "Drinking Water", 14 jun. 2019. Ver: <https://www.who.int/news-room/fact-sheets/detail/drinking-water>. Acesso em: 28 nov. 2020.

8. Coca-Cola Corporate, "Coca-Cola Announces Long-Term Partnership with Deka R&D to Help Bring Clean Water to Communities in Need", 25 set. 2012. Ver o press release da Coca-Cola sobre o acordo em: <https://www.coca-colacompany.com/press-center/press-releases/deka-partnership--announcement>. Ver também: "Ekocenter & Slingshot Clean Water Partnerships", disponível em: <https://www.coca-colaafrica.com/stories/sustainability-water-ekocenter#>. Acesso em: 28 nov. 2020.

9. Ted Ryan, "From Big Idea to Big Bet: How the Coca-Cola Freestyle Fountain Dispenser Came to Be", 6 dez. 2017. Ver: <https://www.coca-colacompany.com/stories/freestyle-q-a>. Acesso em: 28 nov. 2020.

10. Ibid. Ver: <https://www.coca-colaafrica.com/stories/sustainability-water-ekocenter#>. Acesso em: 28 nov. 2020.

11. The Coca-Cola Company, "Scaling Sustainability: Have Programs, Will Travel", 24 ago. 2018. Ver: <https://www.coca-colacompany.com/stories/sustainability-lift-and-shift-have-programs-will--travel>. Acesso em: 28 nov. 2020.

12. Ibid.

13. Ver: <http://www.skysource.org/>. Acesso em: 28 nov. 2020.

14. Ver: <https://www.xprize.org/prizes/water-abundance>. Ver também: Devin Coldewey, "Water Abundance Xprize's $1.5M Winner Shows How to Source Fresh Water from the Air", TechCrunch, 22 out. 2018. Ver: <https://techcrunch.com/2018/10/22/water-abundance-xprizes-1--5m-winner-shows-how-to-source-fresh-water-from-the-air/>. Acesso em: 28 nov. 2020.

15. Adele Peters, "A Device That Can Pull Drinking Water from the Air Just Won the Latest XPRIZE", *Fast Company*, 20 out. 2018. Ver: <https://www.fastcompany.com/90253718/a-device--that-can-pull-drinking-water-from-the-air-just-won-the-latest-x-prize>. Acesso em: 28 nov. 2020.

16. Trevor Hill, *The Smart Grid for Water: How Data Will Save Our Water and Your Utility*. Altamonte Springs: Advantage, 2013.

17. Ibid. Só nos Estados Unidos, perdemos no mínimo cerca de 1,7 trilhão de galões de água por ano por problemas na rede de abastecimento.

18. Segundo *Our World in Data*, de Maxwell Rosner, 35,46 bilhões de toneladas de CO_2 foram emitidos em 2017. Ver: <https://ourworldindata.org/co2-and-other-greenhouse-gas-emissions>. Acesso em: 28 nov. 2020.

19. Caleb Scharf, "The Crazy Scale of Human Carbon Emission", *Scientific American*, 26 abr. 2017. Ver: <https://blogs.scientificamerican.com/life-unbounded/the-crazy-scale-of-human-carbon--emission/>. Acesso em: 28 nov. 2020.

20. Paul Griffin, "CDP Carbon Majors Report, 2017", *Carbon Majors Database*, jul. 2017. Ver: <https://b8f65cb373b1b7b15feb-c70d8ead6ced550b4d987d7c03fcdd1d.ssl.cf3.rackcdn.com/cms/reports/documents/000/002/327/original/Carbon-Majors-Report-2017.pdf?1499691240>. Acesso em: 28 nov. 2020.

21. Os preços da energia discutidos aqui derivam da entrevista do autor com Ramez Naam, diretor de Energia, Clima e Inovação da Singularity University, 2019. Na maior parte, nesta seção do livro, o custo dos dados de energia usam estimativas de LCOE (custo energético nivelado) obtidas com o Transparent Cost Database do Laboratório Nacional de Energia Renovável dos Estados Unidos. Ver: <https://openei.org/apps/TCDB/>. Acesso em: 28 nov. 2020.

22. Ibid.

23. Ibid.

24. Ibid.

25. Ibid.

26. Ibid.

27. Ibid.

28. Entre elas: James River Coal Company (2014), Patriot Coal (2015), Walter Energy (2015), Alpha Natural Resources (2015), Peabody Energy (2016), Blackhawk Mining (2019), Blackjewel (2019) e Cloud Peak Energy (2019).

29. Ibid. Ver também: Michael Forsythe, "China Cancels 103 Coal Plants, Mindful of Smog and Wasted Capacity", *The New York Times*, 18 jan. 2017. Ver: <https://www.nytimes.com/2017/01/18/world/asia/china-coal-power-plants-pollution.html>. Acesso em: 28 nov. 2020.

30. Ibid.

31. O site da Ontario Power Generation tem mais detalhes sobre seu projeto da fazenda solar Nanticoke Generating Station em: <https://www.opg.com/strengthening-the-economy/our-projects/nanticoke-solar-facility/>. Acesso em: 28 nov. 2020.

32. Jillian Ambrose, "Fossil Fuels Produce Less Than Half of UK Electricity for First Time", *The Guardian*, 20 jun. 2019. Ver: <https://www.theguardian.com/business/2019/jun/21/zero-carbon--energy-overtakes-fossil-fuels-as-the-uks-largest-electricity-source>. Acesso em: 28 nov. 2020.

33. A lista completa do projeto está disponível em: <https://www.cdp.net/en/cities/world--renewable-energy-cities>. Acesso em: 28 nov. 2020.

34. Ver figura 8 no capítulo 1 do REN21, *Renewables 2019 Global Status Report*. Relatório integral disponível em: <https://www.ren21.net/gsr-2019/>. Acesso em: 28 nov. 2020.

35. O custo da energia nivelada (LCOE) permite a comparação de diferentes métodos de geração de eletricidade. Olhando o Transparent Cost Database do Laboratório Nacional de Energia Renovável dos Estados Unidos referido acima (<https://openei.org/apps/TCDB/>), podemos ver que a energia de fontes eólica e solar pode ser mais barata que a de carvão.

36. Naam, entrevista com o autor.

37. Conseguiu-se 0,038 de dólar para o projeto de parque solar Bhadla de 250 megawatts em 2017. Ver também: Mayank Aggarwal, "Solar Power Tariffs Fall to New Low of Rs2.62 Per Unit", *Livemint*, 2017, disponível em: <https://www.livemint.com/Industry/MKI7QvOhpRoBAtw3D4PM5K/South-African-firm-bid-takes-solar-power-tariffs-to-new-low.html>. Acesso em: 28 nov. 2020.

38. Naam, entrevista com o autor. Ver também: Emiliano Bellini, "Dubai: Tariff for Large--Scale PV Hits New Low at \$0.024/kWh", *PV Magazine*, 2018, disponível em: <https://www.pv-magazine.com/2018/11/05/dubai-tariff-for-large-scale-pv-hits-new-low-at-0-024-kwh/>. Acesso em: 28 nov. 2020.

39. Naam, entrevista com o autor.

40. Ibid.

41. Prashant Kamat, "Quantum Dot Solar Cells. The Next Big Thing in Photovoltaics", *Journal of Physical Chemistry*, 28 fev. 2013, pp. 908-18, disponível em: <https://doi.org/10.1021/jz400052e>. Acesso em: 28 nov. 2020.

42. Naam, entrevista com o autor.

43. Ibid.

44. Segundo estudo do Laboratório Nacional de Energia Renovável de 2013, os custos indiretos respondem por "64% preço do sistema residencial total, 57% do preço do sistema comercial

pequeno (menos de 250 kW) e 52% do preço do sistema comercial grande (250 kW ou maior)". Ver: Barry Friedman, "Benchmarking Non-Hardware Balance-of-System (Soft) Costs for US Photovoltaic Systems, Using a Bottom-Up Approach and Installer Survey — Second Edition", Laboratório Nacional de Energia Renovável dos Estados Unidos, 2013.

45. Naam, entrevista com o autor.

46. Jason Pontin, "We Gotta Get a Better Battery. But How?" *Wired*, 17 set. 2018. Ver: <https://www.wired.com/story/better-battery-renewable-energy-jason-pontin/>. Acesso em: 28 nov. 2020.

47. Naam, entrevista com o autor.

48. Ibid.

49. Ver o site da Gigafactory 1 em: <https://www.tesla.com/gigafactory>. Ver também: Matthew Wald, "Nevada a Winner in Tesla's Battery Contest", *The New York Times*, 4 set. 2014, disponível em: <https://www.nytimes.com/2014/09/05/business/energy-environment/nevada-a-winner--in-teslas-battery-contest.html>. Acesso em: 28 nov. 2020.

50. Ver o site da Gigafactory 2 em: <https://www.tesla.com/gigafactory2>. Acesso em: 28 nov. 2020.

51. Simon Alvarez, "China Formally Adds Tesla Gigafactory 3 Area to Shanghai's Free-Trade Zone", *Teslarati*, 6 ago. 2019. Ver: <https://www.teslarati.com/china-adds-tesla-gigafactory-3--shanghai-free-trade-zone/>. Acesso em: 28 nov. 2020.

52. No momento da publicação deste livro, a Tesla ainda está planejando a Gigafactory 4. Para mais informações, ver este artigo: Simon Alvarez, "Tesla Closing In on Lower Saxony, Germany as Final Europe Gigafactory Location: Report", *Teslarati*, 22 ago. 2019, disponível em: <https://www.teslarati.com/tesla-europe-gigafactory-4-location-lower-saxony-germany/>. Acesso em: 28 nov. 2020.

53. Leonardo DiCaprio, *Before the Flood* (documentário), National Geographic, 21 out. 2016. Um clipe relevante da Nat Geo pode ser visto em: <https://youtu.be/iZm_NohNm6I>. Acesso em: 28 nov. 2020.

54. Thuy Ong, "Elon Musk Has Finished Building the World's Biggest Battery in Less Than 100 Days", *Verge*, 23 nov. 2017. Ver: <https://www.theverge.com/2017/11/23/16693848/elon--musk-worlds-biggest-battery-100-days>. Acesso em: 28 nov. 2020.

55. Ver: <https://www.renault.co.uk/vehicles/new-vehicles/zoe/motor.html>. Acesso em: 28 nov. 2020.

56. Jon Fingas, "BMW i3 Batteries Provide Energy Storage for UK Wind Farm", *Engadget*, 21 maio 2018. Ver: <https://www.engadget.com/2018/05/21/bmw-i3-battery-packs-join-uk-power--grid/>. Acesso em: 28 nov. 2020.

57. Robert Service, "New Generation of 'Flow Batteries' Could Eventually Sustain a Grid Powered by the Sun and Wind", *ScienceMag*, 31 out. 2018. Ver: <https://www.sciencemag.org/news/2018/10/new-generation-flow-batteries-could-eventually-sustain-grid-powered-sun-and--wind>. Acesso em: 28 nov. 2020.

58. Ver este artigo no site da Battery University: <https://batteryuniversity.com/learn/article/how_to_prolong_lithium_based_batteries>. Acesso em: 28 nov. 2020.

59. Ramez Naam, "How Cheap Can Energy Storage Get? Pretty Darn Cheap", 14 out. 2015. Ver: <http://rameznaam.com/2015/10/14/how-cheap-can-energy-storage-get/>. Acesso em: 28 nov. 2020.

60. Rob Nikolewski, "New Battery Storage Technology Connected to California Power Grid", *San Diego Union Tribune*, 6 maio 2019. Ver: <https://www.sandiegouniontribune.com/business/

energy-green/story/2019-05-03/new-battery-storage-technology-connected-to-california-power--grid>. Acesso em: 28 nov. 2020.

61. Naam, entrevista com o autor.

62. Akshat Rathi, "To Hit Climate Goals, Bill Gates and His Billionaire Friends Are Betting on Energy Storage", *qz*, 12 jun. 2018.

63. Ver: <http://spectrum.ieee.org/transportation/advanced-cars/the-charge-of-the-ultra--capacitors>. Acesso em: 28 nov. 2020.

64. Administração de Informação de Energia dos Estados Unidos, *Monthly Energy Review*, Table 2.1, abr. 2019, dados preliminares. Os dados podem ser acessados em: <https://www.eia.gov/energyexplained/use-of-energy/transportation.php>. Acesso em: 28 nov. 2020.

65. Administração de Informação de Energia dos Estados Unidos, *Annual Energy Outlook 2019*, Table 36, abr. 2019, dados preliminares. Os dados podem ser acessados em: <https://www.eia.gov/energyexplained/use-of-energy/transportation-in-depth.php>. Acesso em: 28 nov. 2020.

66. Administração de Informação de Energia dos Estados Unidos, *International Energy Outlook 2016*, cap. 8, p. 131. Ver relatório em: <https://www.eia.gov/outlooks/ieo/pdf/transportation.pdf>. Acesso em: 28 nov. 2020.

67. (Publicação alemã) Sven Böll, "*Bundesländer wollen Benzin- und Dieselautos verbieten*", *Spiegel On-line*, 8 out. 2016. Ver: <https://www.spiegel.de/auto/aktuell/bundeslaender-wollen-benzin--und-dieselautos-ab-2030-verbieten-a-1115671.html>. Acesso em: 28 nov. 2020.

68. Tore Gjerstad, "*Frp vil fjerne bensinbilene*", 2 jun. 2016. Ver: <https://www.dn.no/motor/fremskrittspartiet/bensin/drivstoff/frp-vil-fjerne-bensinbilene/1-1-5657552>. Acesso em: 28 nov. 2020.

69. O Escritório de Estatísticas de Transporte dos Estados Unidos informa que havia aproximadamente 272 milhões de carros nas ruas em 2017. Ao mesmo tempo, a *Scientific American* informou que havia 1 milhão de carros elétricos nas ruas em 2018. Presumindo que a quantidade de carros permaneceu relativamente constante de 2017 a 2018, os carros elétricos correspondem a menos de 0,36% dos carros nas ruas americanas em 2018. Maxine Joselow, "The US Has 1 Million Electric Vehicles, but Does It Matter?" *Scientific American*, 12 out. 2018, em: <bts.gov/content/number-us-aircraft-vehicles-vessels-and-other-conveyances>. Acesso em: 28 nov. 2020.

70. Arkadev Ghoshal, "Watch: India Unveils Ambitious Plan to Have Only Electric Cars by 2030", *International Business Times*, 30 abr. 2017. Ver: <https://www.ibtimes.co.in/watch-india--unveils-ambitious-plan-have-only-electric-cars-by-2030-724887>. Assista também a esta apresentação do ministro indiano de Ferrovias e Comércio e Indústria, Piyush Goyal: <https://www.youtube.com/watch?v=zCefO9qqZ_I>. Acesso em: 28 nov. 2020.

71. Ver press release da Volvo: "Volvo Cars Aims for 50 Per Cent of Sales to Be Electric by 2025", 25 abr. 2018, disponível em: <https://www.media.volvocars.com/global/en-gb/media/pressreleases/227602/volvo-cars-aims-for-50-per-cent-of-sales-to-be-electric-by-2025>. Acesso em: 28 nov. 2020.

72. Alana Petroff, "These Countries Want to Ditch Gas and Diesel Cars", *CNN Business*, 26 jul. 2017. Ver: <https://money.cnn.com/2017/07/26/autos/countries-that-are-banning-gas-cars--for-electric/index.html>. Acesso em: 28 nov. 2020.

73. Paul Lienert, "Global Carmakers to Invest at Least $90 Billion in Electric Vehicles", Reuters, 15 jan. 2018. Ver: <https://www.reuters.com/article/us-autoshow-detroit-electric/

global-carmakers-to-invest-at-least-90-billion-in-electric-vehicles-idUSKBN1F42NW>. Acesso em: 28 nov. 2020.

74. William Boston, "vw Accelerates Electric Car Effort with $40 Billion Investment", *The Wall Street Journal*, 17 nov. 2017.

75. Paul Lienert, "Exclusive: vw, China Spearhead $300 Billion Global Drive to Electrify Cars", Reuters, 10 jan. 2019. Ver: <https://www.reuters.com/article/us-autoshow-detroit-electric-exclusive/exclusive-vw-china-spearhead-300-billion-global-drive-to-electrify-cars-idUSKCN1P40G6>. Acesso em: 28 nov. 2020.

76. "Toyota, Panasonic Announce Battery Venture to Expand EV Push", Reuters, 22 jan. 2019. Ver: <https://www.reuters.com/article/us-toyota-panasonic/toyota-panasonic-announce-battery--venture-to-expand-ev-push-idUSKCN1PG0MP>. Acesso em: 28 nov. 2020.

77. Ver press release sobre a colaboração: "Ultra-high-power Charging Technology for the Electric Vehicle of the Future", disponível em: <https://newsroom.porsche.com/en/company/porsche-fastcharge-prototype-charging-station-ultra-high-power-charging-technology-electric--vehicle-16606.html>. Acesso em: 28 nov. 2020.

78. Para saber mais sobre a QuantumScape, ver: <https://www.quantumscape.com/>. Para detalhes sobre a transação de 100 milhões de dólares da Volkswagen, ver: <https://www.volkswagenag.com/en/news/2018/09/QuantumScape.html>. Ver também: Stephen Edelstein, "Volkswagen Invests $100 Million in Solid-State Battery Firm QuantumScape", *Drive*, 16 set. 2018, disponível em: <https://www.thedrive.com/tech/23586/volkswagen-invests-100-million-in-solid-state--battery-firm-quantumscape>. Acesso em: 28 nov. 2020.

79. É fácil encontrar a autonomia dos veículos elétricos na internet. A CleanTechnica fornece um bom resumo da disponibilidade de dados em: Loren McDonald, "US Electric Car Range Will Average 275 Miles by 2022, 400 Miles by 2028 — New Research (Part 1)", *CleanTechnica*, 27 out. 2018, disponível em: <https://cleantechnica.com/2018/10/27/us-electric-car-range-will--average-275-miles-by-2022-400-miles-by-2028-new-research-part-1/>. Acesso em: 28 nov. 2020.

80. Ibid.

81. Ibid.

82. Segundo Edelstein, "Volkswagen Invests".

83. Ver: <https://www.store-dot.com/>. Acesso em: 28 nov. 2020.

84. Às vezes chamados de ultracapacitores, os supercapacitores são um tipo diferente de dispositivo de armazenamento de energia que consegue guardar um monte de energia e carregar e descarregar extremamente rápido. Para mais informações, ver este artigo da Battery University: <https://batteryuniversity.com/learn/article/whats_the_role_of_the_supercapacitor>. Acesso em: 28 nov. 2020.

85. Eric Brandt, "Israeli Company Demonstrates 300-Mile Electric Car Battery That Charges in 5 Minutes", *Drive*, 12 maio 2017. Ver: <https://www.thedrive.com/news/10227/israeli-company--demonstrates-300-mile-electric-car-battery-that-charges-in-5-minutes>. Acesso em: 28 nov. 2020.

86. Para uma estimativa do número de postos de gasolina nos Estados Unidos, ver esses destaques da indústria da Associação Nacional de Lojas de Conveniência: <https://www.convenience.org/Research/FactSheets/FuelSales>. Acesso em: 28 nov. 2020.

87. Ver Centro de Informações de Combustível Alternativo do Departamento de Energia dos Estados Unidos, "Electric Vehicle Charging Station Locations", 9 set. 2019, disponível em: <https://afdc.energy.gov/fuels/electricity_locations.html#>. Acesso em: 28 nov. 2020.

88. Segundo o Departamento de Energia americano, os motoristas americanos realizam mais de 80% de suas recargas em casa. Ver: <https://www.energy.gov/eere/electricvehicles/charging-home>. Acesso em: 28 nov. 2020.

89. Ver: <https://www.chargepoint.com/>. Ver também o compromisso deles de construir 2,5 milhões de estações de recarga até 2025: <https://www.chargepoint.com/about/news/chargepoint-makes-landmark-commitment-future-mobility-pledge-25-million-places-charge/>. Acesso em: 28 nov. 2020.

90. Segundo a Energy Information Administration, a residência média americana consome 867 quilowatts-hora por mês, ou cerca de 29 quilowatts-hora por dia. Ver: <https://www.eia.gov/tools/faqs/faq.php?id=97&t=3>. Acesso em: 28 nov. 2020.

91. Ver: <https://www.tesla.com/models>. Acesso em: 28 nov. 2020.

92. Laura Parker, "Coral Reefs Could Be Gone in 30 Years", *National Geographic*, 23 jun. 2017. Ver: <https://www.nationalgeographic.com/news/2017/06/coral-reef-bleaching-global-warming-unesco-sites/>. Acesso em: 28 nov. 2020.

93. Segundo o World Wildlife Fund. Ver: <https://wwf.panda.org/our_work/oceans/coasts/coral_reefs/>. Acesso em: 28 nov. 2020.

94. Melissa Gaskill, "The Current State of Coral Reefs", PBS, 15 jul. 2019. Ver: <https://www.pbs.org/wnet/nature/blog/the-current-state-of-coral-reefs/>. Acesso em: 28 nov. 2020.

95. Scott Heron, Organização das Nações Unidas para a Educação, a Ciência e a Cultura, "Impacts of Climate Change on World Heritage Coral Reefs: A First Global Scientific Assessment", World Heritage Convention, 2017.

96. Segundo a World WildLife Foundation. Ver: <https://www.worldwildlife.org/threats/deforestation-and-forest-degradation>. Acesso em: 28 nov. 2020.

97. Ver: <https://www.biocarbonengineering.com/>. Acesso em: 28 nov. 2020.

98. Sam Price-Waldman, "A Breakthrough for Coral Reef Restoration [vídeo]", *Atlantic*, 22 fev. 2016. A notícia completa está disponível em: <https://www.youtube.com/watch?v=qHKpcnn5Tws>. Acesso em: 28 nov. 2020.

99. Clare Leschin-Hoar, "Seafood Without the Sea: Will Lab-Grown Fish Hook Consumers?", *The Salt: NPR*, 5 maio 2019. Ver: <https://www.npr.org/sections/thesalt/2019/05/05/720041152/seafood-without-the-sea-will-lab-grown-fish-hook-consumers>. Acesso em: 28 nov. 2020.

100. Edward O. Wilson, *Half-Earth: Our Planet's Fight for Life*. Nova York: Liveright, 2016.

101. Dados do Banco Mundial: (1) "Annual Freshwater Withdrawals, Agriculture (% of total freshwater withdrawal)", disponível em: <https://data.worldbank.org/indicator/ER.H2O.FWAG.ZS>, e (2) "Agricultural Land (% of land area)", disponível em: <https://data.worldbank.org/indicator/AG.LND.AGRI.ZS>. Acesso em: 28 nov. 2020.

102. Philip Landriganm, "The Lancet Commission on Pollution and Health", *The Lancet Commissions*, 391, 19 out. 2017, pp. 462-512. Ver: <https://doi.org/10.1016/S0140-6736(17)32345-0>. Acesso em: 28 nov. 2020.

103. "Flooding and Damage from 2008 Myanmar Cyclone Assessed", *Science Daily*, 10 ago. 2009. Ver: <https://www.sciencedaily.com/releases/2009/07/090717104618.htm>. Acesso em: 28 nov. 2020.

104. Adele Peters, "These Tree-Planting Drones Are About to Start an Entire Forest from the Sky", *Fast Company*, 10 ago. 2017. Ver: <https://www.fastcompany.com/40450262/

these-tree-planting-drones-are-about-to-fire-a-million-seeds-to-re-grow-a-forest>. Acesso em: 28 nov. 2020.

105. L. Nedelkoska, "Automation, Skills Use and Training", *OECD Social, Employment and Migration Working Papers*, n. 202, Paris: OECD Publishing, 2018. Ver: <https://doi.org/10.1787/2e2f4eea-en>. Acesso em: 28 nov. 2020.

106. James Surowiecki, "Robots Will Not Take Your Job", *Wired*, ago. 2017. Ver: <https://www.wired.com/2017/08/robots-will-not-take-your-job/>. Acesso em: 28 nov. 2020.

107. Ver história mais completa em: <https://classroom.synonym.com/during-early-1800s--americans-earned-living-what-12580.html>. Acesso em: 28 nov. 2020.

108. Ver para mais informações, ver Escritório de Estatísticas de Trabalho dos Estados Unidos, "Employment by Major Industry Sector": <https://www.bls.gov/emp/tables/employment-by-major--industry-sector.htm>. Acesso em: 28 nov. 2020.

109. T. L. Andrews, "Robots Won't Take Your Job — They'll Help Make Room for Meaningful Work Instead", *Quartz*, 15 mar. 2017.

110. Ibid.

111. James Wilson, "Collaborative Intelligence: Humans and AI Are Joining Forces", *Harvard Business Review*, jul.-ago. 2018. Ver: <https://hbr.org/2018/07/collaborative-intelligence-humans--and-ai-are-joining-forces>. Acesso em: 28 nov. 2020.

112. Peggy Hollinger, "Meet the Cobots: Humans and Robots Together on the Factory Floor", *National Geographic*, 6 maio 2016. Ver: <https://www.nationalgeographic.com/news/2016/05/financial-times-meet-the-cobots-humans-robots-factories/>. Acesso em: 28 nov. 2020.

113. Jame Manyika, "The Internet Created 2.6 New Jobs for Every 1 It Destroyed", McKinsey, maio 2011. Ver: <https://www.mckinsey.com/~/media/McKinsey/Industries/High%20Tech/Our%20Insights/Internet%20matters/MGI_internet_matters_exec_summary.ashx>. Acesso em: 28 nov. 2020.

114. Jon LeSage, "Goldman Sachs: Self-Driving Trucks Will Kill 300,000 Jobs per Year", *Business Insider*, 15 nov. 2017. Ver: <https://www.businessinsider.com/goldman-sachs-says-self--driving-trucks-will-kill-300000-jobs-per-year-2017-11>. Acesso em: 28 nov. 2020.

115. Jeff Cox, "The US Labor Shortage Is Reaching a Critical Point", CNBC Markets, 5 jul. 2018. Ver: <https://www.cnbc.com/2018/07/05/the-us-labor-shortage-is-reaching-a-critical-point.html>. Acesso em: 28 nov. 2020.

116. "Existential Risks: Analyzing Human Extinction Scenarios and Related Hazards", *Journal of Evolution and Technology*, 9, 9 mar. 2002.

117. Stewart Brand, *Clock of the Long Now: Time and Responsibility, The Ideas Behind the World's Slowest Computer*. Nova York: Basic Books, 1999, p. 1.

118. Michael Kimmelman, "The Dutch Have Solutions to Rising Seas. The World Is Watching", *The New York Times*, 15 jun. 2017.

119. Saiba mais em: <https://cneos.jpl.nasa.gov/sentry/vi.html>. Acesso em: 28 nov. 2020.

120. Detalhes sobre a missão Dart, acrônimo de Double Asteroid Redirection Test, podem ser vistos em: <https://www.nasa.gov/planetarydefense/dart>. Acesso em: 28 nov. 2020.

121. Jackie Snow, "Future Wildfires Will Be Fought with Algorithms", *Fast Company*, 26 nov. 2018. Ver: <https://www.fastcompany.com/90269483/how-ai-software-could-help-fight-future--wildfires>. Acesso em: 28 nov. 2020.

122. Nathan Heller, "Estonia, the Digital Republic", *The New Yorker*, 11 dez. 2017. Ver: <https://www.newyorker.com/magazine/2017/12/18/estonia-the-digital-republic>. Acesso em: 28 nov. 2020.

123. Ver: <https://opengov.com/>. Acesso em: 28 nov. 2020.

124. Ver: <https://www.social.glass/>. Acesso em: 28 nov. 2020.

125. Alissa Walker, "Here Is Sidewalk Labs's Big Plan for Toronto", *Curbed*, 24 jun. 2019. Ver: <https://www.curbed.com/2019/6/24/18715669/sidewalk-labs-toronto-alphabet-google--quayside>. Acesso em: 28 nov. 2020.

14. AS CINCO GRANDES MIGRAÇÕES [pp. 242-63]

1. Ian Goldin e Geoffrey Cameron, *Exceptional People*. Princeton: Princeton University Press, 2012, p. 12.

2. Clifton Parker, "Jewish Émigrés Who Fled Nazi Germany Revolutionized US Science and Technology, Stanford Economist Says", *Stanford*, 11 ago. 2014. Para um panorama da pesquisa, ver: <https://news.stanford.edu/news/2014/august/german-jewish-inventors-081114.html>. Acesso em: 28 nov. 2020.

3. Ibid.

4. Petra Moser, "German Jewish Émigrés and US Invention", *American Economic Review*, out. 2014.

5. Andrew Grant, "The Scientific Exodus from Nazi Germany", *Physics Today*, 26 set. 2018. Ver: <https://physicstoday.scitation.org/do/10.1063/PT.6.4.20180926a/full/>. Acesso em: 28 nov. 2020.

6. Parceria para uma Nova Economia Americana, "Patent Pending: How Immigrants Are Reinventing the American Economy", jun. 2012. Ver: <https://www.newamericaneconomy.org/sites/all/themes/pnae/patent-pending.pdf>. Acesso em: 28 nov. 2020.

7. Gaurav Khanna e Munseob Lee, "Hiring Highly Educated Immigrants Leads to More Innovation and Better Product", *Conversation*, 26 set. 2018. Ver: <https://theconversation.com/hiring-highly-educated-immigrants-leads-to-more-innovation-and-better-products-100087>. Acesso em: 28 nov. 2020.

8. Ibid.

9. Ibid.

10. Grace Nasri, "The Shocking Stats About Who's Really Starting Companies in America", *Fast Company*, 14 ago. 2013. Ver: <https://www.fastcompany.com/3015616/the-shocking-stats--about-whos-really-starting-companies-in-america>. Acesso em: 28 nov. 2020.

11. Mark Boslet, "NVCA Study Finds Of Recently Public Venture Companies Have Immigrant Founders", *PE Hub Network*, 20 jun. 2013, ver: <http://nvcaccess.nvca.org/index.php/topics/public-policy/372-nvca-releases-results-from-american-made-20.html>. Acesso em: 28 nov. 2020.

12. Stuart Anderson, "Immigrants and Billion Dollar Start-ups", *National Foundation for American Policy*, mar. 2016. Ver: <http://nfap.com/wp-content/uploads/2016/03/Immigrants-and-Billion--Dollar-Start-ups.NFAP-Policy-Brief.mar.-2016.pdf>. Acesso em: 28 nov. 2020.

13. "Climate Change: The IPCC 1990 and 1992 Assessments", *Painel Intergovernamental sobre Mudanças Climáticas*, 2010. Ver: <https://www.ipcc.ch/report/climate-change-the-ipcc-1990--and-1992-assessments/>. Acesso em: 28 nov. 2020.

14. Norman Myers, "Environmental Refugees: A Growing Phenomenon of the 21st Century", *Philosophical Transactions of the Royal Society B Biological Sciences*, maio 2002, DOI: 10.1098/rstb.2001.0953.

15. Mark Levine, "A Storm at the Bone: A Personal Exploration into Deep Weather", *Outside*, 1º nov. 1998. Ver: <https://www.outsideon-line.com/1907231/storm-bone-personal-exploration--deep-weather>. Acesso em: 28 nov. 2020.

16. "New Report and Maps: Rising Seas Threaten Land Home to Half a Billion", *Climate Central*, 8 nov. 2015. Ver: <http://sealevel.climatecentral.org/news/global-mapping-choices>. Acesso em: 28 nov. 2020.

17. Ibid.

18. Benjamin Strauss, "American Icons Threatened by Sea Level Rise: In Pictures". *Climate Central*, 16 out. 2015. Ver: <https://www.climatecentral.org/news/american-icons-threatened-by--sea-level-rise-in-pictures-19547#mapping-choices-us-cities-we-could-lose-to-sea-level-rise-19542>. Acesso em: 28 nov. 2020.

19. Ellie Mae O'Hagan, "Mass Migration Is No 'Crisis': It's the New Normal as the Climate Changes", *The Guardian*, 18 ago. 2015. Ver: <https://www.theguardian.com/commentisfree/2015/aug/18/mass-migration-crisis-refugees-climate-change>. Acesso em: 28 nov. 2020.

20. "History's Greatest Migration", *The Guardian*, 25 set. 1947. Ver: <https://www.theguardian.com/century/1940-1949/Story/0,105131,00.html>. Ver também: <https://www.unhcr.org/3ebf9bab0.pdf>. Acesso em: 28 nov. 2020.

21. Alexandre Tanzi e Wei Lu, "Tokyo's Reign as World's Largest City Fades", Bloomberg, 13 jul. 2018. Ver: <https://www.bloomberg.com/news/articles/2018-07-13/tokyo-s-reign-as-world--s-largest-city-fades-demographic-trends>. Ver também: <https://en.wikipedia.org/wiki/Megacity>. Acesso em: 28 nov. 2020.

22. Divisão de População das Nações Unidas, *World Urbanization Prospects, the 2001 Revision*. Nova York, 2002.

23. David Kennedy e Lizabeth Cohen, *The American Pageant: A History of the American People*. 15. ed. Boston: Cengage Learning, 2013, pp. 539-40.

24. Mike Davis, *Planet of Slums*. Nova York: Verso, 2006.

25. Ibid., p. 5.

26. Divisão de População das Nações Unidas, *World Urbanization*.

27. Richard Florida, *The New Urban Crisis*. Nova York: Basic Books, 2017. Ver também: Richard Florida, "The Roots of the New Urban Crisis", *Citylab*, 9 abr. 2017, disponível em: <https://www.citylab.com/equity/2017/04/the-roots-of-the-new-urban-crisis/521028/>. Acesso em: 28 nov. 2020.

28. Jesus Leal Trijullo e Joseph Parilla, "Redefining Global Cities: The Seven Types of Global Metro Economies", *Global Cities Initiative*, 2016. Ver: <https://www.brookings.edu/wp-content/uploads/2016/09/metro_20160928_gcitypes.pdf>. Acesso em: 28 nov. 2020.

29. Edward L. Glaeser e Wentao Xiong, "Urban Productivity in the Developing World", *Escritório Nacional de Pesquisa Econômica*, mar. 2017. Ver: <https://www.nber.org/papers/w23279.pdf>. Acesso em: 28 nov. 2020.

30. Ibid.

31. Jonah Lehrer, "A Physicist Solves the City", *The New York Times*, 17 dez. 2010. Ver: <https://www.nytimes.com/2010/12/19/magazine/19Urban_West-t.html>. Acesso em: 28 nov. 2020.

32. Katie Johnson, "Environmental Benefits of Smart City Solutions", *Foresight*, 19 jul. 2018. Ver: <https://www.climateforesight.eu/cities-coasts/environmental-benefits-of-smart-city-solutions/>. Acesso em: 28 nov. 2020.

33. Jane McGonigal, "We Spend 3 Billion Hours a Week as a Planet Playing Videogames. Is It Worth It? How Could It Be MORE Worth It?", Ted, 2011. Ver: <https://www.ted.com/conversations/44/we_spend_3_billion_hours_a_wee.html>. Acesso em: 28 nov. 2020.

34. "S Korean Dies After Games Session", *BBC News*, 10 ago. 2005. Ver: <http://news.bbc.co.uk/2/hi/technology/4137782.stm>. Acesso em: 28 nov. 2020.

35. Justin McCurry, "Internet Addiction Driving South Koreans into Realms of Fantasy", *The Guardian*, 13 jul. 2010. Ver: <https://www.theguardian.com/world/2010/jul/13/internet-addiction--south-korea>. Acesso em: 28 nov. 2020.

36. Laurence Butet-Roch, "Pictures Reveal the Isolated Lives of Japan's Social Recluses", *National Geographic*, 14 fev. 2018. Ver: <https://www.nationalgeographic.com/photography/proof/2018/february/japan-hikikomori-isolation-society/>. Acesso em: 28 nov. 2020.

37. Greg Berns, *Satisfaction*. Nova York: Henry Holt and Co., 2005.

38. "How Does Cocaine Produce Its Effects?" Instituto de Abuso de Drogas dos Estados Unidos, maio 2015. Ver: <https://www.drugabuse.gov/publications/research-reports/cocaine/how-does-cocaine-produce-its-effects>. Acesso em: 28 nov. 2020.

39. John Keilman, "Are Video Games Addictive like Drugs, Gambling? Some Who've Struggled Say Yes", *Chicago Tribune*, 30 maio 2017. Ver também: Steven Kotler, *The Rise of Superman*. Stafford: New Harvest, 2013, p. 98.

40. Trevor Haynes, "Dopamine, Smartphones & You: A Battle for Your Time", Universidade Harvard: Escola de Pós-Graduação de Artes e Ciência, 1º maio 2018. Ver: <http://sitn.hms.harvard.edu/flash/2018/dopamine-smartphones-battle-time/>. Acesso em: 28 nov. 2020.

41. Steven Kotler, "Legal Heroin: Is Virtual Reality Our Next Hard Drug", *Forbes*, 15 jan. 2014. Ver: <https://www.forbes.com/sites/stevenkotler/2014/01/15/legal-heroin-is-virtual-reality-our--next-hard-drug/#1cb0e6511a01>. Acesso em: 28 nov. 2020.

42. "Facebook Twists Reality Again and Risks Ruining Your Children", *Fox News*, 3 maio 2014. Ver: <https://www.foxnews.com/opinion/facebook-twists-reality-again-and-risks-ruining-your--children>. Acesso em: 28 nov. 2020.

43. Kotler, "Legal Heroin".

44. Kotler, *Rise of Superman*.

45. "My Virtual Life", *Bloomberg Businessweek*, 30 abr. 2006. Ver: <https://www.bloomberg.com/news/articles/2006-04-30/my-virtual-life>. Acesso em: 28 nov. 2020.

46. Ernest Cline, *Ready Player One*. Portland: Broadway Books, 2012. [Ed. bras.: *Jogador nº 1*. Rio de Janeiro: Leya, 2019.]

47. Al Cooper, "On-line Sexual Compulsivity: Getting Tangled in the Net", *Sex Addict Compulsive*, 1999, pp. 79-104. Ver também: D. Damania, "Internet Pornography Statistics", *d infographics*, 23 dez. 2011, disponível em: <http://thedinfographics.com/2011/12/23/internet-pornography--statistics/>. Acesso em: 28 nov. 2020.

48. "The Nielsen Total Audience Report: Q1 2018", The Nielsen Company, 2018. Ver: <http://www.nielsen.com/us/en/insights/reports/2018/q1-2018-total-audience-report.html>. Acesso em: 28 nov. 2020.

49. Dennis Overbye, "Is It Time to Play with Space Again?", *The New York Times*, 15 jul. 2019. Ver: <https://www.nytimes.com/2019/07/15/science/apollo-moon-space.html>. Acesso em: 28 nov. 2020.

50. "Konstantin E. Tsiolkovsky", Nasa, 22 set. 2010. Ver: <https://www.nasa.gov/audience/foreducators/rocketry/home/konstantin-tsiolkovsky.html>. Acesso em: 28 nov. 2020.

51. John Gilbey, "Backing Up the Biosphere", *Nature*, 7 abr. 2012. Ver: <https://www.nature.com/news/backing-up-the-biosphere-1.10395>. Acesso em: 28 nov. 2020.

52. Ver: <https://twitter.com/JeffBezos>. Acesso em: 28 nov. 2020.

53. Ver: <https://twitter.com/ElonMusk>. Acesso em: 28 nov. 2020.

54. Jeff Bezos, entrevista com o autor, 2015. Ver também: Catherine Clifford, "Jeff Bezos: You Can't Pick Your Passions", *CNBC Make It*, 7 fev. 2019, disponível em: <https://www.cnbc.com/2019/02/07/amazon-and-blue-origins-jeff-bezos-on-identifying-your-passion.html>. Acesso em: 28 nov. 2020.

55. Tony Reichhardt, "Jeff Bezos' Simple Two-Step Plan", *Air & Space*, 16 set. 2016. Ver: <https://www.airspacemag.com/daily-planet/jeff-bezos-simple-two-step-plan-180960498/>. Acesso em: 28 nov. 2020.

56. Korey Haynes, "O'Neill Colonies: A Decades-Long Dream for Settling Space", *Astronomy*, 17 maio 2019. Ver: <http://www.astronomy.com/news/2019/05/oneill-colonies-a-decades-long--dream-for-settling-space>. Acesso em: 28 nov. 2020.

57. Neel V. Patel, "Jeff Bezos Wants to Solve All Our Problems by Shipping Us to the Moon", *Popular Science*, 9 maio 2019. Ver: <https://www.popsci.com/blue-origin-moon-lander/>. Acesso em: 28 nov. 2020.

58. Ibid. Ver também: Ian Allen, "Jeff Bezos Wants Us All to Leave Earth — for Good", *Wired*, 15 out. 2018, <https://www.wired.com/story/jeff-bezos-blue-origin/>. Acesso em: 28 nov. 2020.

59. Loren Grush, "Jeff Bezos: 'I Don't Want a Plan B for Earth'", *Verge*, 1º jun. 2016. Ver: <https://www.theverge.com/2016/6/1/11830206/jeff-bezos-blue-origin-save-earth-code--conference-interview>. Acesso em: 28 nov. 2020.

60. Dave Mosher, "Here's Elon Musk's Complete, Sweeping Vision on Colonizing Mars to Save Humanity", *Business Insider*, 29 set. 2016. Ver: <https://www.businessinsider.com/elon-musk--mars-speech-transcript-2016-9>. Acesso em: 28 nov. 2020.

61. Chris Anderson, "Elon Musk's Mission to Mars", *Wired*, 21 set. 2012. Ver: <https://www.wired.com/2012/10/ff-elon-musk-qa/>. Acesso em: 28 nov. 2020.

62. Michael Sheetz, "The Rise of SpaceX and the Future Of Elon Musk's Mars Dream", CNBC, 20 mar. 2019. Ver: <https://www.cnbc.com/2019/03/20/spacex-rise-elon-musk-mars-dream.html>. Ver também: Tim Fernholz, "The Complete Visual History of SpaceX's Single-Minded Pursuit of Rocket Reusability", *Quartz*, 1 jul. 2017, <https://qz.com/1016072/a-multimedia-history-of-every-single--one-of-spacexs-attempts-to-land-its-booster-rocket-back-on-earth/>. Acesso em: 28 nov. 2020.

63. Mike Wall, "Big Leap by SpaceX's Starship Prototype Pushed to Next Week", *Space*, 16 ago. 2019. Ver: <https://www.space.com/spacex-starhopper-big-test-flight-target-date.html>. Acesso em: 28 nov. 2020.

64. Matt Williams, "Musk Gives an Update on When a Mars Colony Could Be Built", *Universe Today*, 25 set. 2018. Ver: <https://www.universetoday.com/140071/musk-gives-an-update-on--when-a-mars-colony-could-be-built/>. Acesso em: 28 nov. 2020.

65. Amanda Kooser, "Elon Musk Expects Spacex Ticket to Mars Will Cost $500,000", CNET, 11 fev. 2019. Ver: <https://www.cnet.com/news/elon-musk-expects-spacex-ticket-to-mars-will--cost-500000/>. Acesso em: 28 nov. 2020.

66. Jung Min Lee, "Nanoenabled Direct Contact Interfacing of Syringe-Injectable Mesh Electronics", Nano Letters, 2019. Ver: <http://cml.harvard.edu/assets/Nanoenabled-Direct-Contact--Interfacing-of-Syringe-Injectable-Mesh-Electronics.pdf>. Acesso em: 28 nov. 2020.

67. Ver: <https://www.youtube.com/watch?v=MZ3Q638aMlA>. Acesso em: 28 nov. 2020.

68. Guosong Hong, "A Method for Single Neuron Chronic Recording from the Retina in Awake Mice", *Science*, 29 jun. 2018. Ver: <https://www.ncbi.nlm.nih.gov/pmc/articles/PMC6047945/>. Acesso em: 28 nov. 2020.

69. Eric Lutz, "Elon Musk Has Created 'Threads' to Weave a Computer into Your Brain", *Vanity Fair*, 17 jul. 2019. Ver: <https://www.vanityfair.com/news/2019/07/elon-musk-neuralink--created-threads-to-weave-computer-into-your-brain>. Acesso em: 28 nov. 2020.

70. Laura Kauhanen, "EEG-Based Brain-Computer Interface for Tetraplegics", *Computational Intelligence and Neuroscience*, 19 set. 2007. Ver: <https://www.ncbi.nlm.nih.gov/pmc/articles/PMC2233767/>. Acesso em: 28 nov. 2020.

71. "Brain-Computer Interface Enables Paralyzed Man to Walk Without Robotic Support", *Kurzweil*, 25 set. 2015. Ver: <https://www.kurzweilai.net/brain-computer-interface-enables--paralyzed-man-to-walk-without-robotic-support>. Acesso em: 28 nov. 2020.

72. Rafeed Alkawadri, "Brain-Computer Interface (BCI) Applications in Mapping of Epileptic Brain Networks Based On Intracranial-EEG: An Update", *Frontiers in Neuroscience*, 27 mar. 2019. Ver: <https://www.frontiersin.org/articles/10.3389/fnins.2019.00191/full>. Acesso em: 28 nov. 2020.

73. Linda Xu, "Humans, Computers and Everything In Between: Towards Synthetic Telepathy", *Harvard Science Review*, 1º maio 2014. Ver: <https://harvardsciencereview.com/2014/05/01/synthetic-telepathy/>. Acesso em: 28 nov. 2020.

74. Bojan Kerous, "EEG-Based BCI and Video Games: A Progress Report", *Virtual Reality*, jun. 2018, pp. 119-35.

75. Natalie Gil, "Loneliness: A Silent Plague That Is Hurting Young People Most", *The Guardian*, 20 jul. 2014. Ver: <https://www.theguardian.com/lifeandstyle/2014/jul/20/loneliness-britains--silent-plague-hurts-young-people-most>. Acesso em: 28 nov. 2020.

76. Keith Sawyer, *Group Genius*. Nova York: Basic Books, 2017.

77. Ver por exemplo: Larry S. Yaeger, "How Evolution Guides Complexity", *HFSP Journal*, out. 2009, disponível em: <https://www.ncbi.nlm.nih.gov/pmc/articles/PMC2801533/>. Ver também: Brandon Keim, "The Complexity of Evolution", *Wired*, 15 abr. 2008, disponível em: <https://www.wired.com/2008/04/the-complexity/>. Acesso em: 28 nov. 2020.

78. Elizabeth Lopatto, "Elon Musk Unveils Neuralink's Plans for Brain-Reading 'Threads' and a Robot to Insert Them", *Verge*, 16 jul. 2019. Ver: <https://www.theverge.com/2019/7/16/20697123/elon-musk-neuralink-brain-reading-thread-robot>. Acesso em: 28 nov. 2020.

Índice remissivo

5G, redes, 50, 127, 155, 190, 265
7-Eleven, 57, 116
20th Century Fox, 138, 145

abastecimento, fim da cadeia de, 119
Abe, Shinzo, 57
Ablow, Keith, 252
Abu Dhabi, 223
Abundance Digital, 268-9
Abundance360, 268-9
Abundância (Diamandis e Kotler), 9, 19, 88, 92, 109, 152, 169, 209, 219, 265-7, 270
abundância, tecnologias exponenciais e, 265-6
Accenture, 53, 67, 234, 268
Advano, Aman, 118
AeroFarms, 210
aeroponia, 209-10
"afetiva", computação, 144-5
Affectiva, 144
Affective Computing Group, 144
África, 50, 58, 196, 221, 246, 248, 250, 256
Agência de Energia Atômica Internacional, 55
Agência de Energia Renovável Internacional, 88
agricultura, 24, 209-10, 231; reinvenção da, 231; vertical, 206, 209-10, 231

água, escassez de, 218-21
Airbnb, 94, 239
Airbus, 17, 21
Akonia Holographics, 62
Alemanha, 27, 116, 227; carros elétricos na, 227
Alemanha nazista, 243
Aleph Farms, 213
Alexa, 85, 110, 120
alfabetização por computador, 152
algoritmos, 26, 45, 97, 130, 138, 200, 203, 210
Alibaba, 108, 110, 115-6, 123
alimentação/alimentos: cadeia alimentar, 207-8; indústria alimentícia, 186, 206-13
Alipay, 197
Alkahest, 184
All Nippon Airways (ANA), 37
All of Us (projeto dos Institutos Nacionais de Saúde), 166
Allen, Mark, 184
Allen, Paul, 181
Alphabet, 17, 50, 56, 99, 164, 169, 190, 240; Projeto Loon, 50; Verily Life Sciences, 164; *ver também* Google

AlphaFold, 174

AlphaGo, 46

AlphaGo Zero, 46-8

alterações epigenéticas, 176

Alzheimer, 92, 173, 176, 182, 184

Amarasirwardena, Gihan, 118

Amazon, 16, 32-3, 45, 47, 50, 57, 82, 85, 94, 108-11, 114-7, 123, 125, 127, 135, 162, 206, 255; Echo, 45, 111, 140; modelo disruptivo de negócios, 108; Projeto Kuiper, 51

Amazon Go, 114-5, 200, 235

ameaças ambientais, 245; convergência e, 231-2; crise da biodiversidade, 58, 212, 218, 229-32; desmatamento, 58, 211, 229-30; escassez de água, 218-21; evento climático extremo, 229, 232; poluição, 24, 53, 218, 229, 231-2; *ver também* mudança climática

América do Norte, 222

aminoácidos, 173

ANA Avatar XPRIZE, 37

anandamida, 252

Andreessen, Marc, 43

Andrews, T. L., 234

Anikeeva, Polina, 258

Annals of Internal Medicine, 166

ansiedade, transtornos de, 155

antissemitismo, 244

Apeel Sciences, 208

Apollo, programa espacial, 83

Appallicious, 240

Apple, 25, 40, 45, 52, 61-2, 80, 85, 87, 110, 120, 127, 135, 147, 162, 164

Apple Watch, 52, 191

aprendizado multissensorial, 154

aquecimento global, 54, 204, 212, 221, 226, 232-3, 246; *ver também* mudança climática

aquicultura, 231

Armstrong, Neil, 83

artrite, 77, 182-3

Ásia, 85, 222, 248

Asimo (robô humanoide), 55

assistentes de IA, 45, 47, 140, 143, 146, 202; compras e, 110-1, 122, 131; publicidade e, 131-2

atendimento ao cliente, IA e, 112

ativos alavancados, 94

Atlantic (revista), 99, 107-8

Atlas (robô), 56

áudios, RV e, 61

Autodesk, 113

automóveis *ver* carros

AVA (Autodesk Virtual Assistant), 113

avatares, 36-7, 58, 82, 95, 112-3, 127, 142, 205

Babbage, Charles, 97

babilônios, seguro inventado por, 188

Baidu, 129, 162, 266

Bailenson, Jeremy, 59-62, 155; demonstração de RV por, 59

balões, como conexões de rede, 50

Banco Mundial, 265

bancos *ver* finanças, indústria de

Bangladesh, 197

Bank of America, 68

Barnard, Matt, 210

baterias, 22, 224, 226-7; de estado sólido, 227-8; de fluxo, 225-6; de íons de lítio, 22, 71, 224-28

BBC, 250

BCIs *ver* interfaces cérebro-computador

Bell, Alexander Graham, 48

Bell Helicopter, 17

Benjamin, Simon, 41

Ben-Joseph, Eran, 27

Best Buy, 109, 117

Beta Technologies, 161

Better Angels of Our Nature, The (Pinker), 266

Betterment, 200

Beyond Verbal, 112

Bezos, Jeff, 16, 99, 181, 254-7; colonização do espaço e, 254-5, 257

big data, 94; IA e, 44; publicidade e, 125

"Bilhão em Ascensão" (massas digitais recém-
-habilitadas), 109
Bin Salman, Mohammed, 87
Binging with Babish (YouTube), 136
BioCarbon Engineering, 230, 232
biodiversidade, crise da, 58, 212, 218, 229-32
"biomimetismo", 95
Bionaut Labs, 169
biotecnologia, 20, 64, 74, 76, 85, 99, 181, 211,
241, 259, 268; impressão 3D e, 63-4
bitcoin, 42, 66, 86, 93
bKash, 197
Blade Runner (filme), 18
Blockbuster, 20, 134
blockchain, 66-70, 85, 198; como ponte entre
o mundo virtual e físico, 68-9; contratos e,
67-8; criação de conteúdo e, 137; *crowdsu-
rance* e, 191; definição de, 66; ICOs e, 85; IDs
e, 67; propriedade imobiliária e, 68; terceira
parte eliminada por, 67; transferências inter-
nacionais de dinheiro e, 67
blogs, 135
Blue Moon Lunar Lander, 255
Blue Origin, 255
BMW, 25, 225, 227-8, 235
Body Labs, 123
Boeing, 17, 21, 51, 58
Bold (Diamandis e Kotler), 9, 19, 28, 41, 63,
241, 270
Bold Capital Partners (BPC), 10, 270
Bombfell, 123
Boring Company, 30-1
Boston Dynamics, 56
Bostrom, Nick, 236
BrainNet, 148
Braintree, 91
Brand, Stewart, 237
Branson, Richard, 29
Brasil, 223
Breakthrough Energy Ventures, 226
Brooks, Avery, 19

Buck Institute for Research on Aging, 178
Bumerangue, nebulosa do, 38
Burkina Faso, 167
Burning Man (festival), 96
"busca visual", 127
Business Insider (revista), 107, 200
BusinessWeek (revista), 53, 252
Byron, Lady, 97
Byron, Lord, 97

Cabela's (rede de caça, pesca e camping), 121
cadeia alimentar, 207-8
Caenorhabditis elegans (verme), 178
cafés, ascensão dos, 92
caixas eletrônicos, 234
Calico, 99, 179
Califórnia, projetos de energia renovável na,
224, 226
Califórnia, Universidade da: em Berkeley, 139;
em San Diego, 244
câmbio de moeda estrangeira, 199
câmera digital, primeira, 53
Cameron, Geoffrey, 242-3
Canadá, 222
câncer, 41, 73, 75, 77, 98-100, 166-7, 169-71,
173, 176, 180-3; medicamentos regenerativos
e, 182; rapamicina e, 180
capital, disponibilidade de, 82-7
capital de risco, 85, 87, 137, 194, 244-5
Carbeck, Jeff, 72
carboidratos, 207
Carbon Disclosure Project, 223
Carbon Majors Database, 221
cardiopatias, 51, 77
carne cultivada, 207, 211-3
Carnegie Mellon University, 71, 130
CAR-NK, células, 171
carros: custo da posse de, 17; elétricos, 22, 28,
226-7; história dos, 24; *ridesharing versus*
posse de, 25-6, 37; *ver também* carros autônomos; carros voadores

331

carros autônomos, 24-7, 37, 226; coleta de dados por, 25; economia de tempo com, 27; imóveis e, 203; *ridesharing* e, 25-7, 31; seguros de, 189; sensores e, 55; Uber e, 16

carros voadores, 15-8, 37; convergência e, 21-3; imóveis de primeira linha redefinidos por, 203; *ridesharing* aéreo, 16, 31; saúde e, 161

CAR-T, células, 171

carvão, 88, 109, 221-5

catálogo da Sears, 105-7

Celgene, 170-1

Cell (revista), 184

celulares como quase moeda, 196

Celularity (empresa), 100, 171

células imunes, 171

células-tronco, 76-7, 100, 113, 161, 170, 177, 182-3, 207, 211-3, 231

Centro Cultural Skirball (Los Angeles), 15

Centro Judiciário Federal (EUA), 59

cérebro: ambiente global e exponencial, 23, 33-5; como desafio para química do prazer, 251-3; comunicação cérebro a cérebro, 148-9, 260; córtex pré-frontal medial, 33; estimulação cerebral profunda, 258; estimulador transcraniano magnético, 260; implantes cerebrais, 91, 258; memória e, 91; neuromodulação, 258; ondas cerebrais, 61, 148; pensando no futuro, 33; *ver também* interfaces cérebro-computador (BCIs)

ChargePoint, 228

chatbots, 43, 144, 165

Chen, Yan, 81

Chile, 38, 223

China, 39, 43, 58, 115, 210-1, 235, 249, 254; carros elétricos na, 227; maior shopping center da, 122; população dos sem-banco na, 199; projetos de energia renovável, 222; Xiaoice (*chatbot*), 43-4, 47-8

Christensen, Clayton, 96

Chung, Anshe, 252

Church, George, 166

cidades: flutuantes, 204; inovação e, 92, 249; inteligentes, 240, 249-50; migração para, 248-9; produtividade e, 249; sustentabilidade das, 249

cinema participativo, 142

Cingapura, 31, 117, 145

circuito fechado, economias de, 231

cirurgia, futuro da, 167-9

Cisco, 61, 115, 145

Climate Central, 246

Clinton, Bill, 219

Cluep, 145

cobots (robôs colaborativos), 57, 168-9

Coca-Cola, 69, 219-20

colaboração, 232, 235, 245; humana/IA, 57, 138, 169, 235; *ver também* colmeia, colaborações em

Collins, Francis, 175, 178

Collins, Marc, 204

colmeia, colaborações em, 35, 149, 217, 245, 261-3; baseadas na nuvem, 260, 262

combustíveis fósseis, 221, 227, 256

comércio eletrônico, revolução do, 50, 108-9, 126

compras: assistentes de IA e, 131; descontos e, 106, 108; escaneamento corporal em 3D e, 123; IA e, 110-5; impressão 3D e, 118; "Internet das Coisas" e, 114-5; lojas físicas sem caixa, 113-4; revolução do comércio eletrônico, 108; robôs e, 116-7; RV e, 122; sem atrito, 110-1, 113, 115

computação/computadores: "computação afetiva", 144-5; computação clássica, 38; computação quântica, 20, 38-43, 72, 82, 99, 162, 174, 259; desmonetização e, 88; emocionalmente inteligente, 112; impressão 3D e, 64; simulações de computador, 23, 29, 173

comunicação, tecnologias de: ascensão e queda da Sears, 107; e mudanças de paradigma econômico, 107 comunicação cérebro a cérebro, 148-9, 260

comunicação intercelular alterada, 177

conectividade, 51, 266; *ver também* redes

congestionamentos, 16, 24

Congresso Astronáutico Internacional (Austrália, 2017), 31

Congresso dos Estados Unidos, 106

conhecimento, integração de IA e, 46

consciência coletiva, 245, 261; *ver também* colmeia, colaborações em

Conselho de Defesa de Recursos Nacional (EUA), 208

construção, indústria da, 65

contratos, *blockchain* e, 68

convergência, 20-1, 77; alimentação/indústria de alimentos e, 206-13; ameaças ambientais e, 231-2; BCIs e, 259; carros voadores e, 21-3; computação afetiva, 144-5; de RV e IA, 155-6; de tecnologias e mercados, 134; energias renováveis e, 222-3; finanças e, 194-201; forças secundárias desencadeadas pela, 34-5, 79; Hyperloop e, 28-9; imóveis/setor imobiliário e, 201-4; impressão 3D e, 64; inovação disruptiva e, 20; longevidade e, 175, 178, 184; negócios e, 34, 186, 2205; riscos existenciais e, 241; robótica e, 58; saúde/medicina e, 77, 99, 161; seguros e, 188, 293; transportes e, 32; *ver também* tecnologias exponenciais

Cook, Tim, 147, 162

Cooking with Dog (YouTube), 136

Cooper, Al, 253

corais, recifes de, 229-31

Coreia do Sul, 153, 227

corrida espacial, 50, 83, 257

Cortana, 140

córtex pré-frontal medial, 33

Costa Rica, 227; energia renovável na, 223

Craig Venter, 160

crescimento populacional, 204

criptomoedas, 42, 66-7, 86, 114, 195; ICOs e, 85

crise da biodiversidade, 58, 212, 218, 229-32

Crispr, 76-7, 160-1, 166-7

cromossomos, 74, 176

CrossFit, 96

crowdfunding, 62, 83-5, 87, 93-4, 194

crowdlending, 199

crowdsurance, 188, 191

Cruise, Tom, 129

cutina, 208

Daimler Financial Services, 113, 227

Darpa (sigla em inglês de Agência de Projetos de Pesquisa Avançados de Defesa), 25, 56, 260; desafio de robótica (2015), 56; Grande Desafio Darpa, 25

Dart (projeto da Nasa), 238

Daugherty, Paul, 234

David Rubenstein Show, The (programa de TV), 87

De Grey, Aubrey, 179

De volta para o futuro (filme), 18

Deep Blue (computador da IBM), 39, 46

deepfakes, 130-1, 139

DeepMind, 174

democratização, 42-3, 107-8, 117, 139, 179, 265; da criação de conteúdo, 136, 139; da saúde, 169; imóveis/setor imobiliário e, 205

Departamento de Defesa dos Estados Unidos, 47, 253

Departamento de Desenvolvimento Internacional (Reino Unido), 196

desastres, drones e robôs no socorro a, 56, 58

desemprego, 34, 233-4; tecnológico, 118, 218, 233, 235

desenhados pelos usuários, produtos, 120

desilusão, tecnologias exponenciais e, 41-4, 49, 221

deslocamentos urbanos, 247-9

desmatamento, 58, 211, 229-30

desmaterialização, 42, 239

desmonetização, 26, 42, 87-8, 96, 108, 168, 265; imóveis/setor imobiliário e, 205; *ridesharing* de carros autônomos e, 27

desperdício, fim do, 119

"Destination 2028" (previsão para o varejo), 121

"destruição criativa", 244

diabetes, 51, 77, 173, 177, 181

diagnósticos médicos, 164-5, 169, 171

Diamandis, Peter, 10, 268-70

Diamond Age, The (Stephenson), 156

Digital Trends (revista), 129

Dinamarca, 200, 227

dinheiro, 193-4; fim do, 200; *ver também* criptomoedas; finanças, indústria de

dióxido de carbono (CO_2), emissões de, 221-2; *ver também* gases de efeito estufa

discriminação, RV no combate à, 61

disfunção mitocondrial, 177

disrupção, 20, 34, 36-7, 42, 49, 60, 94, 108-9, 112-3, 115, 125, 134, 137, 146-7, 197, 198, 217, 262; inovação como, 20; tecnologias exponenciais e, 42-4, 221

divórcios, taxa de, 35

DNA, 73-7, 166, 176-7; *ver também* genética; genoma

doença de Lyme, 51

doença do rapaz da bolha de plástico (imunodeficiência combinada grave), 74-5

doença pulmonar obstrutiva crônica (DPOC), 160

doenças, 51, 219; detecção precoce de, 165

doenças cardíacas, 98

doenças genéticas, 74, 76

Domino's Pizza, 116

dopamina, 251-3

Drácula, mito de, 183-4, 260

Dragon TV, 44

Dreamscape, 142

Drexler, K. Eric, 73, 236

drones: aumento da demanda por, 21; entrega de pacotes por, 57, 116; no socorro a desastres, 58; reflorestamento com, 230, 232

Duplex (assistente de IA do Google), 45, 111

D-Wave, 40

DxtER, 164

Eagleman, David, 142

Early History of Heaven (Wright), 46

Echo, 45, 111, 140

e-commerce, revolução do, 50, 108-9, 126

economia: da experiência, 121-2; de multidão, 94; de serviços, 45, 120, 234; de tempo, 80, 82; de transformação, 96; desemprego tecnológico e, 233-5; economia livre/de dados, 94; economias de circuito fechado, 231; inteligente, 94; mudanças de paradigma na, 107; novos modelos de negócios, 93-6, 120-2

ecossistemas/serviços ecossistêmicos, colapso dos, 229

Edison, Thomas, 70, 71

educação/sistema educacional: aprendizado auxiliado por computador, 151-3; aprendizado multissensorial, 154; customização, 156; falta de professores, 150; futuro impacto de tecnologias exponenciais, 35; modelos antiquados, 150; RV e, 61, 154-5, 253; testes padronizados, 151

efeito estufa, gases de, 211-2, 221, 226, 230-1, 249

Ekocenters, 220

eletricidade, 23, 49, 70, 72-3, 81, 88, 94, 219, 220, 223-4, 226

eletroencefalograma (EEG), 53, 148-9, 260

Elevian, 100, 184

Embraer, 17, 21

emissões de dióxido de carbono (CO_2), 221-2; *ver também* gases de efeito estufa

empatia, RV e, 155

empreendedorismo, 86; imigrantes e, 244

empregos, RV e, 252

empréstimo *peer-to-peer*, 84, 199

endorfinas, 252

energia: armazenamento de, 224-6; desmone-tização e, 88; energias renováveis, 64, 88, 212, 220, 222-4, 226, 232, 266; eólica, 205, 222-5; novas fontes e mudanças de paradigma econômico, 107; solar, 22, 65, 72-4, 88, 205, 207, 220, 222-4, 256, 267; vegetal, 207

engenharia da linha germinativa humana, 77

Engines of Creation (Drexler), 73

Enigma, 40

entregas a domicílio: drones e, 57, 116; robôs e, 116

entretenimento, conteúdo de: computação afetiva e, 144-5; *deepfakes* e, 139; democra-tização de, 139; futuro do, 133, 149; gerado pelo usuário, 135-7; IA e, 138, 139; imersivo, 141-2; input de sensação em, 142; interfaces cérebro-computador e, 148-9; novas formas de, 138-46; novos locais para, 146-9; RA e, 146-9; streaming e, 134

envelhecimento, 176-7; como processo progra-mado, 98, 175, 177; *ver também* longevidade

EOS, *token* da, 86

epigenéticas, alterações, 176

epilepsia, 91

escaneamento corporal em 3D, 123

Escolha Sua Própria Aventura (filme), 145

escrita, IA e, 46

escuta, IA e, 45

espaço, colonização do, 254-7

Espanha, 227, 247

Essex, Universidade de, 208

Estação Espacial Internacional, 63

estacionamentos, reaproveitamento dos, 27

estimulação cerebral profunda, 258

estímulo magnético transcraniano (TMS), 149, 260

estímulo transcraniano direto, 91

Estônia, governo eletrônico na, 240

Ethereum, 191

Etherisc, 191

Etiópia, experimento autodidata de Negroponte (2012), 151-2

Europa, 32, 85, 92, 187, 197, 229, 238, 247-8, 250

evento climático extremo, 229, 232

evolução, trajetória da, 262

EVTOLS (veículos elétricos de decolagem e aterrissagem verticais), 17-8, 22; *ver também* carros voadores

exames de imagem, 270; *ver também* ressonância magnética

Exceptional People: How Migration Shaped Our World and Will Define Our Future (Goldin e Cameron), 242

Exo Imaging, 164

eXp Realty, 201

expectativa de vida, prolongamento da *ver* longevidade

experiência, economia da, 121-2

experiências *versus* posses, 121

extinção de espécies, 58, 229-32

FAA (Federal Aviation Administration), 18, 116

fabricantes de automóveis, impacto do *ridesha-ring* em, 27

Facebook, 44, 47, 61, 91, 94, 135, 162, 165, 251, 260; receita de publicidade, 125-6

fake news, 130

fakes/falsificação digital, 129-30, 139

fala, mimetismo digital de, 129

fármacos *ver* medicamentos

FashionAI (loja conceitual da Alibaba), 123

ferramentas de busca, 127, 129

ferrovias americanas, padronização do tempo nas, 106

Feynman, Richard, 73

Filecoin, 85-6

filmes participativos, 142

Final Frontier Medical Devices, 164

finanças, indústria de, 186; *blockchain* e, 198; convergência e, 194-201; IA e, 198-200

financiamento de capital de risco, 85

Finlândia, 51

fintechs, 198-9

Fitbit, 52

FLOPS (operações flutuantes por segundo), 39

Florida, Richard, 249

Flow Research Collective, 10, 268

flow/estados de flow, 91, 261-2; "flow em grupo", 261-2; RV e, 252

flutuantes, cidades, 204

foguetes: viagem intercontinental em, 31, 37; viagens interplanetárias em, 31, 255, 257

Forbes (revista), 46

Força-Tarefa do Ar Limpo (Califórnia), 224

Ford, Henry, 24

Ford Motor Company, 57, 227

Forest (kit do desenvolvedor quântico), 43

Form Energy, 226

Fórum Econômico Mundial, 218, 229, 232

Foster, Richard, 34

fotossíntese, 207-8

Fox News, 252

Foxconn, 57, 87

França, 75, 116, 208, 227, 249, 260

Freestyle Fountain Beverage Dispenser, 220

Friis, Janus, 116

Fukushima Daiichi, desastre da usina nuclear de (2011), 55-6

função cognitiva, implantes cerebrais e, 91

funcionários sob demanda, 94

fundos soberanos (SWFs), 86, 194

futuro, pensando sobre o, 32-3

Gagarin, Yuri, 83

GANs (sigla em inglês de redes adversárias generativas), 172-4

Garcetti, Eric, 32

Gartner, Inc., 68, 233

gases de efeito estufa, 211-2, 221, 226, 230-1, 249

"gasto duplo", problema do, 66-7

Gates, Bill, 208, 220, 226

GDF11 (fator de diferenciação de crescimento), 100, 184

Gelsinger, Jesse, 75

genética: doenças genéticas, 74, 76; engenharia da linha germinativa humana, 77; longevidade e, 178; sequenciamento genético, 88, 213, 270; terapia genética, 74-7, 167

gênios, 90-1

genoma: alterações epigenéticas para, 176; edição de, 76-7, 166; genômica personalizada, 165-6; instabilidade genômica, 176; Projeto Genoma Humano, 76; sequenciamento genômico completo, 165

Genome Project-Write, 166

Giegel, Josh, 29

gig economy, 266-7

Gigafactory, 225, 227

GitHub, 153

Glaxo, 159

Global Learning XPRIZE, 153

GM (General Motors), 26, 57, 232

GM Cruise, 26

Gmail: recurso Smart Compose, 46

Go (jogo), 46-7

Goddard, Robert, 29

Goldin, Ian, 242

Goldman Sachs, 68, 84, 235

Good Money, 195, 197

Google, 17, 20, 46, 61, 81, 99, 116, 135, 153, 162; receita de publicidade, 125-6; Talk to Books, 46; *ver também* Alphabet

Google Assistant, 110

Google Duplex, 111

Google Home, 45

Google Lens, 128

Google X, 50, 164

governança, riscos existenciais e, 239-41

governo eletrônico, 240

GPS, 22, 42, 53, 88, 116

GPUs (unidades de processamento gráfico), 44

grafeno, 147

Grande Desafio Darpa, 25

Grande Recessão (2008), 201, 233

Gross, Neil, 52, 53

Groupon, 16

grupo, fluxo em, 261-2

Guarda-Roupa Prime, 123

Guardian, The (jornal), 247, 250

Guerra Fria, 83, 254

Hagler, Brett, 65

Haiti, 58, 68; terremoto no (2010), 65

hambúrguer cultivado, 213

Hanyecz, Laszlo, 66

Hardy, G. H., 89-90

Hariri, Bob, 100, 170-1

Harpers (revista), 207

Harvard Business Review (revista), 120, 234

Harvard, Universidade, 73, 77, 96, 99-100, 166, 184, 231, 258, 260

Hastings, Reed, 133-4

Hawking, Stephen, 97, 236

headsets, 37, 60-2, 122-3, 149, 154-5, 201-3, 252, 260

"Health Nucleus" (serviço de checkup), 165

HEAR360, microfone "omnibinaural" da, 61

Heinla, Ahti, 116

helicópteros, 21

Hema (lojas sem caixa), 115

Hertzfeld, Andy, 80

Hickey, Kit, 118

hidroponia, 209

High Fidelity, 142, 154

hiperpersonalização, 128

hipertensão pulmonar, 158-60

Hitler, Adolf, 243

Holanda, 227, 238, 240

Holden, Jeff, 16-7, 26

Hollywood Reporter (jornal), 145

holodecks, 140-2, 147-8

hologramas, 128, 141, 156

HoloLens, 62

Hololux, 124

Homem de Ferro (filme), 47

Honda, 55, 56

HTC Vive (*headsets* de realidade virtual), 154

Hughes, Nick, 196, 198

Hulu, 125, 135

Human Longevity Inc., 165, 270

Hydrostor, 226

Hyperloop, 28-31, 36-7, 82, 203

IBM, 19, 39, 45-6, 112, 138

ICOs (sigla em inglês de ofertas iniciais de moedas), 68, 85-6, 93-4, 194

Idade Média, 98

identidade digital, *blockchain* e, 67

Ikea, 209

Ilha de Páscoa (Rapa Nui), 179-80

Illinois, Universidade de, 208

Iluminismo, 92

imitação digital, 129; *ver também deepfakes*

imóveis/setor imobiliário, convergência e, 201-4

Imperial College (Londres), 167

implantes cerebrais, 91, 258

impressão 3D, 22-3, 29, 42; cirurgias e, 169; compras e, 118-20; computação e, 64; convergência e, 64; evolução da, 63; impacto da, 119; impressora 3D movida a energia solar, 65; transplantes de órgãos e, 161

incêndios florestais, 58, 221, 238

Independent, The (jornal), 147, 162

Índia, 49, 94, 152, 197, 200, 211, 223, 247, 250, 253, 260; carros elétricos na, 227; projetos de energia renovável na, 222

Inevitable, The (Kelly), 95

inflamação, 99, 177, 181

Iniciativa Genoma dos Materiais, 71

inovação: cidades e, 92, 249; desmonetização e, 87-8; disruptiva, 16, 20; e disponibilidade de capital, 82-7; economia de tempo, 81; internet e, 92; longevidade e, 97-100; migração como acelerador de, 242-4; neurobiologia e, 91; novos modelos de negócios para, 93-6

Insilico Medicine, 172-4

instituições públicas, impacto de tecnologias exponenciais em, 35

Instituto de Estudos Espaciais, 255

Instituto de Tecnologia da Georgia, 138

Instituto Nacional de Envelhecimento, 184

Instituto Seasteading, 204

Institutos Nacionais de Saúde, 166, 175, 178; All of Us (projeto), 166

Intel, 19, 115

inteligência artificial (IA), 20, 22, 43-8; atendimento ao cliente e, 112; BCIs e, 148-9; big data, 44; colaboração humana com, 57, 138, 169, 235; compras e, 110-5; conteúdo de entretenimento e, 138-9; convergência de RV e, 155-6; crowdsurance e, 191; desenvolvimento de medicamentos e, 171-3; disponibilidade de capital, 85; economia de serviços e, 45; empregos e, 79, 235; indústria financeira e, 198-200; investimentos e, 199; máquina de IA construída por, 46; objetos inteligentes e, 69-70; reciclagem da força de trabalho e, 236; riscos existenciais e, 239; saúde e, 47, 165, 168-9; setor imobiliário e, 202; "Singularidade" em, 86; tempo economizado com, 82

inteligência emocional: IA e, 142-5; computadores e, 112; robôs e, 117

inteligentes, cidades, 240, 249-50

interfaces cérebro-computador (BCIs), 259-60; baseadas em EEG, 260; convergência e, 259; IA e, 148-9

internet, 49-50, 92; aprendizado autodirigido e, 152; "Bilhão em Ascensão" e, 109; criação de empregos e, 34, 235; dependência da, 250;

ferramentas de busca, 127, 129; inovação e, 92; "Internet das Coisas" (IoT), 52, 114-5; navegadores de, 43

investimentos, IA e, 199

iPhone, 57, 60, 127, 147

Iron Ox, 210

Irrawaddy, delta do rio (Mianmar), 232

Itai Madamombe, 204

Iviva Medical, 64

iWatch, 164

J. P. Morgan (banco), 68

Jaguar, carros autônomos da, 25

Japão, 27, 46, 55-6, 58, 117, 227, 251

Jarvis (assistente de IA fictício), 47-8, 122-3, 131-2

Jepsen, Mary Lou, 164

Jobs, Steve, 31, 36, 80-1, 98, 111, 127, 147

Johnson, Bryan, 91, 260-1

Johnson & Johnson, 169

Jornada nas Estrelas (série de TV), 36, 110, 140-1, 254

Journal of Evolution and Technology, 236

judeus em fuga da Alemanha nazista, 243

Just Inc., 213

Kamen, Dean, 219-20

Karim, Jawed, 136

Kasparov, Gary, 39, 46

Kelly, Kevin, 95

Kennedy, John F., 83

Kenyon, Larry, 80

Kernel, 91, 260

Kibar, Osman, 182-3

Kickstarter (site), 83-4, 118

Kim, Peter, 167

Kimmelman, Michael, 238

Kindred (robô), 117

Kitkit School (Coreia do Sul), 153

Kitty Hawk, 17

Kiva Systems, 117

338

Kodak, 53, 134
Kotler, Steven, 268, 270
Kroger (lojas), 116
Kurzweil, Ray, 20, 24, 40, 86, 92, 100, 179

Laboratório de Propulsão a Jato da Nasa, 238
Lahtela, Petteri, 51-2
Lancet, The (periódico médico), 231
Lanier, Jaron, 60
laticínios, 213, 231
Leap Motion (*headset*), 62
LEDs, 147, 210
Lei da Entrega Rural Gratuita (EUA, 1896), 106
Lei de Moore, 19-20, 39-40, 42, 76, 84
Lei de Rose, 40, 42
"Lei dos Retornos Acelerados", 20, 24, 40
"Lei para a Restauração do Serviço Público Profissional" (Alemanha, 1933), 243
leitura por IA, 45-6
Lemonade, 191
lentes de contato de RA, 147-8
Leroy Merlin, 119
Levine, Mark, 246
LG, 61, 147
Lidar (sensor), 22, 53, 116, 190
Lieber, Charles, 258-60
Lifekind, 140, 155
Light Field Lab, 141
LightStage, 141-2
Lightwave, 145
linha germinativa humana, engenharia da, 77
lítio, mineração de, 225
Littlewood, John, 89
Liu, David, 77
Lloyd, Edward, 187-8, 192-3
Lloyd's Coffee House (Londres), 187-8
logística, robôs e, 117
London College of Fashion, 124
Long Now Foundation, 237
longevidade, 97-100, 175-85; células-tronco e, 100; compostos antienvelhecimento e, 181; convergência e, 175, 178, 184; genética e, 178; inovação e, 97-100; média de vida humana, 179; "medicinas regenerativas" e, 182; terapias senolíticas e, 181; transfusões de sangue jovem e, 99, 183-4; "velocidade de escape" da, 100, 179; *ver também* envelhecimento
Lonsdale, Joe, 29
Los Angeles (Califórnia), 15
Los Angeles Times (jornal), 77
Lovelace, Ada, 97-8
Lovelace, Gunnar, 194
Lowe's Home Improvement, 117
Lua, como plataforma de colonização espacial, 255
Lyft, 27, 67, 200, 239
Lyme, doença de, 51
Lyrebird, 129

machine learning, 21-2, 45-6, 207, 209-10
Macintosh, 80
Mad Men (série de TV), 125, 131
Made In Space, 63
Magic Leap, 146, 156
mala direta, nascimento da, 105
malária, 167, 266
"malha hídrica inteligente", 220
Mall of America (Minnesota), 122
Manning, Richard, 207
Mansfield, Mike, 83
manufaturas: desperdício zero, 119, 232; impacto da impressão 3D em, 64
Marillion (banda de rock), 84
Marte, colonização de, 256
MashUp Machine, 139
materiais, ciência dos, 20, 22, 70-1, 73, 208, 223, 226, 258-9
McKinsey Quarterly (revista), 93
McNierney, Ed, 152
mecânica quântica, 72
medicamentos, desenvolvimento de: computação quântica e, 41, 173; IA e, 171-3

medicina celular, 170-1

meio ambiente, como global e exponencial, 24, 34-5

memória, implantes cerebrais e, 91

Memphis Meats, 213

Menabrea, Luigi, 97

Messina, Jim, 29

metainteligência, 258, 262

Metas de Desenvolvimento Sustentável das Nações Unidas, 250

metformina, 181

Mianmar, 232

microempréstimos, 196-7, 199

microfinanças, 65, 196

microrrobôs, 169

Microsoft, 39, 43-4, 47, 61, 70, 124, 232

Microsoft HoloLens, 62

Middleton, Daniel, 137

mídia: impressa, 146; passiva *versus* ativa, 138-9

Mighty Buildings, 65

migrações: como acelerador da inovação, 242-4; da realidade física à virtual, 250-3; deslocamentos urbanos e, 247-9; interplanetárias, 254-7; mudanças climáticas e, 248-9; na história humana, 242-4

mimetismo digital, 129; *ver também deepfakes*

mineração de dados *ver* big data

Ministry of Supply, 118

Minnesota, Universidade de, 170

Missão: Impossível (filme), 129

MIT (Instituto de Tecnologia de Massachusetts), 27, 118, 144, 151, 197, 226, 236, 258

MIT Review (revista), 152

mitocôndrias e disfunção mitocondrial, 177

Mitra, Sugata, 152

mobilidade e mudanças de paradigma econômico, 107

modelos de múltiplo mundo, 95

moeda digital *ver* criptomoedas

Moment, The (filme), 149

Moore, Gordon, 19

Morgan (filme), 138

Morse, Samuel, 48

Mosaic, 43

Moser, Petra, 243-4

Mote Tropical (laboratório de pesquisa), 230

Motorola Xoom (tablet), 151

movimento, transferência de, 139

M-Pesa, 196-7

mudança, aceleração da, 79-101; *ver também* convergência; tecnologias exponenciais

mudança climática, 35, 58, 155, 204, 217-9, 221, 229, 232, 238, 245-8, 266; gases de efeito estufa e, 211-2, 221, 226, 230-1, 249; Holanda e, 238; migração e, 248-9

multidão, economia de, 94

multissensorial, aprendizado, 154

mundo digital, fronteiras entre o mundo físico e, 126, 128

Musk, Elon, 28-32, 51, 91, 153, 167, 225, 236, 254, 256-7, 259-61; Boring Company, 30; colonização do espaço, 31-2, 254-8; Hyperloop, 28; interfaces cérebro-computador e, 259-62

My Drunk Kitchen (YouTube), 136

Myers, Norman, 246

Naam, Ramez, 222, 224, 226

Nações Unidas, 204, 208, 218-9, 229, 250; Metas de Desenvolvimento Sustentável das, 250

Nakamoto, Satoshi (pseudônimo), 66

Nalamasu, Omkaram, 72

Nano Dimension, 64

nanotecnologia, 20, 70, 73, 99, 156, 220, 236, 241, 259; nanomáquinas autorreplicadoras, 73

Nanticoke Generating Station (Canadá), 222

narrativas, evolução de, 145

Narrative Science, 46

Nasa, 18, 118, 159, 167, 230, 238, 240; Laboratório de Propulsão a Jato da, 238 navegação, indústria de, 187

nazismo, 40, 243

Nebula Genomics, 166

nebulosa do Bumerangue, 38

Nefertari, tumba de, 154

negócios, convergência e, 34, 186-205; novos modelos de, 93-6, 121-2; *ver também* negócios específicos

Negroponte, Nicholas, 151-2

NeoSensory, 142

Netflix, 20, 45, 125, 129, 133-4

Netscape, 43

Neuralink, 91, 260, 262

neurobiologia, inovação e, 90

neurociência, 92, 149

neurofisiologia, 143-4, 146

neuromodulação, 258

Nevermind (videogame), 144

New Balance, 119

New Glenn (foguete), 255

New Story (ONG), 65

New York Times, The (jornal), 68, 114, 238

Nintendo, 62, 148

nível do mar, elevação do, 238, 246

Nokia, 110

norepinefrina, 252

Noruega, carros elétricos na, 227

Nova Zelândia, 112, 116

Novartis, 180

nove pontos, problema dos, 91

Nuro, 116

nutrientes, percepção de, 176

O'Hagan, Ellie Mae, 247

O'Neill, Gerard K., 255

O3B (rede de satélites), 51

Oakenfold, Paul, 145

Obama, Barack, 29, 71-2, 130

objetos inteligentes, 68-70

Oceanix City, 204

oceanos, crise da biodiversidade nos, 229-31

Oculus Rift, 61, 84, 252

ofertas iniciais de moedas *ver* ICOs

OLEDs (diodos orgânicos emissores de luz), 147

Oleoduto de Dakota, 195

olho biônico, 170

Omni Processor, 220

ondas cerebrais, 61, 148

One Laptop per Child (ONG), 152

Onebillion, 153

OneWeb, 50, 190

Open Bionics, 64

Opener, 17

OpenGov, 240

Openwater, 164

óptica, IA e, 45

organizações autônomas descentralizadas, 95

organizações autônomas distribuídas (DAOs), 113

Organovo, 64

Otoy, 141-2

Oura (anel), 52, 54, 163, 191

Outside (revista), 246

Ovídio, 183

oxitocina, 252

Page, Larry, 17

Painel Intergovernamental sobre Mudanças Climáticas (IPCC), 218, 233, 246

Panasonic, 227

parabiose, 183

Parceria para uma Nova Economia Americana, 244

Parkinson, mal de, 173; estimulação cerebral profunda e, 258

Paul, Logan, 136

PayPal, 136, 256

Peabody Coal, 222

Pebble Time, 84

peças, fim do mercado de, 120

peças sobressalentes, impressão 3D e, 63

Peele, Jordan, 130

peer-to-peer, empréstimo, 84, 199

Peleg, Danit, 119

Pepper (robô humanoide), 117

percepção de nutrientes, 176

Perfect Day Foods, 213

perovskita (cristal), 72-3

"personas" de IA, 140

pesca excessiva, 229

petróleo, 87, 218, 221, 224, 232

Picard, Rosalind, 144

Pichai, Sundar, 111-2

Pine, Joseph, 120

Pinker, Steven, 266

Pinterest, 127

Pishevar, Shervin, 29

placentárias, células, 170-1

Planeta dos macacos, O (filme), 141

Plastic Bank, 95

Plenty Unlimited Inc., 209-10

pobreza extrema, taxa de declínio da, 266

podcasts, 135, 140

poeira inteligente, 54

Pokémon GO, 62, 148

Polinésia francesa, 204

poluição, 24, 53, 218, 229, 231-2

população sem-banco, 195-6, 199

pornografia, 130, 139, 251, 253

Porsche, 227-8

Portugal, 227

posses, experiências versus, 121

potência de transistores, 39

prateleira inteligente, tecnologia de, 115

Pratt, Gill, 56

preços com desconto, Sears como pioneira em, 106, 108

Prellis Biologics, 64

"presença" (em RV), 60

prevenção, riscos existenciais e, 238

Prime Air, 116

problema do "gasto duplo", 66-7

problema dos nove pontos, 91

produtividade: cidades e, 249; tecnologia e, 234

produto, realocação de, 244

produtos desenhados pelos usuários, 120

Progressive Insurance, 192

Project Loon, 50

Projeto Genoma Humano, 76

Projeto Ilha Flutuante, 204

Projeto Kuiper, 51

Projeto Ripe, 208

propriedade imobiliária, *blockchain* e, 68

propulsão elétrica distribuída (PED), 21

proteínas: enovelamento de, 174; envelhecimento e, 176

proteostase, perda da, 176

próteses biônicas, 64

psicologia cognitiva, 144

publicidade: assistentes de IA e, 131-2; big data e, 125; mudança tecnológica e, 125-32; Web espacial e, 126, 128

Pulier, Eric, 68

pulmão, transplante de, 160

QI, 82, 90

Qualcomm, 50, 87

Qualcomm Tricorder XPRIZE, 164

QuantumScape, 227

Quartz (revista), 234

Quayside, 240

qubits (bits quânticos), 38, 40-1

Quênia, 153, 196-7, 248

R3 (empresa), 198

rádio, 25, 125, 146, 193

Ramanujan, Srinivasa, 89-90

Ramayana (épico hindu), 18

Ramchurn, Richard, 149

Rapa Nui (Ilha de Páscoa), 179-80

rapamicina, 180-1

Rapaz na bolha de plástico (filme para TV), 74

Rea, Andrew, 136

realidade aumentada (RA), 62, 95, 126-8; entretenimento e, 146-9; lentes de contato de, 147-8

realidade virtual (RV), 37, 95; áudio na, 61; compras e, 122-3; convergência de IA e, 155-6; cunhagem do termo, 60; educação e, 61, 154-5, 253; empatia e, 155; empregos e, 252; estados de fluxo e, 252; imóveis e, 201-2; input sensorial e, 61, 142; juízes na demonstração de, 59; migrações e, 250-3; mudança comportamental e, 61; neuroquímica do prazer, 251-3; no tratamento de TEPT (transtorno do estresse pós-traumático), 155; "presença" em, 60; sexo e, 252-3

"realocação de produto", 244

recifes de corais, 229-31

reconhecimento facial, 128

"rede mPower", 51

redes, 49-51, 92; 5G, 50, 127, 155, 190, 265; gênios e, 90; história das, 48-9; interfaces amigáveis para, 49; "Internet das Coisas", 52, 114-5; novos modelos de negócios e, 94-6; onipresença de, 49-50

redes adversárias generativas *ver* GANs

redes neurais, 25, 43, 45, 47, 113, 155, 172, 174, 238

Reebok, 119

reembolso postal, comércio por, 107

reflorestamento, drones e, 230, 232

Regresso, O (filme), 145

Reino Unido, 196, 225; energia de carbono zero no, 222-3

"Relatório de riscos globais" (Fórum Econômico Mundial), 218

"Relatório especial sobre aquecimento global" (IPCC, 2018), 218

Renault, 225

ressonância magnética, 33, 164-5

Revolução Industrial, 121, 179, 248

ridesharing: aéreo, 16-8, 22, 24-5, 30-1; carros autônomos e, 25-7, 31; propriedade de carro versus, 25-6, 37

Ridley, Matt, 92

Rifkin, Jeremy, 107, 109

Rigetti, Chad, 39, 41

Rigetti Computing, 39, 41, 43

rins, 65

Ripple, 198

risco dinâmico, 192-3

riscos existenciais, 236-41, 245

Rizzo, Skip, 155

Robbins, Tony, 140, 155

robôs/robótica, 55-7, 144; cirurgias e, 168; *cobots* (robôs colaborativos), 57, 168-9; colaboração humana com, 57, 168, 235; como avatares, 36-7; convergência e, 58; desemprego causado por, 34; desmonetização e, 88; em lojas, 116; entrega domiciliar robótica, 116; indústria de alimentos e, 210; logística de depósitos e, 117; microrrobôs, 169; no socorro a desastres, 55-6; robótica industrial, 57

Roddenberry, Gene, 140

Roddenberry, Rod, 140

Roebuck, Alvah Curtis, 106

Romkey, John, 52

Rose, Geordie, 40

Rosedale, Philip, 142, 154

Rothblatt, Jenesis, 159-60

Rothblatt, Martine, 158-9, 161, 178

roupas impressas em 3D, 119

Ruanda, 58

Rubenstein, David, 87

Russell, Bertrand, 89-90

Rustagi, Kevin, 118

Ryan ToysReview (YouTube), 137

R. W. Sears Watch Company, 106

Sacks, David, 29

Sagan, Carl, 218

salário mínimo americano, 117-8

Samsung, 61, 162

Samumed, 100, 181-3

Sanford, Glenn, 201-2

"sangue jovem", efeitos rejuvenescedores de, 99, 183-4

Sasson, Steven, 53

satélites, 49-51, 53, 202, 238

saúde, 158-74; carros voadores e, 161; cirurgias, 167-9; convergência e, 77, 99, 161; cuidados personalizados, 78; custos de pesquisas, 162; democratização da, 169; desenvolvimento de medicamentos e, 41, 171-3; detecção precoce de doenças, 165; drones e, 58; falhas sistêmicas de, 161; genômica e, 165-6; gestão da, 162; IA e, 47, 165, 168-9; impressão 3D e, 161, 170; medicina celular e, 170-1; móvel, 163, 165; mudanças de paradigma, 162; questões de responsabilidade em, 162; tecnologias de diagnóstico pessoal e, 163-5; tecnologias exponenciais e, 161-2, 164

Scharf, Caleb, 221

Scheherazade (tecnologia de IA para videogames), 138-9

Schumpeter, Joseph, 244

Science (revista), 74

Scientific American (revista), 221

Sears, 32-3, 105-9

Sears, Richard Warren, 105-6

secas, 246

Second Life, 37, 95, 142, 252

Sedol, Lee, 46-7

seguro, indústria do, 186; carros autônomos e, 189; convergência e, 188-93; crowdsurance e, 188, 190-1; dados e, 189; estatísticas e, 190; origens do, 187; risco dinâmico e, 192-3; seguro peer-to-peer, 191; sensores e, 193

Sehgal, Suren, 180

"seis Ds das tecnologias exponenciais", 41, 43, 87

sem-banco, população, 195-6, 199

senescência celular, 177

sensação háptica, 142

sensores, 51-4, 82, 143; ópticos, 53; smartphones e, 53; taxas de seguro e, 193

sentidos, conteúdos de entretenimento de, 141

sequenciamento genético, 88, 213, 270

Sequoia Capital, 136

serotonina, 252

Serviço Postal dos Estados Unidos, 106-7

serviços, economia de, 45, 120, 234

sexo, RV e, 252-3

Shepard, Alan, 83

shopping centers, 109, 121-2

Sidewalk Labs, 240

Sikorsky, Igor, 21

silício, 147

simulações de computador, 23, 29, 173

"síndrome de encarceramento", 148

"Singularidade", conceito de, 86

Singularity University, 10, 20, 222, 268-9

Siri, 110, 140, 202

Sirius XM, 159

"Sistema de Sentinela" (Laboratório de Propulsão a Jato da Nasa), 238

sistema imune, 74-5, 170, 177, 259

skyline de grandes cidades, 194, 201, 205

Skype, 116

Skysource, 220

Slingshot, 219-20

Smart Compose (recurso do Gmail), 46

Smart Finance Group, 199

smartphones, 110; desmonetização e, 88; sensores e, 53

Snapchat, 127

Snapshot (TripSense), 192

Social Glass, 240

Softbank, 26, 56, 86

Solar Cities, 256

Son, Masayoshi, 86

Song, Dong, 91

sono: doenças que afetam o, 51; sensores e, 52

Soul Machines, 112-3

344

SpaceX, 28, 30-2, 50, 254, 257

Sputnik 1 (satélite soviético), 82

Stanford, Universidade, 25, 53, 59, 61, 99, 142, 155, 183-4, 232, 243, 253, 256

Stanford-Binet, escala, 90

Staples, 119, 169

Star (Soft Tissue Autonomous Robot), 167

Starbucks, 96, 121

Starship (foguete da SpaceX), 31-2, 257

Starship Technologies, 116

Stephenson, Neal, 156

StoreDot, 228

streaming, plataformas de, 134, 137

Suécia, 200, 227

Sunbeam (torradeira), 52

Sunspring (filme gerado por IA), 137

superposição (computação quântica), 38-9, 41

Surowiecki, James, 233

sustentabilidade das cidades, 249

SWFs (fundos soberanos), 86, 194

Swift (rede), 198

Synthetic Genomics, 160

tabaco, 208

tabagismo, 160

tablets, 141, 147, 151-3

Talk to Books, 46

Tanzânia, 58, 153, 266

Target, 32-3, 109

TechCrunch (revista), 118

"tecnologia de vestir", 164

tecnologia digital, 42, 83, 108; e disponibilidade de capital, 82-7

tecnologias exponenciais, 20, 33-4, 38-42, 47, 58-9, 79, 87, 100-1, 113, 121, 134-5, 149, 161, 194, 200, 210, 213, 220, 259, 262-3, 265, 270; abundância e, 265-6; cérebros mal adaptados a, 23; disrupção e, 42-4, 221; Lei de Moore e, 19; Netflix e, 134; riscos existenciais e, 236-41; saúde e, 161-4; seis Ds das, 41, 43, 87; *ver também* convergência

telas, novas tecnologias para, 146

telefone, 49

telégrafo, 48

Teller, Edward, 83

telômeros, desgaste dos, 176

tempo: economia de, 27, 80, 82; padronização de, 106

TEPT (transtorno do estresse pós-traumático), RV para tratamento de, 47, 155

terapia genética, 74-7, 167

terapias senolíticas, 181

Tesla, 25, 28, 31, 57, 225, 227, 229, 256-7

testes padronizados, 150

Tetris, 148-9

Tezos, 86

"There's Plenty of Room at the Bottom" (Feynman), 73

Thiel, Peter, 19, 181

Thompson, Derek, 107-8

Thrive Market, 194

Thrun, Sebastian, 25

Time (revista), 99

Tmall Genie, 110

tokens, 85-6

Tóquio, 248

Toriyama, 213

Toyota, 25, 225, 227, 232

trabalho humano versus robótico, 118

transações bancárias internacionais, 198

transferência de movimento, 139

TransferWise, 198-9

transformação, economia de, 96

transistores, potência de, 39

Transitmix, 240

transplante de órgãos, 180

transporte, revolução do: convergência e, 32

trens de alta velocidade, 31

TripSense (Snapshot), 192

Tsiolkovski, Konstantin, 254, 257

tubos de vácuo, cápsulas de passageiros por, 28

Turing, Alan, 40

Uber, 16, 25, 31, 200, 239; programa de carros autônomos da, 16
Uber Air, 16-7
Uber Eats, 16, 200
Uber Elevate, 15, 17, 36
UberPool, 16
Ubimo, 145
União Soviética, 82, 254
Unidade Robótica Domino's (DRU, robô entregador de pizzas), 116
unidades de processamento gráfico ver GPUs
United Therapeutics, 159-60
Unity Biotechnology, 181
Universal Robots, 57
Universidade Carnegie Mellon, 71, 130
Universidade da Califórnia: em Berkeley, 139; em San Diego, 244
Universidade de Essex, 208
Universidade de Illinois, 208
Universidade de Minnesota, 170
Universidade de Washington, 148
Universidade Harvard, 73, 77, 96, 99-100, 166, 184, 231, 258, 260
Universidade Stanford, 25, 53, 59, 61, 99, 142, 155, 183-4, 232, 243, 253, 256
Unlimited Tomorrow, 64
UR3 (cobot dinamarquês), 57
Urbach, Jules, 140-2, 148

v7labs, 115
Vale do Silício (Califórnia), 111, 197, 210
vampiros, lendas de, 183
varejo ver compras
Vassy, Jason, 166
Vatom, Inc., 68-9
Vaughan, David, 230-1
vegetal, energia, 207
Venter, Craig, 160
Venture Beat (revista), 61
Verb Surgical, 168
Verily Life Sciences, 164

vestir, tecnologia de, 164
Vetter, David, 74
videogames, 42, 44, 130, 138, 141, 145, 250-2
vídeos produzidos pelo usuário, 135
Vietnã, 200, 206
VirBELA, 201
Virgin, 28-9, 50
Virgin Group, 29
Virgin Hyperloop One, 28
vírus, em terapia genética, 75
visão (pensamento de longo prazo), riscos existenciais e, 237
Vision Fund, 86-7
Vodafone, 196
Volkswagen, 227
Volvo, 227
VPL, 60-1

Wagyu (carne bovina japonesa), 213
Wake Forest University, 64
Wall Street Journal, The, 265-6
Walmart, 32-3, 93, 108-9, 116-7
Washington, Universidade de, 148
Water Abundance XPRIZE, 220
Watson (computador da IBM), 45, 48, 112, 138
Waymo, 25-6, 31, 189-90
Wealthfront, 200
Web Espacial, 126
Wells Fargo, 195
West, Geoffrey, 92, 249
Westfield (shopping centers), 121, 124
Wikipedia, 43, 139
Wilson, E. O., 231
Wilson, James, 234
WinSun, 65
Wired (revista), 95, 184, 233
Wnt (vias de sinalização), 181-2
Woebot, 165
World Food Program, 153
Wright, J. Edward, 46
Wyler, Greg, 50

xadrez, jogo de, 39, 46, 250
xenotransplante, 160
Xiaoice (*chatbot*), 43-4, 47-8
XPRIZE, 9-10, 153, 164
XPRIZE Foundation, 269

YouTube, 130, 135-7, 266

Zee Aero, 17
Zendesk, 112
Zero to Dangerous, 268
Zhavoronkov, Alex, 172-3
Zhu, Jiajun, 116
Zipline, 58
Zou, Leo, 129

ESTA OBRA FOI COMPOSTA PELA ABREU'S SYSTEM EM INES LIGHT
E IMPRESSA EM OFSETE PELA GRÁFICA SANTA MARTA SOBRE PAPEL PÓLEN SOFT
DA SUZANO S.A. PARA A EDITORA SCHWARCZ EM ABRIL DE 2021

A marca FSC® é a garantia de que a madeira utilizada na fabricação do papel deste livro provém de florestas que foram gerenciadas de maneira ambientalmente correta, socialmente justa e economicamente viável, além de outras fontes de origem controlada.